遺伝学事典

東江昭夫
徳永勝士
町田泰則
【編集】

朝倉書店

序

　1900年にメンデルの法則が再発見された当初謎であった遺伝子の本体は，20世紀の中頃にはDNAであることが発見され，その構造が解明された．DNAの構造解明が引き金となって遺伝子に関する新しい研究法が開発されて分子遺伝学がおこり，遺伝子の構造と機能の研究が爆発的に発展した．分子遺伝学の波及効果として組換えDNA実験をはじめとするDNAの解析技術が発展し，バクテリアからヒトを含むあらゆる高等生物までの遺伝子解析が可能になった．またこの技術革新の結果によって，ゲノムの全塩基配列が決定された生物種が20世紀の終盤からあいつぎ，遺伝学を新しい時代に導くことになった．DNAの塩基配列には生物が辿ってきた歴史が書き込まれている一方，その生物の現在のマスタープランも書き込まれているので，生物学のどの分野も遺伝子を抜きにして議論できなくなっている．

　また，遺伝学は生物学ばかりではなく私たちの社会生活にも大きなインパクトを与えるようになった．バイオテクノロジー，個人識別の方法，先端医療などの分野で私たち一人一人がこれらの原理を理解し，自分自身でその有用性，安全性を科学的に判断しなければならない時代がくることが予想される．そのために，遺伝学の知識が必要である．

　最新の技術革新があいつぐなかで，古典的な遺伝解析法もその存在価値を保っている．突然変異体の分離とその遺伝解析は依然として重要な研究手法である．その例として，古典的な4分子解析と遺伝子破壊法が結びついて酵母の必須遺伝子を同定することが思い出される．また，塩基配列から推定される遺伝子の機能を調べる，いわゆる逆遺伝学のアプローチをとる際に，クローニングした遺伝子をもとにその遺伝子に関する変異体を作成してその表現型を調べることが行われる．このとき古典的な遺伝学の手法は重要な情報を与える．

　広い領域に浸透した遺伝学の基礎から応用までを解説しようとすると膨大な紙数が必要になり，そのような書籍を読み通すことは難しい．また，遺伝学用語も遺伝学の広がりを反映して，古典遺伝学から最新の遺伝子解析法に関するものまで，多岐にわたっている．このような現状から，よく用いられる用語を選び，こ

れらについて単なる意味を記すのではなく，重要な用語については詳しい解説が含まれるようなものが望まれる．本書は，このような解説書を目指したものであり，古典遺伝学（細胞遺伝学），分子遺伝学/分子生物学，発生，集団遺伝学/進化，ヒトの遺伝学，バイオテクノロジーの分野でしばしば使われる遺伝学用語を選び，そのうちの重要なものについて専門用語の辞典で記されるより詳しい解説をつけた．本書が新たに遺伝学の分野に参入する方々の助けになれば望外の喜びである．

2005年11月

東江昭夫
德永勝士
町田泰則

執筆者

饗場　弘二	名古屋大学
荒木　弘之	国立遺伝学研究所
石﨑　寛治	愛知県がんセンター
稲田　利文	名古屋大学
井上　弘一	埼玉大学
岡田　悟	東京大学
小川　徹	名古屋大学
桂　勲	国立遺伝学研究所
河野　重行	東京大学
川原　裕之	北海道大学
小島　晶子	中部大学
斎藤　成也	国立遺伝学研究所
酒泉　満	新潟大学
笹部美知子	名古屋大学
颯田　葉子	総合研究大学院大学
征矢野　敬	名古屋大学
高野　貴子	東京家政大学
高野　敏行	国立遺伝学研究所
高橋　裕治	名古屋大学
田上　英明	名古屋大学
東江　昭夫	東京大学
徳永　勝士	東京大学
中堀　豊	徳島大学
仁木　宏典	国立遺伝学研究所
西沢　正文	慶應義塾大学
西田　育巧	名古屋大学
坂野　弘美	中部大学
廣近　洋彦	農業生物資源研究所
舛本　寛	名古屋大学
町田千代子	中部大学
町田　泰則	名古屋大学
水野　猛	名古屋大学
村中　俊哉	理化学研究所
森山　陽介	東京大学
吉岡　泰	名古屋大学
渡辺雄一郎	東京大学

(五十音順)

目 次

I 古典遺伝学（細胞遺伝学）

アクチン …………………………………1
異型接合（ヘテロ接合）……………2
異型対立遺伝子　→ヘテロアレル
異質染色質　→染色体
異数性 ……………………………………2
遺伝子 ……………………………………3
遺伝子記号 ………………………………4
遺伝子型 …………………………………5
遺伝子地図 ………………………………6
遺伝子破壊 ………………………………6
遺伝子ファミリー ………………………7
遺伝子量効果 ……………………………7
ウイルス …………………………………8
Alu 配列　→反復配列
栄養培地　→細胞培養
X 染色体　→染色体
X 染色体不活性化中心　→染色体
エピスタシス ……………………………9
エピゾーム　→「II―分子遺伝学/分子生物学」のプラスミド
M 期　→「II―分子遺伝学/分子生物学」の細胞周期
MTOC　→細胞分裂
LINE　→繰り返し配列
LTR　→レトロウイルス
オートクレーブ　→細胞培養
核…………………………………………10
核外遺伝子　→「II―分子遺伝学/分子生物学」のプラスミド
核型分析…………………………………11
核相交代…………………………………11
核様体……………………………………12

環境変異…………………………………12
キアズマ…………………………………13
偽遺伝子　→「II―分子遺伝学/分子生物学」
キセニア…………………………………13
偽対立遺伝子……………………………14
キネトプラスト…………………………14
機能獲得型変異　→表現型
機能喪失型変異　→表現型
機能ドメイン……………………………15
機能抑制型変異　→表現型
共優性……………………………………16
極性………………………………………16
巨大染色体………………………………17
近交系　→「IV―集団遺伝学/進化」
くり返し配列　→反復配列
クロマチン　→「II―分子遺伝学/分子生物学」
ゲノム……………………………………17
ゲノムインプリンティング……………18
原形質　→細胞
減数分裂…………………………………18
減数分裂後分離…………………………19
限性遺伝　→伴性遺伝
検定交雑…………………………………19
顕微鏡……………………………………20
限雄性遺伝　→伴性遺伝
高圧滅菌器　→細胞培養
交差………………………………………21
交雑………………………………………21
酵母人工染色体　→人工染色体
コヒーシン　→細胞分裂

ゴルジ体　→細胞
コンデンシン　→細胞分裂
最小培地　→細胞培養
サイトダクション……………………22
再編成　→「Ⅱ—分子遺伝学/分子生物学」の遺伝子の再編成
細胞………………………………………23
細胞学的地図……………………………24
細胞系譜…………………………………24
細胞骨格…………………………………25
細胞質　→細胞
細胞質分裂　→細胞分裂
細胞周期　→「Ⅱ—分子遺伝学/分子生物学」
細胞小器官　→細胞
細胞培養…………………………………26
細胞分裂…………………………………27
細胞融合…………………………………27
雑種………………………………………28
雑種強勢…………………………………28
自家受粉…………………………………29
シグナル伝達……………………………29
自己調節…………………………………30
シナプトネマルコンプレックス………30
4分子……………………………………31
4分子解析………………………………31
シュウドアレル　→偽対立遺伝子
純系………………………………………33
ショウジョウバエ　→モデル生物
常染色体　→染色体
小胞体　→細胞
仁　→核
(酵母)人工染色体………………………34
生殖細胞　→「Ⅱ—分子遺伝学/分子生物学」
性染色体　→「Ⅱ—分子遺伝学/分子生物学」
接合型……………………………………34
染色質　→染色体
染色体……………………………………35
染色体異常　→「Ⅴ—ヒトの遺伝学」
染色体外遺伝子　→「Ⅱ—分子遺伝学/分子生物学」のプラスミド
染色体地図　→「Ⅱ—分子遺伝学/分子生物学」
染色体突然変異…………………………37
染色体不分離……………………………37
染色分体　→細胞分裂
相同染色体　→2倍体
相補性(遺伝子間,遺伝子内)…………38
体細胞組換え……………………………39
大腸菌　→モデル生物
対立遺伝子………………………………40
他家受精…………………………………41
多面形質発現……………………………41
致死突然変異……………………………41
中心体……………………………………42
チューブリン　→細胞骨格
同位染色体………………………………42
同型染色体　→核型分析
動原体　→「Ⅱ—分子遺伝学/分子生物学」
同質ゲノム………………………………43
2動原体染色体　→「Ⅱ—分子遺伝学/分子生物学」の切断・再結合・架橋形成
2倍体……………………………………43
倍数性……………………………………43
培地　→細胞培養
パフ………………………………………44
斑入り……………………………………44
伴性遺伝…………………………………45
反復配列…………………………………45
微小管……………………………………46
必須遺伝子　→致死突然変異
非メンデル遺伝…………………………47
表現型……………………………………48
表現型遅延………………………………48
不完全優性………………………………49
プラスミド　→「Ⅱ—分子遺伝学/分子生物学」
プリオン　→「Ⅱ—分子遺伝学/分子生物学」
分離………………………………………50
分裂装置…………………………………51
平衡致死…………………………………51

ヘテロアレル（異型対立遺伝子）	52	メンデルの法則	55
ヘテロカリオン	52	モデル生物	57
ヘテロプラスモン →サイドダクション		モルガン単位（地図単位，交叉単位）	58
胞子	53	有糸分裂 →細胞分裂	
胞子体	53	優性	59
紡錘体 →分裂装置		葉緑体	59
母性遺伝	53	両性雑種	60
ミトコンドリア	54	連鎖	61
ミニ染色体	55	ロバートソニアン融合	61
娘染色体 →細胞分裂			

II　分子遺伝学/分子生物学

アテニュエーション	63	塩基配列の決定法	85
アニーリング	63	エンハンサー	85
誤りがち修復	64	岡崎フラグメント	86
RNase H	65	オペロン/オペレーター	87
RNase P	65	オンコジーン →癌遺伝子	
RNA（リボ核酸）	66	温度感受性変異体	88
RNA エディティング	67	介在配列	89
RNA 型ウイルス	68	カスケード →「I―古典遺伝学」のシグナル伝達	
RNA プロセシング	69		
RNA ポリメラーゼ	69	カセットモデル	89
アロステリックタンパク質	71	カタボライト抑制	90
鋳型	72	*GAL4* 遺伝子	92
一遺伝子一酵素説	72	癌遺伝子（オンコジーン）	93
位置効果	73	干渉	94
1 次構造 →高分子構造		間接末端標識法	95
遺伝子座制御領域	73	癌抑制遺伝子	96
遺伝子重複	74	偽遺伝子	98
遺伝子タギング	75	逆転写	98
遺伝子ターゲッティング	76	クロマチン	99
遺伝子の再編成	76	クロマチンリモデリング	100
遺伝子発現調節	77	形質転換	101
遺伝子変換	79	形質導入	102
ウェスタン法	80	減数分裂（成熟分裂）	103
ARS	80	校正	104
Ames テスト	81	構成的変異	105
snRNA	82	合成致死	106
エピジェネティック変異	83	構造遺伝子	107
F 因子	84	交配型 →「I―古典遺伝学」の接合型	
エラーフリー修復 →誤りがち修復		高分子構造	107

項目	ページ
誤対合	108
Cot 解析	108
コドン	109
コピーチョイス	110
コンセンサス配列	111
細胞周期	111
サイレンサー	112
サザンハイブリダイゼーション法	113
雑種形成　→ハイブリダイゼーション	
雑種DNA	114
3次構造　→高分子構造	
3点交雑	114
シストロン	115
cdc 遺伝子	115
シスドミナント　→オペロン/オペレーター	
シャペロン	116
雌雄同体	117
重複受精	117
条件致死変異	118
上流転写活性化配列	118
除去修復	119
自律的複製　→プラスミド	
伸長因子	120
スーパーコイル	122
スプライシング	123
制限酵素	125
精子	125
成熟分裂　→減数分裂	
生殖医療	126
生殖系列	128
生殖細胞	128
性染色体	129
性の決定	129
正の調節　→遺伝子発現調節	
精母細胞　→生殖系列	
接合	131
切断・再結合・架橋	132
Z-DNA	132
染色体地図	132
染色体分配　→「I―古典遺伝学」の細胞分裂	
セントラルドグマ	133
セントロメア	133
相同組換え	135
相補性（塩基配列の）	136
損傷乗り越え型DNA合成	136
体外受精	137
タグ標識	138
多コピーサプレッサー	139
タンパク質のプロセシング	140
調節遺伝子	141
対合	142
ツーハイブリッド法	142
DNA	144
DNA型ウイルス	145
DNA結合モチーフ	145
DNAトポイソメラーゼ	147
DNAの損傷・修復	147
DNAの複製	149
DNAポリメラーゼ	151
DNAリガーゼ	153
テロメア	154
転写	155
転写因子	157
転写終結/転写終結因子	158
点突然変異	159
同義コドン　→コドン	
動原体　→セントロメア	
突然変異/突然変異体	160
突然変異誘発	161
突然変異率	162
ドミナントネガティブ効果	163
トランスファーRNA（tRNA）	164
トランスフェクション法	164
トランスポゾン	165
2次元ゲル電気泳動法	166
2次構造　→高分子構造	
2重鎖切断モデル　→「VI―バイオテクノロジー」の遺伝子組換え技術	
ヌクレオソーム	167
ヌル変異　→突然変異/突然変異体	
濃縮法	168
ノザンハイブリダイゼーション法	169

配偶子	169	ポリシストロン性	→オペロン/オペレーター
ハイブリダイゼーション	169	ホリデーモデル	190
発癌性	170	翻訳	191
パリンドローム	171	ミスセンス	→点突然変異
パルスフィールドゲル電気泳動法	172	ミューテーター	192
反復配列	→「I—古典遺伝学」	無性生殖	193
bHLH モチーフ	→DNA結合モチーフ	メッセルソン－ストールの実験	194
bZIP モチーフ	→DNA結合モチーフ	メッセンジャー RNA (mRNA)	196
光回復	173	メディエーター	197
ヒストン	173	モノシストロン性	→オペロン/オペレーター
ヒストンメチラーゼ	174	有性生殖	198
非正統的組換え	175	揺らぎ仮説	→コドン
非相同末端結合	175	溶菌サイクル	199
部位特異的組換え	176	溶原性	199
複雑度	→cot解析	揺動試験	199
復帰変異	177	抑圧遺伝子	201
負の干渉	178	抑圧突然変異	→復帰変異，抑圧遺伝子
部分2倍体	179	抑制遺伝子	→抑圧遺伝子
プライマー RNA	179	読み過ごし	→転写
プラスミド	180	読み枠	203
プリオン	181	ラクトースオペロン	204
フレームシフト	→点突然変異	ラッギング鎖	→DNAの複製
プロウイルス/プロファージ	→溶原性	λファージ	205
プロセシング	→タンパク質のプロセシング	卵	207
プロモーター	182	卵母細胞	→生殖系列
不和合性	183	リーディング鎖	→DNAの複製
分岐点移動	→相同組換え	リボ核酸	→RNA
ベクター	184	リボザイム	208
ヘテロ核 RNA	185	リボソーム	208
ホットスポット	186	RecA タンパク質	210
ホーミング (遺伝子の)	186	レトロウイルス	211
ホメオティック遺伝子	187	レトロトランスポゾン	212
ホメオボックス遺伝子	188	レプリコン	213
ホモログ	189		

III 発 生

ES 細胞	215	イマジナルディスク	218
異時的発現	216	運命地図	218
異所的発現	216	キメラ	219
位置情報/場	217	極性	→「I—古典遺伝学」

形態形成因子 …………………220
決定子 …………………………220
交雑発生異常 …………………221
後成説 …………………………222
後性遺伝エピジェネティクス　→「Ⅱ―分子遺伝学/分子生物学」のエピジェネティク変異
勾配　→パターン形成
雌雄モザイク …………………223
刷込み　→「Ⅰ―古典遺伝学」のゲノムインプリンティング
性の決定　→「Ⅱ―分子遺伝学/分子生物学」
パターン形成 …………………223
発生遺伝学 ……………………225

パラロガス　→「Ⅳ―集団遺伝学/進化」
ヒエラルヒー …………………225
プログラムされた細胞死 ……226
分化全能性 ……………………227
ヘミメチル化　→「Ⅰ―古典遺伝学」のゲノムインプリンティング
ホメオシス ……………………228
ホメオティック遺伝子　→「Ⅱ―分子遺伝学/分子生物学」
ホメオボックス遺伝子　→「Ⅱ―分子遺伝学/分子生物学」
モザイク ………………………229
モルフォゲン　→形態形成因子
老化　→「Ⅴ―ヒトの遺伝学」

Ⅳ　集団遺伝学/進化

アイソザイム …………………231
遺伝（的）荷重 ………………232
遺伝子重複 ……………………233
遺伝子プール …………………234
遺伝子流入 ……………………235
遺伝的隔離 ……………………236
遺伝的多型 ……………………236
遺伝的浮動 ……………………238
獲得形質 ………………………240
共進化 …………………………240
近交系 …………………………242
系統樹 …………………………242
工業暗化 ………………………245
自然選択（淘汰） ……………245
種 ………………………………247
進化 ……………………………248
水平伝達（移動） ……………249

選択圧 …………………………250
創始者効果　→「Ⅴ―ヒトの遺伝学」
ダーウィン ……………………251
多重遺伝子 ……………………252
中立説 …………………………253
地理的隔離 ……………………254
同胞種 …………………………255
ハーディー・ワインベルクの法則 …255
パラロガス ……………………256
壜首効果 ………………………257
分子進化 ………………………258
分子時計 ………………………259
ポリジーン ……………………260
雄性不稔 ………………………261
利己的 DNA ……………………261
量的遺伝 ………………………262

Ⅴ　ヒトの遺伝学

遺伝相談 ………………………265
遺伝病 …………………………266
LOH ……………………………267
家系図 …………………………267

癌 ………………………………269
関連分析 ………………………269
血液型 …………………………270
個体識別 ………………………271

色覚異常 …………………………272	ヒトの起源 …………………………281
出生前診断 …………………………273	ヒトの受精 …………………………282
常染色体遺伝 ………………………274	ヒトの染色体地図 …………………283
人種 …………………………………274	ヒトの発生 …………………………284
染色体異常 …………………………275	複合疾患　→多因子疾患
創始者効果 …………………………277	ポジショナルクローニング ………286
双生児 ………………………………277	免疫遺伝学 …………………………286
多因子疾患（複合疾患）……………278	ライオナイゼーション ……………287
ダウン症候群 ………………………279	連鎖分析 ……………………………289
ヒトの遺伝形質 ……………………280	老化 …………………………………289

VI　バイオテクノロジー

遺伝子組換え技術 …………………291	染色体歩行 …………………………305
遺伝子クローニング ………………292	染色体免疫沈降法 …………………306
遺伝子診断 …………………………292	組織培養 ……………………………307
遺伝子治療 …………………………293	タック（Taq）ポリメラーゼ ……308
遺伝子導入生物　→トランスジェニック生物	Ti プラスミドベクター ……………308
ウェスタン法　→「II―分子遺伝学/分子生物学」	DNA マイクロアレー ………………309
	T-DNA ………………………………310
エキソントラップ法 ………………294	デオキシリボ核酸　→「II―分子遺伝学/分子生物学」の DNA
SDS ポリアクリルアミド電気泳動 …295	トランスジェニック生物 …………311
FISH …………………………………296	ニックトランスレーション　→「II―分子遺伝学/分子生物学」の DNA ポリメラーゼ
間接蛍光抗体法 ……………………296	
逆転写酵素　→「II―分子遺伝学/分子生物学」の逆転写	ノザンハイブリダイゼーション法　→「II―分子遺伝学/分子生物学」
組換え食品 …………………………296	ノックアウトマウス ………………312
クローンつくり ……………………298	PCR …………………………………314
茎頂培養 ……………………………299	フットプリント法 …………………315
サザンハイブリダイゼーション法　→「II―分子遺伝学/分子生物学」	ポジショナルクローニング　→「V―ヒトの遺伝学」
GFP …………………………………300	モノクローナル抗体 ………………316
植物形質転換 ………………………301	
ジーンバンク ………………………303	

索　引 ……………………………………………………………………………319

I―古典遺伝学（細胞遺伝学）

アクチン

　アクチンはすべての真核細胞に存在し，筋収縮や細胞分裂時に形成される収縮環をはじめとしてさまざまな細胞運動を担っている．また，膜の裏打ち構造や細胞骨格の構成要素として，形態の形成と維持に関与している．アクチンは生物間で構造がきわめてよく保存されている．たとえば，ヒトのアクチンと酵母のアクチンでは，90％のアミノ酸配列が相同である．これは，アクチンが多数のタンパク質と相互作用するためだと考えられている．

　アクチンは，細胞内でもっとも量の多いタンパク質の1つで，その含有量は全タンパク質の5〜10％に相当する．単量体をGアクチン（球状アクチン），多量体をFアクチン（線維状アクチン）とよぶ．Fアクチンは，細胞全体に分散しているが，細胞膜直下の皮層にもっとも多く存在している．Gアクチンはおよそ$7 \times 4 \times 4$ nmの亜鈴状をしている．アクチンの重合にはATPと1価と2価のイオン（通常はK^+とMg^{2+}）が必要である．重合したFアクチンは2重らせん構造で，36.5 nmの半ピッチあたり13分子のGアクチンを含む．Fアクチンには極性があり，重合速度は両端で異なっている．プラス端（反矢じり端）はマイナス端（矢じり端）より10倍も速く重合する．また，トレッドミルといわれる状態が存在する．これは，プラス端でアクチン分子が連続的に重合しながら，マイナス端で同じ速さで解離し，Fアクチンの長さが一定に保たれる状態である．重合が起こるとアクチン分子に結合していたATPは加水分解されてADPとなる．

　アクチンはきわめて多様な構造に関与しており，細胞内でいろいろな構造体と共存しているが，アクチンフィラメントの基本的な構造は同じである．それぞれの集合体で異なっているものは，フィラメントの長さ，安定性，フィラメントどうしあるいは他の成分との結合の数や配置などである．これらの違いをもたらすのは，アクチンフィラメントに結合してその性質と機能をさまざまに変えるアクチン結合タンパク質である．Gアクチン結合タンパク質，アクチン脱重合タンパク質，アクチンフィラメント切断タンパク質，アクチンフィラメント端キャップタンパク質，アクチンフィラメント架橋タンパク質，フィラメント束結合タンパク質などが知られている．

　アクチンフィラメントの安定性は薬剤によって変えられる．たとえば，サイトカラシンはカビの代謝産物で，アクチンフィラメントのプラス端に結合してアクチンの重合を阻害する．ファロイジンはタマゴテングタケから単離された毒素で，アクチンフィラメントの側面に強く結合してフィラメントを安定化し，アクチンフィラメントの脱重合を阻害する．アクチンフィラメントの機能がFアクチンとGアクチン単量体

間の動的平衡に依存していることがわかる．どちらの薬剤も，アクチンの細胞骨格に著しい変化をもたらすため，細胞に強い毒性を示す． （森山陽介・河野重行）

異型接合（ヘテロ接合）

2倍体生物において，任意の遺伝子について異なる対立遺伝子をもつ状態を異型（ヘテロ）接合，その個体を異型（ヘテロ）接合体とよび，同じ対立遺伝子をもった状態の同型（ホモ）接合や性染色体上の遺伝子などで1コピーの遺伝子しかもたない半（ヘミ）接合と区別する．対立遺伝子間の優劣は，異型接合体の表現型によって決定される．異型接合体において現れる表現型の対立遺伝子を優性，表現型として現れない対立遺伝子を劣性対立遺伝子という．

自然淘汰の型によっては，集団中に安定に多型を維持する機構となり得るものがある．そのうち，もっとも単純なものが適応度に関する超優性を示す場合である．これは，ヘテロ接合体がどちらのホモ接合体よりも高い適応度を示すことをいう．1つの遺伝子座でヘテロ接合体が有利であることを示した例はわずかしかないが，その1つとしてヒトの鎌状赤血球症があげられる．突然変異型のヘモグロビンSは，ホモ接合では貧血のため早い段階で死亡する．野生型遺伝子とのヘテロ接合体でも軽い貧血となるが，マラリアに対する抵抗性を与えることで，マラリアが蔓延するアフリカ地域では，ヘテロ接合体がもっとも有利になる．このため，この地域でのS対立遺伝子の頻度は，他の地域に比べ高いと考えられている．しかし，こうした例はいまのところまれで，適応度の超優性モデルは自然集団中の変異の維持機構として普遍的なものとしては考えられていない．

異型接合どうしを交配するとメンデルの分離の法則によって次代では50％の割合で異型接合体が期待される．同様に，大きな集団中に頻度pの対立遺伝子Aと頻度qの対立遺伝子aが存在し（$p+q=1$），一代の任意交配をしたときの各遺伝子型の期待される出現頻度は$(pA+qa)^2 = p^2AA + 2pqAa + q^2aa$となる．そして，この頻度はこのまま続く平衡となる．これをハーディ-ワインベルグの法則（平衡）という．たとえば，$p=q=50％$の場合には，ヘテロ接合体の頻度は50％に，$p=99％$，$q=1％$のときには約2％になる．この例に示されるように，頻度が低い対立遺伝子はほとんどがヘテロ接合の状態にあってほとんどホモ接合体は存在しない．この平衡が成り立つためには，いくつかの条件を満たすことが必要で，そうでないときにはこの頻度からずれることになる．任意交配はその条件の1つで，もし近親交配が起こっているとホモ接合体の頻度が増し，ヘテロ接合体の頻度が減ることになる．

（高野敏行）

異型対立遺伝子⇨ヘテロアレル
異質染色質⇨染色体

異　数　性

細胞または個体の核の染色体数が1倍体の染色体の整数倍になっていない現象で，その種に固有の染色体数の整数倍より1～数個多くまたは少なくなる．異数性をもつ個体を異数体という．

異数性の名称は，その倍数性の表現の前に，重複あるいは欠失した染色体について，それが存在する数を零染色体的，1染色体的，2染色体的，3染色体的などとつける．たとえば，xを基本数とすると，$(2x-2)$の染色体構成をもつ個体は零染色体的2倍体，$(3x-1)$は2染色体的3倍体，$(4x+$

1) は5染色体的4倍体, $(2x+1+1)$ は2重3染色体的2倍体などという．これらの異常は，細胞分裂（多くは成熟分裂）のとき，染色体不分離，染色体核外喪失あるいは分裂終期脱落で生ずると考えられている．

ヒトの場合，異数性が原因として知られている疾患がいくつも知られている．たとえば，ダウン症候群では，通常2本存在する21番染色体が3本存在する．ダウン症候群の子どもの特徴には，精神薄弱，蒙古襞，低い鼻，手のひらの横のしわなどがある．ダウン症を起こす染色体不分離の90%は母親側で起こる．不分離の確率は，母親が高齢となると高くなる．常染色体ではなく性染色体の異数性による疾患もある．クラインフェルター症候群は，X染色体を2～5つ，Y染色体を1つもつ男性の疾患である．また，ターナー症候群は，X染色体を1つしかもたない女性の疾患である．
（森山陽介・河野重行）

遺 伝 子

個体や細胞で子孫に伝えられる個々の情報を担うDNAの領域を遺伝子という．ただし，ウイルスの場合のように，RNAが情報を担っている場合も同じく遺伝子という．いずれにしても，遺伝子は4種類のヌクレオチドの配列によって決まる．ヌクレオチドの塩基の種類としてはアデニン，グアニン，シトシン，チミンがあり，その頭文字からA, G, C, Tと表記する．これに従い，遺伝子の配列も A, G, C, T で示すことになっている．RNAの場合は，チミンがなく，代わってウラシル（U）が入る．

生物は親に似た形質を受け継ぐが，これは遺伝子によることがいまでは知られている．19世紀には，園芸家が新品種をつくり出そうと植物の交雑を行い，その過程で親の形質が一度交雑した子で消えても，さらに後の子孫で再び現れることに気づいていた．さらに，大掛りな交配実験で詳しい実験を行ったのがメンデルである．そして，メンデルは今日，メンデルの法則とよばれる形質の遺伝における規則を発見した（1865年）．メンデルは，この規則性を説明するために，形質を伝える因子を仮定し，初めて遺伝子の概念を具体的に示すことに成功した．しかし，長らくこの業績は理解されることなく，メンデルの法則が1900年に再発見されて以降，広く知られるようになった．この再発見者の1人であるド・フリースはダーウィンの唱えたパンゲン説（pangenesis）を推し進め，細胞の中で形質を伝える仮想的な粒子をパンゲン（pangen）とした．ヨハンセン（1909年）は遺伝の機能的また物体的な基本単位を，pangenに由来してgeneとよび，これが現在も使われている．その後，モーガンはショウジョウバエを使った突然変異体の研究から，遺伝子が染色体の上に並んでいることを提唱した（1926年）．その後，遺伝物質がDNAであることが示され，1953年にはワトソンとクリックによりDNAの構造が解かれ，遺伝子の構造的な実体が分子として理解されるようになった．

遺伝子領域には主として，タンパク質のアミノ酸配列を決める情報が保存されている．この遺伝子情報は一度RNAに転写（mRNA）され，mRNAからタンパク質は合成される．mRNAを発現し，タンパク質をつくり出す遺伝子は，特に構成遺伝子とよばれる．原核生物の構成遺伝子は複数が1つのmRNAとして転写されるものが多く，これらの構成遺伝子はオペロンを構成しているという．真核生物ではオペロンを構成しているものはほとんどない．しかし，構成遺伝子が，アミノ酸配列を規定していないDNAの領域（イントロン）の挿入により分断化されている．分断化された遺伝子では，イントロンを含んだmRNA

が転写されるが，タンパク質のアミノ酸配列を規定している領域（エクソン）がつなぎ合わされ（スプライシング），タンパク質を合成できるようになる．構成遺伝子に入り込むイントロンの数はさまざまである．下等な真核細胞である酵母ではイントロンの数も少なく，まったくイントロンの入ってない構成遺伝子も多い．スプライシングの過程で，エクソンの組合せがその順番どおりではなく，変化することが知られている．したがって，1つの構成遺伝子からつくりだされるタンパク質も1つとはかぎらない．構成遺伝子からのmRNAの転写は，外部の環境や細胞の内部の条件によって変化する．転写量の制御は，構成遺伝子の転写開始部位の上流の領域により行われている．その中には，プロモーター，オペレーター，さらにエンハンサーというDNAの機能領域がある．構成遺伝子に対して，このような機能領域を調節遺伝子ということがある．また，タンパク質以外にRNAが遺伝子産物となっている場合もある．リボゾームRNA（rRNA）や転移RNA（tRNA）などである．その他にもRNAをコードする領域がたくさん見つかってきているが，それらの機能は不明なものが多い．加えて，染色体上には，特定の配列が機能を担っている場合もみられる．調節遺伝子もその中に入るが，さらに染色体の安定維持や構造形成にかかわる領域で，複製開始点領域，セントロメア領域，テロメア領域などである．これらの機能配列も広義の遺伝子といえる．しかし，一般にはタンパク質のアミノ酸配列を保持したDNA領域を遺伝子としている場合が多い．すなわち，タンパク質としての読み取ることができる領域"読み取り枠"（open reading flame；ORF）を便宜上，遺伝子とみなす．これまでヒトを含め，最近までつぎつぎとゲノム配列が決まり，これらの配列から推定されるORFを全遺伝子数と概算している（表I-1）．

古典的な遺伝子の概念では，遺伝子は染色体の上に並んでおり，その位置は変わることがないと考えられていた．マクリントックはトウモロコシの斑入り現象の遺伝実験から遺伝子の中には容易にその位置を変えるものがあることに気がついた（1951年）．染色体の上の位置を変える可動性遺伝子（トランスポゾン）は後年，大腸菌（1979年）で見つかり，その後もショウジョウバエの雑種不稔性因子や酵母の接合型変換の因子もまた可動性遺伝子であることがわかり，広く生物種にあることが認められるようになった．また，遺伝子の構造が変化することもいまでは知られている．抗体産生細胞で，さまざま種類の抗体をつくり出すため，遺伝子の再編成が起こっている．

（仁木宏典）

表I-1　生物のゲノム配列から予想される遺伝子数

生物種	ゲノムの総塩基数	遺伝子数
大腸菌	464万	4000
酵母	1200万	6000
ショウジョウバエ	約1億8000万	1万3600
線虫	約1億	2万
ホヤ	約1億6000万	1万6000
シロイヌナズナ	約1億2500万	2万5500
イネ	約4億3000万	約5万
ヒト	約30億	3万～4万

遺伝子記号

遺伝子を表すための記号で，英数字を使用して表記する．表記の仕方については，生物種によって異なっており，統一された命名や表記の規則は定まっていないが，イタリック体で示す慣例がある．原核細胞ではアルファベット3文字で表記し，たとえばDNA複製関連の遺伝子群 *dna*，細胞分裂関連の遺伝子 *fts* などがある．さらに，関連する別の遺伝子が見いだされてくる

と，この3文字表記に続けて大文字アルファベットを付け加えている（*dnaA*, *dnaB*, *dnaC*, *ftsA*, *ftsL*, *ftsX*）．また，同じ遺伝子内の異なる突然変異である場合は，さらに番号をつけて，これを区別する（*dnaA41*, *dnaA109*）．原核細胞は1倍体の染色体構成となっているために，対立遺伝子の表記を特に必要としない．そのため，変異のある遺伝子だけを列挙して，各系統の遺伝子型を表記する．遺伝子産物のうちタンパク質は"DnaA"タンパク質というように，遺伝子記号の最初のアルファベットを大文字にする．また，斜体にはしないで表す．真核細胞である出芽酵母においても，ほぼ同様の表記法をとっている．ただ，遺伝子名のアルファベット3文字に，さらに関連する遺伝子は数字で表記する．さらに，2倍体細胞においては，遺伝子の優性と劣性を区別して表記する．たとえば，ウラシル代謝系の遺伝子の1つ *URA4* は優性であり，*ura4* は劣性の突然変異遺伝子であることを示す．野生型の正常な遺伝子であるときを明記するときは遺伝子名に＋を書き添える．タンパク質産物は MCM1p のように，遺伝子を大文字としタンパク質を意味するp記号を付加する．ショウジョウバエの遺伝子の表記方法は他の生物種と大きく異なり，必ずしも3文字表記にこだわらず，その突然変異の表現型をよく表す遺伝子記号をつけることが慣例になっている．ショウジョウバエ遺伝学の始祖 T. H. Morgan により正常では赤い目が，突然変異で白く変化した変異ショウジョウバエが分離されたが，その原因遺伝子は *white* と名づけられている．発生過程で体節が減少している変異に *fusitarazu* と日本語に由来して遺伝子名がつけられたことは有名である．ショウジョウバエでは遺伝子記号というより，むしろ遺伝子名に近い表記方法を採用している．近年の組換え DNA 技術の発達により，特定の遺伝子の欠失や薬剤耐性などのマーカー遺伝子断片の遺伝子内挿入による遺伝子破壊変異が広く作成されるようになり，このような変異を表す必要性が以前にも増した．欠失遺伝子には，Δ記号を当該遺伝子の後に付加し（*ura4Δ*），遺伝子破壊変異では挿入遺伝子を当該遺伝子の後に：：記号で分かち書きして表す（*swi5*：：*HIS3*）．さらに，クラゲの蛍光緑色タンパク質（green fluorescence protein）との融合法によるタンパク質産物の細胞内局在が行われるようになり，このような融合遺伝子の表記法としてハイフォンで2つの遺伝子をつなげて融合遺伝子であることを示すことが多い（*SWI 5 - GFP*）．

(仁木宏典)

遺 伝 子 型

細胞あるいは個体の遺伝子構成を遺伝子型という．全遺伝子を記述することはできないので，着目している遺伝子およびその関連遺伝子についてのみ，突然変異型で記述することが多い．特定の遺伝子型の細胞あるいは個体は，特有の性質（遺伝学では形質ともいう）を現す．この性質を表現型という．遺伝子型と表現型のあいだには対応関係があるが，1：1の対応関係ではない．遺伝子の表記法は生物材料によって異なる．いずれの生物材料でも，優性／劣性，遺伝子座，対立遺伝子の区別，などがわかるように記される．表現型は形態的，生理・生化学的,行動的特徴などで記される．倍数化による以外の突然変異はDNAの塩基配列の変化であり，これも表現型といえる．しかし，塩基配列の変化を直接検出することは技術的に可能ではあるものの，交雑実験で得られる子孫の遺伝子型を決定する際の方法としては実際的ではなく，遺伝子型は簡単に識別可能な表現型から推定される．表現型を決定するのに，遺伝的な交雑実験が必要になることもある．丸い種を

表Ⅰ-2　検定交雑

$RR \times rr$		r	r
	R	Rr	Rr
	R	Rr	Rr
すべて丸い種を付ける			

$Rr \times rr$		r	r
	R	Rr	Rr
	r	rr	rr
丸：皺 = 1：1			

付けるエンドウ（RR）と皺の種をつけるエンドウ（rr）を交配してできる雑種第1代（Rr）はRRの親と同様の丸い種をつける．RRの植物とRrの植物は表現型で区別できないが，それぞれをrrの植物と交雑し子孫を調べることによって区別することができる（表Ⅰ-2）．RRならすべての子孫はRrの丸い種を付けるが，Rrなら，子孫の内の半数はRrの丸い種を付け，残りの半数はrrの皺の種を付ける．　　（東江昭夫）

遺伝子地図

　染色体の上における遺伝子の占める位置を図表化したものである．遺伝子がひとかたまりの塩基配列として規定され，ゲノムの全塩基配列が明らかになった生物種では，遺伝子地図はゲノムの塩基配列に個々の遺伝子の絶対的な位置を表したものになる．染色体地図という場合，遺伝子の相対的な位置関係を遺伝学的な手法（遺伝学的地図），細胞学的な手法（細胞学的地図），物理的な手法（物理的地図）といった異なる作成方法で求めた地図を含む．遺伝学的地図は，交配を行い2つの遺伝子の組換え頻度をもとにその遺伝的な距離を求める．2倍体細胞では，相同染色体のあいだで起こる部分的な組換えがこれにあたり，特に交叉という．このため，交叉の起こる頻度は交叉価とよばれる．一般に，同一染色体に位置しているとき，2つの遺伝子が近づくほど，これら遺伝子間で起こる組換え頻度すなわち交叉価が低下し，同時に遺伝する頻度が高まる．ただ，染色体全体にわたって交叉価が同じとはかぎらず，染色体領域によりその価の変動がある．たとえば，動原体部分は組換えがほとんど起こらず交叉価が低い領域である．したがって，補正を行って相対的な遺伝子の交叉価を出している．染色体の相対的な位置を決めるためには少なくとも2つの既知の遺伝子との交叉価を求める必要がある．細胞学的地図は，顕微鏡のもとで観察される染色体の固有の文様や染色パターンを染色体ごとに表したものである．その代表例が，ショウジョウバエの唾液線染色体に観察される縞をもとにした唾液線染色体地図である．この縞模様に相対化して遺伝子の位置を示すこともある．物理的な手法では，遺伝子のコードされているDNA領域のあいだをDNA塩基対の数（bp）で表したものである．染色体領域についてその構造を，いくつかの制限酵素の認識部位として表したものは特に制限酵素地図とよばれる．　　（仁木宏典）

遺伝子破壊

　機能を完全に失った変異型遺伝子をもつ細胞をつくること．*In vivo* 実験によっても遺伝子破壊は可能であるが，遺伝子破壊を確実に達成するためには，クローニングした遺伝子を用いるのがよい．クローニングした当該遺伝子の機能を，試験管内の遺伝子操作でコード領域をマーカー遺伝子と置き換えるなどにより破壊し，この変異遺伝子を細胞内の野生型遺伝子と入れ替える．この操作により，遺伝子破壊株を作成することができる（図Ⅰ-1）．遺伝子破壊株をつくるには，細胞内に導入した外来

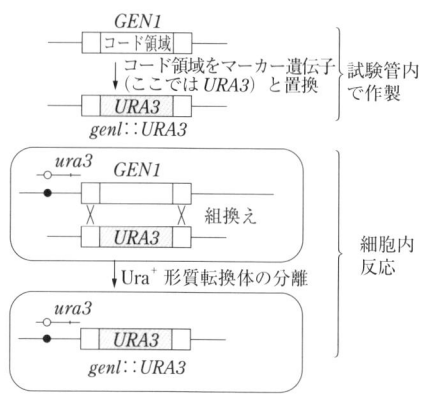

図I-1 遺伝子破壊の作成

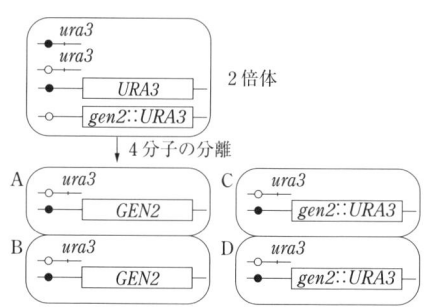

図I-2 4分子解析による遺伝子破壊株の増殖試験
A, B, C, Dは同一4分子内の胞子．A, BはGEN2株でUra⁻, C, Dは破壊株．C, Dが生育しなければGEN2は必須遺伝子と判定される．

DNAを相同組換えにより染色体に効率的に取り込むことができる生物種を用いることが望ましい．どの生物種も外来DNAを染色体に取り込む組換え活性をもっているが，この現象における相同組換えの関与は種によって大きく異なる．細菌や酵母では，主として相同組換えで取り込むが，その他の生物（カビ，動物，植物）では一般に相同組換えによる頻度は低い．機能未知の遺伝子の働きを調べるときに，遺伝子破壊から重要な情報が得られる．つまり，遺伝子破壊により，調査中の遺伝子が必須遺伝子か，あるいはそうではないかがわかる．1倍体細胞を扱う場合，必須遺伝子を破壊すると細胞は生育できないので，必須遺伝子の破壊株を形質転換体として得ることはできず，その遺伝子が必須遺伝子か否かを判定できない．出芽酵母のように，安定な2倍体の世代をもつ生物種では，2倍体細胞の相同染色体の一方に遺伝子破壊をつくることにより，この問題を回避することができる．調査中の遺伝子が必須遺伝子であっても，破壊遺伝子についての雑種2倍体は生育可能で，それが形成する4分子を調べることで必須遺伝子の判定ができる（図I-2）．4分子のうちの2つの胞子は遺伝子破壊をもち，他の2つは野生型である．4分子がすべて生育すれば，遺伝子破壊株は生育可能であるといえる．また，4分子中の2つが生育し，2つが生育せず，生育する細胞はすべて当該遺伝子について，野生型（遺伝子破壊に用いたマーカー遺伝子をもたない）の場合，4分子の特質から生育しない細胞は遺伝子破壊をもつこと，したがって，遺伝子破壊は致死的であると結論できる．

（東江昭夫）

遺伝子ファミリー

構造が似ており，機能がわずかに異なる遺伝子群をこのようによぶ．1つの遺伝子が進化に伴って倍加し，機能が少しずつ異なってきたものと考えられている．この倍加を繰り返すことにより，多数の遺伝子からなる遺伝子ファミリーが形成されたものと考えられる．

（荒木弘之）

遺伝子量効果

ある遺伝子のゲノム内の総数が変動することでその表現型が変わるとき，これを遺伝子量効果という．これは遺伝子のコピー

数に応じて，その遺伝子の産物が増減したために起こる．大腸菌のプラスミドの選択マーカーとしてよく使われているアンピシリン耐性遺伝子は，典型的な遺伝子量効果を示す．すなわち，アンピシリン耐性遺伝子のコピー数が増えると，その遺伝子産物も増える．アンピシリン耐性遺伝子の遺伝子産物であるβ-ラクタマーゼはペニシリン系抗生物質のβ-ラクタム環の分解をするため，β-ラクタマーゼ産生菌はこの抗生物質に耐性となる．菌の抗生物質の耐性度はβ-ラクタマーゼ産生量に応じて強まることから，菌体内のプラスミドのコピー数の増加により，この菌はアンピシリン耐性度が増強される．リボソームRNAを産生する遺伝子も遺伝子量効果を示す．酵母では，数百のリボソーム遺伝子が重複し並んでいるが，これは増殖には活発なタンパク質合成が必要で，そのためリボソーム遺伝子のコピー数の減少は細胞増殖の阻害を引き起こす． (仁木宏典)

ウイルス

DNAまたはRNAをゲノムとしてもち，宿主細胞でのみ複製される寄生体である．ウイルス粒子（ビリオン）は，遺伝子である核酸分子とそれを保護する外被タンパク質（キャプシド）からなる．粒子がゲノム遺伝子と外被タンパク質からなるヌクレオキャプシドのままのウイルスもあれば，ウイルスによっては外側にエンベロープという1枚の膜を被ったものもある．エンベロープは，生物膜としての脂質2重層に各ウイルスに特異的な糖タンパク質が埋め込まれてできたものである．ウイルスには独自の代謝系がなく，その増殖には生きている細胞が必要なため，定義上生物とはみなされない．

ウイルスは，19世紀末に細胞の中でしか増殖できず最小の細菌さえ通さない限外ろ過器を通り抜ける伝染病原体として最初に記述された．電子顕微鏡の出現までは，細胞から細胞へと移る能力を獲得した裸の遺伝子ではないかと考えられていたが，その性質は不明であった．1930年代に超遠心機によりウイルスを分離できるようになり，1940年初頭にはウイルスはすべて核酸を含むことが明らかになった．遺伝物質は核酸であるという考えは，1952年にハーシーとチェイスによる大腸菌に感染するT2ファージを用いた実験により，宿主細胞に入って自己を複製し，ウイルスの子孫をつくるのはタンパク質ではなくDNAであることから確かめられた．

多くのウイルスは宿主の範囲が狭く，少数の近縁生物種でしか増殖できない．寄生する生物種によって動物ウイルス，植物ウイルス，細菌ウイルス（バクテリオファージ），昆虫ウイルス，糸状菌ウイルスなどに分類される．

ウイルスの構造は正20面体，電子顕微鏡でみると球状の形をしたものが多いが，エンベロープをもったウイルスは球形からはずれた形にみえることも多い．ラブドウイルスのように弾丸状の形，植物ウイルスには棒状や紐状の形をしたウイルスも存在する．このような形はウイルスを分類するうえでの，判断基準の1つとなる．

ウイルスの分類は，宿主，形状，遺伝子構造などをもとに，現在，生物と同様の科，属，種という分類体系が当てはめられてきたところである．

ウイルスの生活環としては，ウイルスを問わず子孫ウイルスを増やすための複製，ビリオン形成がある．動物ウイルスであれば，子孫ウイルスが増殖した細胞から放出されたのちに，新しい宿主細胞へと（多く受容体を介して）進入する段階が，宿主域を決定している（トロピズム）．植物ウイルスでは，複製したウイルスが周囲の細胞，組織全体へと移行する段階，また昆虫など

の媒介生物（ベクター）に媒介される段階などで，宿主特異性が決定されている．

近年では，動物や植物に遺伝子を導入するための方法として，ウイルスベクターも開発されている．　　　　　（渡辺雄一郎）

Alu配列⇨反復配列
栄養培地⇨細胞培養
X染色体⇨染色体
X染色体不活性化中心⇨染色体

エピスタシス

エピスタシスは，広い意味での遺伝子間相互作用を表す用語の1つである．ある遺伝子（たとえば x 遺伝子）によって，対立遺伝子関係にない別の遺伝子（たとえば Y 遺伝子）の発現がマスクされ，交雑後の子孫の表現型の比率がずれる状態をいい，この場合，x 遺伝子が Y 遺伝子に対して上位（epistatic）であり，Y 遺伝子は下位（hypostatic）にあるという．よく知られている例は，上位にある遺伝子が欠陥のある遺伝子で，不活性な酵素を生産しているか，あるいは酵素の生産ができない変異をもち，このことで代謝経路が遮断され，その後の代謝経路にかかわる酵素をコードしている下流の遺伝子の表現型が隠されてしまう場合である．たとえば，マウスの毛色についての遺伝がある．2つの完全にヘテロな遺伝子（$AaCc$）をもつ灰色のマウス間のかけ合わせから，灰色：黒色：白色の子孫が9：3：4の比で生まれた．この結果は，子孫の遺伝子型が $AAcc$ にせよ，$aacc$ にせよ，cc により A の表現型がマスクされたと解釈されるので，c は A に対し上位にあるという．分離比のゆがみはいろいろな場合がある．たとえば，スイートピーの花の色の遺伝では，ヘテロな（$CcPp$）紫色どうしのかけあわせから紫と白が9：7で現れる．これは C と P が存在すれば紫色で，それ以外（$Ccpp$ や $CCpp$ あるいは $ccPp$ や $ccPP$）では白になることを示す．このような分離比のずれは9：3：4や9：7以外にも12：3：1あるいは13：3や15：1などがみられ，その遺伝子間の相互作用についてはエピスタシスを含めさまざまな解釈が可能であるが，いずれも分離比の基本数が16であり，分離比が9：3：3：1をもとにしている点は共通である．今日では，エピスタシスの意味を拡張し，異なる遺伝子の効果が相加的あるいは相乗的でないものをすべてエピスタシスとよぶ．エピスタシスの関係にある遺伝子は，同一の代謝系に属していると考えられるので，エピスタシス解析は遺伝子の遺伝学的

表I-3　遺伝子の相互作用の例

相互作用	$A-B-$	$A-bb$	$aaB-$	$aabb$	例
なし （表現型が独立している）	9	3	3	1	エンドウマメの色と形
補足 （A と B が相補的に働く）	9	7			スイートピーの花色
同義 （A と B が同一の働き）	15			1	ナズナの果実の形
被覆 （A が B に対して優性）	12		3	1	カボチャの果皮
抑制 （A が抑制的に働く）	13		3		カイコガのまゆの色

な解析法の有効な手段となっている．

(井上弘一)

<文献>

1) A. F. Griffiths, et al.：An Introduction to Genetic Analysis, p. 98, W. H. Freeman and Company, 1996.

エピゾーム⇨プラスミド
M　　期⇨「Ⅱ―分子遺伝学/分子生物学」の細胞周期
MTOC⇨細胞分裂
LINE⇨反復配列
LTR⇨レトロウイルス
オートクレーブ⇨細胞培養

核

　真核細胞の核膜で囲まれた染色体を含む細胞小器官．オルガネラ核あるいは核様体と区別して細胞核とよぶこともある．原核生物には核様体があるが，これには核と違って核膜がない．

　核内では，DNAの複製，DNAからRNAへの転写，RNAのスプライシング，転写因子の活性化などが起こる．真核生物の場合，核内で合成されたRNAは，すぐに折りたたまれてリボ核タンパク質になり，スプライシングされ，塩基配列の特定の部位が除かれる．スプライシングが完了すると，RNAを折りたたんでいたタンパク質がはずれ，RNAは核から細胞質へ輸送され，リボソームでRNAのタンパク質の翻訳が始まる．原核生物では，核様体に核膜がないため，RNA合成（転写）とタンパク合成（翻訳）が同時に起こる．RNAにさまざまなプロセシングを施し，より高度な情報管理ができるようになったのは，真核生物の核が核膜を獲得し，細胞質からDNAを隔離できたためともいえる．

　RNAの核外への輸送やタンパク質の核内への輸送は，核膜上の直径30～100 nmの核膜孔を通じて能動的に行われる．細胞質から核へ輸送されるタンパク質は，核局在化シグナルの役割を果たすアミノ酸配列をもつ．核膜の内側には，中間径フィラメント（主にラミン）の接着部位があり，薄い核ラミナ構造を形成している．この構造が間期の染色質（DNA繊維）を支えている．ラミンは，サイクリン存在下で，細胞周期を開始するキナーゼの標的になると考えられている．その他に，中間径フィラメントが核膜の細胞質側表面を覆っている．

　核内には核小体（仁）が存在する．核小体にはRNAとタンパク質が高濃度に含まれており，rRNAの合成やリボソームの組立てが主な機能である．核小体は，膜で囲われてはおらず，未完成のリボソーム前駆体が結合しあって大きな網目構造をつくっている．核小体の大きさは，その活動を反映しており，細胞によって著しい差があり，同じ細胞でも時期によって変化する．たとえば，休眠中の植物細胞では小さく，逆に盛んにタンパク合成をしている細胞では，核の総容量の25％を占めることもある．核小体は，核分裂の初期にだんだんと小さくなり消失するが，終期にRNA合成が再開するときに再び現れる．核小体のRNAとタンパク質は，核小体自身が消失している間は，染色体によって運ばれているらしい．

　繊毛虫類と他のいくつかの原生生物では，大核と小核の2種類の核をもつものがある．大核は基本的には栄養核で細胞の生存にかかわる機能を担い，小核は生殖核で接合に関与している．それぞれの数は，生物種によって大きく異なる．ゾウリムシなどでは，大核と小核はそれぞれ1つで，分裂期には大核は無糸分裂で2つになり，小核は有糸分裂で2つになり，各娘細胞に1つずつ分配される．接合の際には，大核は消失してその後の経過にはかかわらず，小核が融合した受精核からDNAの再構成と

増幅を伴って大核が新生される．このとき，小核特異的配列は遺伝子から除去される．

（森山陽介・河野重行）

核外遺伝子⇨プラスミド

核型分析

　真核細胞の種・個体・細胞に固有の染色体構成（染色体の数，長さ，太さ，動原体の位置などの形態的特長）を解析すること．通常，細胞分裂中期の染色体を用いるが，前中期の染色体を用いることもある．全染色体について，それぞれの長さ・太さ，動原体の位置（狭窄），付随体および2次狭窄の有無・数・位置，凝縮部の異なる部分および異質染色質部・真正染色質部，染色小粒・末端小粒（テロメア）の形・大きさ・分布，各種の分染法によって生じた帯状模様（バンド）の形・数・位置などを基準にする．

　核型の表し方には，種々の方法が提案されている．ヒトでは，核型の表記法が国際的に統一されており，はじめに染色体の総数を記し，つぎに性染色体の構成を表示する．男性では46, XY，女性では46, XXで表す．染色体異常をもつ細胞では，異常染色体の番号と異常の種類を記号によって付記する．個々の染色体をはっきりと同定するため，いくつもの分染法が開発されている．よく用いられるギムザバンド法は，ヒトの核型に300〜400の明暗のバンドをつくる分染法であるが，これは染色体の凝縮の程度の違いを反映している．塩基配列特異的蛍光色素を用いて分染すると，G-CやA-Tリッチ領域が染色体上にバンドとなる．こうしたバンドパターンは，分裂期に非常に再現性高く出現するため，それぞれの染色体を見分ける指標となる．

　染色体を大きさに従って対にして並べた核型写真をカリオグラム，図式をイディオグラムという．イディオグラムには，動原体の位置，付随体や2次狭窄の有無，ギムザ染色による濃淡に加え，蛍光 *in situ* ハイブリダイゼーション（FISH）法によって示されたrRNA遺伝子などの特異的な配列の局在も示される．

　核型は種により一定しており，核型分析によって分類学上の類縁や系統関係を推定することができる．（森山陽介・河野重行）

核相交代

　生活環の中で，2倍体の世代と1倍体の世代が交互に現れる現象である（図I-3）．有性生殖を行う真核生物は，雌雄の配偶子（n世代，1倍体世代）の世代と，両者が合体してできる$2n$世代（2倍体世代）からなる．多くの動植物の個体では，2倍体世代が生活の主体で，減数分裂によって形成されるn世代の配偶子は，それ自身で独立に生活することはできない（図I-4 (a)）．シダ植物でも2倍体（胞子体）が主要な生活形態であるが，減数分裂の結果形成される胞子（n世代）は発芽して前葉体を形成する．前葉体は胞子体と独立に生活する．前葉体上に形成される生殖器官の中で雄性配偶子と雌性配偶子が形成され，それらの融合により2倍体の胞子体が生じる（図I-4 (b)）．上記の生物種では，2倍体が主要な生活型であるが，コケ植物は主な

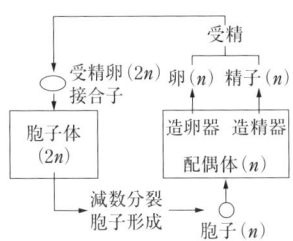

図I-3 世代の交代の模式図

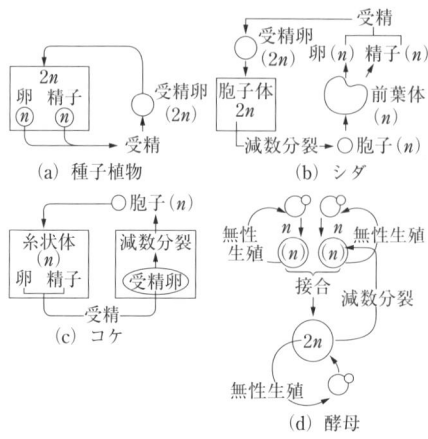

図I-4 世代交代の例

生活型がn世代で，受精によって生じる2倍体はn世代の植物体上に形成され，独立に生活することはできない．減数分裂により胞子を形成する．この胞子（1倍体）が発芽してコケの植物体になる（図I-4 (c)）．酵母は1倍体，2倍体いずれでも生活でき，世代の交代を実験室で容易に制御できる（図I-4 (d)）．1倍体の細胞では，突然変異の形質が優性か劣性かにかかわらず現れるので，安定な1倍体の世代をもつ生物種は突然変異体の分離に適している．原核生物は2倍体の世代をもたないので核相の交代はない．

(東江昭夫)

核様体

細菌・藍藻などの原核生物の細胞に認められるDNA，RNA，タンパク質の複合体あるいはそれが存在する場所をさす．原核生物の染色体の複数コピーからなる．真核生物の核に相当するが，核様体は核膜もヒストンももたない．核様体内で，DNAは，DNA結合タンパク質によって高次に組織化されており，スペルミン，スペルミジンのようなポリアミンもDNAに結合している．また，RNAポリメラーゼや転写調節因子も核様体内に存在する．

真核生物のオルガネラ（ミトコンドリアと色素体）に認められるDNA，RNA，タンパク質の複合体あるいはそれが存在する場所をさす．オルガネラ核とよぶこともある．原核生物の核様体同様，核膜もヒストンももたないが，そのDNAはDNA結合タンパク質によって高次に組織化されている．RNAポリメラーゼや転写調節因子を含む点も原核生物の核様体と同様である．オルガネラ核様体には，複数コピーのオルガネラDNAが存在する．1つのオルガネラに，複数個の核様体が存在することがあり，これは色素体において顕著である．また，色素体の核様体は，生物種や色素体の発達段階によって，凝集型，周辺環状型，散在型などに形状を変え，球状とはかぎらない．

(河野重行・森山陽介)

環境変異

遺伝子型が同一でも環境によって表現型に定量的な変化が生じること．市販のインゲン（*Phaseolus vulgaris*）の豆の重量にはばらつきがある（図I-5）．Johannsenは

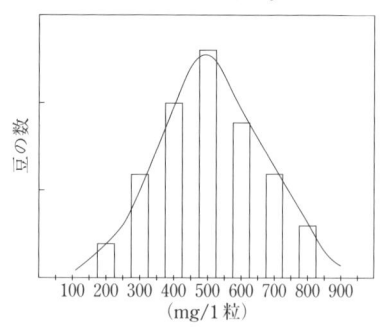

200 mgは150 mg～250 mgの範囲に含まれるものを表す．

図I-5 市販の豆の重量の分布

表 I-4 純系の豆の平均重量

系統	1	2	7	13	18	19
mg/1 粒	642	558	492	454	408	351

表 I-5 系統13の異なる重量の豆から生じた子孫の豆の重量の分布

親豆の重量(mg/1 粒)	子孫の平均重量(mg/1 粒)
250〜300	445
350〜400	453
450〜500	434
550〜600	458

豆の重量の軽い（〜150 mg/1 粒）ものから重い（〜900 mg/1 粒）ものまで数段階に分け，自家受粉をくり返し行うことによって豆の平均重量が異なる数種の系統を確立した（表 I-4）．各系統について，自家受粉を行って生じる豆の重量を調べると，その平均値は親豆の系統が示すものと同じで，何代くり返しても変化しなくなった．このような状態になった系統を純系といった．つぎに，1つの系統（13）の中の重さの異なる豆を親豆として，それに生じる豆の重量を調べたところ，いずれの場合も，その系統の平均値になった（表 I-5）．同様の実験を異なる系統で行うと，系統の平均値は維持されるが，個々の豆の重量はばらついた．この結果は，豆の重量の決定に遺伝的な因子と環境変異が関与していることを表している．その後，この表現型の決定に遺伝的な因子と環境因子が働くことは，他の定量的な表現型の決定にもあてはまることが示された．　　　　（東江昭夫）

キアズマ

減数第1分裂の太糸期から中期にかけて観察される相同染色体の結節構造をキアズマという．複糸期は，相同染色体が分離し始める時期で，2価染色体はキアズマによ

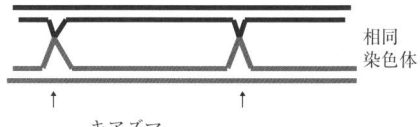

図 I-6 減数分裂複糸期の染色体の模式図

って保持されているようにみえる．複糸期から移動期には，2価染色体の4本の染色分体（娘染色体）が明瞭に見分けられ，相同な2本のあいだでの交叉像がみられ，その部位はX字型を示す．キアズマの頻度は染色体の長さにおおよそ比例し，各染色体には1ないしそれ以上のキアズマがみられる．キアズマ頻度は，遺伝的な組換えの頻度と対応しており，染色分体間の乗換えを表す．F. Janssens は，キアズマは染色分体を交換してつながり直した結果であると主張した（キアズマ型説）．染色分体の交換が起こる時期は，相同染色体が対合する太糸期であることが示されている．キアズマは複糸期には染色体に散在しているが，分裂が前期から後期に進行するにつれ，その数が減少し，また染色体の末端に移動することがある（キアズマ末端化）．

（井上弘一）

偽遺伝子⇨「II—分子遺伝学/分子生物学」

キセニア

重複受精の結果できる胚乳に花粉の影響が当代で現れる場合をキセニアという．胚乳以外に花粉の影響が現れる場合は，メタキセニアとよび区別する．

キセニアの例としては，トウモロコシの白色の種子をつける株（yy）に，黄色の種子をつける株（YY）の花粉を受精させると，白色株の種子の胚乳（yyY）が黄色に

なる場合がある．ただし，相反交雑で生じる黄色い胚乳（*YYy*）は，キセニアとはいわない．以下の2例もよく知られたキセニアである．砂糖性のトウモロコシを雌親として，デンプン性のトウモロコシの花粉を交配すると，砂糖性のトウモロコシの株がデンプン性種子をつける．モチイネを雌親として，ウルチイネの花粉を交配すると，モチイネにウルチのもみができる．

（河野重行）

偽対立遺伝子

*M*遺伝子中の2つの隣接した変異*m1*と*m2*（図Ⅰ-7）を考えると，それぞれは野生型*M*遺伝子に対して対立遺伝子である．また，多数の子孫を調べることが難しい実験材料では*m1*/*m2*2倍体から交叉による野生型の出現が検出できないこともあり，このような場合*m1*と*m2*は対立遺伝子であるとみなされる場合がある．これが偽対立遺伝子である．微生物が実験材料として用いられ，組換え型の検出能が上がったことにより，1つの遺伝子内の異なる変異間で組換えが生じることが示され，遺伝子の微細構造地図が作成された．バクテリオファージT4の*rII*遺伝子座の微細構造地図は，遺伝子に生じる変異がヌクレオチドを単位として起こることを示した．また，組換えがヌクレオチド単位で起こることも示された．これらの結果から，遺伝子が一連のヌクレオチドからなるというDNAの2重らせんモデルに調和した遺伝子像が確立された．真の対立遺伝子として4種（AT，

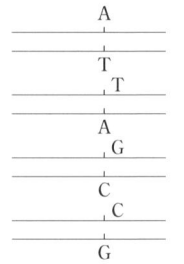

このうち1つが野生型で他は変異型．

図Ⅰ-8　真の対立遺伝子

TA，GC，およびCGのいずれかで，このうちの1つが野生型）が可能である（図Ⅰ-8）．

（東江昭夫）

キネトプラスト

寄生性鞭毛虫類（キネトプラスト類）の鞭毛の基部の後方にある球状または棒状の構造体で，ギムザ染色やヘマトキシリン染色で濃く染まる．

キネトプラストは特殊化したミトコンドリアのDNAで，キネトプラストDNA（kDNA）ともよばれる．kDNAの発見は1924年で，最初に発見された核外DNAである．核外の葉緑体やミトコンドリアに独自のDNAがあることが発見されたのは1960年代である．kDNAは多数のコピーをもち，凝集が著しいので光学顕微鏡でも容易に観察できた．

kDNAは2種の環状DNAすなわち小環状DNA（ミニサークル）と大環状DNA（マキシサークル）とから構築されている．種類にもよるが，小環状DNAは0.5～2.8 kbp，大環状DNAは20～39 kbpで，前者の約5000～10000分子と後者が約20～50分子が連環状に連なったネットワークを形成しており，細胞の全DNAの約7％に相当する．大環状DNAには，rRNA・チトクロムb・チトクロム酸化酵素の3

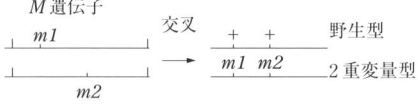

図Ⅰ-7　偽対立遺伝子

サブユニット，NADH脱水素酵素の5サブユニット，ATP合成酵素のサブユニットなどがコードされている．さらに，3つのORFとCR1-6とよばれる領域があり，その一部はリボソームタンパク質をコードしている．tRNAはコードされていないが，大環状DNAは通常のミトコンドリアDNAに相当する機能を果たしている．

キネトプラストのmRNAは，著しくRNAエディティングされる．エディティングの指標として，50〜80ヌクレオチドのガイドRNA（guide RNA, gRNA）が必要となるが，gRNAは大環状DNAばかりでなく小環状DNAにもコードされている．多数の小環状DNAの役割は，エディティングの際に必要な多種多様なgRNAを供給するためだと考えられている．

（森山陽介・河野重行）

機能獲得型変異⇨表現型
機能喪失型変異⇨表現型

機能ドメイン

タンパク質の構造で，他の部分とは独立に特有の立体構造へと折りたたまれる領域をドメインとよぶ．タンパク質は，このようなドメインが組み合わさって全体の構造を形づくっていると考えられる．1つのドメインは，通常50〜150個のアミノ酸からなり，α-ヘリックス，β-シート，あるいは両者が混ざったものなどの2次構造を形づくっている．ドメインとドメインは，短いポリペプチド鎖からなるリンカー部分によってつながれている．リンカー部分は構造の柔軟性が大きく，この部分が蝶つがいのように容易に構造変化することで，比較的強固な構造をもつ各ドメインが最終的なタンパク質の立体構造をとるように空間的に配置されると考えられる．ドメインの中でもタンパク質の機能にかかわるものを機能ドメインという．酵素タンパク質にみられるように触媒機能をもつドメイン，他の分子との結合あるいは識別に関与するドメイン，多量体形成にかかわるドメイン，他の分子の機能を制御するドメインなどさまざまな機能をもつドメインがある．1つのタンパク質分子中に2つ以上のドメインを含むタンパク質を多重ドメインタンパク質という．酵素タンパク質ならば，最低でも触媒ドメインと基質結合ドメインをもち，転写活性化因子ならばDNA結合ドメインと転写活性化ドメイン（転写開始複合体との相互作用をするドメイン）をもつ．それぞれの機能ドメインは，その領域だけでそれぞれの機能に必要な立体構造をとることができるので，その領域だけをタンパク質分子から切り離して利用したり，他のタンパク質に挿入したり，あるいは対応する機能ドメインと入れ替えたりすることができる．酵母ツーハイブリッド法は転写活性化因子のDNA結合ドメインと転写活性化ドメインをそれぞれ切りだし，別のタンパク質と融合させても機能できることを利用している．

遺伝子のエクソンがドメインに対応していることがよく観察され，組換えによるエクソンの組合せの変化（エクソンシャフリング）が，さまざまな機能ドメインをもったタンパク質を進化の過程でつくり出したと考えられている．現在では，さまざまな機能ドメインの立体構造が決定され，そのデータベースを利用できるようになっている．それらの機能ドメインをうまく組み合わせることで，新種のタンパク質分子を設計しようという試みもなされている．

染色体の機能ドメインには，多糸染色体にみられるパフや遺伝子座制御領域（locus controlling region：LCR）のように，遺伝子の転写が活発に行われている領域がある．これらの領域ではクロマチン構造が不安定化し，この領域内の各遺伝子のエン

ハンサーやプロモーターが活性化され，転写が盛んに行われていると考えられている．このような機能ドメインの境界は，ヘテロクロマチン構造形成により決められているが，核マトリックスへの結合が境界形成に重要との説もある． （西沢正文）

機能抑制型変異⇨表現型

共優性

A遺伝子の優性の対立遺伝子2種を$A1$と$A2$とする．$A1A1$, $A2A2$, $A1A2$の3種の2倍体が異なる表現型を示すとき，$A1$と$A2$は共優性であるという．2つの対立遺伝子は，それぞれ機能の異なるポリペプチドをコードする．ヒトのABO式血液型の決定様式が典型的な例である．この血液型は，赤血球表面の糖脂質末端の単糖の種類によって抗原性が異なることによって決まる．i^Aとi^Bはi^Oに対して優性である．i^A遺伝子産物はN-アセチルガラクトサミン転移酵素をコードし，末端にN-アセチルガラクトサミンをもつ糖脂質を形成する．i^B遺伝子産物はガラクトース転移酵素をコードし，末端にガラクトースをもつ糖脂質が形成される．$i^A i^A$（あるいは$i^A i^O$）および$i^B i^B$（あるいは$i^B i^O$）の人の血液型はそれぞれA型とB型になる．一方，$i^A i^B$の人は2種類の抗原をもつので，血液型はAB型になる．これは，i^Aとi^B遺伝子産物がそれぞれ異なる抗原を形成するように働くことによる．異なる働きをもつ対立遺伝子として詳しく研究されている例として，出芽酵母の接合型決定遺伝子座（MAT座）が知られている．MAT座には2つの対立遺伝子，MATa と$MAT\alpha$があり，それぞれをもつ1倍体細胞の接合型はa型とα型を示す．MATa と$MAT\alpha$はそれぞれ異なる働きを示す遺伝子産物をコードし，両者が共存する2倍体ではMATa遺伝子産物と$MAT\alpha$遺伝子産物が複合体を形成する．この複合体はMATa遺伝子産物や$MAT\alpha$遺伝子産物とは異なった働きをもつために，MATa と$MAT\alpha$をもつ細胞は2倍体特有の性質を示す．このように，MATa と$MAT\alpha$のあいだには優劣の関係はなく，両者は共優性である．（東江昭夫）

極性

形態形成において，細胞集団がある一定の方向にそって分化を行うことである．前後軸極性，背腹軸極性，遠近極性などがあり，これらが密接に連関しあってパターン形成が行われる．一例として，キイロショウジョウバエ（$Drosophila\ melanogaster$）の肢イマジナルディスクを例にとりあげる．

肢イマジナルディスクでは，3齢幼虫期にパターン形成が行われる．まず，前後軸極性は，後部コンパートメントで$engrailed$（en）が発現することによって決められる．Enは転写因子で，分泌性タンパク質であるHedgehog（Hh）の産生を促す．Hhは，前部コンパートメントの隣接する細胞に働きかけて，背部側でDecapentaplegic（Dpp），腹部側で

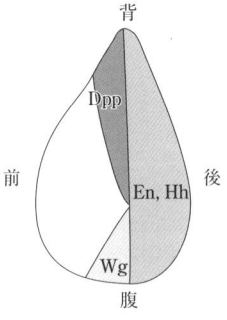

図I-9 キイロショウジョウバエ肢イマジナルディスクにおける前後・背腹軸の決定

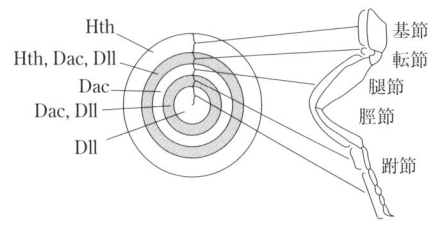

図Ⅰ-10 キイロショウジョウバエ肢イマジナルディスクの遠近軸の決定

Wingless（Wg）の産生を誘導する（図Ⅰ-9）．DppとWgは，いずれも分泌性シグナルタンパク質で，イマジナルディスク全体に拡散して，背腹極性を決定する．一方，DppとWgの発現が隣接する領域で，転写因子Distalless（Dll）の発現が誘導され，肢の先端部としての決定がなされる．基部では，転写因子Homothorax（Hth）が発現するが，DllとHthの発現が隣接する領域で，転写因子Dachshund（Dac）の発現が誘導されて，円近軸にそった細分化が行われる（図Ⅰ-10）． （西田育巧）

巨大染色体

通常の染色体と比べて著しく巨大な染色体である．染色体がくり返し複製し，その結果，生じた多くの染色体のコピーが分離することなく束になり，凝集せずに長く太い染色体となっている状態をさす．

ショウジョウバエの唾腺染色体がもっともよく研究されている．他に，食道・小腸の表皮，マルピーギ管，神経細胞などにみられる多糸染色体と，魚類，両生類，爬虫類，鳥類などの卵母細胞とショウジョウバエなどの精母細胞内にみられるランプブラシ染色体なども巨大染色体として知られている．

一般に，巨大染色体は，間期において有糸分裂の能力を失った細胞に生じる．凝縮の程度が低いため，ふつうの染色体よりも長くなる傾向がある．唾腺では多糸染色体となって太さが増し，ランプブラシ染色体では染色体分体に側生したDNAのループがRNAや核タンパク質の基質に覆われている． （森山陽介・河野重行）

近　交　系⇨「Ⅳ―集団遺伝学/進化」
くり返し配列⇨反復配列
クロマチン⇨「Ⅱ―分子遺伝学/分子生物学」

ゲノム

Winkler（1920年）は，n（半数体）世代の細胞がもつ全染色体をひとまとめにしてゲノムと定義した．ゲノムを単位として倍数性植物の類縁関係を調べることが行われ（古典的なゲノム分析），たとえば，コムギの原種から現在のコムギの確立の過程がゲノムのレベルで明らかにされた．ミトコンドリアと葉緑体はそれぞれ固有の染色体をもつことから，これらの細胞小器官の染色体をミトコンドリアゲノム，葉緑体ゲノムという．原核細胞の染色体もゲノムという．今日的な研究で用いられる用語としての「ゲノム」には，染色体DNAの塩基配列に関する情報が含まれる．ゲノムの大きさは塩基対の数で示すことができ，また，いくつかの生物種では，そのゲノムの全塩基配列が解明されている．これらの生物では，含まれる遺伝子の数が推定できる（表Ⅰ-6）．大腸菌の遺伝子は，ゲノムの75％を占め，残りの25％は遺伝子間配列（複製開始配列など）が占める．一方，ゲノムサイズの大きいヒトのゲノムでは，遺伝子および遺伝子関連配列は20～30％で，その中の10％程度がコード領域の配列である．遺伝子外DNA配列が全体の70～80％を占め，この中の主要な部分は挿入

表I-6 ゲノムサイズ

生物種	ゲノムサイズ	推定遺伝子数
ヒト	3000 Mb	～40000
マウス	3000 Mb	
ショウジョウバエ	140 Mb	12000
C. elegans	97 Mb	19000
シロイヌナズナ	125 Mb	25000
出芽酵母	13 Mb	6000
大腸菌	4.6 Mb	4000
マイコプラズマ	0.58 Mb	500

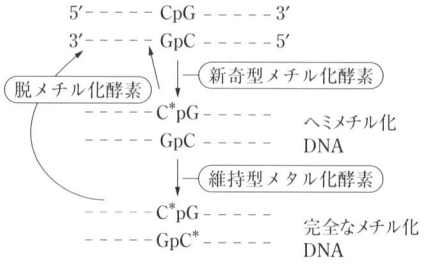

図I-11 DNAのメチル化

されたレトロウイルスによる．（東江昭夫）

ゲノムインプリンティング

配偶子形成の際，性によって特徴的なDNAのメチル化が起こり，同じ塩基配列の対立遺伝子が異なった発現の調節を受ける現象である．エピジェネティックス（後生遺伝）の例である．マウスのigf2遺伝子は常染色体上にあり，受精後の初期胚発生では，父親由来の対立遺伝子はメチル化されていないので発現するが母親由来の対立遺伝子はメチル化されていて発現しない．このマウスがオスの場合，次世代の配偶子を形成するとき，母親由来の不活性だった対立遺伝子は脱メチル化されて活性化される．このマウスがメスの場合，父親由来の活性化されている対立遺伝子をメチル化し，不活性化する．

DNAのメチル化は一部のCpG配列中のC塩基で起こる．メチル化の状態について，メチル化されていない状態，ヘミメチル化の状態，および完全にメチル化された状態の3つの状態が可能である（図I-11）．完全にメチル化されたDNAの複製直後は，ヘミメチル化の状態になる．メチル化の状態は，脱メチル化酵素とメチル化酵素によって調節される．維持型のメチル化酵素は，ヘミメチル化DNAを完全メチル化DNAにする作用があり，細胞分裂を通して，メチル化状態を維持するのに働く．新奇型メチル化酵素は2本鎖ともにメチル化されていないDNAの特定のCpG配列をメチル化する．メスのマウスが配偶子を形成する際，父親由来のigf2遺伝子をメチル化するときに働く．脱メチル化酵素は，完全メチル化DNAやヘミメチル化DNAからメチル基を取り除き，以前のメチル化状態をご破算にして新しいメチル化パターンの形成の準備に働く．

（東江昭夫）

原 形 質 ⇨ 細胞

減数分裂

染色体数を半減させる染色体の分離・分配の過程が減数分裂である．特に，有性生殖生物では，配偶子間の受精による染色体の倍加を見越して，配偶子の染色体をあらかじめ半減させている．これは，単に染色体の数を減らすだけではなく，相同染色体を半減させるという点で特異的である．すなわち，2倍体では1倍体の配偶子が形成されている．配偶子の成熟過程でみられることから，成熟分裂という場合もある．また，還元分裂ともよばれる．減数分裂は1回の染色体複製と，これに続く2回の染色体分配からなる．1回目の染色体分裂は第

1減数分裂とよばれ，減数分裂を特徴づける過程である．複製した姉妹染色体は合着し，1本の相同染色体を形成し（2価染色体），この相同染色体の対のあいだで分離される．第1減数分裂では，姉妹染色体が合着した相同染色体に2カ所の動原体があるのだが，一方の極の中心体から伸びる紡錘糸しか付着せず，あたかも1つの動原体のように振る舞う．相同染色体の対合がみられるのも第1減数分裂である．これに続く第2減数分裂では，体細胞分裂と同じ様式で姉妹染色体が分配され，4個の減数された細胞が形成される．第1減数分裂で相同染色体の対のあいだで分離が起こることを前還元的，第2減数分裂でこれが起こることを後還元的という．　　　（仁木宏典）

減数分裂後分離

　減数分裂における相同染色体間の組換えは，ホリデーの中間体を経て鎖の交換が行われる（相同組換えの項参照）．相同ではあるが塩基配列に違いがあるところでの鎖の交換になるので，ホリデーの組換えの中間体の移動に伴い最終的にはヘテロ2本鎖（hetero duplex）部分が生じる．このヘテロ2本鎖部分の塩基の誤対合が修復されずそのまま遺伝情報が保存されれば，減数分裂の結果生じた4個の1倍体にそれぞれの親の遺伝子配列が維持されるので分離比は2：2になる．アカパンカビなどでは，2回の減数分裂後，胞子形成の前に，さらに1回の体細胞分裂をするので，その結果，8個の1倍体胞子を生むが，誤対合が保存されればその分離は4：4となる．まれにこれとは異なる分離比を示す場合（たとえば6：2など）があり，これは減数分裂時に誤対合を解消し，修復した結果である（遺伝子変換の項参照）．減数分裂後の体細胞分裂では，DNAの2本鎖に誤対合がなければ，そのDNA鎖が鋳型として複製されるので，8個の胞子のうち隣り合う2つの胞子は同じ遺伝子型をもつことになるが，2本鎖に誤対合があれば，それぞれの鎖が鋳型として複製されるので，その結果8個胞子の分離比が7：1や5：3それに異常な4：4分離となるものが生じる．このような分離を減数分裂後分離（post meiotic segregation：PMS）という．減数分裂後分離は，減数分裂後の第1回目の体細胞分裂での分離であるため，胞子形成前に体細胞分裂を行わない酵母では，減数分裂後分離は胞子からの細胞の増殖において，コロニーのセクタリングとして表れる．ミスマッチ修復は，誤対合を修復するため，正常細胞では減数分裂後分離の頻度は低く抑えられているが，ミスマッチ修復欠損変異をもつ株では高い減数分裂後分離がみられる．　　　　　　　　　　　（井上弘一）

限性遺伝⇨伴性遺伝

検定交雑

　遺伝様式の実験において，特定の細胞または個体が予想される遺伝子構成になっているか調べるために，その注目する遺伝子構成についてすでに明らかになっているホモ接合体と交配させることを検定交雑という．ある形質について，優性形質のホモ接合の系統 AA と劣性形質のホモ接合の系統 aa の交配によって出てきた雑種第1世代 F1 を自家交配して得た F2 では優性形質と劣性形質が3：1の比率で現れる．このとき，その遺伝子構成は AA，Aa，aa の3とおりである．劣性形質を示す遺伝子構成は aa だけであるが，優性形質を示す遺伝子構成は AA，Aa の2とおりある．このどちらの遺伝子構成となっているかは，これを遺伝子構成がすでに明らかになってい

る系統と交配させ，生じる子孫の表現型から決めることができる．この例では，F2の個体が AA であれば aa の親と戻し交配させたとき，その雑種はすべて Aa となり，すべての雑種が優性形質を示すはずである．他方 F2 の個体が Aa であれば，Aa と aa が1：1比率で生じ，優性形質と劣性形質の子孫が現れる．このように，検定交雑は一種の戻し交配である．検定交雑は遺伝子の連鎖群の分析の際などに有用である．また，突然変異体の分離の際において，突然変異した表現型が1遺伝子座の変異で生じているか決める際にも行われる．特に，アルキル化剤などを化学的な突然変異誘発処理をした場合，1個の細胞内に多重の突然変異が誘起されている場合がある．検定交雑を行い，突然変異の表現型がメンデルの法則に従うか調べることで，突然変異が1遺伝子座の変異であるか明らかにすることができる． 〔仁木宏典〕

顕微鏡

肉眼では観察が困難な微小な対象を拡大して観察する装置である．ふつう光学顕微鏡をさすが，広義には電子顕微鏡も含む．光学顕微鏡はレンズを用いて対象を拡大する．光学顕微鏡には2つのレンズ系，すなわち目に接する側の接眼レンズと，対象物の近くに置かれる対物レンズが備わっている．対物レンズが結ぶ実像を接眼レンズが拡大鏡の原理で拡大する．拡大倍率は2つのレンズ系の倍率の積となる．

より微細な構造や形状を識別するためには，より高い倍率を用いる必要がある．倍率が高くなるほど，分解能（2つの物体が別々にみえる最小の間隔）の小さいことが要求される．分解能はレンズの開口数 $n \sin\theta$（n は対象がある媒質の屈折率，θ は光軸上の対象から出てレンズに入る光線が光軸となす最大角度）に逆比例する．分解能を小さくするためには，レンズの開口数（N_A）を大きくする必要がある．しかし，$\sin\theta$ は1を超えないし，対象がある媒質は通常は空気なので $n = 1$ となる．対象と対物レンズのあいだを空気より屈折率の高い液で満たせば開口数を大きくすることができる．こうした液を使う対物レンズを液浸対物レンズとよび，液としてはセダーオイルなどが一般に用いられる．倍率100倍の対物レンズはほとんど液浸で，$N_A = 1.40$ になるものもある．この場合の分解能は 0.2 μm 程度となるが，これが光学顕微鏡の分解能の理論上の限界である．

細胞の多くは，小さいうえに無色透明である．顕微鏡観察には，細胞を染色する必要がある．また，蛍光色素と結合した抗体を用いれば，特定の分子の細胞内での位置を蛍光顕微鏡で知ることもできる．最近では，共焦点走査型顕微鏡を用いて，レーザーによる薄い光学切片像を得，3次元構造を再構築することもできる．

無染色で細胞内の微細構造を観察するには，位相差，微分干渉，暗視野光学系を用いる．位相差顕微鏡は，光の回折と干渉を利用して，細胞内の構造にコントラストをつける．微細な構造の観察に有効であり，標本の厚さは 10 μm 程度まで可能である．微分干渉顕微鏡は，光が標本内部を通過するときの光路差を利用して，透明な標本を観察する．観察像に立体感のある明暗のコントラストがつく．解像力は位相差顕微鏡より高く，微細な構造から大きな構造まで容易に観察できる．標本の厚さは数百 μm まで可能である．無染色で比較的厚い標本の観察が可能なので位相差顕微鏡も微分干渉顕微鏡も生きた細胞の観察に力を発揮する．

細胞の膜や小器官など，さらに詳しく微細構造を観察するには，より高い分解能の透過型電子顕微鏡が必要となる．また，細胞表面の3次元的な微細構造の観察には，

走査型電子顕微鏡が必要となる．さらに，膜や細胞の内部構造は，凍結割断法や凍結エッチング法を用いて，それぞれの電子顕微鏡で観察することができる．核酸やタンパク質などの巨大分子も，重金属でシャドウイングしたりネガティブ染色したりすることで，電子顕微鏡観察することができる．

電子顕微鏡は，電子の波の特性を利用する．透過型電子顕微鏡（TEM）は，真空中で高電圧をかけることにより加速電子を照射し，対象物を通り抜けた電子を蛍光板に当て像を得る．電子はコイル式の電磁石によって焦点に集められる．透過型電子顕微鏡の分解能は加速電子を得る電圧に比例し，0.1 nmの分解能をもつものもある．

走査型電子顕微鏡（SEM）は，電子線で試料を走査し，反射あるいは試料から放射される2次電子を検出することで，試料表面の立体像を得る．走査型電子顕微鏡も，透過型電子顕微鏡と同様に試料を真空下におく必要があり，試料の固定や蒸着が必要であった．最近では，試料をおくステージを冷却し試料を凍らせ，走査型顕微鏡の場合は低真空での観察も可能となっている．

電子顕微鏡とは，まったく異なる原理の走査型プローブ顕微鏡がナノテクノロジーの分野で注目されている．走査型プローブ顕微鏡は，先端を尖らせた探針を用いて，物質の表面をなぞるように動かして表面状態を観察する．実際の例としては，表面を観察する際，微少な電流を利用する走査型トンネル顕微鏡（STM），原子間力を利用する原子間力顕微鏡（AFM）などがある．光学顕微鏡に比べて分解能は非常に高く，高性能な物では原子1つ1つを見分けることができる．走査型プローブ顕微鏡の歴史は，IBMで開発されたSTMが最初とされる．しかし，STMはトンネル電流を利用するため，絶縁体の観察を行うことができない．そのため，原子間力を利用するAFMが開発され，絶縁性の試料も観察できるようになっている．生物試料への応用も目覚しい． 　　（森山陽介・河野重行）

限雄性遺伝 ⇨ 伴性遺伝
高圧滅菌器 ⇨ 細胞培養

交　　差

乗換えともいう．相同染色体の相対する相同な部分でそれぞれ切断が起こり，それぞれが相手染色分体と結合することで部分交換を起こす現象である．結果として，同一連鎖群にある遺伝子の遺伝学的組換えとなる．T. H. Morganはショウジョウバエでの交雑実験から，減数分裂のとき相同染色体間でその部分を交換することがあると予想し，これを交差とよんだ．H. B. CreightonとB. McClintockは，トウモロコシの細胞学的な解析から交差が相同染色体の部分交換であることを実験で示した．減数分裂時に観察されるキアズマは交差が起こった結果とみなされる．同一染色体の2つの異なる遺伝子間での交差の頻度（交差価）は，その遺伝子間の実際の距離と相関があるので，染色体上の各遺伝子間の交差価を計算し，各遺伝子の位置を図示したのが遺伝地図である．ふつう，交差は減数分裂時にみられるが，体細胞分裂時においてもまれにみられる．アカパンカビの交雑によるテトラド解析から，交差が起こるのは減数分裂前DNA複製の後の段階で，4染色分体のときであり，4本の染色分体のうち2本が関与することが示された． 　　（井上弘一）

交　　雑

遺伝的構成の異なる個体間の交配である．その結果，雑種がつくられる．しかし，

交配に用いた親個体の遺伝子型によっては，雑種第1代の遺伝子型が必ずしもヘテロ接合とはかぎらない．一般的には，高等生物の有性生殖だが，細菌では接合，導入，形質転換などがこれにあたる．育種遺伝学の観点からは，交雑によって親世代よりも変異性の大きい集団を得ることができ，人為選択の基礎集団として利用される．

交雑によって，次代の個体が得られないことを交雑不稔というが，多くの植物で動物の性に似て特定の組合せの交雑では受精そのものが起きない交雑不和合性という現象が知られている．配偶体型の不和合性は半数体花粉と2倍体雌蕊(めしべ)細胞との相互作用の結果，雌蕊で花粉管の生長を抑制することによって起こる．これにより，自家受精が阻害されることになる．不和合性は，原生動物，藻類，菌類でも知られている．

ショウジョウバエでは交雑発生不全（ハイブリッドディスジェネシス）とよばれる，特定の組合せの交雑の雑種で起こる遺伝的異常が知られている．これは，転移因子（トランスポゾン）の転移によって引き起こされ，染色体異常，致死突然変異，可視突然変異などの突然変異率の上昇や不妊などの症状を含む．もっともよく知られている例は，P因子である．完全型のP因子をもったP系統の雄をP因子をもたない感受性のM系統の雌に交配した子孫の生殖細胞では，上述したようなさまざまな異常が観察される．ただし，体細胞では転移が起こらないため，不妊を除いてP因子の転移による突然変異はF2世代においてはじめて観察される．しかし，逆交配（P系統の雌×M系統の雄）ではこの種の異常はまったく起こらない．

(高野敏行)

酵母人工染色体⇨人工染色体
コヒーシン⇨細胞分裂
ゴルジ体⇨細胞
コンデンシン⇨細胞分裂
最小培地⇨細胞培養

サイトダクション

核遺伝子の構成を変化させずに，細胞質性の遺伝因子を供与体細胞から受容体細胞へ導入することである．供与体細胞と受容体細胞とのあいだの融合細胞は，1細胞内に2核をもつ状態をとることがある．この状態をヘテロカリオンという．このとき，細胞質側からみれば，細胞質は2種の細胞の混合となっている．このヘテロカリオンが細胞分裂することによって，1核の娘細胞が生じる．供与体と受容体の核遺伝子を遺伝的に標識しておき，受容体の核をもつ1核細胞を選べば，この細胞は受容体の核と供与体と受容体の細胞質の混合した細胞質をもつ．このような細胞をヘテロプラズモンという．ヘテロプラズモンは，供与体の細胞質が受容体に導入された細胞（サイトダクタント）であるといえる．

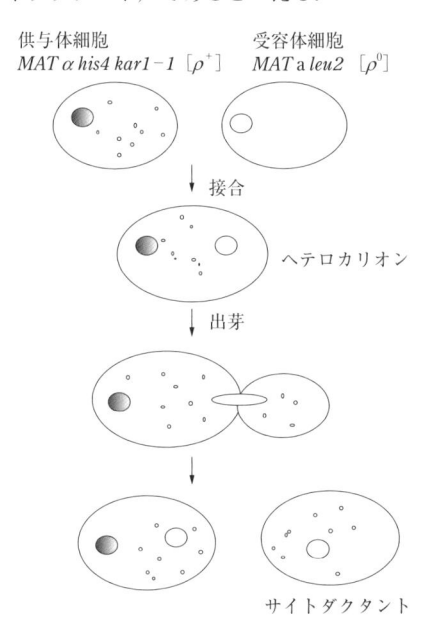

図I-12　出芽酵母で行われるサイトダクション
ρ^0：ミトコンドリアDNA欠損．

出芽酵母で行われるサイトダクションを例として示す（図I-12）．野生型の出芽酵母は，接合後ただちに2倍体になり，ヘテロカリオンになることはきわめてまれである．しかし，接合後の核融合過程に欠損をもつkar1-1変異体を供与体か受容体の一方あるいは両方に用いると，接合後ヘテロカリオン状態が維持される．細胞質遺伝因子としてミトコンドリアを用いることにして，供与体細胞（MAT α his4 kar1-1 [ρ^+]）と受容体細胞（MAT a leu2 [ρ^0]）を接合させ，ヘテロカリオンを形成させる．ヘテロカリオンから分離する核のうちleu2変異をもつものを選べば，供与体のミトコンドリアと受容体の核をもつサイトダクタントが得られる．

（東江昭夫）

再　編　成 ⇨ 「II—分子遺伝学/分子生物学」の遺伝子の再編成

細　胞

生物体を形づくる最小の構造単位である．生物が示す成長，物質やエネルギーの交代，生殖などの生命現象を営む最小の機能単位でもある．

細胞膜に囲まれ，原則的には内部に1個の核または核様体をもつ．細胞膜は，細胞を取り囲んでその境界を決め，細胞の外部環境とは異なる細胞質ゾル（原形質）を維持する．細胞膜は，主に非共有結合をした脂質とタンパク質からなる，厚さほぼ5 nmの脂質2重層である．

細胞は原核細胞と真核細胞に2分される．原核生物には核膜がなく，DNA，RNA，タンパク質がそのほかの小分子と細胞膜によって包まれている．細胞膜の外に細胞壁をもっているものが多い．原核生物の細胞壁は，真核生物の植物がもつセルロースが主成分の細胞壁とは異なり，ペプチドグリカンを主成分としている．原核生物は真正細菌と古細菌の異なる2つの系統からなる．ラン藻や大腸菌は真正細菌である．古細菌には，海底火山の熱水鉱床付近に生息する好熱菌，死海などの高塩濃度の環境に住む高度好塩菌，ウシの胃などに存在するメタン生成細菌などがある．

真核細胞は核膜に囲まれた核をもち，細胞の大部分のDNAはその中にある．細胞の代謝のほとんどは細胞質で行われる．生命活動の源という意味で細胞質を原形質とよぶこともある．細胞質にはいろいろな細胞小器官（オルガネラ）が存在する．狭義の細胞小器官は，葉緑体とミトコンドリアのことで，ともに核膜とは性質が異なる2重の膜で包まれている．ミトコンドリアは，ほとんどの真核細胞に存在する．葉緑体は光合成能のある細胞，すなわち植物にのみ存在し，動物や菌類にはみられない．

植物細胞は，細胞膜の外側に細胞壁をもち，細胞質内にはしばしば大きな液胞がある．動物細胞は，細胞膜のみで包まれており，細胞壁はもたない．また，多核体や変形体のように，植物や動物の細胞構造とは著しく異なる多細胞的生物がいる．ボルボックスなどは多数の個体の集まった群体であるが，通常，多細胞生物では多くの種類の細胞が分化し，それぞれの機能に応じて分化した構造を細胞内にもっている．分化した同種の細胞が集まって組織や器官を構成する．

広義の細胞小器官には，ミトコンドリアと葉緑体のほかに，小胞体，ゴルジ体，リソソーム，ペルオキシソームなどがある．小胞体はER（endoplasmic reticulum）ともよばれ，1層の膜に囲まれた袋状の構造物で，小胞状・小管状・扁平嚢状・膨潤した空胞状などさまざまな形状になる．細胞質側の膜表面のリボソームの有無で，粗面小胞体と滑面小胞体に区別される．扁平な粗面小胞体は，平行に配列し，層板を形成することがある．粗面小胞体のリボソーム

は，膜のタンパク質や水溶性のタンパク質を合成している．滑面小胞体は，小胞管状構造をとることが多い．小胞体は，細胞の他の部分が必要とする脂質の合成や Ca^{2+} の貯蔵なども行っている．

ゴルジ体は，円盤状のゴルジ囊が積み重なった独特の形状をしている．小胞体から送り出された脂質やタンパク質を受け取って，各分子に共有結合性の修飾を施し，最終目的地である細胞小器官に送り出すのがゴルジ体の主要な働きである．

リソソームは，厚さ6〜8nmの1重膜で囲まれた，直径0.4〜数 μm の顆粒ないしは小胞である．一群の加水分解酵素をもち，細胞がエンドサイトーシスによって外部から取り込んだ巨大分子や粒子を分解すると同時に，不要となった細胞小器官の分解も行う．形態がきわめて多様なので，組織化学的には，酸性ホスファターゼ活性陽性のものをリソソームと同定している．ペルオキシソームは，動植物細胞に存在する直径 $0.5\mu m$ ほどの顆粒であり，多様な酸化反応を行う酵素群を含んでいる．

（森山陽介・河野重行）

細胞学的地図

染色体地図の一種である．個々の染色体の特定部位や遺伝子の相対的位置を図示するもので，代表的なものにショウジョウバエなどの唾腺染色体地図とトウモロコシなどのパキテン期染色体地図がある．唾腺染色体にはさまざまな形をした横縞が線状に並んでいる．これを1つ1つの染色体について図示したものが唾腺染色体地図である．パキテン期染色体地図は，減数分裂のパキテン期にみられる染色小粒の位置や大きさ，狭窄や核小体形成部位の位置を染色体ごとに図示したものである．

最近では，上記のような明確な指標がない場合でも染色体地図を作成することができる．任意の遺伝子あるいはそれ以外の領域をコードするDNA断片を放射性同位元素や蛍光色素で標識し，染色体標本の相補的な塩基配列に結合させる．その位置をオートラジオグラフィーや蛍光顕微鏡を用いて決定することができる．これを *in situ* ハイブリダイゼーション法とよぶが，蛍光色素で標識する場合はFISH (Fluorescence *in situ* hybridization) 法と略すことも多い．

これに対して，遺伝地図は，遺伝子間の交叉価がその相対的距離を表すことを利用している．F1を劣性ホモの個体で検定交配し，遺伝子間の組換え価を求める．必要があれば補正を行って交叉価を推定する．基本的には3点試験によって遺伝子の相対的位置を決定する．これを連鎖地図ともよぶ．

（森山陽介・河野重行）

細胞系譜

受精卵から成体にいたる発生の過程全体またはその一部で，細胞がどのように分裂し，どのような細胞に分化するかまたは細胞死するかを，系図のように図示したものまたはその内容である．線虫類やホヤなどでは，細胞系譜は1つ1つの細胞のレベルまでほぼ厳密に決定されており，個体差がほとんどない．したがって，細胞系譜は，発生を記述する重要な基盤となる．実際に，線虫 *Caenorhabditis elegans*（以下，*C. elegans* と略す）では全細胞系譜が決定され，これを基盤にして個々の細胞のレベルで発生の機構が議論されている．これに対し，脊椎動物などでは，個々の細胞レベルでは細胞系譜に個体差があるため，特定の組織がどの細胞集団に由来するかというように，細胞の集団として議論されることが多い．このような子孫関係も，広い意味で細

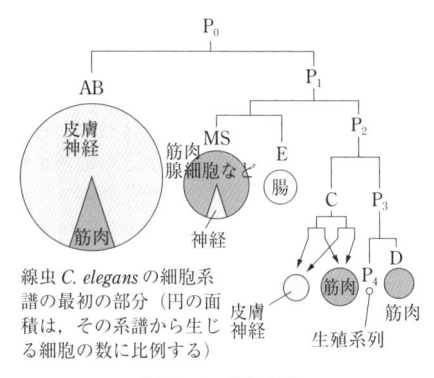

図 I-13 細胞系譜

線虫 C. elegans の細胞系譜の最初の部分（円の面積は，その系譜から生じる細胞の数に比例する）

胞系譜ということがある．

実験的に細胞系譜を決定するには，C. elegans で行われたように，顕微鏡下で直接観察する方法もある．しかし，特定の細胞を色素などで標識し，その子孫の運命をたどることも多い．

細胞系譜が決まる機構としては，2つの娘細胞の運命に違いが生じるメカニズムが重要である．これには，非対称細胞分裂と細胞間相互作用が考えられる．非対称細胞分裂では，細胞分裂の際に2つの娘細胞の大きさが異なったり一部の細胞成分が片寄って分配されたりして，これが原因で娘細胞の運命が異なっていく．たとえば，C. elegans の受精卵では，まず精子の侵入部位が原因となって受精卵に極性が生じ，この極性が par 遺伝子群の働きで確立され，一部の細胞成分に分布の片寄りが生じる．これにより，細胞分裂の際にP顆粒とよばれる顆粒（いくつかの遺伝子の mRNA を含む）が生殖細胞をつくる系譜の細胞にのみ片寄って入る．これが，生殖系列の運命を決める一因と考えられている．また，これに対し，細胞間相互作用による運命の差異とは，相互作用の相手となる細胞に対し片方の娘細胞がより近いために，より大きな影響を受けて運命が変わるという現象である．細胞系譜に個体差がないことは，細胞間相互作用がないことを意味しない．

どの個体でも同じように細胞間相互作用が起こっていることを意味する．

細胞系譜の終点は，細胞分裂の停止または細胞死である．細胞分裂の停止は，サイクリン依存性タンパク質キナーゼ（CDK）の阻害や不活性化，細胞死はカスパーゼの活性化により起こると考えられている．しかし，そこにいたる過程は，生物，組織，発生の段階などにより，さまざまである．細胞分裂の停止は，ふつう細胞の最終的な分化と連係して起こる．

細胞系譜と初期発生における胚葉との関係は，それほど単純ではない．C. elegans の細胞系譜をみると，内胚葉性の細胞（C. elegans では腸細胞のみ）は1つの系譜から生成するが，外胚葉の細胞と中胚葉の細胞は細胞系譜できれいに分かれているわけではない．神経細胞（外胚葉性）と筋肉細胞（中胚葉性）はそれぞれ複数の系譜から独立に生じており，同じ系譜から神経と筋肉の両方が生じる場合もある．（桂　勲）

細胞骨格

細胞の形態や細胞内構造の空間的配置を維持するうえで重要な構造要素で，微小管，微小繊維，中間径フィラメントの3種がほとんどの真核生物で共通にみられる．主な構成タンパク質は，微小管がチューブリン，微小繊維がアクチン，中間径フィラメントがデスミンとビメンチンである．

細胞骨格は原形質流動，細胞分裂，エンドサイトーシス，オルガネラの移動など細胞運動の主装置として機能している．ポリソームなども浮遊状態ではなく，細胞骨格に付着している．細胞の状態，たとえば細胞周期・細胞の分化状態などによって，細胞骨格はその形態が大きく変化する．これは，骨格構造の重合・脱重合によるものであり，これには多くの細胞骨格調節タンパ

ク質が関与している．その多くは，リン酸化によって制御されていると考えられている．異種の細胞骨格間の結合・相互作用についてもこれらの調節タンパク質による制御を受けている．

細胞骨格は，透過型電子顕微鏡や蛍光抗体法によって観察される．また，蛍光標識したチューブリンやアクチンを細胞にマイクロインジェクションすることによって，その動態を蛍光顕微鏡で連続的に観察することができる．最近では，緑色蛍光タンパク質（green fluorescence protein：GFP）でラベルすることで，チューブリンやアクチンの動態を連続的に観察できるようになっている．また，細胞骨格は，細胞を低濃度の非イオン性界面活性剤で処理しても，元の状態のまま残すこともできる．こうした細胞を用いて，pHやCaイオン，ATPやさまざまなリン酸化酵素などを外部から導入し，細胞骨格の調節因子を明らかにすることもできる．

細胞骨格の変化には一群の細胞骨格調節タンパク質が関与している．微小管では，微小管結合タンパク質（MAPs）と総称されるMAP1, MAP2や"タウ"タンパク質，ミクロフィラメントではα-アクチニン，トロポミオシン，カルデスモンなどのアクチン結合タンパク質がそれらに相当する．また，同種あるいは異種の細胞骨格どうしの結合や相互作用もこれらの細胞骨格調節タンパク質によって行われている．

（岡田　悟・河野重行）

細 胞 質⇨細胞
細胞質分裂⇨細胞分裂
細胞周期⇨「II—分子遺伝学/分子生物学」
細胞小器官⇨細胞

細胞培養

細胞をフラスコ，試験管やペトリ皿などの容器内で増殖させることである．微生物細胞は無限増殖をするのに対して，多細胞生物の細胞はかぎられた回数しか分裂できない．そのような多細胞生物の細胞でも細胞系化すると無限増殖できるようになる．細胞の増殖を維持するための溶液を培地あるいは培養液という．生物種によって，その組成は異なる．ある種の原核生物のように炭素源，窒素源と無機塩類だけで増殖できるものもあれば，さらにビタミン類およびその他を必要とするものもある．化学的な組成が明らかな試薬を混合することによって調製することができる培地を合成培地といい，最小必須成分から調製される培地を最小培地という．酵母エキス，ペプトンあるいは血清を含む培地を天然培地あるいは栄養培地という．ある種の微生物では，合成培地が利用できるために栄養要求性変異体の同定が可能で，得られた変異体は遺伝学や代謝生化学の発展に大きな貢献をしている．培養する細胞以外の細胞が混在しないように，培養に用いる容器や培地などを滅菌する必要がある．ガラス器具などはオーブンで170℃2時間熱することにより滅菌（乾熱滅菌）できる．水溶液の滅菌はオートクレーブを用い，120℃の高圧水蒸気中で20分処理することにより行う．プ

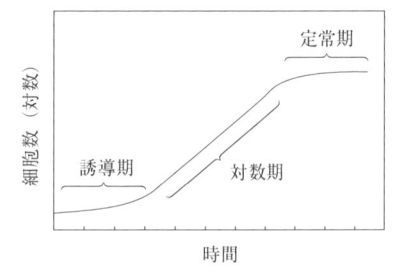

図 I-14　回分培養における増殖

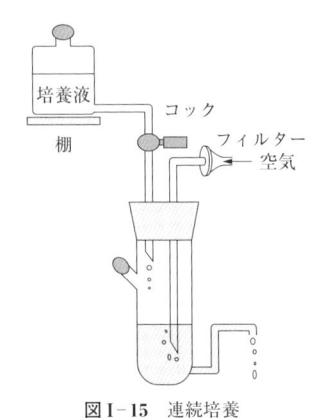

図I-15 連続培養

ラスチックなど熱に弱いものはガス滅菌する．

　新しい培地に細胞を植え，培養を始めると，しばらく細胞数が増加しない時期がある．この時期を誘導期といい，増殖開始の準備期間である．続いて細胞数が指数的に増加する時期があり，この時期を対数増殖期という．増殖によって栄養源が枯渇すると細胞数の増加は止まる．この時期を定常期という．このような培養を回分培養という（図I-14）．回分培養では細胞の増殖とともに培地の組成が変化するので，細胞の生理状態も変化する．連続培養（図I-15）では，新鮮な培養液を連続的に培養に加え，その分培養を捨てることにより，培地の組成を一定に保ち，対数増殖期を維持することができる． （東江昭夫）

細胞分裂

　細胞の染色体が複製され，2つの娘細胞に均等に分配される過程（原核細胞の分裂と真核生物の体細胞分裂）と2倍体細胞の複製後2回の分裂が続けて起こり，4個の1倍体細胞を生じる減数分裂（真核生物に特有）が知られる．核分裂と細胞質分裂が含まれ，前者が終了した後に後者が起こる．

① 原核生物の細胞分裂．大腸菌の場合，染色体の複製開始直後から染色体は別れ始め，娘細胞の中央部になる2カ所に位置し，複製終了後母細胞の中央部にセプタムをつくり2つの娘細胞が生じる．② 体細胞分裂．複製の進行と同時にコヒーシンとよばれるタンパク質が染色体に結合し，複製された染色体がM期の中期終了～後期開始まで互いに離れないようにつなぎとめている．染色体が全長にわたって複製されると2本の染色体が並列した状態になる．このときの染色体を染色分体，この2本の関係を姉妹染色分体という．間期染色体をM期染色体に凝縮させるときに必要とされるタンパク質複合体コンデンシンが染色体に結合し染色体を凝縮し，光学顕微鏡で観察できる染色体となる．染色体が赤道面に整列し，紡錘糸が各染色体のキネトコアに結合する（M期中期）と，コヒーシンが分解され染色分体が分離し始める（後期）．紡錘糸が伸長し，染色体が完全に分離し，核が形成された（終期）のちに細胞質分裂が起こり，2つの娘細胞ができる．③ 減数分裂．生殖細胞を形成するときにみられる細胞分裂である．2倍体細胞の染色体が複製され，姉妹染色分体が並列したまま相同染色体が対合し，2価染色体を形成する．1回目のM期（MI）に入り，ここで相同染色体が分離する．MI終了に続いて前回の分裂で生じた2つの細胞において染色体の複製なしにM期が始まり（MII），ここで姉妹染色分体が分離する．結果として4個の1倍体細胞が生じる． （東江昭夫）

細 胞 融 合

　隣接した細胞が融合し，細胞の多核化が起こることである．2個以上の細胞の細胞質が混ざり合い，単一の細胞膜で包まれた状態になる．

個々の細胞は，接触しても容易に融合することはない．融合が起こるのは，生殖細胞の受精，変形菌のプラスモガミーあるいは筋原細胞の多核筋肉細胞への分化などにかぎられる．受精では，細胞質融合と核融合は短い時間で連続して起こる．菌類の生活環では，細胞質融合と核融合の過程が時間的に分離しており，その間は2核共存体として存在する．

人為的に細胞融合を起こさせるには，ポリエチレングリコール（PEG）やポリビニルアルコール（PVA）などの化学物質，電気刺激，機械刺激などを細胞浮遊液に加えて細胞膜を融合させる．植物細胞の場合は，細胞壁を除いたうえで，上記の方法が用いられる．交配不可能な植物の種間雑種も融合細胞からつくられている．

動物細胞では，不活性化したある種のウイルスを用いるのも一般的である．たとえば，DNA型の天然痘ウイルスやヘルペスウイルスおよびセンダイウイルスなどのRNA型のパラミクソウイルスなどである．人為的に融合させた細胞は，有糸分裂の際に2つに分かれていた核が消え，それぞれの染色体が1つの大きな核の中にまとまり雑種細胞となる． （森山陽介・河野重行）

雑　種

遺伝的構成の異なる個体間の交雑の結果生ずる子孫である．遺伝学的にはヘテロ個体をさすが，親個体がホモ接合でなければ，必ずしもそうはならない．雑種世代では，親世代で観察されない現象を見つけることができる．その1つは，雑種強勢である．これは近交系の親個体よりも雑種第1代が優れた表現型を表すことをいう．一方，異種間の交雑では，一般に雑種不稔などの異常が観察される． （高野敏行）

雑種強勢

雑種第1代の子孫が両方の親系統よりも優れた表現型を表すことをいう．この現象は自家受精，同胞，同系交配などによってつくられた近交系統間の交雑で顕著に現れることが知られていて，この場合にはヘテローシスともいう．異種間の雑種は通常不稔であるが，形質によっては雑種強勢を示す場合も知られている．

雑種強勢を生ずる理由として，① 単一遺伝子座の超優性モデルと ② 複数遺伝子座の優性遺伝子の蓄積効果の2つに分けて考えられている．

①では，ヘテロ接合個体の表現型が両方のホモ接合個体の表現型より優れていることで説明する．

②では複数の遺伝子が形質に関与していて，それぞれの遺伝子座で優れた効果をもった対立遺伝子が完全あるいは不完全優性であることを仮定する．近交系の親系統は，ほとんどの遺伝子座でホモ接合になっていて，優性の野生型突然変異のホモ接合になっている遺伝子座だけでなく，劣性の突然変異型遺伝子についてホモ接合になっている遺伝子もある．近交系統において，有害遺伝子がホモ接合になることで生存力，生殖力，収量などが低下することを近交弱勢といい，一般にみられる現象である．2つの近交系統の雑種個体では，両親で異なっている遺伝子座の多くでヘテロ接合になり，すべての遺伝子座で優性形質を発現し，結果として両親より優れた形質値を示すことになるとするモデルである．例として，5つの遺伝子座で異なっている2種の近交系統 $AA\ BB\ cc\ DD\ ee$ と $aa\ bb\ CC\ dd\ EE$ を考える．ここで，優性の対立遺伝子を大文字で，劣性の対立遺伝子を小文字で表す．このF1雑種はこの5つの遺伝子座すべてでヘテロ接合（$Aa\ Bb\ Cc\ Dd\ Ee$）となる．

優性の対立遺伝子のホモ接合およびヘテロ接合は，形質に2単位を寄与し，劣性の対立遺伝子のホモ接合は1単位寄与するとすれば，親個体はそれぞれ8単位と7単位をもち，F1雑種個体は10単位をもつことになり，雑種強勢を示すことになる．優性モデルでも必ずしも完全優性である必要はなく，関与する遺伝子の数が多ければ部分優性でも雑種強勢を示し得る．もちろん，対立遺伝子間にまったく優劣がなければF1雑種は両親系統のちょうど中間となる．

(高野敏行)

自家受粉

植物の花粉が，同じ花または同じ株の雌ずいについて受粉することである．両性花の植物で，同一の花のなかの雄ずいと雌ずいとのあいだで受粉が行われる場合を同花受粉，1つの花序（個体）におけるほかの花相互間で受粉が行われる場合を隣花受粉，同一株の異なる花のあいだで受粉が行われる場合を同株他花受粉とよぶ．自家受粉でできた種子から発芽した個体は，生長が遅く，生産力が低いことがある．この現象を近交弱勢とよぶ．

自家受粉には，自家不和合を伴う場合がある．不和合性とは，花粉および胚嚢が完全に機能をもつにもかかわらず，生理的な原因から受精の行われないことをさす．受粉しても花粉の不発芽，花粉管の花柱への侵入不能，花粉管成長速度の低下，花粉管の形態異常や成長停止などが起こる．こうした不和合が自家受粉時に起こることを自家不和合性とよぶ． (森山陽介・河野重行)

シグナル伝達

細胞外あるいは細胞内の環境の変化を認識し，その変化に対応できるように細胞の活動を変化させる一連の反応である．細胞内外に生じた化学物質がシグナルとして働く場合，このような物質をリガンドという．細胞表層に膜貫通タンパク質としてつくられる受容体の細胞外部分がリガンドと特異的に結合すると，受容体の構造変化が引き起こされ，その変化は受容体の細胞内の部分を通して細胞内の別のタンパク質に伝えられる．細胞内に現れるシグナルは，細胞内のタンパク質受容体に認識され，情報の発信源となる．情報はつぎつぎと受け渡され，最終的に環境変化に応答できるように，遺伝子の発現を調節する．1つのタンパク質から他のタンパク質への情報の流れは逆流することなく，滝がいくつかの棚を経て流れ下るのになぞらえて，カスケードとよばれる．種々のシグナル伝達の仕方があり，かかわる因子も異なる．Gタンパク質（ヘテロ3量体Gタンパク質，低分子量GTPase），プロテインキナーゼ，プロテインホスファターゼ，転写因子が主要な因子である（図Ⅰ-16）． (東江昭夫)

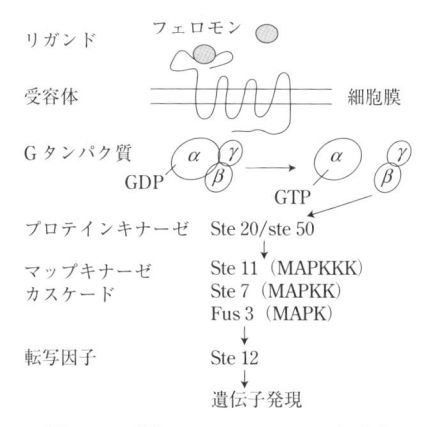

図Ⅰ-16 酵母フェロモンシグナル伝達系

自己調節

構造遺伝子あるいはそれを含むオペロンの発現が自分自身の遺伝子産物（タンパク質あるいはRNA）によって制御される調節機構である．構造遺伝子の産物自身が転写リプレッサー活性をもつ場合，その遺伝子産物が蓄積すると発現を低下させるように作用する．また，それが遺伝子の発現を促進するアクチベーターとして働く場合，さらに発現を上昇させる．オペロンの中に制御因子をコードする遺伝子が含まれる場合にもこの現象が見られる（図I-17）．オペロン中にこのオペロンのリプレッサー遺伝子が含まれる場合，このオペロンの発現が低いときリプレッサーの生産も低く，オペロンの抑制は解除され，発現が高まる．オペロンの発現がたかまるとリプレッサーが増加し，オペロンは抑制される．類似の制御機構にフィードバック制御がある．代謝経路の最終産物がこの経路の最初の酵素の活性を阻害するフィードバック阻害と，最終産物がコリプレッサーとして働き，この代謝経路遺伝子の発現を抑制するフィードバック抑制が知られる．フィードバック制御では，低分子量の代謝産物が制御タンパク質に結合して，アロステリックな構造変化を起こすことにより，酵素活性の阻害や遺伝子発現を制御する．原核生物のアミノ酸合成経路遺伝子のオペロンで知られているアテニュエーションも，アミノ酸が十分にあるときにオペロンの発現を抑制し，不足すると発現を促進して遺伝子の発現の恒常性を維持するという点で，自己調節と共通点をもつ． 　　　　（東江昭夫）

シナプトネマルコンプレックス

減数第1分裂のパキテン期に相同染色体が対合する時期に相同染色体間に形成される構造体で，幅100～200 nmのリボン状の構造をとる．2本の側方要素と，あいだを隔てる中央要素の3部構造からなる．電子顕微鏡により観察される複合構造であり，接合系子期複合構造とよぶこともある．モーゼス（1956年）とフォーセット（1956年）によって独立に発見された．

シナプトネマルコンプレックスの外側では，大部分の染色質が側方要素を基部にしてループ状の構造をとっている．ザイゴテン期には球形をした初期組換え節が，パテキン期には楕円体型の後期組み換え節が3部構造の中に現れる．前者はヘテロ2本鎖の形成に，後者は交叉に関係しているといわれている．

シナプトネマルコンプレックスは，相同染色体の対合そのものより，組換え機構と関係があると考えられている．たとえば，酵母では，減数分裂期組換えの開始と考えられる特定部位での2重鎖切断がレプトテン期でみられる．また，この切断のない組換え欠損変異では，シナプトネマ構造体が

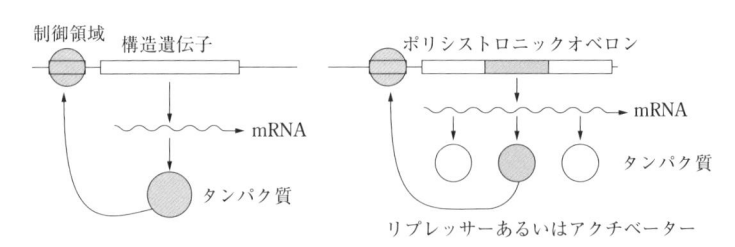

図I-17　自己調節

つくられない．また，酵母では，この構造体の構成タンパク質として，Zip1とDmc1が知られている． （岡田 悟・河野重行）

4分子

真菌類である酵母菌類のうち，子囊とよばれる袋状の細胞内に胞子を内生するものは，さらに子囊菌類という一群に分類される．代表的な子囊菌である出芽酵母 *Saccharomyces cerevisiae* や分裂酵母 *Schizosaccharomyces pombe* は子囊内に4個の胞子を形成する．これを，4分子という．酵母の胞子形成は貧栄養条件のもとで誘導されるが，特に分裂酵母では窒素源の欠乏がその主要因となる．1倍体の酵母細胞は異なる接合型のあいだで，一種の細胞融合である接合が起こり2倍体細胞になり，つぎに核融合を行い，さらに減数分裂を経て4つの細胞に分裂し，最終的に胞子が形成される．すでに2倍体の酵母細胞は，接合過程を経ずに，減数分裂を開始し胞子を形成する．酵母の遺伝学解析では，子囊に包まれた1組の胞子をそれぞれ分離し，4分子のそれぞれについて表現型を調べ，その遺伝型の解析を行う4分子解析が行われる．*Saccharomyces cerevisiae* では4つの胞子は三角錐様の配置に並ぶ．この子囊は強固で，酵素的に処理して分解してから4分子解析を行う．一方，*Schizosaccharomyces pombe* では，4つ直列にならんだ胞子がみられ，その子囊も容易に自己分解する．*Schizosaccharomyces* 属には，子囊内に8個の胞子を形成する種類も知られている．これは，第2減数分裂につづいて1回の体細胞分裂を行うためで，遺伝学的には同じ遺伝型の胞子が重複して形成されているにすぎない．
 （仁木宏典）

4分子解析

子囊菌に属するカビや酵母では，減数分裂の結果生ずる4個の1倍体細胞（これを4分子という）が1つの子囊内に形成されるため，この4つの細胞をセットで回収できる（図Ⅰ-19）．アカパンカビのように直線上に並んだ胞子をもつ整列4分子を形成するものと，出芽酵母のように子囊中の胞子が整列しない4分子を形成するものがある．前者の場合，減数分裂の進行を反映して核が整列するので，子囊中の胞子の順番も1つの遺伝情報を与える．4分子中の個々の胞子が発芽・増殖してできるクローンの表現型を調べ，遺伝子間距離や遺伝子

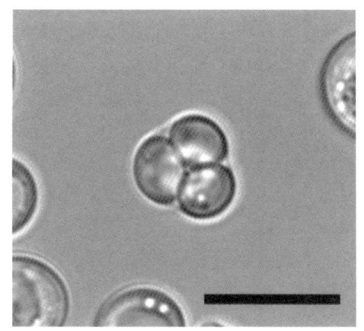

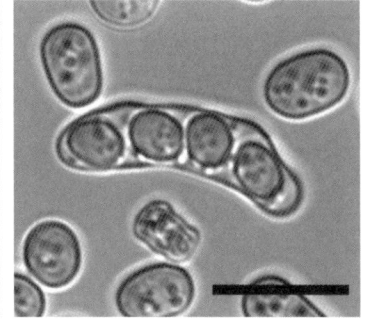

S. cereviceae の胞子　　　　　*S. pombe* の胞子
図Ⅰ-18 4分子の表現型

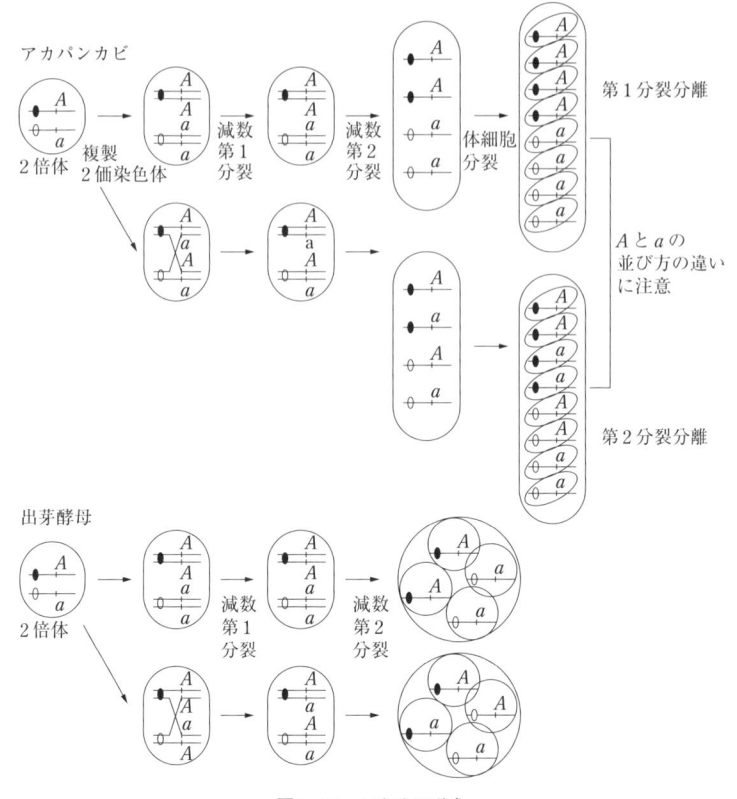

図 I-19 4分子の形成

間の相互作用を推定する実験法を4分子解析という．アカパンカビと出芽酵母の4分子の形成過程を図 I-19 に示す．整列4分子を形成するアカパンカビの雑種（A/a）では，第1分裂分離の結果と第2分裂分離の結果を胞子の並び方から区別することができ，第2分裂分離は A 遺伝子座と動原体とのあいだで組換えが起こったときにみられ，この交雑実験の結果から A 遺伝子座の動原体距離を求めることができる．一方，出芽酵母の場合，1つの遺伝子のヘテロ接合体を用いたとき第1分裂分離の結果と第2分裂分離の結果を区別することはできないが，2つの遺伝子に関する雑種2倍体（$A/a\ b/B$）を用いれば，第2分裂分離を検出できる．この雑種からの4分子は3種の子嚢型（PD，NPD，T）のいずれかになる（図 I-20）．PD は両親型，NPD は非両親型，T はテトラ型を意味する．それぞれの子嚢型の出現頻度から A，B 遺伝子座間の位置的な関係を推定することができるし，連鎖している遺伝子間の距離も計算できる（図 I-20）．4分子は，1つの減数分裂中で生じる DNA の変化をすべて保持しているので，4分子中の分離異常から遺伝子変換を容易に検出することができ，組換え機構の研究に役立つ．また，4分子中に失われるものがあっても，その遺伝子型を姉妹の遺伝子型から推定することができる．

〔東江昭夫〕

交雑 ($aB \times Ab$) によって得られる2倍体雑種 $\left(\dfrac{A}{a}\ \dfrac{b}{B}\right)$ を胞子形成させたときに現れる4分子の型

PD (両親型)	NPD (非両親型)	T (テトラ型)	
$A\,b$	$A\,B$	$A\,B$	
$A\,b$	$A\,B$	$a\,B$	
$a\,B$	$a\,b$	$A\,b$	
$a\,B$	$a\,b$	$a\,b$	
1 :	1 :	4	AとBは連鎖せず,少なくとも一方は動原体から遠い位置にある
1 :	<1 :		AとBは連鎖している
1 :	1 :	<4	AとBは異なる染色体上にあり,ともに動原体に近いところに位置する.

テトラ型が生じる場合の1例

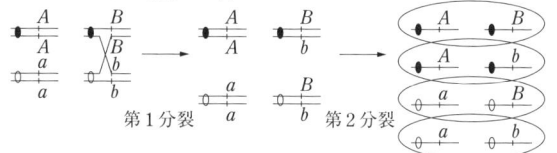

第1分裂　第2分裂

地図距離　x (cM：センチモルガン)

$$x = \dfrac{T + 6NPD}{2\,(PD+NPD+T)} \times 100$$

(ただし,A,B間で起こる交叉は2回までと仮定する)

図 I-20　4分子型と遺伝子の位置関係

シュウドレアル⇨偽対立遺伝子

純　　系

　一般に自然界では,種内の個体や細胞はそれぞれが異なったさまざまな遺伝的変異をもっており,個体や細胞間で均一な遺伝組成とはなっていない.したがって,特定遺伝子の変異による表現型の変化を調べる際に,このような遺伝的に不均一な集団を使ったのでは,個体や細胞間の表現型の差異が注目する遺伝子の変異なのか,それとも個体や細胞間にもともとあった遺伝子の差異によるものか判断つきにくい.このため,遺伝的に均一な集団が必要となり,人為的に戻し交配などの近親交配や植物では自家受精を何代にもわたって行い,すべての遺伝子について同じくなった個体や細胞からなる集団がつくり出されている.このように,遺伝的に均一な個体や細胞の集団を純系であるという.1倍体の個体や細胞間では,すべての染色体の遺伝子配列について同一ということであり,これはクローンと同等である.2倍体細胞ではさらに,すべての遺伝子で完全なホモの遺伝子型となっているのが理想である.バクテリアや酵母など,減数分裂を経ず細胞増殖する生物種では,単一細胞から容易に純系を作成できるが,より高等の世代時間の長い生物種になると,交配による問題があり,完全なホモ型接合の純系を作製することは難しい.園芸や育種の長い歴史のある生物種では,試行錯誤の長い交配により純系近くまで選抜され,実用上はこれを純系とみな

ている．　　　　　　　　（仁木宏典）

ショウジョウバエ⇨モデル生物
常染色体⇨染色体
小胞体⇨細胞
仁⇨核

（酵母）人工染色体

　細胞内で染色体と同じように複製・分配されていくようにつくられた線状構造をもつものである．出芽酵母のものがよく使われ，数百 kb～1 Mb の DNA 断片をクローニングすることができる．酵母人工染色体（yeast artificial chromosome：YAC）は，複製開始に必要な ARS，染色体末端の保持に必要なテロメア，染色体の安定な分配に必要なセントロメア，選択に必要なマーカーからなる．この構造の中に，クローニングしたい外来 DNA を連結する（図 I-21）．大きな断片がクローニングできるため，まず YAC に断片化した全ゲノムをクローニングし，その中で各断片の大まかな構造を調べることができる．大腸菌では，BAC（bacterial artificial chromosome）が用いられるが，これは F プラスミドの Ori を用いた環状の構造をもつ．　　　（荒木弘之）

生殖細胞⇨「II―分子遺伝学/分子生物学」
性染色体⇨「II―分子遺伝学/分子生物学」

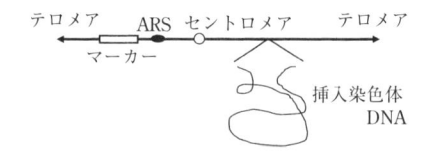

図 I-21　人工染色体

接　合　型

　真核微生物の生殖細胞の区別の仕方で，雌雄に相当する．1 対の対立遺伝子で接合型が決定されるものに，出芽酵母（a/α），分裂酵母（h^+/h^-），アカパンカビ（A/a），クラミドモナス（mt^+/mt^-），などが知られている．それぞれ括弧内に示した表記法によって接合型が示される．一方，多くのキノコ類では 2 対の対立遺伝子で接合型が決定される．たとえば，木材腐朽菌（Schizophyllum commune）では連鎖していない A 遺伝子と B 遺伝子について異なる対立遺伝子をもつ 1 倍体間で有性生殖が行われる．一般に，接合型遺伝子の対立遺伝子は共優性で，それぞれ機能的に異なったタンパク質をコードする．接合型遺伝子は，大規模な遺伝子発現の制御を行うことによって 1 倍体の性を決定する．接合型遺伝子座によってコードされている遺伝情報は生物種によって異なる．出芽酵母の接合型遺伝子 MATa と MATα のうち MATα は 2 つの転写制御タンパク質 α_1 と α_2 をコードしている．α_1 は α 型に特有の遺伝子（α フェロモン遺伝子や a フェロモン受容体遺伝子など）を発現させるように働き，α_2 は a 型特有の遺伝子の発現（a フェロモン遺伝子や α フェロモン受容体遺伝子など）を抑制するように働く．a 型細胞の MATa 遺伝子がコードするポリペプチドは単独で遺伝子発現に働かないが，a 型細胞では α_2 がないので，a 型細胞に特有の遺伝子が発現する．a/α の 2 倍体になると，MATα から発現する α_2 と MATa から発現する a_1 がヘテロ 2 量体 $a_1-\alpha_2$ を形成し，これによって α_1 と α_2 の機能が抑制され，2 倍体特有の性質を現すようになる（図 I-22）．
　木材腐朽菌の接合型 A 遺伝子は転写因子をコードし，異なった対立遺伝子からつくられるポリペプチド間で複合体を形成し

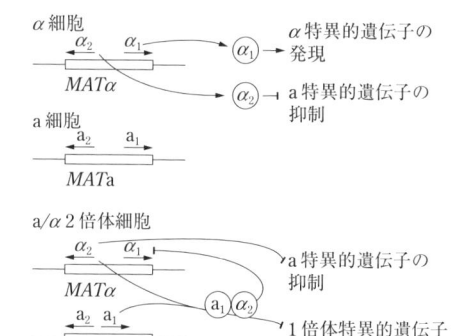

図 I-22　出芽酵母の接合型遺伝子の働き

遺伝子発現を促進する．B 遺伝子はフェロモンとフェロモン受容体をコードし，その受容体は異なった対立遺伝子によってコードされるフェロモンと反応する．

（東江昭夫）

染　色　質 ⇨ 染色体

染　色　体

　動植物細胞で有糸分裂の際に観察される塩基性色素で濃く染まる棒状の構造物をさす．真核生物の染色体は，種により数と形が一定である．ヒトのような2倍体の生物では，それぞれの種類の染色体が2つずつある．構成成分は DNA とヒストン，非ヒストンの DNA 結合タンパク質，RNA などによる複合体である．分裂期以外は核内に分散している．現在では，分裂期にかぎらず，間期や分化した核内の染色質を含めて，染色体とよぶようになっている．
　染色体の実体が DNA であることが明らかになってからその定義も拡大した．真核生物にかぎらず，原核生物やウイルスも含め，光学顕微鏡で観察できなくとも，遺伝子の連なったひとまとまりの DNA あるいは RNA を染色体と総称する．

　ウイルスやバクテリアなどの原核生物で染色体という場合には，ふつう単一の核酸分子そのものをさす．たとえば，ポリオーマウイルスの染色体は分子量約300万，長さ約1.6 μm の2本鎖 DNA である．λ ファージの場合は，分子量約3000万，長さ約17 μm の DNA で約60個の遺伝子をもつ．大腸菌の染色体は，分子量約25億，長さ約1.6 mm，約470万塩基対という巨大な高分子環状 DNA である．なお，ウイルスは2本鎖 DNA 以外に1本鎖 DNA や RNA を染色体とするものも知られている．ヒトの半数染色体（ゲノム）は30億の塩基対からなり，体細胞の分裂間期核におけるその全長は180 cm にもなる．
　真核生物の有糸分裂の際に現れる染色体は1次狭窄をもち，ここに動原体（紡錘糸の付着点）があって，移動期にはこれを先頭にして極へ動いていくのが典型的なものと考えられる．染色体の大きさや形はさまざまで，1次狭窄の位置（中部・次中部・次端部・端部）によって，中部動原体染色体，次中部動原体染色体・次端部動原体染色体，端部動原体染色体などに分けられる．これらは，有糸分裂の後期に両極に移動するときにみられる形態から，それぞれ V 形染色体，J 形染色体，I 形染色体（棒状染色体）とよばれることもある．また，中部動原体染色体は等腕染色体，次中部動原体染色体，次端部動原体染色体と端部動原体染色体は不等腕染色体と分類される．真核生物の染色体はセントロメアの両側の2本の腕を，短腕（p）と長腕（q）とよぶ慣例になっている．さらに，2次狭窄のある場合はその末端部を付随体という．このほか，機能を加味して染色体を分類し，常染色体，性染色体（X 染色体，Y 染色体，Z 染色体，W 染色体），2価染色体，核小体染色体などが命名されている．常染色体とは，性染色体以外の染色体をさす．
　性染色体は，雌雄の分化や生殖細胞の形成に関与する染色体で，雌雄によって異な

る形や数をしていることが多い．性染色体の形態から雌が同型，雄が異型の染色体をもつとき，雄にある異型染色体をY染色体，雌雄双方に存在する同型の染色体をX染色体とよぶ．この型では減数分裂の結果，雌ではX，雄ではXまたはYをもつ2種類の生殖細胞が形成される．逆に，雌が異型，雄が同型の場合，混乱を避けるため便宜的に異型の性染色体をZW，同型のそれをZZと表し，ZW型とよぶ．性染色体の数は1個とかぎらず，スイバ（Y1，Y2）などのように，数個含まれる場合もある．この場合でも，減数分裂の分離のときには，常にまとまって行動するから，実質的には1個のY染色体と変わらない．また，XとY，ZとW染色体のあいだには部分的に相同な部位が存在する．相同部分については，性染色体間で交叉が起こる．

ショウジョウバエではXXが雌，XY（またはXO）が雄で，Y染色体は性決定について無力である．ヒトでは，X染色体の数に関係なくY染色体が存在すれば男性，Y染色体がなければ女性となる．植物では，ナデシコ科のヒロハノマンテマのY染色体は，1個でも存在すればX染色体が複数個あっても雄になるほど強力な雄性決定力をもつ．また，アサでは，X染色体は雌性決定に関与し，Y染色体は雄性決定に関与し，双方が雌雄の分化にそれぞれ関与している．

2価染色体は，2個の相同染色体が対合したもので，減数第1分裂のザイゴテン期から中期にかけて現れる．それぞれの染色分体は交叉し，通常1から数個のキアズマを形成している．染色体は2個の染色分体に分かれているから，2価染色体は4個の染色分体になる．このため，2価染色体を4分染色体とよぶこともある．

核小体染色体は核小体形成部をもつ染色体である．核小体は，核分裂の終期になると，特定の染色体の特定部位（核小体形成部）に形成される．核小体の数は，核小体染色体の数に等しいが，核分裂終期に形成された核小体は互いに融合して数は減る．

多糸染色体やランプブラシ染色体のように，1個体内の一部の細胞にかぎって特殊化し巨大になる染色体もある．これらを総称して巨大染色体という．

真核生物の間期染色体は，ヒストン8分子（H2A，H2B，H3，H4の各2分子）をコアに1.75回旋（146塩基対相当）し，ヌクレオソームを形成する．ヌクレオソーム間のDNAはリンカーDNAとよばれ，20塩基対のDNAがヒストンH1とともに連結し，一連のクロマチン繊維となる．クロマチン繊維は，1ピッチ3～4万塩基対を単位とするらせん糸となり，染色体の基本繊維をつくる．中期染色体では，この染色体基本繊維がさらに高次に折りたたまれ，光学顕微鏡でも観察できる染色体を構築する．染色体はさまざまな方法で横縞模様に染め分けることができる．たとえば，ギムザバンド法はヒトの核型に300～400の明暗の横縞をつくるが，これは染色体の凝縮の程度の違いを反映している．

染色体が機能するには，DNA分子がRNA合成を指令できるだけでは不十分で，細胞増殖のたびに確実に自己複製できなければならない．染色体の機能維持には，最低でも，DNA複製起点，セントロメア，テロメアが必要となる．セントロメアをもっているDNAはM期に紡錘体と付着し，分裂の際に娘細胞に1コピーずつ正確に分配される．

（森山陽介・河野重行）

染色体異常⇨「Ⅴ―ヒトの遺伝学」
染色体外遺伝子⇨プラスミド
染色体地図⇨「Ⅱ―分子遺伝学/分子生物学」

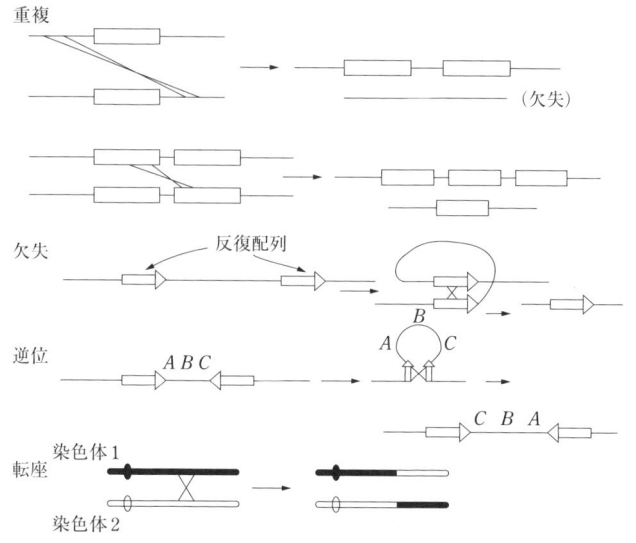

図 I-23 組換えによる染色体突然変異の発生

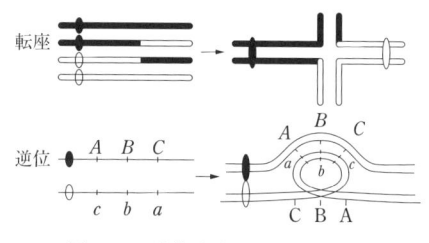

図 I-24 減数分裂パキテン期染色体

染色体突然変異

　染色体の大規模な構造変化を伴った突然変異である．
　① 重複：染色体の一部がくり返されて生じる変異である．
　② 欠失：染色体の一部が失われたことによる変異である．
　③ 逆位：1本の染色体上の領域が逆向きになる変異である．逆位内に動原体が含まれる場合と，含まれない場合がある．
　④ 転座：染色体の腕が他の染色体に移動する変異である．2本の染色体間で腕の入れ替わる変化を相互転座という．
　これらの染色体突然変異の発生には，不等組換えや染色体上に散在するくり返し配列間の組換えが関与すると考えられる（図 I-23）．これらの変異体は，減数分裂時のパキテン染色体に特徴的な形態を現す（図 I-24）．
　　　　　　　　　　　　　　（東江昭夫）

染色体不分離

　減数分裂 M 期においては，対合した染色体あるいは染色分体は分かれ，それぞれ2つの娘細胞となる両紡錘体極に移動する．しかしまれに，ある染色体が分離せず，ともに片方の極に移動することがある．これが染色体の不分離である．減数第1分裂あるいは減数第2分裂で染色体が正常に分離しないと，その結果，ある染色体の異数性配偶子を生むことになる．減数分裂では4細胞が生じるが，第1分裂での不分離は

(a) 減数第1分裂での不分離

(b) 減数第2分裂での不分離

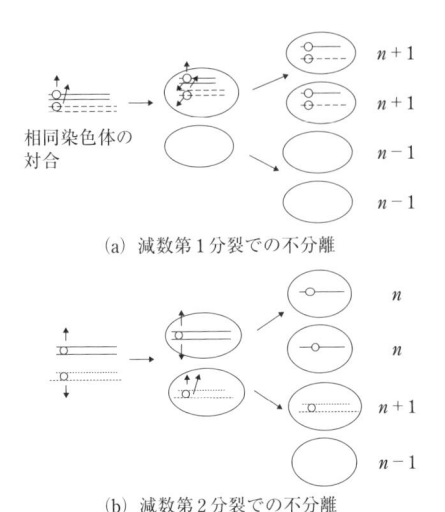

図Ⅰ-25　染色体不分離の概略図

その染色体について，2つの染色体をもつ$(n+1)$の2細胞と，その染色体をもたない$(n-1)$の2細胞をつくる．第2分裂での不分離では2つの正常細胞(n)と1つの$(n+1)$，1つの$(n-1)$細胞をつくる．$(n-1)$あるいは$(n+1)$配偶子が正常な配偶子(n)と受精すると，それぞれ1染色体性$(2n-1)$あるいは3染色体性$(2n+1)$接合子が生まれる．染色体不分離は，微小管の働きの何らかの阻害により，ランダムに起きると考えられるが，ヒト21番染色体では3染色体を生む頻度が母親の年齢の増加とともに上昇することから，ランダムではなく，加齢の影響を受けると考えられている．ヒトの妊娠の少なくとも10％は染色体異常をもち，その多くは自然流産となるが，生まれてくる子ども

においても，その数％は染色体不分離による異数性をもつ．

アカパンカビなどの半数体の微生物では，減数分裂時の染色体の不分離は2染色体性$(n+1)$となり，$(n-1)$胞子は成熟しない．染色体不分離が減数第1分裂で起こるか，第2分裂で起こるかは，正常胞子（黒色）と成熟途中で死んだ胞子（白色）との比が，子嚢中で4：4か6：2となることで判断される．

発生初期における体細胞での染色体の不分離は遺伝的なモザイクをつくる．ショウジョウバエの性的モザイクがよく知られている．　　　　　　　　　　　　（井上弘一）

染 色 分 体⇨細胞分裂
相同染色体⇨2倍体

相補性（遺伝子間，遺伝子内）

2つの異なる遺伝子に生じた劣性の変異を1つずつもつ2本の染色体（あるいはDNA）を1つの細胞に共存させたとき，一方の染色体の変異形質は他方の染色体上の正常対立遺伝子によって打ち消され，野生型を示す（図Ⅰ-26）．この現象を相補性という．一方，同じ遺伝子に生じた異なった変異を共存させても相補性を示さない．相補性試験は，2つの遺伝子間のアレリズムを調べるためにも用いられる．互いに相補性を示さない変異を同一の相補群に属する変異といい，これらの変異は同じ遺伝子に生じた変異といえる．異なった遺伝子

ヘテロ2倍体あるいはヘテロカリオン

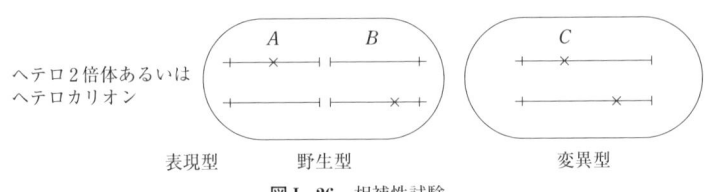

表現型　　　野生型　　　　　　　変異型

図Ⅰ-26　相補性試験

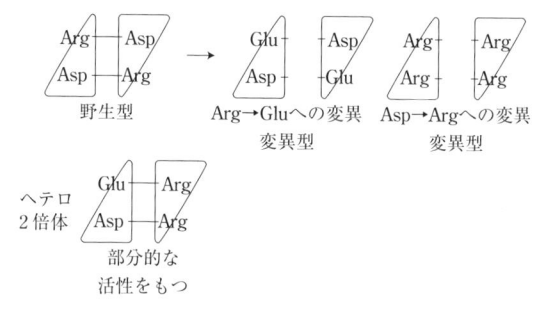

図 I-27 遺伝子内相補性（2量体を形成する場合）

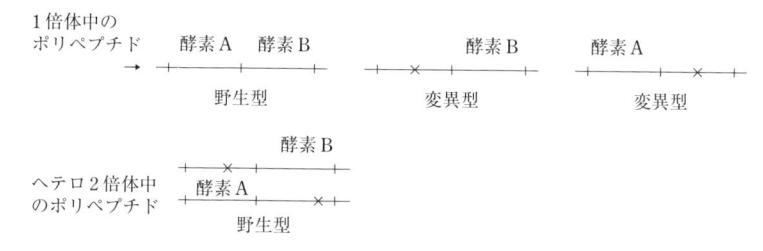

図 I-28 遺伝子内相補性（複数の酵素活性をもつポリペプチド）

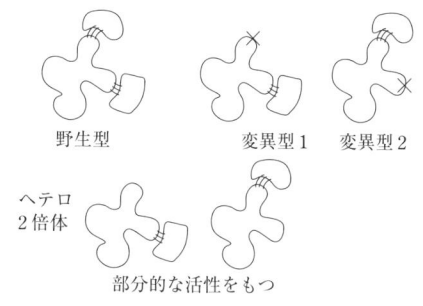

図 I-29 遺伝子内相補性（複数の異なるタンパク質と相互作用する多機能タンパク質）

（あるいはシストロン）の変異体間の相補性を遺伝子間相補性というのに対して，同じ遺伝子内に生じた変異体間でみられる相補性を遺伝子内相補性という．遺伝子内相補性はまれに観察される現象であり，活性の回復の程度も部分的である．これが生じる機構としてつぎの3つが知られている．①2量体を形成する場合（図I-27），②1量体で機能するポリペプチドが複数の酵素活性をもつ場合（図I-28），③1量体で機能するポリペプチドが多機能性で，異なった領域で異なったパートナーと相互作用する場合（図I-29）. 　　　　　（東江昭夫）

体細胞組換え

体細胞分裂中に起こる組換えである．減数分裂と異なり，体細胞分裂では複製した染色体が分裂中期に赤道面に並ぶとき，相同染色体どうしが全長にわたって対合することはない．しかし，まれに相同染色体の一部が近接し，組換えを起こすことがある．UVなどDNAに損傷を与える処理によって体細胞組換えの頻度は上昇する．組換えに関与した染色体はそれぞれ両極に別れるので，染色体の構成は母細胞のものと同じである．A/aのヘテロの2倍体雑種の場合，A遺伝子座と動原体とのあいだで体細胞組換えが起こると，染色体の分配のされ方によってA/aの娘細胞が2個できる場合と

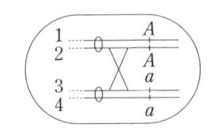

染色分体1と染色分体4が一方の，染色分体2と染色体3が他方に移動する場合

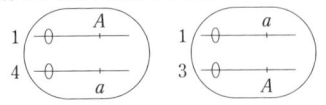

染色分体1と染色分体3が一方の，染色分体2と染色体4が他方に移動する場合

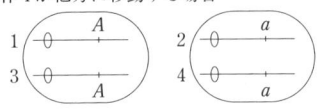

図I-30 体細胞組換え

A/A 細胞が1つと a/a 細胞が1つできる場合が起こる（図I-30）．後者はLOH（loss of hetrozygosity），あるいはホモ接合型化，のメカニズムの1つであり，対立遺伝子の表現型を示す細胞群が隣接するツインスポットはこうしてできる．2倍体細胞では一般的に劣性突然変異を検出することが難しい．しかし，2倍体細胞を突然変異誘発剤で処理して生じるヘテロ接合型から体細胞組換えによって生じる劣性ホモの突然変異体を得ることが可能である．減数分裂を起こさない細胞での遺伝子マッピングに体細胞組換えを利用することができる．

（東江昭夫）

大　腸　菌 ⇨モデル生物

対立遺伝子

染色体をはじめ遺伝情報の担い手となる構造体（ゲノム）上の決まった位置を占める遺伝子に異なる型の遺伝子が存在するとき，その1つ1つを対立遺伝子という．メンデルは，遺伝の法則を考えるにあたって，各形質は優劣関係のある1対の因子（遺伝子）によって支配されていると考えた．たとえば，草丈は，優性の"丈の高い"対立遺伝子（T）と劣性の"矮性"の対立遺伝子（t）によって決まり，遺伝子型 TT, Tt の植物は草丈が高く，tt は低くなると仮定し，分離の法則（メンデルの第1法則）を導いた．

対立遺伝子間の優劣関係は，ホモ接合体とヘテロ接合体に現れる表現型によって決定される．メンデルが仮定したようなヘテロ接合体が一方のホモ接合体とまったく同じ表現型を示す完全優性，完全劣性の関係だけではなく，ヘテロ接合体が両ホモ接合体の中間を示すような不完全優性（不完全劣性）や対立遺伝子の効果が表現型に等しく現れる共優性を示すこともある．ヒトのABO式の血液型のうちAとBは共優性を示す例である．ABヘテロ接合体はAB型となり，AとB両方の形質を発現している．ヘテロ接合体が両ホモ接合体の範囲の外に出る場合を超優性という．

H. J. Muller は，対立遺伝子をその表現型効果からつぎのように分類している．遺伝子の完全な機能喪失にあたるアモルフ，野生型遺伝子に比べ機能活性が低いハイポモルフ，野生型遺伝子と反対方向に働くアンチモルフ，野生型遺伝子とは質的に異なる働きをもつネオモルフ．しかし，現在ではより単純に機能喪失型と機能獲得型に分類することが多い．

メンデルの実験では，各形質について2つの異なる表現型が存在し，2つの対立遺伝子を仮定したが，集団としてそれより多くの表現型が観察される場合もある．この場合には，対応する複対立遺伝子が存在することになる．また，集団全体を考えたとき，慣習として頻度の低い対立遺伝子の頻度の総和が1%を超える場合を多型的，そうではない場合を単型的であるという．

対立遺伝子は，その表現型から定義されることが多いが，遺伝子あるいはゲノムの

遺伝情報をその DNA, RNA 分子の塩基配列として解読できるようになり, 明らかな表現型の違いが認められなくとも, 塩基配列の違いとして認識されるようになった. 非翻訳領域を含め遺伝子全体の塩基配列を比べると, どのような組合せでも少なくとも1個の塩基の違いが観察されることがほとんどで, すべての遺伝子コピーはそれぞれ1つの対立遺伝子とも考えられる. この場合には, 対立遺伝子とは単に, 異なる遺伝子コピーを表しているにすぎない. 優劣関係のある表現型に基づいた概念ではないため, "対立する"遺伝子という考えはそぐわなくなっている. （高野敏行）

他家受精

自家受精の対語である. 一般に, 異なる系統間の受精を意味するが, 異個体間あるいは異株間の受精, 同一株内の異なる花のあいだの受精をさすこともある.

雌雄同株である植物でも自家不和合性の機構によって, 自家受精を妨げる機構をもっているものも多い. （高野敏行）

多面形質発現

1つの遺伝子に起こった突然変異により, 見かけ上関連のない複数の表現型が現れること. 突然変異が生じる遺伝子によって種々の要因で多面形質発現が現れる.

① 転写制御にかかわる因子：転写因子は, 複数の遺伝子の転写にかかわることがあるので, この因子の変化は複数の遺伝子の発現に影響を及ぼす. 発生の制御因子, ポリシストロニックオペロンの制御領域に生じる変異もこれに含まれる.

② タンパク質の修飾にかかわる因子：タンパク質リン酸化, 脱リン酸化, ファルネシル化, ユビキチン化, SUMO 化, メチル化, アセチル化, 糖鎖付加あるいはポリペプチドの部分的な切断などによるタンパク質の修飾は, 修飾されたタンパク質の機能や局在を変化させることがある. 1つの反応系は, 複数のタンパク質を標的にするので, タンパク質の修飾にかかわる因子の変化は複数の表現型に変化を及ぼすことが予想される.

③ 多機能タンパク質の場合：ある種のポリペプチドはいくつかの異なる領域で異なるタンパク質と相互作用することにより, 複数の経路を制御する. このように, 複数のタンパク質と相互作用する1つのポリペプチドが失われるとそれと相互作用するすべてのタンパク質の機能が失われるので多面形質発現となる.

④ ネットワークを形成している場合：1つの遺伝子が働きを現すためには, それと共同して働くいくつもの遺伝子の作用が必要なことが多い. いいかえれば, 複数の遺伝子がネットワークを形成して機能を現す. ネットワーク中の1つの遺伝子が欠損すると, 広い範囲にその影響が現れる. DNA マイクロアレーの利用により, 遺伝子発現の変化をゲノム中の全遺伝子について調べることができるようになった. この方法により, 1つの遺伝子の変化が多くの遺伝子の発現に変化を及ぼすという現象, すなわち多面的効果は普遍的であることがわかってきた. （東江昭夫）

致死突然変異

細胞あるいは個体を死にいたらせる遺伝的変異. l を劣性致死変異とすると, Ll ヘテロ2倍体は LL 2倍体同様に生育でき, 劣性ホモ (ll) の状態ではじめて致死となる. このような致死変異は, 生育に必須な

遺伝子に生じる変異としてふつうに見られる．一方，Dd ヘテロが致死を示す優性致死はまれな現象である．D 変異が不完全な優性致死を示す場合，Dd 細胞は dd 細胞に比べて著しく生活力を低下させるが，それでも生存可能なので D 変異の存在を知ることができる．1 倍体で増殖する微生物では，致死変異は優劣にかかわらず表現されるので，温度感受性など条件致死変異としてのみ同定可能で，条件致死変異体を用いることによってその遺伝子の機能解析が可能になる．遺伝子産物が生育に必須であっても，それをコードする遺伝子が重複して存在する場合，1 つの遺伝子の変異では表現型の変化は起こらない．このような遺伝子が 2 個重複して存在する場合，その 2 個の遺伝子が同時に失活してはじめて致死になる．この現象は，合成致死の 1 例である．　　　　　　　　　　　　（東江昭夫）

中 心 体

細胞分裂の際に中心的役割を演ずると考えられる細胞小器官である．その中心部には，互いに直角に位置する 2 個の円筒状をした中心小体がある．高等植物の細胞には存在しないが，動物・藻類・菌類の細胞質中には認められる．コケ・シダ・ソテツなど，鞭毛や繊毛をもった精子をつくる精細胞内にもある．

動物細胞では，中心体は 1 対の中心小体とそのまわりを雲状に取り巻く不定形の物質（中心体マトリックス）からなっていて，微小管形成中心（microtubule organizing center：MTOC）を形成する．中心小体は 2 個の円筒状をした構造が互いに直角に位置している．間期には，中心体マトリックスを中核に微小管が配列し，中心体に結合しているマイナス端から細胞の周辺に向かって伸びている．分裂に先立って，中心体が複製され，2 個に分裂してそれらは両極に移行する．分裂期には中心体のまわりに，微小管が放射状に発達した星状体が形成される．

2 つの星状体は，はじめ核膜の近くに隣り合っているが，やがて互いに反対方向に移動し始める．前期の終わりには，1 対の星状体を結ぶ微小管が，2 個の中心体を核の外側に沿って押し離すように伸びて紡錘体が形成される．中期には，核膜が分散し，紡錘体微小管は染色体と作用しあうようになる．細胞質が分裂する時期になると，分離した 2 組の染色体の周囲に核膜が再形成され，中心体は外に追いやられる．植物の微小管形成中心には中心小体は認められない．　　　　　　　　（森山陽介・河野重行）

チューブリン⇨細胞骨格

同位染色体

同腕染色体あるいは腕相同染色体ともいわれる．動原体を中心に両腕が相同な中部動原体型染色体で，減数分裂で 1 価の環状染色体を形成する．

1992 年に，モルガンは，染色体の不分離を 100％生じるショウジョウバエの系統を発見した．白眼の雌と赤眼の雄を交雑しても，F1 に白眼の雌と赤眼の雄を生じる．白眼の遺伝子は X 染色体に連鎖しているから，雌の 2 つの X 染色体が付着して 1 組になって遺伝すると考えられる．この付着 X 染色体は動原体でお互いに連結していることがわかった．ショウジョウバエの X 染色体は末端部動原体型なので，2 つの染色体はロバートソニアン融合によって動原体のお互いに付着することになる．こうした 2 つの同じ腕をもつ染色体を同位染色体とよぶ．　　　　　　　　　　（河野重行）

同型染色体⇨核型分析
動 原 体⇨「Ⅱ―分子遺伝学/分子生物学」

同質ゲノム

　減数分裂で，2価染色体を形成し，正常に対合分離するゲノムである．2種が交雑しても，雑種第1代で正常な配偶子が形成される場合と形成されない場合がある．両親からきたゲノムを構成する染色体が，正常に対合分離して完全な配偶子が形成される場合，両親のゲノムは同形または同質であるという．これに対して，減数分裂で対合がまったく起こらず，2価染色体をつくれないときは，それらのゲノムを異種または異質ゲノムという．　　　　　（河野重行）

2動原体染色体⇨「Ⅱ―分子遺伝学/分子生物学」の切断・再結合・架橋形成

2 倍 体

　細胞または個体において，その染色体構成の基本となる1組（ゲノム）からなっているとき，これを1倍体といい，さらに2組からなるとき2倍体という．すなわち，n組からなる場合はn倍体となる．このようなゲノムの倍数性をさすとき，一般には性染色体は除き，常染色体の状態だけを意味する．1倍体を単相，2倍体を複相とよぶ場合もある．2倍体細胞では，同じ染色体を2本（相同染色体）もっていることになる．細胞融合などにより異種のゲノムが混じり合った倍数体は，別に2基2倍体と区別する．多くの種では生活環の大部分を2倍体として過ごし，減数分裂を経て1倍体の配偶子を形成し，交配により再び2倍体の細胞となる．　　　　　（仁木宏典）

倍 数 性

　個体は全染色体の組を余分にもつことがある．染色体数が，基本数の整数倍の場合を正倍数性，不完全な場合を異数性という．個体間でなく，1個体中の組織・細胞間でも倍数関係のみられる場合があり，混数性，体細胞倍数性あるいは内部倍数性などともよばれる．
　基本数よりゲノムの概念のほうが単位としての染色体組を考えやすく，倍数性とはゲノムの重複度合いと考えることもできる．重複するゲノムの数により1倍性（半数性），2倍性，3倍性などという．倍数性を示す個体が倍数体であるが，一般には2倍体が基準となるので，1倍体を半数体，2倍より倍数の多いものを倍数体とよぶ慣わしとなっている．
　自然界にある倍数性を示す種が倍数種である．植物では，倍数体の人為的な作成が容易で，切断法・温度処理法・アセナフテン法などがある．特に，コルヒチン処理は育種にも多用されている．ゲノム倍加の形質への作用は，種・遺伝子型・環境条件で異なり，一定の方式は立てられない．しかし，概して同質倍数体では4～6倍体までは細胞や形質が増大するが，それ以上の高次ではかえって減少する．形質は量的に変化するが，質的に新しい変化はない．奇数倍数体の場合は稔性が低い．種間雑種の稔性は低いが，複2倍体になると雑種強勢の効果で生育力も強く稔性も高い．多くの形質は両親の中間であるが，ときに新形質も現れ，安定に維持される．
　植物の進化における倍数性の重要性は以前から知られていたが，大野乾は脊椎動物の進化における重要性を指摘して注目を集

めた．その仮説は，倍数性によって遺伝子の重複が起こると，冗長なコピー遺伝子から新しい機能をもった遺伝子ができる可能性の高いことに基づく．

(岡田　悟・河野重行)

培　　地⇨細胞培養

パ　　フ

多糸染色体上の特定の位置にみられる不連続なふくらみ構造である．双翅目の幼虫において，唾液腺・腸・マルピーギ管などの細胞でみられる．多糸染色体の凝縮している横縞の部分が選択的に緩むことで生じる．脱皮や変態の前などの発生過程の特定の時期に染色体上の特定位置に一定の順序で出現・消失する．

パフ形成はパッフィングとよばれ，遺伝子の活性を可視的に示しているものである．ユスリカでみられるパフは，主にmRNAが盛んに合成されているRNAパフである．こうしたパフの中には，昆虫ホルモンのエクダイソンによって誘導可能なものがあり，ホルモンによる遺伝子活性化の研究に有用であった．これに対して，キノコバエにはきわめて局部的なDNA複製を行うことで生じるDNAパフが存在する．このとき，合成されているDNAは代謝DNAとよばれ，S期のDNA複製とは無関係に，ある遺伝子だけが選択的に多量に合成されていると考えられる．これは，両生類の卵母細胞の核小体内でみられるrDNAの特異的増幅に類似している．

(岡田　悟・河野重行)

斑入り

個体の組織や器官に，色の違いなど簡単に見分けられる性質の異なる細胞が混在する状態である．遺伝的な要因として，以下のことがあげられる．

① オシロイバナの斑入りの遺伝で知られるように，変異型葉緑体と野生型葉緑体が混在する細胞が分裂するとき，葉緑体は娘細胞へランダムに分配されるので，分配の偏りによって，変異型葉緑体だけをもつ白色細胞が生じる（図I-31）．

② 色素形成経路の酵素をコードする遺

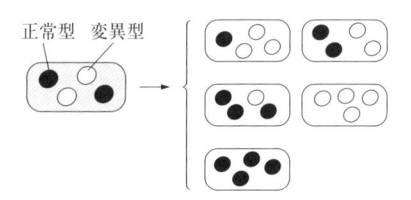

図I-31　変異型葉緑体の分配の偏りによる斑入り

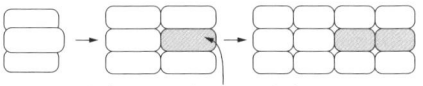

図I-32　トランスポゾンの離脱による斑入り

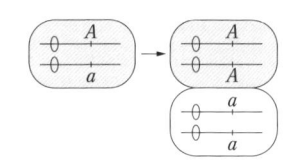

図I-33　体細胞組換えによる斑入り

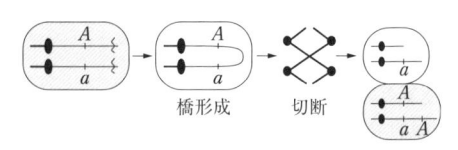

図I-34　染色体切断―橋形成―融合サイクルによる斑入り

伝子にトランスポゾンが挿入された変異体細胞からなる組織で，トランスポゾンが一部の細胞で切り出されて遺伝子の活性が回復することによって色素形成能をもつ細胞群（クローン）が生じる（図I-32）．
③ 体細胞組換えによって異なったクローンが生じる（図I-33）．
④ 染色体の切断―橋形成―融合のサイクルによって異なったクローンが生じる（図I-34）． 　　　　　　　　（東江昭夫）

あるが，決して男性に限られたことではなく女性にも色盲が現れる．これは，Xxのヘテロ型の女性と色盲であるxYの男性のあいだで生まれた子の場合に出る．女性ではXxとxxが1：1の比率で現れ，ホモ接合となったxxは色盲となる．伴性遺伝のうちで，その表現型が完全に性に依存して現れる場合は，特に限性遺伝といい，雄に特異的な場合はさらに限雄性遺伝，雌は限雌性遺伝という． 　　　　　　　（仁木宏典）

伴性遺伝

世代間にわたる遺伝様式のうち，常染色体とは異なり性染色体の遺伝様式に従って遺伝する場合，伴性遺伝という．これは，遺伝子が性染色体に座しているためであり，性別に依存し表現型がでることが多い．ヒトの色覚の遺伝的多型として知られている赤緑色盲では，その原因遺伝子は劣性でX染色体に座しており，伴性遺伝様式で遺伝する．ヒトの性染色体はXとYの2つの性染色体からなり，XY型は男性，XX型は女性となる．ここで，色盲の原因遺伝子が座している性染色体をxとする．色盲の男性は，xYとXXの女性とのあいだでもうけた子のうち，男性は父からのYと母からのXを受け継ぐため，すべてXYという遺伝型であり，色盲は現れない．一方，すべての女性の子は必ず父からx染色体を受け継ぐため，色盲の原因遺伝子をもつことになる．しかし，母から正常なX染色体を受け継いでいるため，その遺伝子型はXxのヘテロ型となり，色盲の表現型は出ない．このXxヘテロ型の女性とXY型の男性のあいだで生まれた子は，男性ではXYとxYが1：1の比率で現れる．女性の場合は，XXとXxが1：1で生じるが，Xxのヘテロ型では色盲の表現型は出ない．男性で色盲の表現型がでる比率が高いので

反復配列

DNA上に2コピー以上存在する配列を反復配列という．1コピーしか存在しない配列は，ユニーク配列あるいは特異配列とよばれる．反復配列はDNAを変性させて（2本鎖をほどいて）から再会合させると，再び2本鎖を形成する速度が速い部分，中間の部分，遅い部分が存在するところから見いだされた．遅い部分はユニーク配列からなり，通常の遺伝子を含む領域である．2本鎖再形成速度が速い部分は，短い配列が数千回くり返された高頻度反復配列を含み，中間速度の部分は，比較的長い配列が数回から数百回くり返された中頻度反復配列に相当する．

高頻度反復配列の代表例には，高等真核生物にみられるサテライトDNAがある．これは，全DNAを塩化セシウム密度勾配超遠心分離法によって分けると，主要な核DNAとは別のバンドとして検出されるところからその名がついた．このDNAはGC含量が高く，短い配列が10万回から100万回くり返されている．サテライトDNAは，ヒトDNAの動原体やテロメアにみられる高頻度反復配列を形づくる要素でもある．サテライトDNAの生成には，プラスミドのように独立のDNA分子として存在する場合，リボソームRNA遺伝子

が多量に増幅された場合，反復配列が含まれた大きなDNA断片が切断された場合などがある．2から数塩基対のくり返しからなる配列はマイクロサテライト配列，数十塩基対のくり返しからなる配列はミニサテライト配列とよばれる．マイクロサテライト配列は，ヒト半数体ゲノムあたり約5万コピー存在しているが，そのくり返し数が多型であり，アレルをくり返しの数で区別することができる．このことを利用して遺伝子型を区別したり（variable number tandem repeats：VNTR法），連鎖解析による遺伝子マッピングを行うときの遺伝マーカーとして利用されている．

中頻度反復配列には，多重遺伝子族，tRNA, rRNAなどのRNAがある．多重遺伝子族にはヘモグロビン遺伝子のように数回反復しているものから，ヒストン遺伝子や免疫グロブリン遺伝子のように数十～数百回反復しているものもある．また，アクチン遺伝子やチューブリン遺伝子のように，ゲノム上に散在しているものもある．Aluファミリーは約300 bpの長さをもち，ヒトゲノム中に約50万～100万コピー存在するくり返し配列である．これは，ヒトゲノム中に散在しており，全ゲノム量の3～6％を占めている．配列の真ん中ほどに制限酵素Alu Iで切断される部位（AG↓CT）をもつことからこの名がついた．Aluファミリーは細胞質中の7S LRNA遺伝子が起源となっており，その内部が欠失したものがレトロトランスポゾンのように転移してゲノム中に広まったものと考えられている．Aluファミリーは，典型的なSINE（short interspersed repeats）であるが，大多数のSINEは300 bpほどの断片がDNAレベルで重複してゲノム中に挿入され形成されたものである．SINEに対しLINE（long interspersed repeats）は，もう少し長いDNA断片が重複・挿入されて形成されたものであり，転移因子（transposable element）がこの代表例である．

（西沢正文）

微小管

微小管は，長くて比較的固い多量体で，細胞全体にのびており，膜で囲まれた細胞小器官やその他の細胞成分の位置を決めるのに役立っている．微小管は，チューブリンという2個の球状ポリペプチドが固く結合したヘテロ2量体でできている．この2つのポリペプチドは互いに非常によく似ており，α-チューブリン，β-チューブリンとよばれる．チューブリンはほとんどの真核生物にあるが，もっとも多量に含まれているのは脊椎動物の脳で，これが生化学的な研究材料として使われる．微小管は神経細胞の樹状突起に高濃度で含まれていて，脳から抽出した水溶性タンパク質の10～20％にも相当する．

微小管は円筒の構造で，電子顕微鏡でみると，細胞内では太さ約24 nmほどの微小な中空の管である．13個のサブユニットでできた輪がはっきり観察されている．サブユニットはα-とβ-チューブリンのヘテロ2量体で，それぞれの分子量は5.6万と5.3万である．グアニンヌクレオチドを1分子につき1分子結合しており，コルヒチンやビンクリスチンとも特異的に結合する．Caのない状態で中性塩とGTPまたはATPを加えると，チューブリンが重合して微小管を形成する．そのほかにも分子量5.5万～30万の種々の微小管結合タンパク質が含まれていて，微小管の会合に働いている．微小管は極性のある構造で，α-チューブリンとβ-チューブリンは必ず互い違いに並んでいる．

微小管は細胞の運動に関与し，また細胞の形の形成と保持にも関係している．運動については，繊毛や鞭毛にあっては，周縁にある8字形の断面をした9組のダブレッ

トと中心部の2本の微小管（シングレット）がある．周縁の微小管にダイニンが結合していて，ATPを分解しつつ向かい合う微小管をずらして運動を起こすと考えられている．形の形成では，細胞分裂の際に現れる紡錘体は微小管の集合したものであり，神経細胞や色素細胞の長い突起にも多くの微小管が縦方向に走っていて形を決めているものと考えられる．また，アメーバの仮足や原生動物の有軸仮足において支柱の役をなしている．コルヒチン処理によって細胞内の微小管は消失し，それに伴って細胞の形がまるくなる．

中心体は，ほぼすべての動物細胞に存在する微小管形成中心である．中心体の中には中心小体が埋まっているが，中心小体のまわりには小さな繊維の網目構造がみられる．これを中心小体周辺物質あるいは中心小体マトリックスとよぶが，このマトリックスにはγ-チューブリンが含まれており，この小さなチューブリンはα-チューブリンとβ-チューブリンのヘテロ2量体に働きかけ，微小管の重合核形成を助けているらしい．
　　　　　　　　　　（岡田　悟・河野重行）

必須遺伝子⇨致死突然変異

非メンデル遺伝

メンデルの法則に調和しない遺伝様式を意味したが，現在では核染色体上にある遺伝子以外の遺伝因子による遺伝様式をさす．非メンデル遺伝では，対立する表現型をもつ両親間の交雑実験を行うとき，両親の組合せによって分離が異なる（表I-7）．伴性遺伝でも正逆交雑の結果が異なるが，ここでの分離は性染色体上の遺伝子であるために生じるものであり，メンデルの法則で説明できるので，非メンデル遺伝とはいわない．ミトコンドリア遺伝子や葉緑体遺伝子は細胞質中にあり，これらのオルガネラの遺伝子により支配される形質は染色体遺伝子支配の形質とは異なった様式で遺伝する．核染色体は体細胞分裂あるいは減数分裂によって規則的に娘細胞に分配されるが，染色体外の遺伝因子は細胞の分裂に際してランダムに娘細胞に分配されたり，消去されたりすることもあるので，その伝達はメンデルの法則によって説明できない．典型的な非メンデル遺伝は，出芽酵母のミトコンドリアの遺伝にみられる．ミトコンドリアDNAを失った出芽酵母は呼吸欠損（ρ^0）となる．このような株を野生型（ρ^+）と交雑して得られる雑種2倍体は呼吸能をもち（ρ^+）となり，4分子を形成させると，染色体上の遺伝子（たとえば，接合型）は

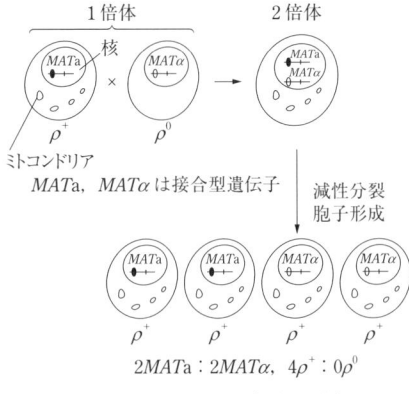

図I-35　出芽酵母の呼吸能の遺伝

表I-7　オシロイバナの斑入りの遺伝

めしべの供与体	おしべの供与体	F1
緑色の葉をつける枝	緑色の葉をつける枝	すべて緑色の葉をつける
緑色の葉をつける枝	斑入りの葉をつける枝	すべて緑色の葉をつける
斑入りの葉をつける枝	緑色の葉をつける枝	緑色の葉，白色の葉，斑入りの葉が混在する

2：2に分離するが（2：2分離という），4つの胞子クローンはすべて呼吸能をもつ（4：0分離という）（図Ⅰ-35）．多くの高等生物では，雄性配偶子の形成過程あるいは受精過程で雄のオルガネラのDNAが分解されるので，受精卵のオルガネラ遺伝子は母親に由来する（母性遺伝）．（東江昭夫）

表現型

集団内で個体差を見いだせる目にみえるあるいは測ることができる形態的，生理的特性である．一般に，遺伝子型と対をなして定義されるため，1つの遺伝子型は1つの形質に関して1つの表現型に対応する．しかし，同じ遺伝子型でも発現の程度に個体差があったり（表現度），表現型が現れない個体がいたり（浸透度）するため，必ずしも当てはまらない場合もある．表現型を決定するのは，問題とする遺伝子座の遺伝子型だけでなく，他の遺伝子座の効果や環境の要因も寄与することがこの原因である．さらに，表現型のなかには会話言語などまったく遺伝によらないものもある．

突然変異のうち，遺伝子全体の欠失のように，遺伝子の機能を完全に失わせるヌル変異や遺伝子の一部の機能が欠損あるいは低下するような機能喪失型突然変異は，その表現型から遺伝子の本来の働きを類推するのに特に有用である．たとえば，ショウジョウバエの白眼遺伝子座（w）のヌル突然変異では眼が白くなることから，赤眼の発現に必要であり，眼の色素形成に働くと考えられる．

逆に，新たな機能を獲得させるようなものは，機能獲得型変異とよばれ，機能喪失型の突然変異と違って優性のものが多い．また，他の突然変異の表現型を野生型に回復させる第2の変異は，抑圧型変異（サプレッサー変異）とよばれる．第1突然変異（前進突然変異）そのものを野生型に復帰させるわけではないことで，復帰突然変異とは区別される．抑圧型突然変異は，前進突然変異と同じ遺伝子に生じたか，異なる遺伝子に生じたかによって，前者は遺伝子内抑圧（遺伝子内サプレッション），後者は遺伝子間抑圧（遺伝子間サプレッション）とに区別される．遺伝子内の抑圧型突然変異もまた遺伝子のつくるタンパク質の機能と構造の理解に役立つ．さらに，遺伝子間抑圧によって第1の突然変異を起こした遺伝子と相互作用する遺伝子の同定につながる場合もある．たとえば，通常発現しない細胞で異所的に発現させる機能獲得型突然変異の表現型は，その遺伝子の下流で働く遺伝子座の機能喪失型突然変異によって抑圧することができる．このようにして，最初の遺伝子の下流で働く遺伝子を抑圧型突然変異型のスクリーニングによって同定することは可能である．　　　　　（高野敏行）

表現型遅延

突然変異遺伝子が出現してから，突然変異表現型が現れるまでの時間的な遅れを表す．つぎの2つの機構が知られている．①細胞中に複数の核（原核生物の場合は核様

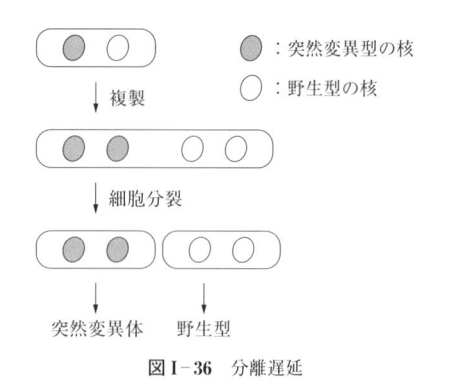

図Ⅰ-36　分離遅延

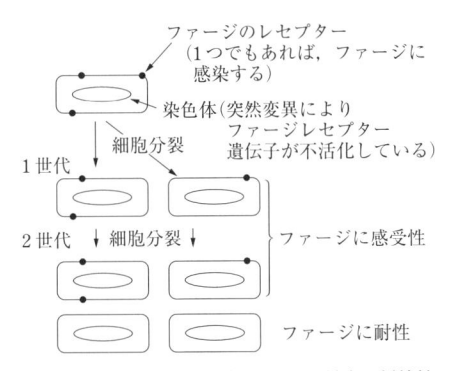

図Ⅰ-37 表現遅延の例（ファージに対する抵抗性変異）

体）をもつ細胞（大腸菌細胞も栄養条件がよいときには，1つの細胞内に2つの核をもつ）では，突然変異遺伝子が出現した直後の核は，野生型の核と共存している．このヘテロカリオン状態では，劣性の突然変異体の表現型は現れない．細胞分裂によって突然変異型の核だけをもつ細胞ができて初めて突然変異型の表現型を示す．このタイプの遅延を分離遅延という（図Ⅰ-36）．
② 遺伝子が突然変異型になっても，野生型の遺伝子産物が細胞内に残っていて，生化学反応は続く．細胞分裂によって野生型の遺伝子産物が希釈されなくなって初めて突然変異体の表現型が現れる．これを表現遅延という（図Ⅰ-37）．

突然変異体の分離の際，培養を変異原で処理後，野生型を優先的に死滅させる処理を行って突然変異体を濃縮するときにこの現象に留意する必要がある．　（東江昭夫）

不完全優性

2倍体個体で表現型の異なる対立遺伝子のヘテロ接合体の表現型がどちらか一方の親の表現型と完全に一致せず，両方のホモ接合体の中間にくるような対立遺伝子間の優劣関係を表す．ヘテロ接合体の表現型が，両ホモ接合体のちょうど中間にあれば，この2種の対立遺伝子間には優劣関係はまったくないが，どちらか一方に近い場合，近いほうの表現型の対立遺伝子を不完全優性，もう一方を不完全劣性とよぶ．優性であるか不完全優性であるかは，同じ形質の同じ対立遺伝子を比べても精度によって異なる表現になることはまれではない．キイロショウジョウバエの棒状眼突然変異（Bar, B）はX染色体上の突然変異で，複眼が縦に細く棒状になる．野生型遺伝子とのヘテロ接合においても，やはり棒状眼となるためB対立遺伝子は野生型対立遺伝子に対し優性である．実際に小眼数を比べてみると，野生型雌で780なのに対し，B突然変異のホモ接合の雌個体で70，ヘテロ接合体では約360で，棒状眼突然変異は不完全優性であることがわかる．

野生型対立遺伝子は表現型に影響をもつ自然突然変異に対して劣性であることはまれで，大部分は優性に働く．この傾向は，突然変異の効果が大きいときに顕著に現れる傾向がある．ショウジョウバエにおいて，ホモ接合で2～3％だけ生存力を低下させる弱有害突然変異は，野生型対立遺伝子とのヘテロ接合でも有害で，劣性ではあるが劣性の程度は低く優劣がない場合に近いが，ホモ接合で個体を死にいたらしめる劣性致死突然変異は，野生型遺伝子とのヘテロ接合の状態では2～5％だけハエの生存力を低下させるほど完全劣性に近い．R. A. Fisherは，野生型対立遺伝子が優性であることの理由として，有害であるため頻度の低い対立遺伝子はほとんどがヘテロ接合の状態にあり，ヘテロ接合体での淘汰の結果，優性が進化するとの仮説を提唱している．もともと集団中に生じた直後の有害突然変異は，野生型突然変異に対し，優性でも劣性でもないが，この有害突然変異を劣性にするような変異が他の遺伝子（変更遺伝子）座に生じ優性が進化したと考えた．

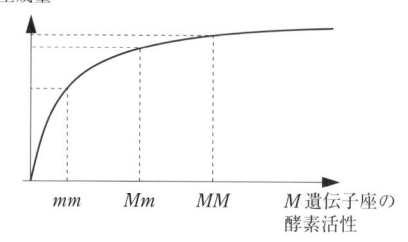

図 I-38 不完全優性の図

すぐにこの仮説は S. Wright によって批判され，論争となった．また，遺伝的背景や環境による影響が無視できない自然環境では，安定な表現型を表す対立遺伝子が自然淘汰に有利であり，その結果，野生型対立遺伝子が一般に優性になるとの考え方もある．近年，生化学的な反応速度論に基づいて優性の普遍性に対する別の仮説が提唱されている．これは，最終産物の生成までに複数の酵素が関与する系では，1つの酵素の活性と最終産物量との関係は双曲線型になるとの予測に基づく．この結果，図 I-38 に示すように，酵素活性を大きく下げるような対立遺伝子も野生型とのヘテロ接合の状態では，たとえこの遺伝子座の活性量がちょうど両ホモ接合体の中間であったとしても，最終産物の生成量に関しては両ホモ接合体の中間よりもずっと野生型に近いことになる．
(高野敏行)

プラスミド⇨「II―分子遺伝学/分子生物学」
プリオン⇨「II―分子遺伝学/分子生物学」

分　　　離

交配により生じた雑種第1世代（F1）でヘテロ接合となった対立遺伝子が，減数分裂を経て配偶子で互いに分かれること．Aa のヘテロ接合からは，A と a の配偶子が1：1の比率で分離する．AA のホモ接合の親との戻し交配では，AA，Aa，aa の3組が1：2：1の比率で生じる（メンデルの独立の法則）．この比率が遺伝型の分離比である．

また，染色体の分配過程においては，娘細胞へと染色体を物理的に分けることまたその仕組みをさす．環状の染色体をもつ原核細胞では，染色体DNA複製の完了により2本の環状分子となるが，これらの環状分子はお互いに鎖状につながったトポロジーをもったカテナン分子状態となる．これを解離させるためには，一方の染色体を切断し，またこれを再結合しなければばらない．このトポロジーの変換を行うのがII型トポイソメラーゼである．また，相同な環状染色体どうしで組換え反応が起こった場合，2本の環状分子は1本の環状分子へと融合し多量体分子化する．同様の現象は同じく環状のプラスミド分子にもみられる．多量体DNA分子は部位特異的組換え反応により，1量体へと再び戻される．原核細胞の染色体では，複製終点領域で部位特異的組換えが起こる．他方，真核細胞の体細胞分裂では複製後も姉妹染色体どうしが接着し，分裂期には凝縮した姉妹染色体は対合したまま細胞の赤道面に並ぶ．それぞれの姉妹染色体の動原体には，中心体から伸びた紡錘糸が付着し，両極へと染色体を移動させる．このとき，染色体が分離されるためには姉妹染色体の対合が解かれる必要がある．娘染色体はコヒーシンというタンパク質でその対合が保持され，分裂期中期にコヒーシンがプロテアーゼにより分解されることで両極への移動が可能となる．減数分裂では，その第1分裂においては姉妹染色体間のコヒーシンは分解されず，対合を保持したまま相同染色体どうしが分離される．
(仁木宏典)

分裂装置

　染色体,紡錘体,中心小体,星状体など,細胞分裂にかかわる細胞小器官の全体を示す.種子植物の細胞では,動物細胞や下等植物の細胞とは異なり,中心小体および星状体の存在が確認されない.動物細胞では,中心小体の分離を妨げると,紡錘体の形成不全を生じる.その結果,染色体の後期運動が起こらなくなるが,植物細胞は中心小体がなくても紡錘体の形成が起こる.

　分裂装置は,はじめ D.Mazia と団勝磨(1952年)によって,ウニの分裂卵から単離された.その後,単離法が改良され,初期卵割細胞のほか哺乳類の培養細胞などからも単離されるようになっている.分裂装置は,紡錘体も星糸もともに,ほぼ直径 20 nm 前後の微小管からなる.分裂装置に含まれる微小管タンパク質の量は,分裂装置の総タンパク質量のほぼ 20% と考えられている.

　細胞分裂中期の紡錘体は,それぞれ動原体,極,星状体微小管からなる2つの半紡錘体からできている.分裂後期になると,染色分体は動原体微小管が短縮することで生じた力によりそれぞれ反対の極に引っ張られていく.この移動を起こす力は動原体で,微小管モータータンパク質あるいはチューブリンの脱重合によって生じると考えられている.また,2つの半紡錘体が遠ざかる方向に動くが,これは極微小管が伸長と滑りを起こすので,2つの極のあいだが押し広げられる.紡錘体極の星状体微小管に外向きの力が働き,両極は細胞の表面に向かって引っ張られる.こうした微小管の動きには,ダイニンやキネシンといった微小管モータータンパク質が関与している.こうした微小管を中心とする構造物を一般には分裂装置とよぶが,細胞分裂にかかわる細胞小器官全体のどこまでをさすかは厳密に決まっているわけではない.

　　　　　　　　　　　(岡田　悟・河野重行)

平衡致死

　2つの劣性致死変異を隣接してもつ細胞がヘテロ接合の状態でのみ生存できる現象である.劣性致死遺伝子をヘテロにもつ細胞を Bb とし,対立遺伝子 B の近傍にもう1つの劣性致死変異 a が生じると,この細胞の遺伝子型は $Aa\ Bb$ となる.この雑種から生じる配偶子の遺伝子型は,A と B が強く連鎖しているので,Ab と aB である.ランダムな交配が起こると,$1AAbb$,$2AaBb$,$1aaBB$ の比で子孫が生じるが,この内 $AaBb$ だけが生育できる(図I-39).A 遺伝子座と B 遺伝子座が1つの逆位の中に含まれる場合,A と B とのあいだで交叉を起こした染色分体は消去されるので,A と B が離れていても平衡致死を示

	aB	Ab
aB	$aaBB$	$AaBb$
Ab	$AaBb$	$AAbb$

$AaBb$ だけが生存可能

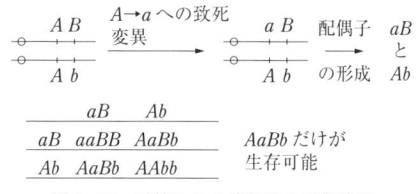

図 I-39　近接した2遺伝子の平衡致死

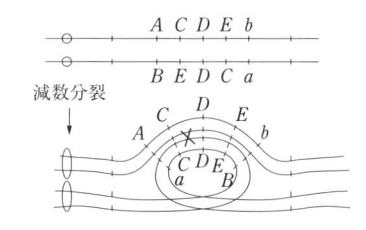

A, B 間(×印)で組換えを起こすと,2動原体染色体と無動原体染色体ができ,これらは消失する.つねに Ab と aB の配偶子が生じる.

図 I-40　1つの逆位に含まれる2つの致死遺伝子の平衡致死

す（図Ⅰ-40）． 　　　　（東江昭夫）

ヘテロアレル（異型対立遺伝子）

　同一遺伝子座の異なる型の突然変異対立遺伝子である．

　遺伝子は，古典的には相補性と組換えによって定義される．2種の突然変異を組み合わせてできる異型対立遺伝子（heteroallele）個体である両性雑種の表現型が突然変異型であれば，これらの突然変異は同じ遺伝子内の変異，すなわち対立遺伝子であり，野生型であれば異なる遺伝子座の変異と考えられる．また，両性雑種から組換え体が得られ，2重突然変異体と野生型が得られたなら，異なる遺伝子座の突然変異であるとする．しかし，遺伝子を物理的に連続したDNA分子あるいはRNA分子として捉えられるようになり，この古典的な定義にあわない遺伝子，突然変異がみつかるようになった．その1つの原因は，対立遺伝子間補正とよばれる現象である．たとえば，ホモ多量体を形成する遺伝子で，1種の変異のみをもったタンパク質は不活性であるが，2種の変異サブユニットが混ざり合ったタンパクでは，それぞれの変異が互いに補償しあい，活性のあるタンパクをつくりだす場合もある．このような場合，2倍体の異型対立遺伝子個体は野生型，あるいは野生型に近い表現型を示すことになる．この現象を対立遺伝子間補正とよぶ．
　　　　　　　　　　　　　（高野敏行）

ヘテロカリオン

　遺伝的に異なる核が同一の細胞内に共存し，核融合することなく増殖している細胞をいう．異核共存体ともいう．遺伝的に同一の核をもつホモカリオンの対義語である．ヘテロカリオンは，子嚢菌類や担子菌類など多くの菌類の菌糸でみられる．1細胞中に遺伝的に異なる2個の核を含むものを2核共存体，3個の異なる核を含むものを3核共存体とよぶ．ヘテロカリオンは遺伝学的な解析，特に，遺伝子の優性，劣性の確認や2つの異なる遺伝子変異が同一の機能単位に生じたものかどうかを決める解析方法として利用されている（シス・トランスの項参照）．アカパンカビでは，ヘテロカリオンの和合性が遺伝的に制御されており，これに関与する10以上の遺伝子座（het遺伝子）が同定されている．これらの遺伝子座がすべて等しい場合のみ，安定なヘテロカリオンが維持され，増殖ができる．2つの異なる半数体の栄養要求性突然変異株を同一の最小培地にうえ，増殖できるのはヘテロカリオンだけに限定し（強制型ヘテロカリオン），これを疑似2倍体として実験に使うこともある．たとえば，F. de Serresは2つの異なる半数体の核を強制的ヘテロカリオンにしたアカパンカビで，ターゲットとする遺伝子をヘテロ（ad^+/ad^-）でもたせ，この細胞を変異原処理して突然変異を誘導し，（ad^-/ad^-）を選択する突然変異検出系を作成した．これにより，通常は半数体では検出不可能な複数の遺伝子にわたる大きな欠失をはじめ，その他あらゆる変異をもったad変異株を得ることができ，変異原のもつ特性の研究にヘテロカリオンが有効であることを示した．ヒトを含む高等生物においては，細胞融合などにより人工的にヘテロカリオン状態をつくりだし，遺伝子間の相補性を検定することができる．たとえば，紫外線に高感受性を示すヒトの遺伝性疾患である色素性乾皮症（xeroderma pigmentosum）の細胞は，この方法により8つの相補群があることが明らかにされた．　　（井上弘一）

ヘテロプラスモン⇨サイドダクション

胞　子

① 環境が悪化した場合に形成される細胞の一種（休眠胞子）である．厚い細胞壁をもち熱や乾燥に耐性を示す．細菌やカビ，酵母にこの種の胞子をつくるものが知られる．細菌の胞子は特に耐熱性が高い．
② 栄養繁殖のための手段としてつくられる細胞．カビの分生子がこの例である．分生子は菌糸の先端部での体細胞分裂によって，数珠状に連なって形成される．
③ 減数分裂後に形成される1倍体細胞で配偶子としてもはたらく．キノコ，カビや酵母の中にこの種の胞子をつくるものが知られる．子嚢菌類に属するカビ，酵母の胞子は母細胞（子嚢）の内部に胞子が形成される（子嚢胞子）が，キノコ類の胞子は細胞外に形成される（担子胞子）．

（東江昭夫）

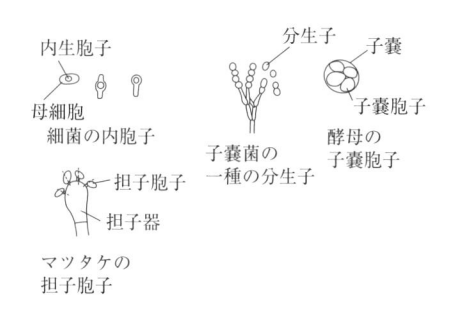

内生胞子　分生子　子嚢
母細胞　　　　　　子嚢胞子
細菌の内胞子
　　　子嚢菌の　酵母の
　　　一種の分生子　子嚢胞子
　担子胞子
　担子器
マツタケの
担子胞子

図 I-41　胞子

胞　子　体

胞子または遊走子を生じる植物体のことである．世代交代をする植物では，無性世代に相当する．配偶子の接合によってできる接合子から生じる．核相は $2n$ である．造胞体ともいう．野外でふつうにみられるシダ植物は胞子体であり，葉に多数の胞子嚢をつける．種子植物の本体もこれに相当する．コケ植物の場合，胞子体は小さく，雌株につく胞子嚢とその柄がそれにあたる．この世代を造胞世代という．胞子形成は一般に減数分裂を伴う．

（岡田　悟・河野重行）

紡　錘　体⇨分裂装置

母　性　遺　伝

細胞内で核以外にDNAをもつオルガネラ（細胞小器官）であるミトコンドリアや葉緑体の遺伝様式の1つである．メンデルの遺伝法則に従わず，有性生殖が行われる際に，つねに雌性配偶子から子孫へ遺伝することを母性遺伝とよぶ．雄性配偶子からのみであれば父性遺伝，両親のオルガネラがともに遺伝する場合は両性遺伝という．

オルガネラDNAの多型を配偶子と接合子で比較して解析される．表現型の現れるものとしては，トウモロコシやコムギの雄性不稔，アカバナの斑入り，アカパンカビのポーキー突然変異（成長が遅い），酵母の呼吸欠損変異体などがある．雌雄配偶子の区別がない同型配偶生殖の場合は片親遺伝とよぶ．酵母などの同型配偶生殖の場合，細胞分裂の際の確率的なミトコンドリアの分離が片親遺伝の原因だと考えられている．接合直後には，2つの配偶子由来のミトコンドリアが細胞内に混在しているが，分裂をくり返すことで細胞中のミトコンドリアはどちらかの配偶子由来のものに偏り，最終的に一方の親由来のミトコンドリアDNAをもつようになると考えられている．

単細胞藻類クラミドモナスの葉緑体遺伝では同型接合であるが，父方（mating

type minus：mt⁻）とされる配偶子に由来する葉緑体DNAが接合後に選択的に分解され，母方（mt⁺）の配偶子の葉緑体DNAのみが次世代に遺伝する．高等植物においては，花粉や胚などの生殖細胞形成時に，オルガネラとそのDNAの減少の多寡によって，母性遺伝，父性遺伝，両性遺伝が引き起こされる．マツ科植物などでは，葉緑体は父性遺伝，ミトコンドリアは母性遺伝という逆の遺伝様式を示すこともある．動物ミトコンドリアの受精の際の母性遺伝については，卵は精子に比べてはるかに多量の細胞質をもっているため，ほとんど卵由来のミトコンドリアになると説明されてきた．しかし，近年，精子由来のミトコンドリアやミトコンドリアDNAは，受精卵中で選択的に排除されることが観察されている．ミトコンドリアDNAの選択的分解による積極的な片親由来ミトコンドリアの排除機構は，同形配偶子接合の真正粘菌などでも示されている．

　形質自体は核遺伝子によるものでメンデル遺伝するが，卵細胞の性質として母親の体内で形成されるため，子の表現型がつねに母親の遺伝子型と同一になるような遺伝型式である．この母性遺伝の例として，カイコの卵の色，オナジマイマイの右巻きと左巻きの遺伝などがある．F2で遺伝子型が3：1に分離していても，表現型は分離せずに母親のものと同じになる．表現型の分離は1代遅れ，F3ではじめて現れる．

（森山陽介・河野重行）

ミトコンドリア

　真核細胞にみられる半自律的な細胞小器官で，ほとんどの真核生物にみられる．糸粒体，コンドリオソームともよばれた．基質の酸化によるエネルギーによってATPを合成する．1細胞あたり100〜2000個程度含まれるのがふつうであるが，トリパノソーマやある種の単細胞藻類のように，1細胞にミトコンドリアが1個という場合もめずらしくない．通常，その大きさは1〜2 μmで，ミトコンドリア外膜が内膜を包んだ形で存在している．電子伝達系をもつために，各種の酸化還元色素でよく特異的に染色され，特にヤヌスグリーンはよく用いられていたが，最近では種々の蛍光色素を用いて観察することが多い．ミトコンドリアは，細胞全体に広がり，融合と分裂をくり返しながら増殖する．ミトコンドリアの長く枝分かれした形態や網目状の形状は，融合と分裂のバランスの上で成り立っている．

　ミトコンドリアの内膜は，ひだ状に折れ込んで複雑なクリステを形成している．酸化的リン酸化の盛んな好気的組織のミトコンドリアでは，クリステが複雑で数も多い．クリステは生物種や組織，環境条件によってひだ状・管状・ディスク状などさまざまな形態になる．ATP合成のもっとも主要な経路である電子伝達系に関与する酵素群は，内膜すなわちクリステ上で複合体を形成している．マトリクスには，クエン酸回路やβ酸化系など，脱水素反応を中心とする可溶性酵素が高い濃度で存在している．

　ミトコンドリアは，独自のゲノムをもち，半自律的に増殖する．ヒトのミトコンドリアDNA（mtDNA）は16569塩基対（bp）の環状DNAで，12Sと16Sの2つのリボソームRNA（rRNA）遺伝子，22種の転移RNA（tRNA）遺伝子，電子伝達系構成サブユニットのうちの13種のタンパク質遺伝子をコードしている．このことから，ミトコンドリアには細胞質とは別の独自の翻訳機構が存在することは明らかであるが，mtDNAの複製，転写，メッセンジャーRNA（mRNA）の翻訳に必要な酵素すべてとミトコンドリアの機能に必須のタンパク質のほとんどが核にコードされている．そ

れらのタンパク質は，細胞質で構成された後にミトコンドリアに運び込まれるが，その輸送に必要な特異的なシグナルがそれらのタンパク質のN末端に付加されている（シグナルペプチド）．

動物のほとんどは，ヒトと同じタイプのmtDNAをもっている．原生生物は40〜49キロ塩基対（kbp）と比較的大きく環状分子も線状分子も存在する．菌類のmtDNAは，環状で，18〜108 kbpと著しい大きさの違いがある．また，植物のミトコンドリアのゲノムサイズはきわめて多様で，タバコの91 kbpからマスクメロンの2400 kbpと26倍以上のひらきがあるとされている．しかし，多様なmtDNAであっても，それがコードする遺伝子にはほとんど違いがないことも知られている．

ミトコンドリアにはヒストンはないが，mtDNAにはDNA結合タンパク質が結合し核様体として組織化されている．

mtDNAの変異によって引き起こされるミトコンドリア病の存在が知られている．ミトコンドリアには多数のmtDNA分子が含まれるため，変異mtDNAが混在する場合，核遺伝子の変異による遺伝病とは異なった挙動を示す．ミトコンドリアは，多くの場合は母性遺伝するが，父性遺伝や両性遺伝する例も知られている．ミトコンドリアは，近年，アポトーシスを制御する中心的オルガネラとしても注目されている．

（岡田　悟・河野重行）

ミニ染色体

染色体と同様の仕組みで複製・分配される，天然の染色体より小型のDNA-タンパク質複合体である．

① 染色体の複製・分配に必要な要素（複製起点，セントロメア，テロメア）をプラスミドに組み込んで作成される染色体である．人工染色体の作成には，染色体の要素となるDNAをクローニングする必要があり，それが可能な生物はかぎられている．出芽酵母の複製起点とセントロメアは他の生物由来のものと比べて短く，クローニングもされている．また，テロメア形成のシグナルとなるDNA配列もクローニングされた．染色体の複製起点，セントロメア，テロメア形成シグナルおよびプラスミドの標識となるマーカー遺伝子を組み込んだプラスミドYAC（yeast artificial chromosome）が作成されている．YACプラスミドは環状であるが，酵母に導入する際に線状化すれば，酵母細胞内でテロメアが形成され，線状のDNAとして複製・維持される．YACプラスミドに大きなDNA断片（数百kb）を挿入した人工染色体を作成することが可能である．複製起点とセントロメアをもつ環状プラスミドを導入すると，テロメアは形成されないが，染色体同様の仕組みで複製分配される．

② 欠失により短くなった染色体である．

③ 出芽酵母のプラスミド2ミクロンDNAは，核内に存在し，ヒストンと結合しヌクレオソーム構造をとっている．染色体と同じ基本構造をとっているので，これもミニ染色体とよばれる．　　（東江昭夫）

娘染色体⇨細胞分裂

メンデルの法則

オーストリア，ブリュンの聖トマス修道院の僧侶であったグレゴリオ・ヨハン・メンデル（G. J. Mendel）は1856年から8年間にわたって，エンドウを使った交配実験を続け，表現型の世代間の伝わり方，すなわち遺伝現象には規則性があることを発見した．このうち3つの規則性は，優劣の法則，分離の法則，独立の法則とそれぞれよ

ばれ，これらをまとめて今日，メンデルの法則と称している．さらに，メンデルはこれらの現象を説明するため，子孫に伝わるそれぞれの形質を規定する因子の存在を仮定した．これは，今日の遺伝子の概念を初めて明らかにしたことにほかならず，この点からもメンデルの法則の発見を遺伝学の誕生とみなす理由である．

メンデルは植物の形態的特徴（形質）が子孫にどのように受け継がれていくのかを明らかにするため，安定に受け継がれる形質がそろい他花受粉によってもでき，さらにその雑種が正常な種子をつくることができるエンドウを交配実験の材料に使った．選ばれた形質は，それぞれ異なる一対の形質（対立形質）を示す．種子の形という形質では，丸い種子としわのある種子という対立形質が示すものが選ばれた．その他，子葉の色（黄色，緑色），種皮の色（灰褐色，白色），完熟した莢の形（膨張，萎縮），未熟な莢の色（緑色，黄色），花の着き方（腋性，頂性），茎高（高い，低い）が選ばれ，計7組の対立形質について，交配実験による子孫への伝わり方が調べられた．

丸い種子だけをつくる系統としわのある種子をつくる系統を交配し得られた子孫（雑種第1代，F1, first filial generation の略）は，すべて丸い種子だけを付け，しわのある種子という対立形質は丸い種子という対立形質によって隠され現れない．このように，F1で一方の形質しか現れないことを優劣の法則という．F1で現れた形質が優性，現れなかった形質が劣性である．記号で表すとき優性の形質を大文字，劣性の形質を小文字で示すことになっている．7つの対立形質すべてに優劣の法則がみられた．さらに，F1どうしを交配して得られた雑種第2代（F2）を調べると，優性の丸い種子に加え劣性のしわのある種子が再び現れるようになる．F2の全種子のうち，丸い種子としわのある種子がそれぞれ出現する比率はほぼ3対1となる．その他の優劣の法則を示す対立形質についても，同様にF2では3：1の比率で優性形質と劣性性質が再び現れる．F1で隠されていた劣性形質がF2世代で3：1の比率で出てくることが分離の法則である．ここまでは，1組の対立形質についてであるが，2組の対立形質についてそれぞれの子孫への伝わり方をみると，それぞれの対立形質のあいだで同じく優劣の法則が成り立つ．種子の形と種皮の色の2組の対立形質の場合，丸く灰褐色の種子をつくる系統としわのある白色の系統のあいだでできるF1では，優性形質である丸い，灰褐色の種子だけがみられる．このF1どうしの交配でできるF2では，丸く灰褐色，丸い白色，しわのある灰褐色，しわのある白色という4種類の種子ができる．これらの種子の比率は9：3：3：1となる．しかし，丸い種子としわのある種子という形質だけについてみると，3：1の比率であり，これは灰褐色か白色かという形質でも同様である．したがって，2つの形質はまったく独立にお互いに干渉することなく分離の法則に従っている．このように，異なる形質がそれぞれ個別に分離することが独立の法則である．

メンデルは，これらの遺伝様式の規則性を説明するため，世代を超えて対立形質を伝える因子の存在を仮定した．種子の形では，優性の丸い対立形質を規定する因子を A，劣性のしわのある形質では a とする．丸い種子の系統は AA，しわのある種子の系統は aa と表す．これらの系統では，それぞれ，A と a の配偶子ができることになる．したがって，この配偶子どうしで生まれてくるF1はすべて Aa となる．a の因子を受け継いでもこれは劣性であるため，優性の A の形質しか現れない．F1の配偶子は，A と a の2種類ができ，この配偶子から生まれるF2は AA, Aa, aa の3とおりである．優劣の法則から，A の優性形質を示す AA, Aa の2とおりで，劣性の変

異はホモ接合の aa のだけである．したがって，F2 での優性と劣性の出現の比率は 3：1 と説明できる．2 つの対立形質ではさらに B，b という種子の色を決める因子を加えて表す．AABB と aabb の交配では AB と ab いう配偶子により F1 が生まれるため，F1 は AaBb となる．この F1 からできる配偶子は AB，Ab，aB，ab の 4 種類がすべて同じ比率で生じる．F1 どうしの交配では，これら配偶子が無作為に組み合わさって F2 ができる．F2 では 16 とおりの組合せができるが，それぞれの形質についてみると，その出現比率はやはり 3：1 となる．

エンドウの交配実験から見いだしたこれらの成果は，メンデル自らが 1865 年のブリュン自然研究会の例会で 2 回発表した．また，翌年にはブリュン自然研究会誌に印刷された．この会誌は，ヨーロッパの大学や学会に送られていたにもかかわらず反響はまったくなかった．こうして，このまま 35 年間埋もれたメンデルの業績は 1900 年になって 3 人の研究者にそれぞれ個別に再発見され，その重要性が広く認められることになる．メンデルは生前，「私の時代はきっとくる」と語ったと伝えられている．

(仁木宏典)

モデル生物

たとえば，ヒトに関する生物学的・医学的知見を得ようとしても，ヒトに対して用いることができる解析手法はかぎられている．さまざまな実験手法を用いることができる材料を用いたほうが生物学的な実験は容易である．また，生物にみられる現象の多くは非常に複雑であり，その現象の一面を単純化して観察することが可能な材料を用いるほうが，解析が容易となる場合がある．このような理由で，実験対象に選ばれる生物をモデル生物とよぶ．

一般には，モデル生物として利用するにあたって，以下のような条件が望まれる．入手・飼育・生育が容易であること．世代交代期間が短い，多産など，遺伝学的解析に適している性質をもつこと．遺伝子を人為的に改変できること．実験材料・方法に関するデータベースや支援体制が充実していること．タグラインや突然変異体のコレクションなど，遺伝学的解析の材料が豊富であること．ゲノムプロジェクトが終了しているもしくは進行中であること．このような条件の多くを満たす生物の中で，目的とする現象の観察が容易である生物がモデル生物として用いられる．

モデル生物の代表例として，大腸菌があげられる．大腸菌は単細胞生物で，増殖がきわめて早く，安価な培地と簡単な設備で培養することができる．生命に関する基本的な現象の理解は，大腸菌をモデル生物として発展してきた．たとえば，遺伝情報の実体や DNA 複製，遺伝子発現の分子機構の基本的な原理は，大腸菌を用いた研究により明らかとなった．現在，これらの基本原理の多くは，より高等な生物にも当てはまることが，明らかとなりつつある．

しかし，大腸菌を用いて明らかになったことがすべての生物に普遍的にあてはまるとはかぎらないのも事実である．また，より高等な生物でのみみられる生命現象も数多くある．そこで，さまざまな高等真核生物がモデル生物として利用されている．その 1 例として，ショウジョウバエがあげられる．ショウジョウバエがモデル生物として利用される理由として，以下のような点があげられる．飼育が容易で，世代交代にかかる時間が 2 週間と短いため，遺伝学的実験が容易である．ノーベル賞学者の Morgan が研究を始めてから約 1 世紀のあいだに，多数の突然変異体が集められている．その間に，遺伝子の人為的導入など実験的な手法が確立し，全ゲノム配列が明ら

かとなっている．ヒトの遺伝病の原因遺伝子のうち約60％はショウジョウバエにも似た遺伝子があり，また脳・神経や肢などをもち，その形成過程も脊椎動物と共通点が多い．したがって，ショウジョウバエの研究成果の多くがヒトにも応用できると期待されている．

これらのほかにも，ラン藻，出芽酵母，分裂酵母，マウス，アフリカツメガエル，ゼブラフィッシュ，メダカ，フグ，線虫，シロイヌナズナ，イネなど多くの生物が，目的に応じてモデル生物として利用されている． 　　　　　　　（町田泰則・高橋裕治）

モルガン単位（地図単位，交叉単位）

染色体上の2地点間の距離を交叉の頻度によって測る場合の地図単位である．一般に，2地点間の距離が近ければ交叉はまれにしか起きないが，離れていれば頻繁に交叉が起きると考えられる．1％の割合の交叉を単位（1地図単位）とし，これを1センチモルガン（cM），100％の交叉頻度距離を1モルガン（M）と，T. H. Morganを記念してよばれる．このようにして染色体全体の遺伝子地図をつくることができる．実際には，染色体の領域，部位ごとに組換えを起こしやすい領域，部位（ホットスポット），起こしにくい領域，部位（コールドスポット）があるため，交叉頻度は必ずしも物理距離に比例しない．したがって，遺伝学的地図は物理地図とは距離について一致しない場合があるが，遺伝子の並びは正確に一致する．

この地図単位は，交叉の頻度を測るものであるが，実際には例を図Ⅰ-42に示すように交叉ではなく組換え型の染色体の頻度で推定する．短い距離，たとえば10cM以下の場合には，交叉頻度と組換え型の頻度はよく一致すると考えられるが，それ以上

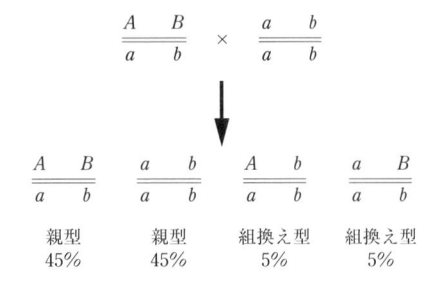

$$\frac{A \quad B}{a \quad b} \times \frac{a \quad b}{a \quad b}$$

↓

$$\frac{A \quad B}{a \quad b} \quad \frac{a \quad b}{a \quad b} \quad \frac{A \quad b}{a \quad b} \quad \frac{a \quad B}{a \quad b}$$

親型 45%　親型 45%　組換え型 5%　組換え型 5%

地図距離＝組換え型の割合(％)＝10 cM

図Ⅰ-42　モルガン単位

離れると次第に一致しなくなる．これは，2遺伝子間で2回（偶数回）交叉が起きると，その部位よりも外側の2つの遺伝子はもとと同じ並びになってしまうからである．このように，検出できない多重交叉があるため，組換え型頻度は交叉頻度，すなわち地図距離を低く見積もってしまうことになる．実際，独立なほど十分離れた遺伝子間でも組換え型頻度は50％にしかならない．したがって，遠い地点間の距離は短い区間に区切ってそれぞれの距離の総和として推定すべきでる．

組換え型の頻度から地図距離を推定するためのKosambiやHaldaneの公式といった補正法も存在している．2重交叉の割合は，偶然に組み合わせて期待される頻度よりも一般に低い．これは，干渉として知られ，1つの交叉が起きると，近傍での他の交叉を妨げる現象のためである．地図距離を推定するための補正は干渉の程度により決まるが，実際の干渉は生物種や染色体，領域によって異なっていて，1つの補正法がすべてでよいとはかぎらない．

（高野敏行）

有糸分裂⇨細胞分裂

優性

2倍体生物で表現型の異なる対立遺伝子のヘテロ接合体の表現型がどちらか一方の対立遺伝子ホモ接合体の表現型と一致するような対立遺伝子間の優劣関係を示す．ヘテロ接合体の表現型を表す対立遺伝子を優性（完全優性），表現型が表れない対立遺伝子を劣性（完全劣性）という．

優性という現象を見いだしたのはメンデルである．メンデルは，エンドウマメの7種の交雑で，その雑種第1代の子孫の形質は両親の一方に似ていて，他方の親の形質は現れないことに気づき，雑種第1代につねに現れ，伝えられることから，優性と名づけ，現れない形質を劣性とよんだ．優性対立遺伝子の最初の文字を大文字で，劣性対立遺伝子を小文字で書き始めるのも，メンデルによって始められた通則である．

劣性形質は，雑種第1代では優性形質に隠されるため現れないが，そのつぎの代の子孫では再び現れる．植物の草丈を支配する1つの遺伝子を考える．この遺伝子座には，優性の"丈の高い"対立遺伝子（T）と劣性の"矮性"の対立遺伝子（t）があるとする．純系の丈の高い植物（遺伝子型 TT）と丈の低い植物（tt）が交雑すると，雑種第1代の子孫の遺伝子型はすべて Tt で T が t に対し優性であるため，すべて丈の高い植物となる．さらに，この雑種第1代の子孫のあいだで交雑を行うと，第2代の子孫では，遺伝子型 TT, Tt, tt が 1：2：1 の割合で期待される．TT, Tt はいずれも丈の高い植物に，tt のみが丈の低い植物になる．したがって，表現型で判断ですれば，丈の高い植物と低い植物が 3：1 の割合で現れることになる（図 I-43）．実際，このモデルはメンデルの実験結果を説明できた．

メンデルの実験では優性と劣性の判別は

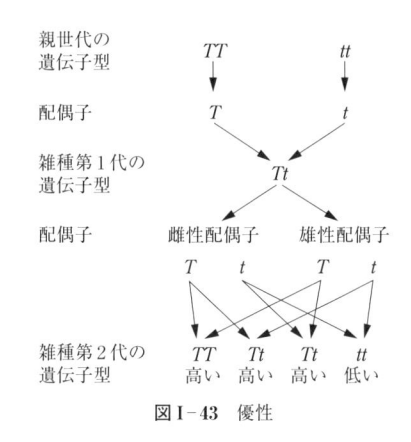

図 I-43 優性

容易で，中間を考える必要はなかった．しかし，優劣関係は形質や対立遺伝子の組合せごとに異なる．また，必ずしも優劣関係が明確でない場合（部分優性）や共優性，超優性を含むまったく優劣関係がない場合もある．さらに，優性が環境や性によって変わることも知られている．　　（高野敏行）

葉緑体

半自律性の細胞小器官で，紅藻から高等植物までの植物に存在する．光合成の全過程が行われる光合成器官である．高等植物の葉緑体は，直径約 5 μm，厚さ 2～3 μm の円盤状で，細胞あたり数十個含まれているが，コケには1つしか存在しないものもある．また，単細胞藻類には葉緑体を1つしかもたないものも多い．藻類ではコップ状，板状，らせん状，網状の葉緑体をもつものがあり，内膜系にはグラナ構造はない．多くの藻類の葉緑体にはピレノイドが見いだされるが，これはリブロースビスリン酸カルボキシラーゼ（RuBisCo）などの炭酸固定酵素の貯蔵場所であるとされている．フコキサンチンを多量に含む褐藻の葉緑体を褐色体，フィコエリトリンの多い紅藻の

葉緑体を紅色体とよぶことがある．葉緑体は分裂により増えるが，モヤシや白色の植物組織に光を照射すると原色素体から葉緑体が形成される．

葉緑体は，全体が包膜とよばれる2層の膜で包まれており，その内部は水溶性部分（ストローマ）と扁平な袋状の膜の重なった内膜系に分かれている．内膜系には，小型のグラナチラコイドが積み重なったグラナと，それをつなぐ大型のストローマチラコイドがあり，光合成色素，電子伝達体，共役因子が存在している．

C_4 植物の葉緑体は機能的に分化していて，葉肉細胞の葉緑体では CO_2 とホスホエノールピルビン酸から C_4 ジカルボン酸の合成が行われ，これが維管束鞘細胞の葉緑体で脱炭酸されたのち還元的ペントースリン酸回路で固定される．サトウキビなどの維管束鞘細胞の葉緑体にはグラナ構造をもたないものもある．

葉緑体には，環状のDNAのほかに，mRNA, tRNA, リボソームなど，独自の遺伝情報発現系が存在している．葉緑体リボソームは70S型で，それによるタンパク質合成は原核生物型である．このため葉緑体は，ラン藻のような原核光合成生物が細胞内に共生した結果生じたと考えられている．葉緑体のゲノムは，大きさが120～180 kbpほどの環状DNAで，多くの場合，リボソームRNA (rRNA) 遺伝子を含む領域が逆方向に重複した1対の逆位反復配列が存在する．約30の転移RNA (tRNA) に加え，4種のrRNAと20数種のリボソームタンパク質を含め，130種あまりの遺伝子が同定されている．しかし，葉緑体DNAに含まれる遺伝情報は少なく，それによってつくられる葉緑体内タンパク質はごく一部で，大半のタンパク質は核DNAの情報により合成されている．そうしたタンパク質には葉緑体に移行するための10～30アミノ酸程度のシグナルがN末端に備わっている． （岡田　悟・河野重行）

両性雑種

2対の遺伝子の両方について異なる対立遺伝子のホモ接合になっている個体間の交雑により生ずるF1雑種．2遺伝子雑種ともいう．両性雑種個体は，両遺伝子についてヘテロ接合となる．たとえば，$RR\ yy$ 個体と $rr\ YY$ 個体間のF1雑種の遺伝子型は $Rr\ Yy$ である．

両性雑種どうしの交雑あるいは自家受精によって生ずるF2雑種の可能な遺伝子型は9種類になる．もし，この2つの遺伝子が別の染色体上にあるか，同一染色体上にあっても十分遠く離れた位置にあれば，9種の遺伝子型の生ずる頻度の期待値はメンデルの独立の法則（第2法則）によって計算できる．これをメンデルがこの法則を導くのに使ったエンドウマメの種子の色と形に関する変異を例に説明する．種子の色には黄色と緑があり，それぞれ R と r 対立遺伝子により決まっている．丸い種子としわのある種子になるかを決定しているのは Y と y 対立遺伝子である．大文字で表しているように黄色が緑に，丸がしわに対して優性である．ここで，緑色で丸い種子をもったエンドウマメと黄色でしわのある種子をもつ純系の2系統の両性雑種の自家受精によって生ずるF2雑種の遺伝子型をパネットの方形として知られる図で表す（図I

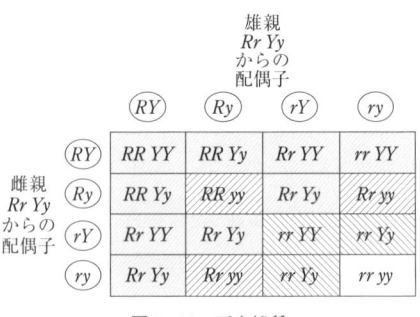

		雄親 $Rr\ Yy$ からの 配偶子		
	RY	Ry	rY	ry
RY	$RR\ YY$	$RR\ Yy$	$Rr\ YY$	$rr\ YY$
雌親 $Rr\ Yy$ からの 配偶子　Ry	$RR\ Yy$	$RR\ yy$	$Rr\ Yy$	$Rr\ yy$
rY	$Rr\ YY$	$Rr\ Yy$	$rr\ YY$	$rr\ Yy$
ry	$Rr\ Yy$	$Rr\ yy$	$rr\ Yy$	$rr\ yy$

図I-44　両生雑種

−44）．結果得られる F2 の遺伝子型頻度は 1/16 *RR YY*：2/16 *Rr YY*：2/16 *RR Yy*：4/16 *Rr Yy*：1/16 *RR yy*：2/16 *Rr yy*：1/16 *rr YY*：2/16 *rr Yy*：1/16 *rr yy* となる．このうち，最初の4つの遺伝子型の表現型はすべて「黄色で丸」，つぎの2つの遺伝子型の表現型は「黄色でしわ」，つぎの2つは「緑色で丸」，最後の1つが「緑色でしわ」になり，頻度は 9/16：3/16：3/16：1/16 となる．これは，ちょうど各遺伝子座の頻度の積になっている．

$$\left(\frac{3}{4}黄色+\frac{1}{4}緑色\right) \times \left(\frac{3}{4}丸+\frac{1}{4}しわ\right)$$

もし，2つの遺伝子が同一染色体上の近い位置にあれば，独立の法則は成り立たず，分離比は2遺伝子間の組換え率に依存することになる．これを利用して，両性雑種を両方の遺伝子について劣性対立遺伝子のホモ接合体に交配（検定交配）することで，2遺伝子間の遺伝的距離を推定することができる． （高野敏行）

連　鎖

　遺伝様式を交配実験で調べたとき，2つの遺伝子が同一染色体の上に座しているとき，メンデルの法則にいう独立の法則に従わず，この2つの遺伝子は独立であると期待されるより高い頻度で子孫の個体や細胞へ遺伝すること．この関係にある遺伝子は，連鎖遺伝子とよばれる．複数の遺伝子について連鎖遺伝子か否か交配実験により調べると，連鎖する遺伝子はグループ，すなわち連鎖群を構成する．連鎖群は同一染色体に並んだ遺伝子のグループにほかならず，したがって連鎖群の数は1倍体の染色体数に相当する．2倍体では同一染色体上にあっても，これら遺伝子のあいだで起こる相同染色体間の組換え反応により，連鎖する頻度（連鎖価）は低下する．この相同染色体間の組換えの頻度を（*r*）とすると，連鎖価は 1 − *r* に相当する．したがって，相同染色体の組換え反応が起こらない完全連鎖（*r* = 0）では連鎖価は 1 である．遺伝子のあいだが十分に離れているとき相同染色体の組換え反応が，起こるか，起こったとしても奇数回か，それとも起こらないか起こったとしても偶数回かで，結果的に相同染色体の組換え反応が起こる頻度は 50％ となり，これ以上の高頻度とはならない．したがって，このときの連鎖価は 50％ となる．これは，独立の法則で2つの遺伝子がともに遺伝する頻度と同じである．このため，交配実験で連鎖解析をする場合は，より接近した遺伝子のあいだで行う必要がある．連鎖価より遺伝子の相対的な位置関係を直線的に表したものが連鎖地図である．連鎖地図は遺伝学的な方法で求めた遺伝子地図である． （仁木宏典）

ロバートソニアン融合

　2つの末端動原体をもつ染色体が動原体部位あるいはその近くでお互いに結びつく現象で，ロバートソニアン染色体融合あるいは転移とよばれる．遺伝物質の量は変わらないが，全体として染色体数の減少が生じているので，ロバートソニアン変化とよぶこともある．
　類縁関係にある種では，しばしば遺伝物質の質的な変化はないが，著しく異なった染色体数を示すことがある．染色体数よりも染色体の腕の数をとりあげ，種の類似性を論じる場合がしばしばある．これもロバートソニアン変化を考慮してのことである． （河野重行）

II ─分子遺伝学/分子生物学

アテニュエーション

　原核生物の転写開始後に起こる転写の減衰をさす．大腸菌のアミノ酸合成系オペロンでみられ，アテニュエーションの起こる場所をアテニュエーターとよぶ．アテニュエーター領域の mRNA は，図II-1 に示すような構造を組むことができる．原核生物では転写と翻訳が共役して起こるので，転写された mRNA にはすぐにリボゾームが結合して翻訳が開始される．アテニュエーター領域には，図II-1 の 1～2 の部分に小さな ORF が存在し，この ORF には対応するアミノ酸を 1 の部分に多くコードする．たとえば，トリプトファンオペロンではトリプトファンコドンを複数含む．したがって，トリプトファンが十分あるときにはリボゾームは 1 から 2 へと進むことにより，1 と 2 の対合を壊し，3 と 4 の対合を残す．3 と 4 の対合は，転写のターミネーターとして働き，RNA ポリメラーゼはここで転写を終結する．そのため，ターミネーター以降の転写は起こらない．一方，トリプトファンが不足した条件では，リボゾームはトリプトファンを結合した tRNA が少ないため 1 の領域で停止する．このとき，1 と 2 の対合は壊れるが，新たに 2 と 3 の対合が生じ，3 と 4 の対合はできない．そのため，転写のターミネーターは形成されず，転写は続行する．多くの場合，アテニュエーターはオペロンの最初に存在し，オペロン全体の遺伝子の転写を調節するが，なかにはいくつかの ORF の後に存在するものもある．前者の場合には，オペロンすべての遺伝子の転写が，後者の場合にはアテニュエーター以降の遺伝子の転写が制御される．
　　　　　　　　　　　　　　　　(荒木弘之)

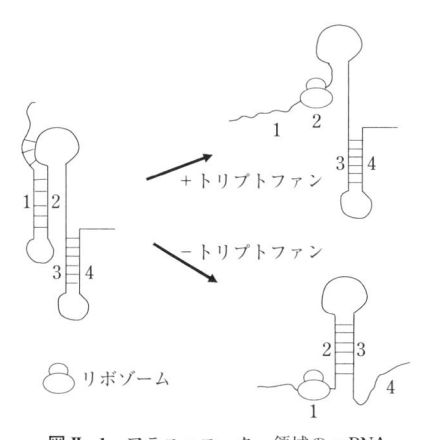

図II-1　アテニュエーター領域の mRNA

アニーリング

　焼きなましの意味であるが，1 本鎖 DNA どうしまたは RNA から 2 本鎖を生じることをいう．1 本鎖 DNA は，相補的なもう 1 つの 1 本鎖 DNA とアニーリングして 2 本鎖 DNA となる．RNA とも同様であ

る．通常は，熱変成させた1本鎖DNAを徐々に冷却することによりアニーリングさせる．まったく相補的な配列どうしがもっとも早く2本鎖になることができる．また，この反応はDNA・RNAの濃度と温度に依存している．この性質を利用して，2種類のDNAあるいはRNA資料がどの程度同じであるか検定することができる．

PCR（polymerase chain reaction）では，使用するプライマーを熱変成させた鋳型DNAとアニーリングした後，DNA合成反応を行う．このアニーリングの温度を下げれば，完全に相補的ではない領域にもプライマーを結合させ，反応を進めることができる．同様に，サザンブロッティングやノーザンブロッティングは，標識した1本鎖DNAまたはRNAプローブとメンブレン上のDNA, RNA間のアニーリング反応を行うものであるから，温度を下げることにより本来の遺伝子に加えて，似た遺伝子やその転写物を検知することができる．

〔荒木弘之〕

誤りがち修復

DNA損傷は，それ自身突然変異を起こす直接の原因であるが，それだけでなく，ある種のDNA修復機構を誘導する原因でもある．λファージを感染させる際，大腸菌をあらかじめ紫外線照射しておくと，照射していない大腸菌に感染させた場合と比べ，λファージの変異が増加する．λファージは直接紫外線照射を受けていないので，この現象は，紫外線損傷により大腸菌細胞のなかで「誤りがちな修復」が誘導されたためであると考えられる．大腸菌のこの現象はSOS応答とよばれ，RecA-LexAによって制御されている損傷トレランスのシステムである．DNAに傷ができるとRecAタンパク質が活性化され，活性化されたRecAタンパク質の働きでリプレッサーであるLexAタンパク質の自己切断が起こり，LexAによって発現が抑えられていた30以上の遺伝子の発現が誘導される．そのうちの1つUmuDCはYファミリーに属するDNAポリメラーゼ（PolV）で，鋳型DNAの損傷部位の相手に塩基を取り込みDNA鎖を伸長させる．このようなDNA合成は，新しく複製されたDNA鎖のギャップをうめ，DNAをつなげていくので生存率を高めるが，正確な塩基の取り込みがなされないことにより，多くの変異を生むことになる（損傷乗り越えDNA合成の項参照）．実際，大腸菌の *umuDC* 変異株や *recA* 変異株は紫外線に感受性であるが，これらの株では紫外線による突然変異の増加が見られない．高等真核生物でも同様の修復機構が存在する．酵母のRev1, Rev3はRad18-Rad6によって制御されている損傷トレランス機構において機能しているDNAポリメラーゼで，損傷乗り越え型のDNA合成に関与し，突然変異の生成に寄与している．Rev1やRev3のホモログはヒトを含む真核生物に広く存在する．これらのポリメラーゼを欠いている変異株においては，紫外線による誘発突然変異率はきわめて低い．一方，別の損傷乗り越え型ポリメラーゼであるpolηは紫外線によって生じたチミンダイマーの相手方にAを取り込むので，突然変異の生成は増加せずエラーフリー修復とよばれている．遺伝的にpolηを欠いているヒト（XPバリアント）は紫外線に感受性で癌（突然変異）を多発する．

〔井上弘一〕

<文献>
1) E. C. Friedberg, et al.：DNA repair and Mutagenesis, ASM Press, 1995.

RNase H

RNAとDNAからなる2本鎖核酸（RNA/DNAハイブリッド）のRNA部分を選択的に分解する酵素である（図II-2）．エンドヌクレアーゼとして働き，反応産物として5'-末端にリン酸基をもつオリゴリボヌクレオチドを生成する．アミノ酸配列の相同性に基づいて1型および2型に分類されるが，大部分の生物には両方の型の酵素が存在する．

大腸菌では，細胞内のRNase H活性の大部分は1型酵素であるRNase HIが占めており，この酵素はDNA複製の際にDNAポリメラーゼIの5'→3'エキソヌクレアーゼ活性と協同して，ラギング鎖合成のプライマーRNAを除去する働きを担っている（DNAの複製の項参照）．また，RNase HIの欠失株では複製開始が通常の複製起点（oriC）以外からも開始し，この場合には，染色体上の特定の部位で形成されるRNA/DNAハイブリッドのRNA部分がプライマーとなってDNA合成反応が開始することが示唆されている．したがって，野生株中では，RNase Hがこのような RNA/DNAハイブリッドを分解し，複製開始がoriC以外から始まるのを防いでいると考えられる．

大腸菌を宿主とする多くのクローニングベクターは，ColE1プラスミドに由来しているが，このプラスミドの複製開始反応にRNase HIが関与している．ColE1DNA上には，RNAポリメラーゼによって転写されて生じたRNAが比較的安定にRNA/DNAハイブリッドを形成する部位があり，この部位でRNase HIにより切断されて生じたRNAの3'-末端を利用してDNA複製が開始する．

真核生物の場合は，ラギング鎖合成のプライマーRNAを除去する働きを担っているのは2型のRNase Hと考えられている．しかしながら，2つのタイプの酵素の生理的役割については不明な点が多い．

レトロウイルスの逆転写酵素は，ポリペプチド鎖のN端側にRNAおよびDNA依存性DNAポリメラーゼのドメインを，C端側に，1型のRNase Hのドメインを保有しており，このRNase Hの機能はウイルスの増殖に必須である．感染細胞内で，ウイルスRNAを鋳型にして，逆転写酵素活性によりRNA/DNAハイブリッドが形成されるが，このハイブリッドのRNA部分はRNase H活性によって分解される．その後，生じた1本鎖DNAが鋳型となり，2本鎖DNAが合成される．　　　（小川　徹）

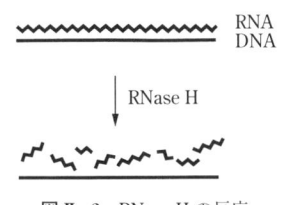

図II-2　RNase Hの反応

RNase P

転移RNA（tRNA）の前駆体に働いて，tRNAの5'末端をつくりだす酵素である．すべての生物において，tRNAの遺伝子は，5'および3'末端に余分な配列をもった状態の前駆体として転写される．また，原核生物では，いくつかのtRNA遺伝子どうし，あるいはtRNA遺伝子とタンパク質遺伝子やrRNA遺伝子がオペロンを構成しており，まとめて1つのRNA分子とし転写される場合がある．余分な配列をもった前駆体tRNAは，RNAプロセシングとよばれる過程において，両末端が正確に切り整えられ，さらにその後，種々の塩基の修飾を受けて成熟したtRNAとなる．RNase Pは，

RNAプロセシングの過程で，正確な位置でRNA鎖を切断してtRNAの5′-末端をつくりだす．

本酵素は，広くあらゆる生物に存在している．本酵素の大きな特徴は，リボザイムであるという点である．すべての生物種のRNase Pは鎖長が300〜450ヌクレオチド程度のRNA，1分子とタンパク質からなっており，ヌクレアーゼの機能はRNA分子が担っている．タンパク質成分は，細菌の場合は1種類の低分子タンパク質（大腸菌および枯草菌では分子量，約14000）のみであるが，真核生物では数種類のタンパク質を含み分子量もより大きくて複雑である．細胞内には多種類のtRNA前駆体が存在しており（たとえば，大腸菌では46種のtRNAに対する80個のtRNA遺伝子が存在する），塩基配列もさまざまであるが，本酵素はtRNAに共通な高次構造を認識してすべての前駆体に作用し，正確な位置でRNA鎖の切断を行う．

RNase Pがリボザイムであることは，1983年，S. Altmanらによって明らかにされた．Altmanらはそれまでに，大腸菌チロシンtRNA前駆体を特異的に切り出す酵素を見いだし，RNase Pと命名していた．この酵素はチロシンtRNA前駆体にかぎらず，すべてのtRNA前駆体に働いて5′末端をつくりだす．さらにその後，精製を進めた結果，この酵素はRNA成分（M1と名づけられた）とタンパク質成分（C5と名づけられた）からなり，酵素活性には両方の成分が必須であることが判明した．このことは，この酵素の活性に2つの異なる遺伝子（$rnpA$, $rnpB$）が関与するという当時の知見と一致するものであった．のちに，$rnpA$がC5タンパク質の，$rnpB$がM1RNAの遺伝子であることが判明した．これらの遺伝子の温度感受性変異株を高温にさらすと前駆体tRNAが蓄積する．さらに，AltmanらはM1RNAが単独で前駆体tRNAを切断することを見いだし，酵素活性を担っているのはタンパク質ではなくてRNAであると結論した．この結果は，前年（1982年）のT. R. Cechらによるグループ I 型イントロンの自己スプライシング機能の発見とともに，リボザイムの概念の確立に大きく寄与した． 〔小川　徹〕

RNA（リボ核酸）

DNAとは異なりD-デオキシリボースではなく，D-リボースを糖成分とするリボ核酸（ribonucleic acid）の略称である．塩基成分はアデニン（A），グアニン（G），シトシン（C）とウラシル（U）の4種であり，なかにはこのほかにいろいろな塩基のメチル誘導体など修飾塩基を微量に含むものがある．RNAの構造はヌクレオシド三リン酸（ATP，GTP，CTP，UTP）が重合し，リボースどうしが3′と5′のあいだでホスホジエステル結合して骨格をなす．リボースの1′の位置に情報を担う塩基が結合した形になる．

遺伝子としての2本鎖DNAの片方を鋳型としてRNAポリメラーゼがそれに相補的な塩基配列をもったRNA分子をヌクレオシド三リン酸から合成する．

DNAと同じく，1つのRNA分子には2つの末端にリボースのリン酸エステル結合に関与していない水酸基があり，5′OHがある側を5′末端，3′OHがある側を3′末端とよぶ．

主なRNAにはメッセンジャーRNA（mRNA，伝令RNA），トランスファーRNA（tRNA，転移RNA）およびリボソームRNA（rRNA）などがあり，そのいずれもがDNA上の情報からタンパク質がつくられる過程で重要な役割を演じている．

mRNAはタンパク質の翻訳を指示するRNAで，タンパク質のアミノ酸1次構造

を規定する塩基配列をもつ．

　tRNAは，リボソーム上のmRNAにアミノ酸を運び，伝令RNA上のコドンに自身のアンチコドンを介して，適切なアミノ酸を対応させる働きをする．rRNAは，リボソームに存在しタンパク質合成を触媒する．

　rRNAはRNA種として細胞内でもっとも量が多く，通常その90％以上を占める．原核生物のrRNAは，23SRNA，16S RNA，5S RNAと，真核生物のrRNAは，28S，18S，5.8S，5S RNAからなる．他のRNA分子のプロセッシングを仲介する活性をもつRNA，自身のRNA鎖の切断反応や連結反応を触媒するリボザイムRNAも発見されている．現在もRNAの働きについての研究が進行している．

　生命系において，もっとも早い時期に出現してきた巨大分子ではないかと考えられている．リボザイムの発見を契機として，RNAはある程度反応性が高く自身で触媒活性をもつこと，タンパク質酵素が出現する前に触媒作用を担っていたことが想像される．RNAウイルスの複製を原始的な複製と見なせることなどから，最初の生命体での生物の機能はRNAが担っていたとするRNAワールド仮説がある．

　　　　　　　　　　　　（渡辺雄一郎）

RNA エディティング

　エキソン中の塩基の修飾あるいは塩基の挿入や除去によって，DNA中の遺伝情報が転写後に変えられる現象をRNAエディティングという．動物細胞では，mRNA中の特定の場所で起こる塩基の脱アミノ化によりコドンの意味が変化することが知られている．ほ乳動物のアポリポタンパク質Bのエキソン中の1カ所のコドンCAA（グルタミン）が臓器特異的に脱アミノ化されてUAA（翻訳停止コドン）に変化し，短いポリペプチドが生じることが知られている．アデニンからイノシンへの脱アミノ化によるコドンの意味の変化がラット脳のグルタミン酸受容体遺伝子で見いだされている．トリパノゾーマのミトコンドリアの遺伝子の1つ *coxII* 遺伝子はシトクロームオキシダーゼサブユニットIIをコードするが，DNA中の配列とmRNAの配列が異なる．前駆体mRNAに4つのUが挿入されて酵素タンパク質のアミノ酸を指定する正しい読み枠のmRNAができる．Uの挿入カ所はランダムに起こるのではなく，ガイドRNAが挿入場所を指定するのに働く．ガイドRNAは編集される前駆体mRNAをコードする遺伝子とは別の場所から転写され，編集前のRNAのUが挿入

前駆体 mRNA

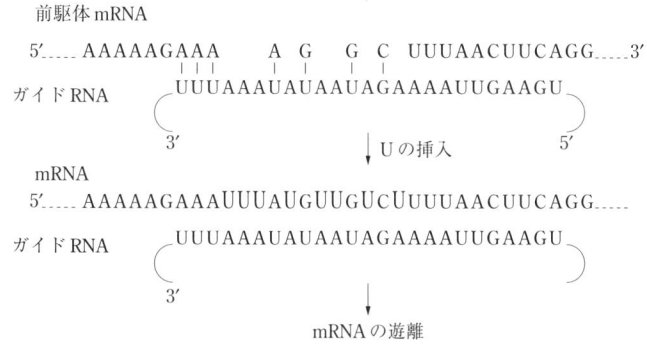

5′……AAAAGAAA　　A G　　G C UUUAACUUCAGG……3′
ガイドRNA　　　　 UUUAAUAUAAUAGAAAAUUGAAGU
　　　　　　　　 3′　　　　　↓ Uの挿入　　　 5′

mRNA

5′……AAAAGAAAUUUAUGUUGUCUUUUAACUUCAGG……
ガイドRNA　　　　 UUUAAUAUAAUAGAAAAUUGAAGU
　　　　　　　　 3′　　　　　↓
　　　　　　　　　　　　mRNAの遊離

図II-3　ガイドRNAの補助によるRNAエディティング

される領域を挟んだ両側の配列と塩基対を形成し,Uの挿入場所を指定する(図Ⅱ-3).編集はUの付加ばかりではなく,Gを付加する例もあり,また,Uの付加ばかりではなく前駆体RNA中のUが除去されることもある.　　　　　　　　　　(東江昭夫)

RNA型ウイルス

　RNAを遺伝子としてもつウイルスの総称(RNA型ウイルス)である.

　RNAウイルスは,ウイルスゲノムが正20面体のキャプシドタンパク質の殻に覆われ,その外側に外被膜(エンベロープ)をもつものともたないもの,らせん対称構造のヌクレオキャプシドをもつウイルスなどがある.

　RNAは非常に分解されやすいため,RNAウイルスのゲノムも殻が破壊されると分解されやすい.さらに,RNAウイルスはRNA合成過程に修復機構ももたないため,DNAウイルスに比べてゲノム複製時に塩基配列に変異が入りやすい.さらに,インフルエンザのような分節ゲノムをもつウイルスの場合,1つの細胞に複数のウイルスが同時に感染すると遺伝子のシャッフリングが起こり,新しい血清型ウイルスなど(遺伝子の再集合体という)が登場する.このため,環境に適応した新しい株ができるチャンスが大きい.

　mRNAと反対の極性をもつ核酸をマイナス極性あるいはマイナス鎖,mRNAとして働くことのできる核酸をプラス鎖と定義して,以下の4種類にウイルスゲノムは分類されている.

　[グループ1]　+鎖RNAを遺伝子とするウイルス.

　感染細胞では,まずmRNAとして機能しウイルスタンパク質の翻訳が起こる.ウイルスゲノム複製に必須の複製タンパク質もこの翻訳によって合成される.動物ウイルスではポリオウイルスなどのピコルナウイルス,西ナイルウイルス,デングウイルス,日本脳炎ウイルス,C型肝炎ウイルスや黄熱ウイルスなどのフラビウイルス,SARSウイルスなどのコロナウイルス,タバコモザイクウイルスなど多くの植物ウイルスなど多くのウイルスがこのグループにあたる.

　[グループ2]　-鎖RNAを遺伝子とするウイルス.

　このウイルスは,RNA単独では感染性がなく,ウイルス粒子内に存在する複製タンパク質(前の感染細胞で合成されたものからのもち込み)によりプラス鎖が合成され,機能発現,複製をする.動物ウイルスではラブドウイルス,エボラウイルスなどを含むフィロウイルス,植物ウイルスでは植物ラブドウイルスなどがある.

　[グループ3]　2本鎖RNAを遺伝子とするウイルスRNA.

　DNAの半保存的複製とは異なり,新生2本鎖RNAがすべて新生であるという保存的複製である.動物ウイルスでは,レオウイルス,植物ウイルスでは植物レオウイルスなどがある.

　[グループ4]　ゲノムの1本鎖プラス鎖がいったんDNAに逆転写され,宿主細胞ゲノムに組み込まれる生活環をもつRNAウイルスをレトロウイルスとよぶ.逆転写酵素は,宿主細胞にあるわけではなく,ウイルスがコードしており前の感染細胞で合成されたものからのもち込みで,ウイルス粒子の中に含まれる.

　なかにはテヌイウイルスのように,部分的にプラス鎖とマイナス鎖の両方に機能するアンビセンスRNAをゲノムとしてもつものもある.

　このRNA型ウイルスに対し,ゲノムがDNAであるウイルスをDNA型ウイルスという(DNA virus, DNAウイルス).植物ウイルスはカリフラワーモザイクウイル

スなどわずかな例外を除いてほとんどがRNAウイルスである. 　　　(渡辺雄一郎)

RNA プロセシング

　RNAが転写された後に, さまざまな修飾を受けることをさす. mRNA, rRNA, tRNAなどが生成する過程で, 転写された1次産物が限定切断を受けたり, 特定の塩基の修飾を受けたり, mRNAの5′末端へのキャップ構造の付加（キャッピング), mRNAの3′末端へのポリA配列の付加（ポリアデニル化), イントロン配列が除かれるスプライシングなどの過程を経てから, 成熟したRNA分子種に加工修飾されることを広く含む.
　原核生物では, ふつうmRNA転写物はプロセシングされる必要がなく, mRNAが完成しないうちにリボソームによって翻訳される. それに対して, 真核生物では核で合成された1次産物としてのmRNA前駆体は種々のプロセシングを経てから, 細胞質へ移行し翻訳される. 真核生物のmRNAは核にいるあいだにキャップ構造の形成, ポリアデニル化（ポリAの付加), イントロンが切り出されエキソンどうしがつながれるRNAスプライシングを受けて, 成熟mRNAとなる.
　また, テトラヒメナの核, 葉緑体, ミトコンドリア内ではRNAエディティングを受けるmRNAも知られている. RNAエディティングとはRNAが転写後, 塩基の挿入, 欠失, 置換（C→U, U→Cなど）を経て翻訳可能な形へと変換されることである.
　rRNAの遺伝子はお互い連続してゲノム上にコードされ, 高頻度で転写される. 原核生物では, rRNA1次転写産物が合成されているあいだにプロセシングが始まり, 特異的に切断されて各rRNA前駆体を生じる. このrRNA前駆体がリボソームタンパク質と会合した後, 5′と3′末端がある種のリボヌクレアーゼにより切り取られ成熟rRNAとなる. また, リボソームに組み込まれる前に16SrRNAと23SrRNAではあわせて24カ所でメチル化される. 真核生物では, 核小体のなかでrRNAの転写とメチル化反応が行われる. 最初45S RNAとして転写されるが, その配列中5′末端から18S rRNA, 5.8S rRNA, 28S rRNAが介在配列をはさんで存在する. 45SRNAは110カ所メチル化された後, 切断される. テトラヒメナのrRNAのイントロンのように自己スプライシングによって切り出されるものがあり, そのようなRNA酵素をリボザイムという.
　原核生物, 真核生物のtRNA1次転写産物には転写された後, 5′末端にさまざまな長さの余分なヌクレオチド配列がついている. この配列がリボヌクレアーゼPというリボ核タンパク質酵素によって切断された後, tRNAとして完成する. さらに, 真核生物, 古細菌のtRNA前駆体にはイントロンをもつものがあり, スプライシングを受けて成熟する. さらに, 両端の余分のヌクレオチドが切り出される. 原核生物, 真核生物どちらのtRNAも内部の約10％の塩基が修飾を受けている. tRNA1次転写産物の3′末端はUであるが, すべてCCA配列となるようにやはり付加反応によるプロセシングを受ける. 　　　(渡辺雄一郎)

RNA ポリメラーゼ

(1) 概　　要
　RNA合成を触媒する酵素の総称である. 一般には, DNAを鋳型にしてRNAを合成するDNA依存性RNAポリメラーゼをさす. 1960年ごろにラットや大腸菌からその活性が同定された. 遺伝子DNAのもつ

遺伝情報をRNAに転写することから転写酵素ともよばれる．鋳型依存的にRNAを合成する酵素には，このほかにDNA複製時にプライマーRNAの合成を行うRNAプライマーゼやRNAウイルスのRNA依存性ポリメラーゼまたはRNA複製酵素（RNAレプリカーゼ）などがある．これら鋳型要求性のRNA合成酵素はいずれも，リボヌクレオシド三リン酸を基質としてRNAを合成する．鋳型非依存的にRNAを合成する活性をもつ酵素には，リボヌクレオシド二リン酸を基質としてRNAを合成する大腸菌のポリヌクレオチドホスホリラーゼやRNAの3′末端にポリAを付加するポリAポリメラーゼなどがある．ポリヌクレオチドホスホリラーゼは歴史的には最初に同定されたRNA合成活性のある酵素であるが細胞内では主にRNAの分解酵素として働いている．

(2) 原核生物のRNAポリメラーゼ

酵素は一般に複数のサブユニットからなる巨大タンパク質である．原核生物のRNAポリメラーゼは，RNA合成活性を担う1種類のコア酵素と，プロモーターを認識する複数種のσサブユニット（σ因子）からなる．コア酵素とσサブユニットの複合体をホロ酵素とよび，ホロ酵素だけがプロモーターからの転写を行うことができる．コア酵素は，2個のαサブユニット（遺伝子 rpoA）と1個のβ（rpoB）およびβ'サブユニット（rpoC）からなる．βサブユニットにRNA合成の活性中心があり，β'サブユニットはDNAとの結合に関与している．αサブユニットは酵素集合の核として働くとともに，C-末端領域（αCTD）が多くの転写調節因子との相互作用に関与している．このほか，ωサブユニット（rpoZ）もコア酵素に含まれており，コア酵素の構造形成に関与している．抗生物質リファンピシンは，βサブユニットに結合してRNA合成の開始を阻害する．大腸菌の各サブユニットの分子量は，αが36.5 kD，βが150.5 kD，β'が155 kD，ωが10.2 kDである．一方，σサブユニットは複数種存在し，それぞれがコア酵素と会合してホロ酵素を形成するため，RNAポリメラーゼにはプロモーター認識特性の異なる多型が存在し，特定の遺伝子集団の選択的転写を可能にしている．大腸菌では，7種類のσサブユニットが知られている．このうち分子量90 kDのもの（見かけの分子量からσ^{70}とよばれている）は，すべてのrRNAとtRNAならびに大多数のmRNAの合成を担う主要なσサブユニットである．他のσサブユニットはストレス応答などの環境変化に応じ，特定の遺伝子群の選択的転写を担っている．胞子形成を行う枯草菌などでは，胞子形成各段階で特異的に働くσサブユニットが存在し，遺伝子発現調節のカスケードを形成している．

(3) 真核生物のRNAポリメラーゼ

真核生物では，3種類のDNA依存性RNAポリメラーゼが存在し，RNAポリメラーゼI，II，IIIとよばれている．Iは核小体にあって，rRNA前駆体の合成を行う．IIとIIIは核質にあって，IIはmRNA前駆体の合成を，IIIはtRNAと5SrRNAの前駆体ならびにスプライソソームRNAなどの合成を行う．これらのRNAポリメラーゼは，12種類以上のサブユニットからなる複合体（分子量50〜65 kD）である．毒キノコからとれるα-アマニチンはRNAポリメラーゼIIの活性を阻害する．各RNAポリメラーゼを構成する最大分子量の第1サブユニットと分子量が2番目の第2サブユニットは，それぞれ原核生物のβ'およびβのホモログで1次構造上類似しており，機能的にもβ'およびβと同様に活性中心を構成している．また，原核生物のαサブユニットと1次構造が類似したサブユニットも2種類存在し，これら4種のサブユニットはコアサブユニットとよばれている．コアサブユニット以外には，各

RNAポリメラーゼに共通のサブユニット5種と酵素特異的なサブユニット数種が存在する．RNAポリメラーゼⅡの第1サブユニットのC末端にはCTDとよばれる7アミノ酸のくり返し配列があり，転写の伸長，RNAのプロセシングなどに深く関与している．CTDは，転写の開始から伸長への移行過程でリン酸化される．各RNAポリメラーゼはプロモーターに結合するまえに，多数の基本転写因子，メディエーターなどと会合して分子量2000 kD以上のホロ酵素複合体を形成することが明らかになってきている．

(4) その他のRNAポリメラーゼ

より単純なRNAポリメラーゼとして，T3やT7などのバクテリオファージの酵素がある．これらの酵素は，分子量約98〜110 kDの単一のサブユニットからなる．また，ミトコンドリアのRNAポリメラーゼは，バクテリオファージの酵素およびσと関連のある2個のサブユニットからなる．葉緑体の酵素は，原核生物のそれと類似している．

(5) 立体構造

T7ファージ，高度高熱菌，酵母などのRNAポリメラーゼの3次元構造が決められており，いずれも鋳型DNAをはさむ嘴状の構造など，転写酵素としての機能に対応した構造的特徴的をもつことが明らかになっている．高度高熱菌のホロ酵素およびコア酵素の3次元構造から予想される転写開始複合体と転写伸長複合体のモデルを図Ⅱ-4に示す．

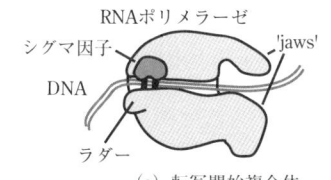

(饗場弘二)

アロステリックタンパク質

アロステリック効果を受けるタンパク質の総称である．アロステリック（allosteric）とは，もう1つの場所・空間（another space）またはもう1つの構造（another structure）を意味し，大腸菌のラクトースリプレッサーの研究からJacob, Monodらにより提唱された．当初は，ラクトースリプレッサーにラクトースが結合すると構造を変えて，オペレーターへ結合しなくなると考えられたが，現在ではラクトースの代謝産物がリプレッサーに結合して働くことが知られている．このように，反応部位とは異なる部分に他の分子（エフェクター）が結合することにより，反応に影響するようなタンパク質をアロステリックタンパク質（allosteric protein）とよぶ．同様に，タンパク質が酵素の場合はアロステリック酵素（allosteric enzyme）とよぶ．一連の代謝経路の中間・最終産物が酵素活性を制御する場合が多いので，最終産物による制御を受ける酵素のことをアロステリック酵素とよぶこともある．これらの酵素は，本来の基質への結合部位とは異なるもう1つの場所でエフェクター（この場合最終産物）と結合し，酵素の活性部位の構造を変化させ，その酵素活性に影響を与える．これは，ヘテロトロピックなアロステリック効果とよばれるものであるが，ホモトロピックなアロステリック効果とよばれるものもある．一般に，基質濃度と反応速度は比例関係にあるが，基質濃度と反応速度が単純な

図Ⅱ-4 原核生物の転写複合体の模式図
(a) 転写開始複合体
(b) 転写伸長複合体

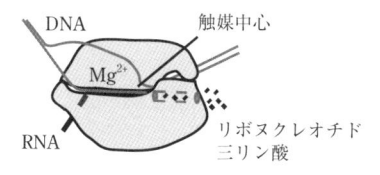

比例関係にない場合がある．これは，基質自体がエフェクターとして働いているからである．エフェクターが結合することにより酵素活性が増加する場合もあるし，抑制される場合もある． （荒木弘之）

鋳型

低分子の前駆体から高分子物質を合成する際に必要とされるものである．DNAをDNAポリメラーゼが合成するとき，RNAポリメラーゼがRNAを合成するときには，既存のDNAに相補的なDNAまたはRNAを合成する．また，翻訳の際にはmRNAの配列に基づいてアミノ酸が連結されてゆく．このような合成時に用いられるDNA・RNAのことを鋳型とよぶ．このような鋳型なしでは，DNA合成もRNA合成も，またタンパク質の合成も起こらない． （荒木弘之）

一遺伝子一酵素説

「1つの遺伝子は1つの酵素を決定する」とする学説である．1949年ビードルとテイタムによって提唱された．彼らは野生型のアカパンカビをX線照射し，多数の栄養要求性変異体を分離した．これらの変異の原因が遺伝子に生じた突然変異であることは，アカパンカビが真核生物の微生物であり，核遺伝子の子孫への伝達はメンデルの法則に従うことを利用して交雑実験により示された．野生型と栄養要求性変異体を交雑すると，1つの子嚢中で，野生型と変異型が4：4に分離し，この結果は栄養要求性の原因となる変異が核染色体上の1つの遺伝子に生じたことを示している．遺伝子の変異体であることが証明されたもののなかで代謝経路の研究が進んでいたアルギニン合成経路（図Ⅱ-5）の変異体について調べたところ，アルギニンの代わりにオルニチンを与えることで生育できる変異体，シトルリンで生育できる変異体，オルニチンやシトルリンはアルギニンの代わりになれない変異体に分類された（表Ⅱ-1）．変異体はアルギニン合成系の1つの反応が欠損しているためにアルギニン要求性を示し，変異の原因遺伝子が代謝系の1つの反応と対応していることが明らかにされた．

その後，酵素に関する研究が進歩すると，酵素の中には異なったポリペプチドが集合して1つの酵素を形成する場合もあることがわかった．この種の酵素の場合，複数の異なる遺伝子の変異が同じ酵素の活性に影響を与え，1つの酵素と複数の遺伝子が対応することになる．タンパク質合成機構か

──→ N-アセチルオルニチン ──→ オルニチン ──→ シトルリン ──→ アルギノコハク酸 ──→ アルギニン
　　　　　　　ステップ1　　　ステップ2　　　　　　　　　　　　ステップ3

図Ⅱ-5　アルギニン合成経路

表Ⅱ-1　アカパンカビのアルギニン要求性変異

変異体（遺伝子）	要求性を満たす化合物	欠損した反応
1　argE	アルギニン，シトルリン，あるいはオルニチン	ステップ1
2　argF	アルギニン，シトルリン	ステップ2
3　argH	アルギニン	ステップ3

ら考えて，「1つの遺伝子は1つのポリペプチドを決定する」としたほうがより普遍的である． 　　　　　　　　　　（東江昭夫）

位置効果

突然変異でもなく，遺伝子量の変化でもなく，遺伝子の染色体上での位置が変わることによって表現型が変化すること．逆位や転座，あるいは交差の結果，遺伝子がこれまでとは異なる状況に置かれたときにみられる．このような現象は，高等生物から微生物まで広く知られている．また，外来遺伝子が宿主の染色体のどこに挿入されるかにより，その遺伝子の転写レベルが異なっていることも知られていて，遺伝子の発現がまわりの染色体の状況により影響されることを示している．B. Judd は，正常配列をもつショウジョウバエの個体と転座をもつ個体との掛け合わせを行った．ショウジョウバエの白眼の遺伝子座は X 染色体の末端近くにある．w^+ の遺伝子をもつ X 染色体の末端が染色体4番のヘテロクロマチン領域に転座した場合，w は劣性なので期待される眼の色は赤であるはずが，実際は，赤と白の眼の色の混ざったものとなる．これは転座した w^+ の遺伝子が転座により変異を起こしやすくなったからではない．w^+ 遺伝子が変異していないことは，w^+ 遺伝子を染色体の元の位置にかえせば，その表現型は赤眼となることから明らかである．なぜ斑になるかというと，ヘテロクロマチン領域に転座した遺伝子もヘテロクロマチン化の影響を受け発現が抑制され，また遺伝子発現の抑制が細胞ごとに異なるため，赤眼と白眼の細胞が生じるからだと考えられている．これを「位置効果による斑入り」という． 　　　　　　　　　（井上弘一）

1 次 構 造 ⇨ 高分子構造

遺伝子座制御領域

トランスジェニックマウスでマウスゲノム上のさまざまな位置に導入された遺伝子は，その挿入された位置によって発現量が異なることが観察された．このような現象を位置効果とよぶが，これにはクロマチンによる転写抑制が大きな役割を果たしていると考えられている．ヘテロクロマチンのような転写を抑制する領域ではクロマチンが密に詰め込まれているため，DNAに作用するタンパク質がDNAに近づくことができない．したがって，DNase I のようなヌクレアーゼによる分解に抵抗性となる．これに対し，DNase I で容易に分解されるような領域はクロマチン構造が緩んでおり，遺伝子の転写が活発に起きていると予想される．ヒト β-グロビン遺伝子座のプロモーターを含む領域だけを用いてトランスジェニックマウスを作製すると，β-グロビン遺伝子はほとんど発現しなかった．β-グロビン遺伝子座の 10 ～ 20 kbp 上流に4カ所の DNase I 感受性部位が見いだされ，この領域とともに β-グロビン遺伝子を染色体に挿入すると，その挿入位置に関係なく β-グロビン遺伝子が発現することがわかった．すなわち，位置効果が見られなかったのである．このように，位置効果を解消して遺伝子発現を活性化できる領域を遺伝子座制御領域（locus controlling region：LCR）という．

遺伝子座制御領域は，それが活性化する遺伝子座と上流下流を問わず並んでいること（シス配列）がその機能に必要である．その意味で遺伝子座制御領域の機能はエンハンサーと似ているが，エンハンサーは染色体に組み込まれなくても転写を活性化できるのに対し，遺伝子座制御領域は染色体に組み込まれて初めて転写活性化機能を示す．逆に，エンハンサーは染色体に組み込

まれた場合には位置効果を受ける．免疫グロブリン遺伝子のイントロン中にある Eμ エンハンサーはその近傍に約 1 kbp の短い遺伝子座制御領域をもっている．Eμ エンハンサーコア配列とレポーター遺伝子をつないで細胞中に導入すると，トランジェントアッセイでは（染色体に組み込まれない状態では）十分転写活性を示すが，トランスジーンとして染色体に組み込むとレポーターの発現がみられなくなる．Eμ エンハンサーコア配列に遺伝子座制御領域を加えたものとレポーター遺伝子をつないで初めて，トランスジーンとして染色体に組み込んでもレポーター遺伝子の発現をみることができた．

遺伝子座制御領域は，その影響下にある遺伝子のコピー数に関係なく位置効果を解消できること，その機能は染色体に組み込まれたときのみに発揮されることなどから，遺伝子座制御領域の作用機構はクロマチン構造を緩める，あるいはヘテロクロマチン構造がトランスジーンに広がってくるのを抑制するのではと考えられている．免疫グロブリン遺伝子座から Eμ エンハンサーを除いたり，β-グロビン遺伝子座から遺伝子座制御領域を除くと，それぞれの遺伝子発現が低下することが示され，$in\ vivo$ でこれらの領域が遺伝子発現に確かに必要であることが示された．しかし，β-グロビン遺伝子座ではクロマチン構造（DNase I 感受性部位）が遺伝子座制御領域の有無にかかわらず大きく変化していないことがわかり，ほかにも同じような機能をもつ領域の存在する可能性，あるいはクロマチン構造の変化以外の作用機構の可能性などが考えられている． 〔西沢正文〕

遺伝子重複

DNA 配列の重複により特定の遺伝子が細胞内で重複する現象のことである．染色体分裂時の娘染色体間の不等交差や減数分裂の際の相同染色体間の非相互乗り換えなどによって一方が重複，一方が欠失となることにより生じると考えられる．また，染色体の倍数化に伴い，ゲノムそのものが重複している場合もある．古典的に知られているのは，ショウジョウバエのバーという遺伝子の重複により棒眼とよばれる狭い眼になるという例である．また，いくつかの遺伝子はゲノム上に多数存在し，その塩基配列の相同性から遺伝子重複の結果生じたと考えられている．rRNA 遺伝子群やヒストン遺伝子群はゲノム中に多数反復して存在し，クラスターを形成していることが知られている．これらの大部分は同じ機能をもつ．

遺伝子の重複は遺伝子の進化に重要な役割を果たしていると考えられる．第 1 に重複した遺伝子が同じ機能をもちつつ，時間的，空間的に異なる発現様式をもつようになったと考えられる例がある．たとえば，ヒトのヘモグロビン遺伝子の α 鎖は第 16 染色体，β 鎖は第 11 染色体上でそれぞれ少数の遺伝子ファミリーによるクラスターを形成しており，胚期，胎児期，成人期と発現する順に染色体上に並んでいることが知られている．これらのクラスターの中には，機能するタンパク質をコードしない偽遺伝子も含まれるが，その塩基配列の相同性からいずれも遺伝子の重複により生じたと考えられる．第 2 に重複した遺伝子が，基本的な機能は保存しつつも異なる遺伝子に進化したと考えられるものがある．通常遺伝子は，時間の経過とともに突然変異を蓄積していくが，アミノ酸の置換を伴う変異は起こりにくい傾向にある．また，アミノ酸置換を伴う変異でも性質の類似したアミノ酸による置換の頻度が高く，その他の有害な変異は淘汰されていく．しかし，単一の遺伝子に比べ，重複した遺伝子においては 1 つの遺伝子が元の性質を保持すれ

ば，残りの遺伝子はアミノ酸置換を伴う変異でも許容されやすいため，変異の蓄積により新たな機能をもつことも可能となる．免疫グロブリンスーパーファミリーは配列に類似性をもちつつも，遺伝子ごとの機能は異なっており，遺伝子重複とその後の変異の蓄積の結果生じたと考えられている．遺伝子やタンパク質の機能に重要な部分は，その部分に変異が起こると機能に影響を与えるため，特に変異の頻度が低く，遺伝子ファミリー間でも保存されていることが多い．遺伝子の塩基配列データが蓄積した現在では遺伝子ファミリー間の相同性を比較することにより，遺伝子産物の機能あるいは機能ドメインを類推することも可能となっている．

(小島晶子)

遺伝子タギング

ゲノム上に既知のDNA断片を挿入し，それを標識としてゲノムから目的とする遺伝子を同定する手法である．

挿入するDNA断片として，ショウジョウバエのP因子やトウモロコシのAcやDsなどのトランスポゾンがよく用いられ，この場合を特にトランスポゾンタギングとよぶ．トランスポゾンがゲノム上の別の場所に転移することを利用して，ゲノム上の新たな位置にトランスポゾンが挿入された個体を得ることができる．適当なトランスポゾンが見つかっていない生物においても，他の生物由来のトランスポゾンを導入したトランスジェニック生物を作製し，トランスポゾンタギングが可能な場合もある．植物の場合には，土壌細菌アグロバクテリウムを用いたT-DNAタギングのほうが広く利用されている．この手法は，アグロバクテリウムが保有するTiプラスミド上のT-DNAとよばれるDNA領域が，宿主植物細胞に転移し，そのゲノム上に挿入されることを利用したものであり，シロイヌナズナの多くの遺伝子機能の解明に役立っている．ジーンタギングを行うには，まず，特定のDNA断片がゲノム上の異なる領域に挿入された多数の生物材料を準備する必要がある．すでに，多くの実験生物ではタグラインとよばれる大規模なコレクションがあるので，これを利用することもできる．

つぎに，多数のタグラインを育て，そのなかから目的とする表現型が変化した個体を検索し，挿入変異体を分離する．目的とする挿入変異株が得られれば，その原因遺伝子を同定することができる．つまり，挿入DNA断片の配列を利用して，ハイブリダイゼーション，PCRなどの手法を用いて，DNA断片が挿入された周辺のゲノム領域単離し，その塩基配列を決定することができる．このようにして，目的とする表現型に影響を及ぼしている遺伝子を同定することができる．

タグラインは，すでに分子クローニングされている遺伝子の機能の解明にも有効である．挿入DNA断片周辺の配列の情報を利用したり，PCRによるスクリーニングを行うことによって，まず目的とする遺伝子にDNA断片が挿入された個体を選び出すことができる．このようにして選ばれた個体の表現型を調査することによって，その遺伝子の機能を推定することができる．

上記のような遺伝子破壊型のタギングのほかに，遺伝子の転写を活性化することにより突然変異体を作成するアクティベーションタギング法も利用されている．この方法では，エンハンサー配列を含むDNA断片がゲノム上にランダムに挿入された形質転換生物個体のライブラリーを作製し，そのなかから期待される表現型を示す変異体を選抜する．

このような表現型を示す個体では，エンハンサーが挿入された近傍の遺伝子の転写が上昇していると期待され，そのような遺

伝子は表現型の出現に密接にかかわっていると推察される．このような手法をアクティベーションタギング法というが，この場合の突然変異の表現型は基本的に優性である．遺伝子破壊型では，機能が重複している遺伝子の1つが破壊されても，表現型が見られない場合があるが，アクティベーションタギング法では，表現型が見られる場合もある．また，遺伝子破壊では致死になるような遺伝子の変異体が得られる可能性もある．しかし，この方法は，基本的に遺伝子の過剰発現による表現型の変化に依拠しており，本来の遺伝子機能を反映していない場合も多いので，遺伝子機能の解明には，多角的なアプローチをとる必要がある．　　　　　　　　（町田泰則・高橋裕治）

遺伝子ターゲッティング

特定の遺伝子を標的としてデザインされた人工遺伝子を細胞内に導入し，この外来遺伝子によって内在性の標的遺伝子を置き換える技術を遺伝子ターゲッティングとよぶ．この遺伝子の置換えには相同組換えが利用される．これにより，内在の遺伝子は破壊されるが，同時に特定のゲノム上の位置に目的とする方向に外来遺伝子を挿入することもできる．

通常，外来遺伝子は，染色体上の任意の位置に挿入される．偏りがある可能性もあるが，挿入部位を制御することは通常は難しいと考えられる．任意の位置へ挿入される場合は，挿入されるゲノム上の位置によって，外来遺伝子の発現のレベルが著しく影響を受けることが知られている．また，外来遺伝子が内在遺伝子を分断する場合や，挿入部位近傍の遺伝子の発現に影響を与えるなど，予期せぬ事象が誘導されることも知られている．遺伝子ターゲッティングでは，ゲノム上の標的とする位置に外来遺伝子を挿入し，上記のような問題を回避することが可能である．この手法により，遺伝子破壊をしたマウスをノックアウトマウスとよび，ヒトの遺伝病などさまざまな現象を研究するためのモデルとして使われている．また，ターゲッティングにより遺伝子破壊をすると同時に，発現のオン・オフを制御できるようにデザインした遺伝子を挿入して行う，コンディショナルノックアウトも行われている．理論的には，変異遺伝子を正常な遺伝子で置き換えるなど，ヒトの遺伝子治療にも応用可能である．

相同的組換えの起こる確率は，酵母などでは高いが，高等真核生物においては，かなり低い．高等真核生物での遺伝子ターゲッティングの効率化のために，相同的組換えの効率を上げる方法や，相同的組換えを起こした個体を選抜するなどの工夫がなされている．　　　　　　　　（町田泰則・高橋裕治）

遺伝子の再編成

細胞分化の過程において，体細胞内で組換えが起こり，新しい遺伝子が構成されることである．同一個体のすべての体細胞の遺伝子は基本的に同一であると考えられるが，特殊な例においてDNA分子内での配列の再編成により変化が生じる．もっともよく知られている例は，免疫細胞における遺伝子再編成であり，その結果，多種多様な抗原に対する抗体をつくることが可能となっている．他の遺伝子の再編成の例としては，枯草菌の胞子形成過程での逆位が知られている．また，広義にはトランスポゾンの挿入も遺伝子再編成に含まれる．

免疫細胞はB細胞とT細胞に分化し，それぞれ免疫グロブリン（抗体）とT細胞受容体を産出する．免疫グロブリンはL鎖とH鎖2分子ずつから構成されており，いずれもアミノ末端側の多様性に富んだ可

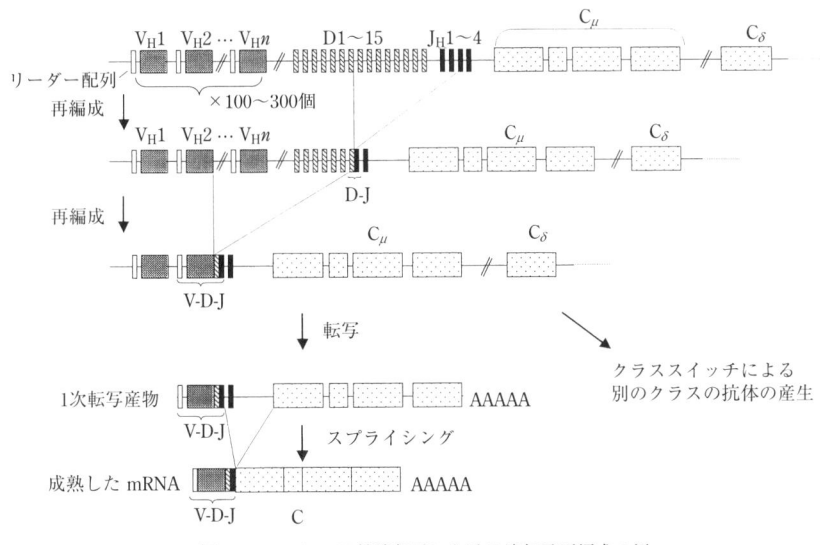

図Ⅱ-6 マウスH鎖遺伝子における遺伝子再編成の例

変領域(variable region, V)と,カルボキシル末端側のどの抗体分子にも共通の配列の定常領域(constant region, C)をもつ.H鎖遺伝子はV, D (diversity), J (joining), Cの遺伝子断片,L鎖遺伝子はV, J, Cの遺伝子断片に由来する.未分化なB細胞において,各領域はそれぞれ複数個存在してクラスターを形成しているが,細胞の成熟過程において遺伝子再編成により各領域から1つずつが選択され,連結することにより,抗体遺伝子が生じる(図Ⅱ-6).κ型L鎖とH鎖のV領域は100以上存在するため,その組合せにより非常に多種多様な抗体分子が産生されることとなる.再編成はVでは3′側,Jでは5′側,Dでは両側に存在する組換えシグナル配列により起こる.組換えシグナル配列は,12塩基あるいは23塩基のスペーサーを7塩基(ヘプタマー)と9塩基(ノナマー)の決まった配列ではさんだ構造をしており,それぞれ12塩基シグナルと23塩基シグナルとよばれる.この12塩基シグナルと23塩基シグナルのあいだでしか組換えは起こらない.また,抗体はそのH鎖により異なる5つのクラスに分類され,IgMとIgD以外のクラスの抗体 IgG, IgE, IgAはさらにクラススイッチとよばれるDNAの再編成によりC領域が変わることにより産生される.T細胞の抗原受容体においても同様の遺伝子再編成によって多様性を獲得している.利根川進はミエローマ細胞のmRNAとゲノムDNAおよび胚細胞のゲノムDNAにおける抗体遺伝子を比較することにより初めて遺伝子の再編成の事実を示し,その功績により1987年にノーベル生理学・医学賞を受賞している.(小島晶子)

遺伝子発現調節

生物は個体を形づくったり,環境の変化に適応するために遺伝子の発現パターンを変えている.必要なときに必要な遺伝子を発現させ(正の調節),不必要な遺伝子の発現を抑えている(負の調節).遺伝子の

発現制御は，転写，RNAプロセシング，翻訳，RNAの分解，タンパク質の修飾（活性の調節）などの各段階で行われるが，転写制御がもっとも重要な遺伝子発現制御機構である．転写はRNAポリメラーゼがDNAに結合することによって起こるから，これをDNAに結合させ，その上を滑らせていくようにすることが正の調節であり，それが起こらないようにすることが負の調節である．その機構について，以下に説明する．

(1) 原核生物の転写制御機構

原核生物のRNAポリメラーゼは，プロモーターの-35と-10配列を認識してDNAに結合して転写を開始するが，プロモーターによってはRNAポリメラーゼによって認識されにくく，プロモーター配列だけでは転写が起こりにくいものがある．このような場合，プロモーター近くに転写活性化因子が結合し，RNAポリメラーゼによるプロモーターの認識と結合を助けることで転写を活性化する．また，プロモーター領域に結合したRNAポリメラーゼが，転写開始型から伸長型へコンフォメーションを変えるのを助けることで転写活性化するものもある．

プロモーター領域にオペレーターとよばれる配列が存在し，ここにタンパク質が結合すると，RNAポリメラーゼのプロモーターへの結合を妨害することで転写を抑制する．このようなタンパク質は，リプレッサーとよばれる．プロモーター上流にもオペレーター配列があり，リプレッサーが2つのオペレーター配列に同時に結合することでDNAをループ化し，RNAポリメラーゼの結合を妨害する機構もある（lacリプレッサー）．リプレッサーの機能はそれに結合するリガンドによって調節されることが多い．lacリプレッサーはリガンドであるラクトースの結合によってオペレーターから外れるが，トリプトファンリプレッサーはリガンドであるトリプトファンが結合するとDNAに結合して転写を抑制する．オペレーターとプロモーターの位置関係によって，オペレーターに結合するリプレッサーが転写活性化因子として機能することがある．λファージのP_RとP_{RM}プロモーターのあいだには，両者と重なり合うようにしてオペレーター配列が3つ（O_{R1}, O_{R2}, O_{R3}）並んでいる．λリプレッサーがO_{R1}とO_{R2}に結合すると，それはP_Rをブロックするが，P_{RM}へのRNAポリメラーゼの結合を促進する．すなわち，P_Rプロモーターからの転写についてはリプレッサーとして，P_{RM}からの転写については活性化因子として機能しているのである．

(2) 真核生物の転写制御機構

真核細胞での転写制御は，プロモーター以外にそれから離れたところ（ときには数kbp）にある調節領域（配列）により行われる．調節配列に結合する因子が転写の活性化と抑制を行う．プロモーターにはTATA配列があり，ここにRNAポリメラーゼIIと基本転写因子からなる転写開始複合体が形成されることが転写開始に必須である．基本転写因子（TFIIA, IIB, IID, IIE, IIF, IIH, III）はTATA配列の認識と結合，DNAヘリカーゼ活性，RNAポリメラーゼIIのC-末端ドメイン（C-terminal domain：CTD）のリン酸化などの機能をもち，そのすべてがタンパク質複合体である．IIDを構成するタンパク質のうちTATA結合タンパク質（TATA binding protein：TBP）がTATA配列に直接結合し，それ以外の構成タンパク質はTAF（TBP-associated factor）とよばれ，プロモーターの認識を助けている．RNAポリメラーゼIIのCTDにもいくつかのタンパク質が結合し，RNAポリメラーゼIIホロ酵素を形成している．

調節配列に結合する転写活性化因子は，RNAポリメラーゼIIホロ酵素，IIB, IIDなどと相互作用して，転写開始複合体の形成やプロモーター領域へのリクルートを助

けていると考えられている．このときに，DNA非結合性の因子であるコアクティベーターやメディエーターが転写活性化因子のこれらの機能を補助するとともに，多様な転写活性化因子と転写開始複合体のあいだをつなぐ役割をしている．特に，コアクティベーター複合体は，転写活性化因子，RNAポリメラーゼIIホロ酵素や基本転写因子と相互作用するだけでなく，ヒストンアセチラーゼ（HAT）活性をもつサブユニットを含んでいたり，HAT活性をもつタンパク質複合体と相互作用することが知られている．HATによりアセチル化されたヒストンは転写活性化因子のDNAへの結合を促進したり，TAFが直接アセチル化ヒストンH4に結合することが知られている．

真核細胞における転写を抑制（負の調節）するリプレッサーの働きは，① 転写活性化因子のDNAへの結合の妨害，② 転写開始複合体のTATA配列への結合の妨害，③ 転写活性化因子の転写活性化ドメインのマスキング，④ 転写開始複合体形成の妨害，⑤ 転写伸長の妨害，⑥ クロマチンリモデリング因子をリクルートして抑制型クロマチンを形づくる，⑦ ヒストン脱アセチル化酵素をリクルートする，などがあげられる．出芽酵母のSsn6-Tup1リプレッサーは②または④，Ume6リプレッサーは⑦を通して転写を抑制している．遺伝子特異的な抑制とは別に，ヘテロクロマチンのように転写が抑制されている領域（サイレンシング領域）がある．出芽酵母では，テロメア，リボソームDNA，HM遺伝子座などでサイレンシングが観察されるが，これはSir2，Sir3，Sir4などのタンパク質がヒストンH3，H4のN-端配列と結合し，さらにSirタンパク質どうしが結合することでヌクレオソームを強固に結合させるためと考えられている．転写の活性化過程はこれらの抑制作用を解除し，転写開始複合体をTATA配列付近に結合させ，RNAポリメラーゼIIをDNA上を滑らせて，RNA鎖を伸長させていく過程であるといえる．

(西沢正文)

遺伝子変換

ある遺伝子がヘテロ接合（A/a）になっている生物では，減数分裂により生じる1倍体細胞の比は通常$A:a$が2：2（アカパンカビなどでは4つの1倍体細胞がさらにもう一度体細胞分裂を起こすので8分子胞子を生み，その比は4：4）に分離する．しかし，まれにこの分離比からずれた分離比3：1（アカパンカビなどでは6：2）を示すことがある．これは減数分裂のときに，対立遺伝子の一方が他方の対立遺伝子型に変換してしまうことで起こると考えられ，これを遺伝子変換あるいは非相互遺伝的組換えとよぶ．遺伝子変換の起こる機構として，以前はコピーチョイスが考えられていたが，最近はR. Hollidayの提唱した組換えモデルに基づいた説明がなされている．ホリデーの組換えの中間体は，染色体にそって分岐点を移動させ（分岐点移動），その後，構造特異的なエンドヌクレアーゼにより，組み変わった鎖を切断するか，あるいは組み変わっていない鎖を切断するかでホリデー構造を解消する（相同組換えの項参照）．その結果，それぞれのDNA2本鎖にはヘテロ2本鎖部分がつくりだされる．このヘテロ2本鎖部分をどちらかの鎖にあわせるように修復することによって遺伝子変換が生じると考えられている．遺伝子変換を起こしている部位の両側で高頻度の組換えがみられることもこの考えを支持している．

(井上弘一)

ウェスタン法

イムノブロット法ともいう．電気泳動などにより分離したタンパク質を電気的にニトロセルロース膜やPDVF膜（poly vinilidene difluoride membrane）などの膜上に転写する手法である．ウェスタンブロット法という通称は，DNA，RNAを膜上に固定するサザンブロット法，ノザンブロット法という呼称にちなんでつけられたものである．1979年にH. Towbinらにより考案された後，1981年にW. N. BurnetteによりSDSポリアクリルアミドゲル電気泳動（SDS-PAGE）を行ったタンパク質への応用が報告され，広く用いられるようになった．膜上に固定したタンパク質は，抗原抗体反応により検出する．検出は特異的抗体（1次抗体）を結合させ，さらに1次抗体を抗原として認識する2次抗体を反応させる間接法を用いるのが一般的である．まず，タンパク質の試料を通常はSDS-PAGEなどにより分離し，電気的に膜上に転写する．つぎに，抗体が膜に非特異的に結合するのを防ぐため，膜上のタンパク質のない部分をスキムミルクやウシ血清アルブミン（BSA）などでブロッキングした後，特異的抗体と反応させる．さらに，標識した2次抗体を反応させて検出する．2次抗体としてはI^{125}標識プロテインAやビオチン標識抗体，あるいは西洋ワサビのペルオキシダーゼ（horseradish peroxidase）やアルカリホスファターゼ（alkaline phosphatase）などで酵素標識したものを用いる．ビオチン標識抗体に対しては，アビジンと酵素の複合体を結合させてシグナルを増幅するため感度は高いが，バックグラウンドも高くなる傾向がある．酵素標識では，発色基質により色の付いた沈殿物を生じさせて検出する方法と，化学発光基質を用いて生じた光をX線フィルムに焼き付ける方法がある．現在ではコントラストがよく，感度も高い化学発光が広く用いられている．また，ウェストウェスタン法では，タンパク質を転写した膜と，標識した既知のタンパク質を反応させることで，既知のタンパク質と結合するタンパク質を検出する．

（小島晶子）

ARS

Autonomously Replicating Sequenceの略．選択マーカーと連結することにより，細胞内で自律的に複製する染色体DNA断片として，出芽酵母から最初に分離された．その後，分裂酵母からも同じように分離されている．ヒトを含む高等真核生物でも同じ手法により自律複製能をもつ断片が分離されているが，その複製能は低く一般にARSとはよんでいない．一方，原核生物の場合には複製開始点にちなんでOri（origin）とよばれる．

分離当初は，自律複製能をもつDNA断片が染色体DNA上で複製開始点として使われているかわからないためARSとよばれた．出芽酵母では，全染色体上の複製開始領域が決定され，ARSとして分離された領域から複製が開始することが明らかになっている．

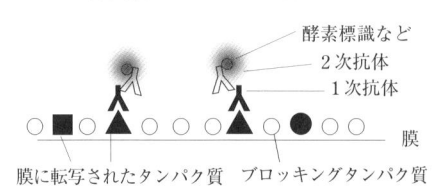

図Ⅱ-7　ウェスタン法

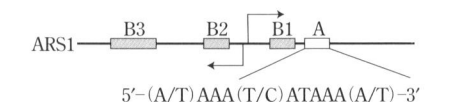

図Ⅱ-8　出芽酵母のARS

出芽酵母のARSは100 bp程度に限定でき，11 bpからなるコア配列（A配列またはACS[ARS Conserved Sequence]）とその前に位置する補助的な配列がある．図Ⅱ-8に解析の進んでいるARSの1つARS1の構造を示す．出芽酵母のARSには，Orc（origin recognition complex）がつねに結合している．Orcは11 bpのコア配列（A）とB1（図Ⅱ-8参照）の領域へ結合する．B2は2本鎖DNAが解離して1本鎖になりやすい領域で，B3は転写因子Abf1の結合部位であることが知られている．他のARSでも，A，B1はよく保存されているが，B3はないものが多い．Orcの結合したARSでは，CDK（cyclin dependent kinase）活性の低いM期後期からG1期にかけて，ヘリケース活性をもつMcm複合体がCdc6とCdt1の働きにより結合し，pre-RC（pre-replicative complex）が形成される．CDK活性が増加すると，ARS領域の2本鎖DNAは1本鎖に解離し，DNAポリメラーゼがこの領域に結合し，DNA合成を開始する．この合成開始点は，ARS1では図に→で示すようにB1とB2のあいだに位置する．1度合成を開始したARSからは，同じS期には再度合成は開始しない．分裂酵母のARSは1kb程度必要であり，コアとなる配列は同定されていない．

出芽酵母の染色体上には，約40 kb おきに300～400のARSがある．ARSからS期に複製が開始するが，それぞれのARSはS期の特定の時期に用いられる．この機構はよくわかっていないが，テロメア近傍のARSはS期後期に使用される傾向にある．また，各細胞周期に必ず用いられるARSと数回に一度しか使用されないものがある．後者を用いたプラスミドでは，複製効率が悪く，プラスミドは細胞分裂に伴って効率よく伝達されない．　　（荒木弘之）

Ames テスト

化学物質の変異原性を調べるため，カリフォルニア大学のB. Amesによって考案，作成された遺伝子突然変異の検出法をAmesテストとよぶ．Ames法では，サルモネラ菌のヒスチジン要求性株がヒスチジン非要求性へと復帰する突然変異を指標として，化学物質のもつ変異原性を調べる．変異原によって引き起こされるDNAの傷は，変異原によって特異性があるため，突然変異の検出には，塩基置換型の変異に反応するヒスチジン要求株（TA1535）とフレームシフト型の変異に反応するヒスチジン要求株（TA1538）を用いる．さらに，変異原に対する感受性を高めるため，これらの株には除去修復欠損変異 $uvrB$ および細胞膜の透過性変異 rfa が含まれている．

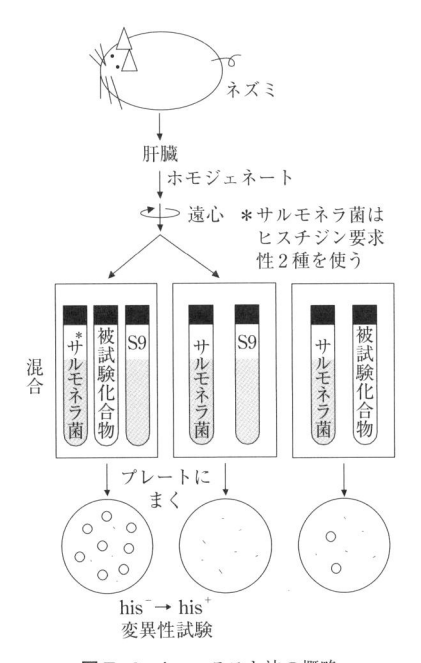

図Ⅱ-9　Amesテスト法の概略

Ames は，さらに感度を上げるため，これらの株に誤りがちな DNA ポリメラーゼ遺伝子を含むプラスミド pKM101 を導入して，TA100 および TA98 株を作製した．一方，Ames は化学物質に対する高等生物の組織と細菌細胞の代謝能の違いを考慮して，突然変異の検出系にラットの肝臓の抽出物（S-9：9000 g の遠心分離の上澄み部分）を加える方法を提案した．S-9 には肝臓のミクロゾーム分画が含まれるので，このなかの p450 酸化還元酵素が化学物質を代謝活性化する．こうして活性化された化学物質がもつ変異原性をサルモネラ菌で検出できるように工夫した．この方法を用いることで，それまで変異原性物質ではないとされていた化学物質（発癌物質）の変異原性が明らかになり，発癌物質は変異原物質であるということが明らかにされた．また，逆に変異原物質は発癌性物質である可能性が高く，これにより，これまで癌の原因となる物質を検査するため，膨大な労力と時間を費やしてきた化学物質の癌原性検査が，変異原性の有無でまずスクリーニングされるようになり，大幅な経費と労力の削減ができるようになった．　　（井上弘一）

snRNA

1970 年代前半に，自己免疫疾患である全身エリテマトーデス患者の血清と反応するリボ核タンパク質から，鎖長が 107-210 ヌクレオチドのいくつかの核内低分子 RNA が同定され，snRNA と命名された．ウラシル（U）を多く含むことから U が接頭語としてつけられた．small nuclear RNA のことで核内低分子 RNA ともよばれる．

真核生物の細胞の核のなかに安定に存在する RNA グループで，通常 7S もしくはそれ以下の沈降係数をもった低分子 RNA．これらは 100〜300 個のヌクレオチドからなっている．5S リボゾーム RNA（rRNA）と tRNA はこの範ちゅうの大きさをもつが，それらはふつう snRNA としては扱わない．これら snRNA は，タンパク質と結合して核内低分子リボ核タンパク質（snRNP）という複合体を形成する．snRNA を含む 4 種類の snRNP（U1, U2, U5, U4/U6 snRNPs）成分と，数多くのタンパク質因子群がスプライシング反応の場となるリボ核タンパク質複合体であるスプライソソームを構成している．

1980 年に Steiz と Wall の 2 つの研究グループが U1snRNA の 5′ 末端領域の塩基配列が mRNA 前駆体の 5′ スプライス部位の共通保存配列と相補的であることを報告した．その後，U1snRNA だけではなく，U2, U4, U5 および U6snRNA の 4 種類の snRNA もスプライシング反応に必須であることが明らかになった．mRNA 前駆体上でのスプライソソーム形成は，snRNP の段階的結合が主体となって進行する．まず，最初に mRNA 前駆体の 5′ スプライス部位に U1snRNP が結合し，続いて U2snRNP が補助因子の助けを借りてブランチ部位に結合する．U4/U6-U5 snRNP がつぎに結合する．すると，イントロン部分が投げ縄構造をつくるのと並行して，エキソンどうしが結合し，1 つのスプライシングが完結する．こうした個々のスプライソソームは 1 つ機能を果たすと，またつぎのスプライシングに関与するように循環している．

snRNA に分類されたもののなかで，そののち核小体に局在することが判明したものは特に snoRNA（small nucleolar RNA）とよばれるようになったが，塩基のメチル化修飾反応など rRNA の成熟過程に重要な機能を果たしていることがわかった．

（渡辺雄一郎）

エピジェネティック変異

DNA 塩基配列の変化なしに遺伝子の機能発現を変化させ，その表現型が後代に遺伝する変異である．野生型に戻る場合もある可逆的な性質をもつ変異である．エピジェネティックとは，もともと発生において，遺伝子の変化なしに起こる形態的変化のことを表現したものである．古くから，生物の発生においてより複雑な構造が発生のプロセスに従って漸次形づくられるものであるという考え方を後成説（epigenesis）といい，最初から存在すると考える前成説とのあいだに対立があった．現在では，エピジェネティック変異は，遺伝子発現の調節におけるクロマチンの構造変化によるものであることが明らかになってきている．このような遺伝子発現制御の情報は，塩基配列の変化がないにもかかわらず細胞分裂後にも染色体上に受け継がれており，個体発生の多様な生命現象に関与している．

エピジェネティックな制御によるクロマチンの構造変化には，DNA メチル化やヒストンのアセチル化などの修飾がかかわっている．

DNA メチル化では，ゲノム上の 5′-CpG-3′ の 2 塩基配列のシトシンの 5 位の炭素原子がメチル基修飾を受けており，対となる鎖の 5′-CpG-3′ も同様に対称的にメチル基修飾されている．高メチル化は，遺伝子発現に抑制的に働く．脊椎動物の場合には，ゲノム上のすべての CpG 配列の 60〜90％ がメチル化されており，メチル化されていない CpG は主に遺伝子のプロモーター領域にある．DNA メチル化には，維持型メチル化酵素と新規型メチル化酵素が関与しており，維持型メチル化酵素は 2 本鎖 DNA の片方の鎖のみがメチル化状態にある DNA 鎖を基質とする活性が高く，複製後，娘鎖に親鎖と同じメチル化パターンを形成する過程で関与している．一方，新規型メチル化酵素は，メチル化されていない CpG 塩基対にメチル基を付加する活性をもち，細胞の発生分化の過程などで新たな DNA メチル化に関与していると考えられている．

一方，ヒストンの修飾には，アセチル化のほかに，リン酸化，メチル化，ユビキチン化，ADP リボース化などがあり，これらの組合せにより，遺伝子発現，DNA 複製，細胞分裂などのプロセスへ影響を与える．ヒストンの高アセチル化は，遺伝子の転写を促進し，低アセチル化は抑制的に働く．転写コアクチベーターの構成因子がヒストンアセチル化酵素（histone acetyltransferase：HAT）活性をもつことが知られている．一方，ヒストン脱アセチル化酵素（histone deacetyltransferase：HDAC）は転写コリプレッサー複合体の中で働いている．ヒストン脱アセチル化酵素を含む複合体は，メチル化 CpG 結合タンパク質を介してメチル化 DNA にリクルートされる．このように，DNA メチル化とヒストン脱アセチル化は協調的に転写抑制にかかわっていると考えられる．つぎに，クロマチンの再構築が行われ，ヌクレオソームの位置やコンフォメーションが変化することにより，遺伝子の転写の活性化や抑制が起こる．ATP 依存性のクロマチンの再構築複合体が数多く見いだされているが，SWI/SNF 複合体は主に転写の活性化にかかわっており，もっともよく解析されている．クロマチンの再構築複合体には，SWI/SNF 以外に，転写開始にかかわる RSF 複合体，DNA 複製におけるクロマチン形成にかかわる CAF1 複合体，ヘテロクロマチンの維持に関与する HuCHRAC 複合体がある．再構築されたクロマチンの構造は，細胞分裂後も維持されるため，エピジェネティックな制御といえる．クロマチンの構造変化の維持機構には，多くの要素が関与していると考えられるが，どのよう

な機構で後代に遺伝するかはまだ不明な点が多い.

多くの真核生物において,外来遺伝子からの遺伝子発現が抑制される現象(gene silencing)が知られている.抑制のしかたの違いからmRNAの分解を伴う転写後遺伝子サイレンシング(post transcriptional gene silencing：PTGS)と転写自身が抑制される転写遺伝子サイレンシング(transcriptional gene silencing：TGS)に分けられる.一方,RNAi(RNA interference)は2本鎖RNAにより誘起される塩基配列特異的な遺伝子発現制御機構であるが,PTGS,TGSと現象的にはよく似ている.ある塩基配列特異的な2本鎖RNA(double stranded RNA：dsRNA)はRNase III様酵素Dicerによって分解され,約20〜26ヌクレオチドの短いRNA(small RNA)となる.このsmall RNAを含むRISC(RNA-induced silencing complex)とよばれる複合体は,このRNAと同じ塩基配列をもつmRNAの分解に関与する.RNAiに関与する共通の因子としてArgonauteがある.ArgonauteはRNA結合を担うPAZドメインとeIF2Cに類似の構造をもつpiwiドメインをもつタンパク質であり,small RNAの生成または安定性に関与していると考えられている.RNAi機構による発現抑制では,small RNAがヒストン修飾を介してヘテロクロマチン形成に関与していることもわかってきた.small RNAは染色体上の位置を特定してヒストンH3の9番目のリジンのメチル化を介してヘテロクロマチン化を誘導し,遺伝子を不活化することが,テトラヒメナと分裂酵母で示されたが,その機構は不明である.これらの機構は,トランスポゾンの転移抑制にもかかわっており,トランスポゾンの転移をおさえる役割をもつものとして進化した可能性があると考えられている. (町田千代子)

F 因 子

大腸菌に雄性の性質を与える性決定因子で,稔性因子(fertility factor)ともよばれる.1946年にJ.レーダーバーグとE. L.テータムによって,大腸菌は分裂によって無性的に増殖するばかりではなく,接合という現象によって性的に遺伝子を交換するということが発見された.F因子は接合に必要な遺伝子をもつ約94.5 kbの巨大な環状プラスミドである.F因子をもつ大腸菌(雄菌あるいは供与菌)はF因子をもたない大腸菌(雌菌あるいは受容菌)と物理的に接触してF因子のコピーを受容菌へと移行させ,F因子上の接合に必要な遺伝子をすべて受け取った受容菌は供与菌となる.接合に際して,*oriT*とよばれる特定の場所から順次F因子上の遺伝子が受容菌へと受け渡されてゆく.F因子が大腸菌の染色体DNAに組み込まれ宿主染色体の一部として存在する場合には,宿主染色体の遺伝子が高頻度で受容菌へと移行する.このようなF因子をもつ菌をHfr(high frequency of recombination)菌とよぶ.Hfr菌における宿主染色体遺伝子は,F因子に隣接する遺伝子から順番に受容菌へ移行してゆき,すべての宿主染色体遺伝子が受容菌へ移行するには約90分かかる.また,激しく震とうすることによって接合している供与菌と受容菌とを強制的に引き離し,DNAの移行を中断させることができる.Hfr菌の接合および接合の強制中断を利用して,接合開始何分経過すれば,供与菌の染色体上の遺伝子が受容菌に移行するかを調べることにより,大腸菌の染色体上の遺伝子の相対的な位置が決定された.このため,大腸菌の遺伝子間の距離が分単位で記されることがある.また,宿主染色体に組み込まれていたF因子は切り出されて再びプラスミドへ戻りうるが,この際に近

接した宿主染色体遺伝子を一部取り込むことがある。このような宿主の遺伝子を含むF因子はF'因子とよばれる。　（吉岡　泰）

エラーフリー修復⇨誤りがち修復

塩基配列の決定法

　遺伝情報を解読するうえで，DNA塩基配列を決定することは必須の第1ステップである．アミノ酸配列決定法と比較して塩基配列決定技術の開発は遅れたが，1970年代の中ごろに現在でも汎用されている2つの方法がほぼ同時に開発された．1つはサンガーにより開発されたジデオキシ法（酵素法），もう1つはマキサム・ギルバートにより考案された化学法である．両方法はその原理はまったく異なるが，効率よくかつ正確に数百 bp の DNA 塩基配列を一挙に決定することができる．前者では，放射能標識した DNA 断片を酵素的に複製する段階で，基質（デオキシヌクレオチド）に少量の塩基アナログ（ジデオキシヌクレオチド）を加えることで，各塩基特異的に伸長が停止した DNA 断片のセットを揃える．この反応を GATC の4種類の塩基に対して行った後，アクリルアミド電気泳動法を用いて分離解析することで配列が解読できる．後者では，塩基配列特異的に DNA を修飾切断する低分子化合物処理（ジメチル硫酸，ギ酸，ヒドラジン処理など）により，目的の DNA を塩基特異的に部分断片化した GATC 各反応のセットを調整して，同様にアクリルアミド電気泳動法を用いて分離解析する方法である．RNA 塩基配列法は，DNA 塩基配列法とは基本的に異なり，特異的リボヌクレアーゼによる部分分解を利用したドニス・ケラー法やホルムアミドによる部分分解法などが工夫されている．しかし，逆転写酵素を用いることで RNA 塩基配列にもジデオキシ法が応用できる．DNA 塩基配列決定法は，開発当初からその有用性が広く認められ，DNA 塩基配列を決定する汎用法としてたちまち一般に普及した．1970年代の後半には，多くの生物種由来の DNA 塩基配列が続々と決定され始めた．両方法とも一長一短があり，当初は併用されたが，その後 DNA 塩基配列決定の自動化が試みられる段階で蛍光標識法を含めた改良型ジデオキシ法が採用された．現在では，電気泳動から解読までを高効率で行う塩基配列決定装置が普及し，DNA 塩基配列の決定はルーチン作業として自動化されている．さらに，特定の生物の全ゲノムを断片化・クローン化して無作為に DNA 塩基配列を決定した後，コンピューターを用いてデータ解析および整列することで，膨大な長さの DNA 塩基配列を短時間に決定できるにいたっている．このような DNA 塩基配列の決定法の開発と自動化は，単に技術的な革新というのみでなく生物学に革命的な進歩をもたらした．このことは，ヒト全ゲノムの塩基配列決定完了に象徴されている．高等植物（シロイヌナズナやイネ），ショウジョウバエ，線虫，酵母，各種細菌にいたるまで多くの生物の全ゲノム配列が続々と決定され，生物学にゲノム時代が到来したと同時にポストシーケンス時代の幕開けを迎えた．　　　　　　　　　　　（水野　猛）

エンハンサー

　遺伝子の転写には，RNAポリメラーゼの結合部位などを含む転写開始反応にかかわる塩基配列が必須でありプロモーターと総称される．プロモーター近傍（100 bp～数 kb）に存在し，その機能を著しく促進する塩基配列をエンハンサーと総称する．プロモーターが転写開始点に対して

(比較的)決まった近い位置にある塩基配列であるのに対して，エンハンサー塩基配列の働きはプロモーターからの距離，相対的位置，方向性などに影響を受けにくいのが特徴である．主に遺伝子の5′上流領域に存在するが，イントロン内や3′下流領域に存在することもあり，たとえ人為的にその位置や方向性を変えたとしてもエンハンサー機能が保持される場合が多い．このような機能をもつ塩基配列は，SV40 初期遺伝子の転写を促進するシスエレメント（cis に働く塩基配列）として最初に同定された．SV40 に見つかったこの塩基配列は，転写開始点の上流約 200 bp に位置する 72 bp の同方向くり返し配列からなっている．この配列を細胞遺伝子である β グロビン遺伝子に人為的に連結しても同様に，その転写が促進されることからエンハンサーと名づけられた．その後，多くのウイルス遺伝子や真核細胞遺伝子の近傍に同様の性質を示す塩基配列が発見され，普遍的な転写促進塩基配列としてエンハンサーと総称されるようになった．似たような性質を示すシスエレメントとしては，酵母における UAS（上流活性化配列）や，細菌におけるは σ54 依存性プロモーター活性化配列が知られている．エンハンサーの作用機序は不明な点も多いが，転写因子（trans に働くタンパク質）への足場を供給し，プロモーター近傍における転写因子群の濃度を高めると考えられている．具体的には，エンハンサーとプロモーターがその間の DNA がループ構造を形成することで接近し，プロモーターに結合した RNA ポリメラーゼを含む基本転写因子の活性をエンハンサー結合タンパク質がコアクチベーターなどの働きを介して促進するといった機構がモデルの1つとして考えられている．似たような機構で転写の抑制に働く塩基配列がいくつかの細胞で同定されており，エンハンサーと対比してサイレンサーとよばれている．エンハンサー結合タンパク質の合成や活性は，さまざまな様式で制御されており，結果としてエンハンサーは単に転写を促進するのみでなく，組織特異的，発生段階特異的あるいは環境シグナル特異的転写調節に深くかかわっている場合が多く，エンハンサーは転写制御において重要な機能を担っていると考えられる．このような理由から，エンハンサーに関する多くの研究がなされ，免疫グロブリン遺伝子やT細胞抗原受容体遺伝子など多くの細胞遺伝子のエンハンサー機能が調べられている．エンハンサートラップとよばれる手法を用いて，新たに組織特異的や発生段階特異的エンハンサーの検索もさかんに行われている．弱いプロモーターに連結したレポーター遺伝子（大腸菌 β ガラクトシダーゼ遺伝子など）を染色体 DNA に無作為に導入した個体や細胞を作成し，組織特異的，発生段階特異的，刺激特異的に活性化される新規なエンハンサーをレポーター遺伝子発現の変化を指標に同定することができる．

（水野　猛）

岡崎フラグメント

DNA の2本鎖は，逆方向に重合したポリヌクレオチド鎖が相補的な塩基どうしの水素結合によって対合している．1950 年代後半には，複製が半保存的な機構で行われることが証明され（Meselson‒Stahl の実験の項参照），また 1960 年代初めには，DNA 2本鎖の複製が連続的に一定方向へ進行することが明らかにされた．一方で当時，DNA ポリメラーゼによる DNA 合成の方向は 5′→3′ 方向のみであることが明らかとなっており，得られた知見のあいだに矛盾が生じていた．この問題は，DNA ジレンマとよばれる大きな謎であった．

岡崎令治（1930～1975 年）らは，この問題を明らかにする目的で図に示す可能性

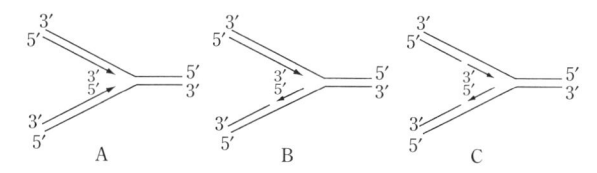

図Ⅱ-10 複製フォークのモデル

を考えて実験的な検討を行い，一見連続的に進行すると思われた複製が，微視的には図Ⅱ-10のBまたはC（おそらくC）に示すように，まず短いDNA鎖が最初に合成され，それが連結されて長いDNA鎖になるというモデル（不連続複製モデル）を提唱した（1967年）（DNAの複製の項参照）．中間体として合成される短鎖DNAは，後に岡崎フラグメントとよばれるようになった．

岡崎フラグメントの長さは，原核生物では1000～2000ヌクレオチド程度，真核生物では100～200ヌクレオチド程度である．これらの短いDNA鎖は，トリチウムで放射能標識したチミジンを細胞に短時間取り込ませた後，DNAを抽出してアルカリ性の条件下でショ糖密度勾配遠心を行うことにより検出された．

岡崎フラグメントの発見後，これらの短鎖DNAは複製中間体として合成されたのではなく，合成後に分解されて生じたのではないかという指摘がなされた時期があった．しかしながら，RNAがプライマーとなって岡崎フラグメントが合成されることが示され，不連続複製における真の中間体であることが確定した（プライマーRNAの項参照）．

岡崎フラグメントは，合成完了後はプライマーRNAの部分が除去されてDNAに置きかえられ，最終的にはDNAリガーゼによって連結されて長いDNA鎖となる．増殖中の野生型大腸菌では，細胞内に10分子程度の岡崎フラグメントが存在する．これらの大部分はプライマー部分がすでに分解，除去された分子である．　（小川　徹）

オペロン/オペレーター

(1) 概　要

1961年にF. JacobとJ. Monodが，大腸菌のラクトース代謝系遺伝子の発現誘導およびλファージの遺伝子群の発現誘導機構の遺伝生化学的研究をもとに提出したオペロン説において導入された用語である．調節遺伝子の産物であるリプレッサーが遺伝子上の特定部位に作用して，1つながりの遺伝子群の転写を抑制するというのがオペロン説の中核である．ここで，リプレッサーの作用点がオペレーターと定義され，リプレッサーとオペレーターによりその転写が調節される1つながりの遺伝子群がオペロンと定義された．その後，転写アクチベーターの発見やさまざまな転写後の調節機構の発見により，オペロン・オペレーターの概念はより広い意味で使われるようになった．現在では，DNAあるいはRNA上の調節因子の作用点が広義にオペレーターで，1つながりのmRNAに転写される転写単位をオペロンと考えてよい．

(2) オペロン説の骨子（図Ⅱ-11）

オペロン説の要点は，次のとおりである．

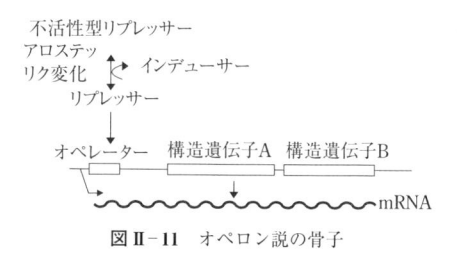

図Ⅱ-11　オペロン説の骨子

① 遺伝子は，発現（転写）単位であるオペロン（operon）として組織化されており，オペロンには1つあるいは複数の遺伝子が含まれる．

② オペロンの発現は，制御遺伝子の産物であるリプレッサー（repressor）により制御される．

③ リプレッサーはオペロン上の特定部分に作用し，この作用点をオペレーター（operator）とよぶ．

④ リプレッサーは，インデューサー（inducer）により不活化され，オペロン発現の抑制が解除される．

ここでは，トランスに作用するリプレッサーがDNA上の特定の配列であるシスのエレメントに結合することで転写の調節が行われるという，もっとも普遍的な遺伝子発現の制御様式が明確に定式化されている．また，細胞内外のシグナルに応じ転写因子の活性が制御されるというシグナル伝達の概念や，転写因子の活性の変化は，低分子リガンドの結合やリン酸化などによる転写因子の立体的な構造変化に基づくというアロステリーの概念も呈示されている．

(3) リプレッサーとオペレーターの生化学的同定

1960年代の後半には，lacリプレッサーとλリプレッサーが化学的実体として同定，単離され，リプレッサーがタンパク質であることが証明された．また，オペレーターがDNA上の一部であることや，リプレッサーがオペレーターDNAと特異的に結合することも証明され，オペロン説は確固としたものとなった．lacオペレーターDNAの塩基配列が決定されたのは1973年であり，転写因子の作用点であるシスのエレメントの構造決定の最初の例となった．ちなみに，リプレッサーとオペレーターとの相互作用についての先駆的研究が，DNAの化学的塩基配列決定法（Maxam–Gilbert法）の発見の契機となった．

(4) オペロン説の展開

オペロン説の主役となった転写因子はリプレッサーであり，その作用様式は転写の抑制すなわち負の制御である．オペロン説の成功は，すべての遺伝子発現の制御がリプレッサーによる負の制御機構で説明できるという考え方を広めることになった．転写の正の制御という概念は，アラビノースオペロンなどの研究において提案されたが，ラクトースオペロンなどの転写アクチベーターとしてCRP（cAMP receptor protein，受容タンパク質）が発見されるに及び，広く受け入れられるようになった．CRPはCAP（catabolite gene activator protein）ともよばれている．転写の正の制御は，狭い意味ではオペロン説における負の制御と異なる機構であるが，転写因子と標的DNAとの相互作用を基礎にした転写制御という点では，オペロン説の新しい展開として位置づけることができる．その後も，アミノ酸生合成系オペロンにおけるtRNAを介した転写減衰（attenuation）の機構やリボソームオペロンにおける翻訳レベルの抑制機構など，当初のオペロン説とは異なる遺伝子発現の制御機構が発見されるが，これらの制御様式もトランスの因子と核酸上のシスのエレメントとの相互作用を基本に成立していることを考えるなら，オペロン説の変形といえる． （饗場弘二）

オンコジーン⇨癌遺伝子

温度感受性変異体

突然変異の表現型が，物理・化学的な条件や他の突然変異の存在などにより左右される突然変異体のうち，特定の温度条件下でのみ野生型と異なる表現型を示すものを温度感受性変異体という．ある温度以上（通常は40〜42℃）で野生型と異なる表

現型を示す高温感受性変異体（temperature sensitive mutant：ts mutant）と，ある温度以下で野生型と異なる表現型を示す低温感受性変異体（cold sensitive mutant：cs mutant）とがあるが，狭義には高温感受性変異体をさす．異常な表現型を示す温度条件を制限温度，正常な表現型を示す温度条件を許容温度という．この両温度のあいだでは，中間的な表現型になることが多い．一般に，高温感受性変異体は，高温において遺伝子産物であるタンパク質またはRNAが不安定あるいは失活する．一方，低温感受性変異体では，ある温度以下で活性型の構造体の形成が起こらなくなるような場合がリボソームなどの細胞内構造体の構成タンパク質の変異で知られている．いずれの場合も制限温度下では，タンパク質またはRNAが正常な高次構造がとれなくなることに起因していると考えてよい．温度感受性変異体は，原理的にはタンパク質またはRNAをコードするすべての遺伝子に起こりうる．変異遺伝子が細胞の生育や増殖などに必須である場合には，条件致死変異体（conditional lethal mutant）となる．実験的には細胞の培養温度のみを変えることにより，野生型から変異型に表現型を変えることができるため，温度感受性変異体は，特に必須遺伝子の機能解析に威力を発揮する．　　　　　（饗場弘二）

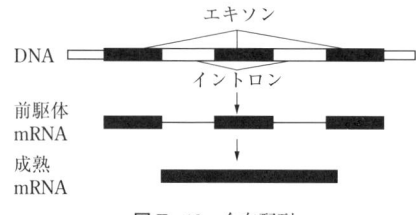

図Ⅱ-12　介在配列

して転写された後，核内でスプライシングされ，イントロンが除去される．複数のエキソンからなる遺伝子のエキソンが異なる組合せでつなぎ合わされ，アミノ酸配列の一部異なる複数のタンパク質が合成されることがある．このようなスプライシングのことを選択的スプライシングとよぶ．また，介在配列は大腸菌のT4ファージの遺伝子，ミトコンドリア，葉緑体の遺伝子にも存在している．真核生物のイントロンの5′末端（5′スプライス部位）には5′-(A/C)AGGU (A/G) AGU-3′．3′末端（3′スプライス部位）には 5′-YYYYYYYYYN (C/U) AGG (G/U)-3′という共通の配列が存在している場合が多い．Yはピリミジンを N は4つの塩基のいずれでもよいことを表し，イントロンの切断は太字で表したGのあいだで起こる．　　　　（吉岡　泰）

カスケード⇨「Ⅰ―古典遺伝学」のシグナル伝達

介在配列

真核生物の mRNA は，多くの場合 mRNA には含まれていない DNA 配列によって分断された形で染色体上にコードされている．mRNA から除去されるこのような DNA 配列を介在配列またはイントロンとよぶ．これに対して，mRNA に含まれる配列はエキソンとよぶ．遺伝子は介在配列を含む前駆体 mRNA（プレ mRNA）と

カセットモデル

出芽酵母の接合型変換の機構として提唱されたモデルである．出芽酵母の1倍体細胞は，aあるいはαのいずれか1つの接合型を示す．接合型の情報は，第3番染色体の動源体近傍に位置する *MAT* 座および同じ染色体の両端（左腕側の遺伝子座を *HML* 座，右腕側の遺伝子座を *HMR* 座という）にあるが，*MAT* 座にある情報だけ

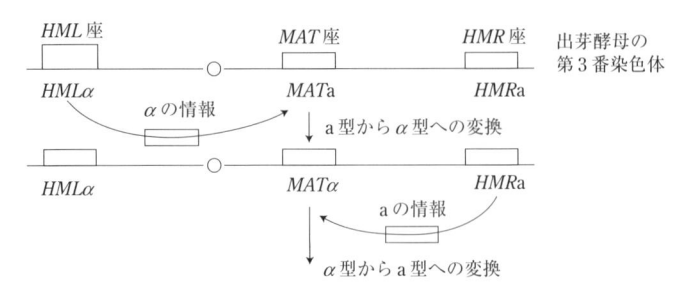

図Ⅱ-13 カセットモデル

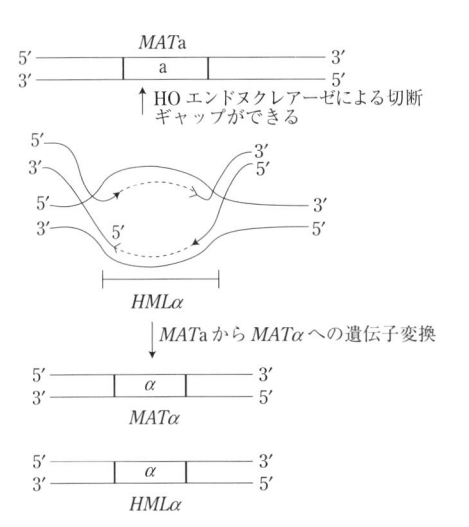

図Ⅱ-14 遺伝子変換による接合型の変換

が発現する．ある種の菌株（HO 株＝ホモタリズム株）では，接合型が a から α，あるいは，α から a へ変換され，その機構として HML 座あるいは HMR 座の情報がMAT 座のものと入れ替わるというモデルが提唱された（図Ⅱ-13）．発現されない情報をテープレコーダーのカセットテープに，MAT 座をプレイヤーに見立て，カセットを取り出して MAT 座に挿入して発現させることを想定した接合型変換機構のモデルをカセットモデルと命名した．しかし，HML 座および HMR 座の情報は切り出されて遊離の状態になることはない．MAT 座での情報の変換は，MAT 座と HML 座（あるいは HMR）間の遺伝子変換によって起こると考えられている（図Ⅱ-14）．互いに類似したタンパク質をコードする複数の遺伝子があり，そのうちの1つだけが発現する現象は出芽酵母の接合型遺伝子に特有のものではない．眠り病の病原菌であるトリパノソーマの可変性表層糖タンパク質をコードする遺伝子は複数個あり，そのうちの1つだけが発現する．多数の発現しない遺伝子のうちの1つが発現部位にある遺伝子と入れ代わって，新しいタイプの可変性表層糖タンパク質がつくられるようになる．

(東江昭夫)

カタボライト抑制

細菌や酵母をグルコースを炭素源として培養すると，いくつかの誘導性酵素の合成が抑制されること．グルコース以外の炭素源とともに培養すると，まずグルコースを先に消費することが早くから知られており，これらの現象はグルコース効果とよばれていた．その後，誘導性酵素の発現抑制はグルコースが代謝されてできる産物（異化代謝産物，カタボライト）でもみられること，抑制される酵素の反応産物はそれと共通することから，グルコース効果は異化代謝産物の過剰な蓄積を防ぐ機構として，カタボライト抑制とよばれるようになった．

（1） 大腸菌におけるカタボライト抑制

培地中にグルコースが存在すると，インデューサーであるラクトースが存在してもlacオペロンの発現は抑制されたままであり，これはグルコースがなくなるまで継続する．同様のことは，galオペロンやaraオペロンでもみられる．これには，ホスホエノールピルビン酸（PEP）依存性のリン酸転移酵素系（phosphotransferase system：PTS）が重要な役割を果たしている．グルコース，フラクトース，マンノースなどは細胞内への取込みと同時にリン酸化されるが，そのリン酸基はPEPに由来する，すなわち，PTS依存的に取り込まれる．一方，ラクトース透過酵素はPTSに依存しない．図II-15に示すように，PTSはいくつかの構成要素からなり，グルコース取込み系の場合はPEPからのリン酸基はI，ついでHPrに渡され，そして細胞質に存在するIIAがリン酸化される．IIBとIICは細胞膜に存在し，グルコースがあると，IIAのリン酸基がIIBに渡され，IICが輸送したグルコースをリン酸化してグルコース-6-リン酸として細胞内に取込む．脱リン酸化されたIIAは，ラクトース透過酵素に結合してその活性を阻害することで，lacオペロンのインデューサーであるラクトースの取込みを阻害する．これはinducer exclusionとよばれる．さらに，グルコースはlacオペロンの転写活性化因子であるCAP（catabolite activator protein）の量を減少させるという報告もある．一方，グルコースがないときにはIIAのリン酸基はIIBに渡されず，IIAはリン酸化型の状態にとどまる．リン酸化型IIAはサイクリックAMP（cAMP）合成酵素を活性化し，細胞内のcAMP濃度が高まり，CAPにcAMPが結合する．cAMP-CAP複合体がDNAに結合し，lacリプレッサーがインデューサーであるラクトースによって失活すると，lacオペロンの転写が活性化される．このようにして，lacオペロンはグルコー

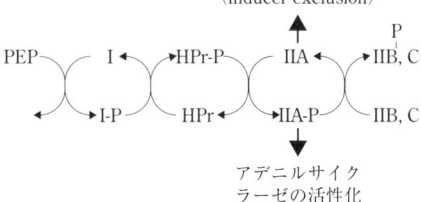

図II-15 大腸菌のPTSによるカタボライト抑制
PEPのリン酸基が順次転移して，グルコースが存在すると細胞内への取込みとともに，最後のリン酸化型IIBからグルコースにリン酸基が移される．フリーのIIAは，PTSに依存しない透過酵素を阻害する．グルコースが存在しないと，リン酸化型IIAが蓄積し，アデニルサイクラーゼを活性化し，その下流の遺伝子の発現が起きる．

スによる制御を受けている．

大腸菌のFruRタンパク質（Craともよばれる）はPTSおよびcAMP-CAPとは独立にカタボライト抑制機構に関与している．カタボライトのシグナルは主にフラクトース1-リン酸によっており，一般に解糖系を抑制し，糖新生系を活性化すると考えられている．

（2） グラム陽性菌におけるカタボライト抑制

グラム陽性菌でもPTSが機能しているが，それによる制御はオペロンの転写制御因子を直接リン酸化することで行われている．転写制御因子はリン酸化型HPrとリン酸化型IIBによってそれぞれ違う部位がリン酸化される．リン酸化型HPrによるリン酸化だけであれば転写因子は活性化型となるが，それにリン酸化型IIBによるリン酸化が付け加わると不活性化型となってしまう．グルコースがなければ，リン酸化型HPrが蓄積するので転写因子が活性化されるが，グルコースが存在するとリン酸がHPrからIIBまで渡され，リン酸化型IIBが増えるので，それによるリン酸化で転写因子が不活性化されてしまう．

(3) 出芽酵母のカタボライト抑制

出芽酵母におけるグルコースによるシグナルは2つのルート，グルコース透過酵素であるSnf3およびRgt2と六炭糖透過酵素であるHxtを通して細胞内に伝えられている．グルコースによって抑制される遺伝子は，*SUC*, *GAL*などグルコース以外の糖の資化にかかわる遺伝子やグリコーゲンなどの貯蔵糖の合成にかかわる遺伝子であり，一方誘導される遺伝子は*HXT*である．Snf3とRgt2はグルコース透過酵素と考えられていたが，実はグルコース結合ドメインが受容体となってグルコース濃度を感知し，そのシグナルを細胞内に伝えるという，動物細胞のホルモン受容体などと同じ働きをしていることがわかった．*HXT*遺伝子の発現はRgt1リプレッサーがその上流域に結合することで抑制されるが，それにはStd1とMth1という制御タンパク質の存在が必要である．Snf3とRgt2から伝わるグルコースシグナルはそれぞれMth1とStd1をSnf3とRgt2に結合させてしまい，核へ移行できなくさせてしまう．また，両者の分解を促進するとの報告もある．その結果，Rgt1による抑制がかからなくなり，*HXT*遺伝子が転写されると考えられている．

グルコースのシグナルは，現在わかっているだけで2種類のタンパク質キナーゼ，Snf1キナーゼとcAMP依存性キナーゼ（A-キナーゼ）によって伝達される．Snf1キナーゼは動物細胞のAMP-活性化キナーゼの相同体であり，グルコース量低下のシグナルに反応して対応する遺伝子の発現を制御している．Snf1の活性化には，上流のキナーゼ（Tos3, Pak1, Elm1）とStd1が関与しているが，グルコースシグナルがどのようにSnf1に伝えられるかについてはまだよくわかっていない．Snf1キナーゼは*SUC2*や*GAL4*遺伝子のリプレッサーであるMig1をリン酸化して不活性化する，また糖新生系遺伝子の転写活性化因子であるCat8やSip4をリン酸化して活性化することで，それぞれの遺伝子の転写を制御している．

cAMPを合成するアデニルサイクラーゼの変異体では，グルコース量低下に応じた遺伝子発現が起こらないことや，貯蔵糖合成が異常になることから，A-キナーゼもグルコースシグナルで制御されることがわかってきた．現在のところ，グルコースシグナルは2つの異なるGTP結合タンパク質（G-タンパク質）経路，RAS-cAMP経路とGpr1-Gpa2経路を通して，アデニルサイクラーゼを制御することで，A-キナーゼを制御していると考えられている．RASの活性は*CDC25*によって制御され，グルコースシグナルの伝達には*CDC25*が必要であるとわかっているが，グルコースシグナルがどのように*CDC25*に伝わるかについてはまだわかっていない．Gpr1はG-タンパク質共役型受容体であり，グルコースセンサーとして機能し，それに結合しているGpa2（三量体G-タンパク質のサブユニットの1つ）にシグナルを伝えると考えられている．

（西沢正文）

*GAL4*遺伝子

出芽酵母のガラクトース代謝にかかわる転写制御因子をコードする遺伝子である．*GAL*遺伝子群は，ガラクトース代謝に必要とされる遺伝子群で，それらのうちの*GAL1*, *GAL2*, *GAL7*, *GAL10*および*MEL1*はガラクトース代謝，あるいはガラクトースの細胞内輸送にかかわる酵素をコードしており，これらの遺伝子は，ガラクトースにより転写が誘導される．ガラクトース誘導性遺伝子群は*GAL4*, *GAL80*および*GAL3*により転写を制御されており，それらの遺伝子のプロモーターにはUAS$_G$（upstream activating sequence for GAL genes）とよばれるシス領域が存在してい

Gal80結合領域

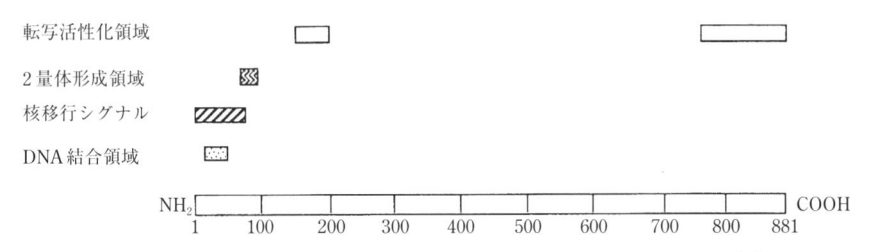

転写活性化領域
2量体形成領域
核移行シグナル
DNA結合領域

NH$_2$　1　100　200　300　400　500　600　700　800　881　COOH

図Ⅱ-16　Gal4の機能ドメイン（Lohr, et al.：FASEB 9, 777-787, 1995より改変）

る．UAS$_G$は，17～19の保存された塩基配列で，Gal4タンパク質が認識して結合する．Gal4自身は，恒常的な転写活性化因子であり，単独でUAS$_G$に結合すると下流の領域の転写を活性化するが，in vivoでは，通常，炭素源にかかわらずGal4にGal80が結合して，Gal4-Gal80複合体を形成し，UAS$_G$に結合している．この複合体は，ガラクトース存在下では，転写活性能をもつようになるが，その活性化にはGal3が関与している．

Gal4タンパク質は881アミノ酸からなるポリペプチド鎖で，いくつかの機能ドメインをもっている．Gal4は2量体としてUAS$_G$に結合するが，Gal4中のアミノ酸14～57に見られるC6ジンクフィンガークラスターがDNA結合領域である．また，核移行に必要な領域もアミノ酸1～74に存在する．転写活性化の機能は，2つの短い領域，Ⅰ（148～196）とⅡ（768～881）にあり，いずれか1つの領域だけで転写活性化能をもつ．Gal80との結合に必要な部分も転写活性化領域Ⅱに存在するが，転写活性化に必要なアミノ酸とGal80との結合に必要なアミノ酸残基の位置は異なっている．

このように，Gal4は真核生物の中でもっともよく解析された転写制御因子の1つであるため，Gal4のDNA結合領域と転写活性化領域は，キメラタンパク質による人工的な転写制御因子の作製に用いられてきた．近年，タンパク質-タンパク質の相互作用の解析に用いられているtwo-hybrid systemの多くもGal4のDNA結合領域と転写活性化領域を利用している．

（坂野弘美）

癌遺伝子（オンコジーン）

文字どおりの意味は細胞を癌化させたり個体に癌を発生させる遺伝子ということになるが，そのような遺伝子は正常な細胞，個体内に存在するはずはなく，正常細胞がもつプロトオンコジーンとよばれる遺伝子に変異が生じたり，過剰に活性化されたりすることによってオンコジーンが生じる．オンコジーンは細胞レベルで優性な変異である点が劣性の変異によって癌の発生に関与する癌抑制遺伝子とは対照的である．実際のヒトの癌においては，1つのオンコジーンや癌抑制遺伝子変異のみで癌が発生するのではなくいくつかの遺伝子変異が蓄積することによって癌細胞が生ずることが明らかにされている．

オンコジーンが初めて認識されたのは，動物に腫瘍をつくるウイルスのもつ遺伝子

としてであった．研究が進むに従ってそのようなオンコジーンは動物が本来もつ遺伝子（プロトオンコジーン）が変異したものが，ウイルスに取り込まれたものであることが明らかになった．ヒトの癌でも同様な癌遺伝子の存在が予想されヒト癌細胞よりDNAを抽出し，正常細胞に導入する実験が行われた．その結果，見つけ出されたのが活性化 $H\text{-}ras$ 遺伝子で，このオンコジーンは本来ヒト細胞のもつ $H\text{-}ras$ 遺伝子に生じた点突然変異によって癌化能を獲得していることも明らかにされた．

これまでの研究で，実際のヒト癌組織から20種以上のオンコジーンが発見されている．これらに対応するプロトオンコジーンはすべて正常細胞内で機能する遺伝子であるが，多くは細胞内のシグナル伝達系に関与することで細胞の増殖，分化，高次機能の発揮といった重要な機能を担っている．

プロトオンコジーンからオンコジーンを生じるメカニズムは大別すると，3種に分けられる．

① $H\text{-}ras$ で紹介した点突然変異による遺伝子の活性化機構．これは，遺伝子のもつ機能が変異によってより高まったり，必要時以外もつねに活性をもつようになることにより癌化能を獲得するメカニズムである．このようなメカニズムでオンコジーン化する遺伝子は $H\text{-}ras$ 以外に，$K\text{-}ras$, $N\text{-}ras$ 遺伝子などが知られている．

② 本来は各細胞ゲノム中に2コピーしか存在しないプロトオンコジーンが遺伝子増幅によって多コピー存在するようになり，遺伝子の機能が増強することにより癌化能を獲得するメカニズム．このような機構でオンコジーン化する遺伝子としては，myc 遺伝子の仲間や $EGF\text{-}R$, $ErbB\text{-}2$ 遺伝子などが知られている．

③ 染色体転座を伴うもので，プロトオンコジーンが転座に伴って強いプロモーターや本来の発現パターンと違う遺伝子のプロモーターの下流に位置するようになり，そのようなプロモーターで制御される遺伝子との融合遺伝子が形成されることで癌化能を獲得するメカニズム．このようなメカニズムでオンコジーン化する遺伝子としては，$able$, myc 遺伝子などが知られている．

(石﨑寛治)

干　渉

相同染色体間で交叉が起こったとき，その周辺では第2の交叉が起こりにくくなる場合，これを干渉（正の干渉）という．交叉に伴う染色体の高次構造の変化が近傍での第2の交叉の発生を妨げるためだと考えられる．第2の交叉に影響を及ぼす領域を干渉域という．一方，ファージやかびなどの微生物では，第2の交叉が第1の交叉の近傍で起こりやすくなる場合も見られる．これを負の干渉という．

干渉の程度は「併発係数」を用いて，つぎの式で表される．［併発係数］は「観察された二重組換え体の数あるいは頻度」を「期待される二重組換え体の数あるいは頻度」で割った値である．

干渉 = 1 － ［併発係数］

たとえば，a-b-c という遺伝子配列で，a-b 間が10％，b-c 間が2％の遺伝子距離だとすると，a-c 間での期待される2重組換え値は $0.1 \times 0.02 = 0.002$ (0.2％) である．だから，もし3500の子孫を調べると $3500 \times 0.002 = 7$ となり，期待される値は7個である．実際に実験で得られた2重組換え体の数は3500中3個だとすると，干渉は $1 - 3/7 = 1 - 0.43 = 0.57$ となり，つまり57％と計算される．

ウイルスが感染するとき，すでに組織が他の種のウイルスによって感染されている場合，後からのウイルスは感染できないことがあり，これを第1のウイルスによる第2のウイルスへの干渉という．また，2種

のウイルスが細胞に感染したとき，増殖が抑えられる場合にも干渉があるという．

(井上弘一)

間接末端標識法

クロマチン構造，特にヌクレオソームのポジショニングを解析するために用いられる方法である．真核細胞では，DNA はヌクレオソームのまわりに巻き付き，それがビーズ上に並んだ構造をとっている．これがさらに折りたたまれることで，クロマチン構造がつくられる．ビーズとビーズのあいだはリンカー DNA とよばれ，ヌクレアーゼによる切断を受けやすくなっている．このヌクレアーゼによる切断パターンを解析することで，DNA フットプリントのように，DNA 上のヌクレオソームの位置を知ることができるが，そのためには DNA を標識する必要がある．本来のクロマチン構造を保ったまま DNA を何らかの形で標識することはほとんど不可能であるので，単離したクロマチンをヌクレアーゼ処理し断片化してから，DNA を標識して解析しなければならない．また，クロマチンを単離するということは全 DNA を単離することであるから，解析したい領域を検出できるように DNA を標識する必要がある．このために，解析したい領域に対応したプローブを標識して，サザンブロッティングによりヌクレアーゼ消化断片を解析する方法が開発された．

適当な方法でクロマチンを単離した後，ヌクレアーゼ（通常は micrococcal nuclease が用いられる）で消化し，フェノール抽出などにより DNA を精製する．このときに，ヌクレオソームを除いた裸の DNA についても同様に処理して対照とする．ついで，解析したい領域を挟むような制限酵素部位で DNA を切断する．これによって，ヌクレアーゼ処理断片の端を限定する．この制限酵素処理した試料をアガロースゲル

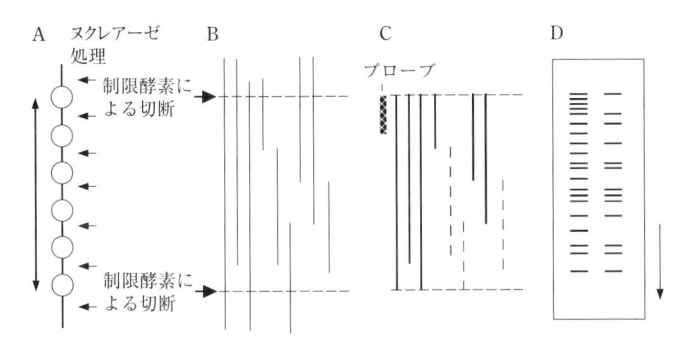

図 II-17　間接末端標識法
A. 単離したクロマチンを適当なヌクレアーゼで処理する．矢印はヌクレオソームの配置を調べたい領域を示す．B. ヌクレアーゼ処理で得られる断片はさまざまであるので，末端を揃えるために目的とする領域を含む適当な制限酵素部位で切断する．C. 断片の混合物をサザンブロッティング後，どちらかの端に対応するプローブを用いて検出する．シグナルが得られる断片は太線で示す．D. 検出される断片のパターン．左側は裸の DNA，右側はクロマチン DNA をそれぞれ処理したもの．ヌクレオソームが存在すると DNA が切断されなかったり切断部位が変化するなどして，裸の DNA とは切断パターンが異なる．空白部分がヌクレオソームの存在位置と考えられる．

電気泳動で分離し，メンブレンに転写する．領域のどちらかの端の配列に対応したプローブを標識し，サザンハイブリダイゼーションを行うことで，解析したい領域の一端からのヌクレアーゼ処理断片を検出することができる．ヌクレアーゼは DNA の副溝を選択的に切断すると考えられているが，すべての切断可能部位を均等に切断するわけではないので，対照となる裸の DNA を処理した試料でもバンドは不均一な間隔をおいて現れる．クロマチン試料では，ヌクレオソームの存在により切断可能部位が保護されたり，新たなヌクレアーゼ感受性部位が出現したりするので，対照で検出されたバンドが消失したり，新しいバンドが出現したりする．これらのバンドを比較することにより，ヌクレオソームが存在する領域を決めることができる．

アガロースゲル電気泳動で展開してサザンブロッティングを行う方法では，ヌクレオソームの位置を正確に決めることは精度的に難しい．そこで，サザンブロッティングの代わりに，プライマー伸長反応を利用する方法が開発されている．ヌクレアーゼ処理した試料について，その一端の配列に対応したプライマーを用いてプライマー伸長反応を行い，断片を増幅させる．裸の DNA について同じプライマーを用いてシークエンシング反応を行い，これらを並行して変性ポリアクリルアミドゲルに流せば，ヌクレオソームの結合領域（オートラジオグラフィーでは空白領域）をヌクレオチドレベルで決定することができる．

〔西沢正文〕

癌抑制遺伝子

正常細胞と癌細胞を融合する実験を行うと，多くの場合融合細胞では癌細胞としての性質が抑えられる．すなわち，正常細胞には癌細胞に欠けている癌を抑える遺伝子が存在すると予想される．一方，網膜芽細胞腫などの遺伝性癌といわれるものの発症は特定の染色体欠失と関連していることが知られ，この点も，細胞の癌化には遺伝子の欠損が関与していることを示している．このように正常細胞で機能しており，その機能が欠損することにより，細胞の癌化が引き起こされる遺伝子として，癌抑制遺伝子の存在が予想された．

癌組織や患者に特異的に見られる染色体欠失を手がかりに，最初の癌抑制遺伝子として網膜芽細胞腫（retinoblastoma）遺伝子（Rb 遺伝子）がクローニングされた．以後これまでに $p53$ 遺伝子，APC 遺伝子，WT1 遺伝子，NF1 遺伝子などの多数の癌抑制遺伝子が明らかにされている．これらの癌抑制遺伝子の機能が解明されてくると，癌抑制遺伝子といわれる遺伝子は，一般的に正常細胞内で細胞の増殖や分化という重要な機能を制御している遺伝子で，癌遺伝子の場合と異なり細胞の癌化という点では，変異型は個々の細胞内では劣性遺伝子として振る舞うことが明らかになった（以前は劣性癌遺伝子とよばれたこともある）．すなわち，2 個のアリルのうち 1 個でも正常に機能していれば細胞は癌化しない．この点とその機能が細胞の増殖を制御している点から，癌抑制遺伝子はよく車のブレーキにたとえられる．最近の車のように，2 系統のブレーキを備えたものでは，片方だけではなく両方の機能が同時に不全になることでのみ車の暴走すなわち無制限な細胞の増殖を許すことになる．ちなみに，癌遺伝子はこの例ではアクセルに相当するわけで，どこか 1 カ所でも調整が狂えば暴走してしまう．このように，癌抑制遺伝子にみられる変異は機能の失活（loss of function）を伴うもので，癌遺伝子の場合の活性化（gain of function）とはこの意味でも反対の変異ということになる．

以上のように，細胞内の遺伝子活性が完

全に失活するには，癌抑制遺伝子の両方のアリルに何らかの変異が生じることが必要となる．当然，点突然変異がそれぞれに生じることもあり得るが，頻度的にはそれ以外の染色体異常によるアリルの欠失やメチル化などによる遺伝子発現の抑制が生じる可能性が大きく，実際の腫瘍で観察されるのは1つの点突然変異やメチル化による発現抑制と染色体の欠失もしくはメチル化による発現抑制と点突然変異などの組合せが多い．このなかで，染色体欠失によるアリル機能の喪失は，その遺伝子周辺の多型性座位も巻き込んでしまうことが多いので，癌抑制遺伝子近傍の多型性座位におけるヘテロ接合性の消失（LOH）として観察される．実際，多くの腫瘍で癌抑制遺伝子の関与が明らかにされているが，その大部分は腫瘍特異的な LOH を検索することから，癌抑制遺伝子の関与が明らかにされ，さらには新規の癌抑制遺伝子の同定もされている．ヒトゲノムプロジェクトによって，ゲノム上の多数の DNA 多型が明らかになり，これらを利用することで癌抑制遺伝子の研究は大いに進展した．

癌抑制遺伝子は，正常な細胞の機能には必須のものであるが，その変異型は細胞の癌化という面では劣性遺伝子として働くということは，癌抑制遺伝子は遺伝性癌の原因遺伝子となりうることを意味する．実際，Rb 遺伝子は網膜芽細胞腫，$WT1$ 遺伝子はウイルムス腫瘍（Wilms tumor），APC 遺伝子は家族性腺腫性ポリポーシス（familial adenomatous polyposis），$p53$ 遺伝子がリー・フラウメニ症（Li-Fraumeni syndrome）という高発癌性遺伝病の原因遺伝子であることも同定された．癌遺伝子の活性型変異のように細胞内で優性に機能するものは，もしそれを親から受け継いだとすると，体中の細胞が癌化することになりその個体は存在できない．劣性であれば，ヘテロ接合体はキャリヤーとなるだけで個体として存在できる．しかし，いわゆる劣性遺伝病などでは，ホモ接合になって発症するわけでキャリヤーはあくまで正常であるが，癌抑制遺伝子の場合は劣性なのは細胞レベルであり，ヘテロの個人は全身の細胞ですでに一方のアリルが機能を欠失しているわけで，全身の細胞数を考えるといずれかの体細胞において LOH や点突然変異やメチル化などが生じることにより両方のアリルが欠失し，癌が発生する確率は非常に高い．すなわち，各個人をみればヘテロ個体が癌を高頻度に発症するという優性遺伝として現れる．細胞レベルと個体レベルで遺伝子変異の優劣が異なるということになる．

多くの癌抑制遺伝子の中で $p53$ 遺伝子と Rb 遺伝子は非常によく知られており，またその機能も分子レベルで明らかにされているのでもう少し詳しく紹介する．$p53$ 遺伝子の欠失は多種の腫瘍の発生，進展に関与しており，各種腫瘍で半数以上に変異が見られるというもっとも普遍的な癌抑制遺伝子である．その機能は，基本的には細胞内の転写制御にかかわっているが，特に細胞の DNA が損傷を生じるなどのストレスを受けたり，DNA 合成や染色体の分配などの細胞周期の進行に異常が生じた際にそれを感知して，細胞周期を一時停止させ，完全な状態に戻してからつぎのステップへ進ませるという細胞周期のチェックポイントにかかわっていることが明らかにされた．また，損傷がひどくて修復できない細胞にはアポトーシスを誘導させ個体内から排除するという機能も担っている．すなわち，ゲノム全体の異常を監視する監視人として働いており，$p53$ 遺伝子機能の消失はゲノムの不安定性や異常な細胞の増殖という結果を生じ，細胞は癌化の道をたどることになる．一方，Rb 遺伝子は E2F などの細胞内の転写因子と結合し，それにより細胞の転写を制御することで，細胞周期の進行を制御することが明らかにされた．すなわち，Rb 遺伝子の欠失は無制御な細胞周

期の進行，細胞の増殖を生じる．興味深いのは Rb タンパク自体もリン酸化によってその活性が制御されており，RB タンパクのリン酸化を行ういくつかのキナーゼ（kinase）が同定され，そのキナーゼと結合してその活性を調整しているのはサイクリン（cyclin）とよばれるタンパクであることも明らかにされ，これら全体が協調して細胞周期の進行を制御しているという複雑なネットワークが存在する．（石崎寛治）

偽遺伝子

　偽遺伝子（pseudo gene）とは，実際に機能している遺伝子に類似した配列をもつが，タンパクとしては発現する過程のいずれかを妨げるような変異をもつために，機能することができない遺伝子のことを意味する．遺伝子名にギリシャ文字のΨを付けて表すことも多い．生じている変異は具体的には，転写の開始のシグナルを失うような変異，正常な mRNA のプロセッシング（スプライシング）を妨げるような変異，タンパクをコードする範囲内におけるナンセンス変異などである．偽遺伝子は機能上の意味をもたないので，致命的な遺伝子変異が淘汰によって排除されることがなく，1つの遺伝子内に上にあげたような変異が複数個重複していることが多いのも偽遺伝子の特徴である．

　偽遺伝子は，その配列の構造から2種類に分けられる．

　① 実際に機能している遺伝子と類似のエクソン，イントロン構造をもつもので，これは遺伝子重複などによって余分に生じた遺伝子に致命的な変異が生じることにより機能できなくなり，偽遺伝子化されたものと考えられる．グロビン，免疫グロブリン，組織適合性遺伝子などにその例が見られる．このような構造の偽遺伝子は，機能している遺伝子と近接した部位に位置していることが多いのも特徴的である．

　② プロセス型偽遺伝子（processed pseudo gene）ともよばれるもので，mRNA のようにイントロンが除かれた配列をしている．遺伝子によっては，mRNA のもつポリA配列に相当するものまでもつ偽遺伝子もある．このような構造の偽遺伝子は，もとになった機能遺伝子の座位とは無関係な位置に存在することも多い．この構造の偽遺伝子が生成されるメカニズムはいわゆるレトロトランスポゾンと同様に，発現された mRNA から逆転写酵素により cDNA がつくられ，それがゲノム DNA 中に挿入されたと考えられる．それを証拠づけるのは，ⓐ上述のようにポリA配列に相当する AT 対のくり返しが3′側にある偽遺伝子が見られる，ⓑこのような偽遺伝子の5′側の開始点が対応する機能遺伝子の mRNA の開始点と同じである，ⓒ偽遺伝子の前後，すなわち挿入されたゲノム側の配列に短いダイレクトリピートが存在する，などである．　　　　　　（石崎寛治）

逆転写

　通常の生物での遺伝情報の流れ DNA→RNA→タンパク質（セントラルドグマ）の方向性とは逆らって，RNA を鋳型に逆転写酵素が相補的な DNA を合成する反応をさす．通常細胞内では，DNA の遺伝情報を DNA 依存性 RNA ポリメラーゼにより mRNA に転写，その mRNA からタンパク質が翻訳されるという様式をとるが，レトロウイルスとよばれる RNA ウイルスでは，ウイルスがコードする，この逆転写酵素によりウイルスゲノム RNA を鋳型として，相補 DNA（cDNA）の合成が行われ，その cDNA は宿主細胞ゲノムに組み込まれて機能する．

この逆転写の概念は1964年Teminによって提唱され，1970年にTeminらおよびBaltimoreらが独立にこの反応を触媒する逆転写酵素を発見したことにより実証された．レトロウイルスの増殖機能の問題を解決しただけではなく，RNAウイルスの癌化機構をDNA癌化ウイルスと同列に論ずることを可能にした意義は大きい．また，逆転写の発見は従来のセントラルドグマに加えてRNA → DNAという情報の流れもあることを明らかにした点で重要である．

逆転写酵素はレトロウイルスの増殖に働くだけではなく，ゲノムDNAの変化の原因になっていると考えられている．ヒトゲノム中のくり返し配列の*Alu* I配列の増幅やある種の偽遺伝子の生成はゲノムDNAから転写されたRNAを鋳型として逆転写酵素によりDNAが合成され，それが染色体に挿入されたと説明されている．

逆転写酵素は，分子生物学研究の道具としても有用である．mRNAを鋳型としてcDNAを *in vitro* で作成することやプライマー伸長法によって転写開始点を決定することに用いられる． 〔渡辺雄一郎〕

クロマチン

1930年代の光学顕微鏡を用いた観察により，真核細胞核内に存在し各種塩基性色素で染まる物質として染色質（クロマチン）と名づけられた．その後，1970年代の生化学的手法や電子顕微鏡を用いた研究の進展により，クロマチンの実態が明らかにされた．球菌ヌクレアーゼ（マイクロコッカルヌクレアーゼ）で動物細胞単離核を処理すると，ゲノムDNAの大部分は146 bpごとの単位に切断される．核内では，DNAはこの単位でコアヒストンタンパク質8量体〔(H2A, H2B, H3, H4) × 2〕に約2回巻き取られ（ヌクレオソーム構造），ビーズ状につながった構造を形成している．このビーズ構造のあいだにリンカーヒストンH1が結合し，さらに折りたたまれ，太さ30 nmのクロマチンファイバーを構成して細胞核内に収容されている．細胞分裂期（M期）の染色体は複製後のクロマチンがその集積度を高次に変化させ構成される．このクロマチン構造により，細胞核内や分裂期染色体上に膨大なゲノム情報をコンパクトに収納することを可能にしている．さらに，ヒストンのアセチル化，メチル化，リン酸化修飾により，クロマチン構造がさまざまに変化することでDNA複製，転写，組換え，分配などの染色体基本機能の制御も行われていることが明らかになってきた．このことは，同じゲノム（遺伝情報）をもつ2つの細胞でも，クロマチン構造を変化させること（クロマチンリモデリング）により発現する遺伝子セットを変え別の機能をもつ細胞へと分化させることも可能になることを意味している．

透過型電子顕微鏡で細胞核を観察すると，電子密度が高く暗く観察される領域と

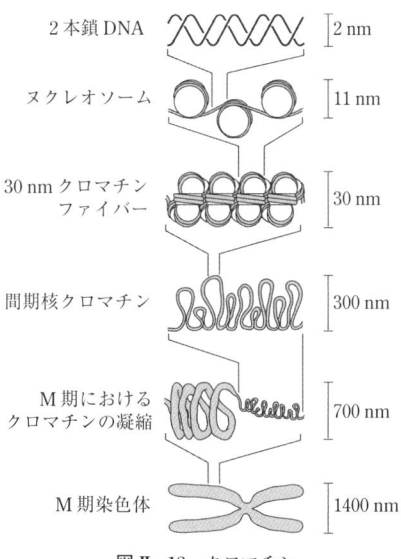

2本鎖DNA	2 nm
ヌクレオソーム	11 nm
30 nmクロマチンファイバー	30 nm
間期核クロマチン	300 nm
M期におけるクロマチンの凝縮	700 nm
M期染色体	1400 nm

図II-18　クロマチン

比較的に電子密度が低く明るく観察される領域が存在し，それぞれヘテロクロマチン，ユウクロマチンとよばれている．形態的には，セントロメアやテロメア近傍の，反復配列に富み遺伝子が少なくクロマチンが高度に集積した領域が，ヘテロクロマチンに対応し，染色体腕上で遺伝子に富みクロマチンがゆるんで転写が起こりやすい領域が，ユウクロマチンに対応すると考えられてきた．ショウジョウバエでは，特定遺伝子がセントロメア近傍のヘテロクロマチン領域との逆位を起こすと，この遺伝子からの転写が不活性化されたり位置効果による斑入り現象（position effect variegation：PEV）が起こる．このような PEV にかかわる遺伝子として単離されたのが HP-1 遺伝子であり，実際に HP-1 タンパク質はセントロメア近傍のヘテロクロマチンに分布する．分裂酵母でも HP-1 に対応する Swi6 がヒストン H3 の9番目のリジンのメチル化を認識してセントロメア近傍のヘテロクロマチン領域に結合する．さらに，HP-1/Swi6 と H3 の9番目リジンのメチル化酵素 SU(VAR)3-9/Clr4 が相互作用することなども示され，クロマチン構造を不活性化するヘテロクロマチンの実態が次第に明らかになりつつある． （舛本 寛）

クロマチンリモデリング

真核細胞の DNA は，ヌクレオソームのまわりに巻き付き，さらにそれが折りたたまれることで，クロマチンとよばれる構造を形づくっている．DNA は，複製，転写，組換え，修復などの反応を起こすが，そのためにはそれぞれの反応に必要なタンパク質が DNA と相互作用をしなければならず，クロマチンが何らかの形で緩むあるいはほどける必要がある．これを行う機構として，ヌクレオソームを構成するヒストンの翻訳後修飾（アセチル化，リン酸化，メチル化）とヌクレオソームの"移動"がある．後者がクロマチンリモデリングまたはヌクレオソームリモデリングとよばれている．

この過程は ATP のエネルギーを必要とし，ヒストンと DNA の相互作用を変化させることで，DNA のヌクレオソームへの巻き付き方を弱めたり，ヌクレオソームを別の部位へスライドさせたりして，クロマチンの"流動性"を増大させ，DNA 結合タンパク質の結合を起こしやすくする．このときに，クロマチンの全体としての折りたたみ構造（パッケージング）は保持されており，局所的な緩みが起こる．これらの機能を果たすのがクロマチンリモデリング因子であり，酵母で接合型転換（switch）研究の過程で発見された SWI/SNF 複合体がその最初の例であった．SWI/SNF 複合体では，SWI2（＝SNF2）が ATP 分解酵素（ATPase）活性をもっていたが，その後ショウジョウバエや哺乳動物細胞でも同様の活性をもつ因子がつぎつぎと見つかり，現在では SWI2/SNF2，ISW1，Mi-2 の3種の ATPase の相同体のどれを含むかによってクロマチンリモデリング因子複合体が分類されている．

SWI/SNF ファミリーでは，配列の相同性から RSC 複合体が酵母で発見され，さらに INO80 複合体が精製された．ショウジョウバエでは，SNF2 相同体の brahma (BRM) を含む BAP 複合体が発見され，ヒトでは BRG1 ATPase および hBRM が見つかり，それぞれ BAF，PBAF 複合体を形成している．さらに，TAP54 ATPase を含む Tip60 複合体も発見された．ショウジョウバエで BRM の ATPase ドメインの相同性から ISWI (imitation switch) が発見され，それを含む NURF，ACF，CHRAC 複合体がそれぞれ報告された．一方，ヒトの皮膚筋炎の自己抗原として発見された Mi-2 が ATPase 活性をもち，NURD 複合体を構成

することがわかった．

　これらの複合体は，ATPase 活性をもつサブユニット以外に，ヘリカーゼ活性をもつサブユニットを含むもの(INO80, Tip60)，アクチンまたはアクチン関連タンパク質を含むもの（SWI/SNF, RSC, INO80, BAP, BAF, PBAF, Tip60），さらにヒストンアセチラーゼ活性をもつ（Tip60）あるいはデアセチラーゼ活性をもつ（NURD）サブユニットを含むことがわかってきた．特に，ヒストン修飾酵素の存在は，クロマチン構造の変化を起こす2つの過程が関連していることを示している．実際，アセチル化されたヒストンをもつヌクレオソーム部位にクロマチンリモデリング因子が効率よく結合することが示されている．また逆に，SWI/SNF 複合体の DNA への結合がヒストンアセチラーゼを含む複合体の DNA 上へのリクルートを促進することも報告されている．　　　　　　　　　（西沢正文）

形質転換

　もともとは，細菌などの細胞の形態や形質が変化する現象に由来する．1928年にグリフィスが肺炎双球菌の病原性が変化する現象を見つけ，形質転換（transformation）と名づけた．その後，1944年にアベリーらが，この現象が DNA に起因すること，DNA が遺伝子そのものであることを示した．一方，細胞学の分野では，細胞が癌化して増殖性を獲得する現象を形質転換とよんでいる．

　現在では，細胞に，外来の単離した DNA 分子を導入する遺伝子操作技術のことをさす場面が多い．細胞の形質転換は，遺伝子操作の基盤となる技術である．形質転換した生物が形質転換体（transformant）である．遺伝子組換え体，あるいは単に組換え体ともよばれる．

　外来の DNA を取り込むことができる状態にある細胞状態をコンピテント（competent）とよび，コンピテント細胞をどのように調製するかが大きな課題であった．1970年にマンデルらは，大腸菌を適当な濃度の塩化カルシウムで処理することにより，菌の膜構造が変化し，外来 DNA を容易に取り込むことができることを見いだした．この方法は，大腸菌だけでなく，植物の形質転換に用いられるアグロバクテリウム菌，動物細胞などにも適用されるようになった．

　コンピテントな細胞に外来遺伝子を導入する操作をした際，形質転換された細胞は，細胞の種類によっても異なるが，通常，1000分の1から10万分の1程度である．このように，非形質転換体の中からごくわずかな形質転換体を選択的に取得する方法として，薬剤耐性遺伝子（drug-resistance gene）が利用されている．たとえば，大腸菌では，導入するプラスミドベクターにアンピシリン耐性遺伝子を保持させておき，塩化カルシウム法によりプラスミドを導入した後に，菌をアンピシリンを添加した培地に塗布し，アンピシリン耐性を有した菌のみを増殖させることにより，形質転換体を容易に取得することができる．動物細胞においても同様に，ハイグロマイシン耐性遺伝子などが選抜マーカーとして用いられる．また，酵母の場合には，栄養要求性の株が利用されている．たとえば，トリプトファンなどのアミノ酸合成能を欠如した酵母を宿主細胞として用い，外来遺伝子を導入するプラスミドベクターにトリプトファン合成遺伝子を保持させておくことにより，形質転換の操作後，菌をトリプトファンを除いた培地に塗布することにより，トリプトファン合成能を獲得した酵母，すなわち形質転換体のみを生育，取得することができる．

　動物細胞の形質転換の場合，塩化カルシウム法に加えてリン酸カルシウム法が多く

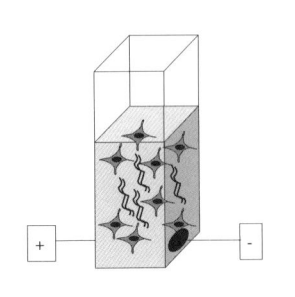

(a) エレクトロポレーション法
動物培養細胞を濃縮し，導入するDNAと混合，電気パルスを与える．

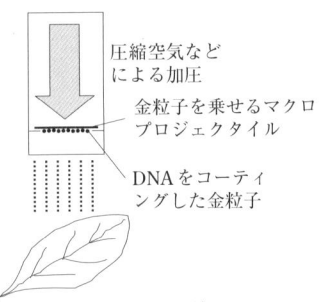

(b) パーティクルガン法
DNAをコーティングした粒子を直接，強制的に植物組織に導入する．

図Ⅱ-19　形質転換の例

用いられている．しかしながら，リンパ球のような浮遊液中で生育する細胞に対しては，これらの手法を用いることができない．そこで，動物細胞の形質転換のための新たな手法，エレクトロポレーション法（electroporation）が開発された．これは，細胞をDNAを含む溶液の中に入れ，電気パルスを与えることにより，一過的に細胞膜の脂質2重膜に緩みを与えDNAを細胞に取り込ませる方法である．大腸菌やアグロバクテリウム菌などにおいてもこの方法は有効であり，塩化カルシウム法よりもむしろ形質転換効率が高い．そのため，遺伝子ライブラリーの作製など，高い形質転換効率が要求される場合に大いに利用されている．また，植物細胞は細胞壁が障害となり，エレクトロポレーション法をそのまま適用することが困難な場合が多いが，細胞壁分解酵素などを処理することにより，アグロバクテリウム法を用いずに，本法で直接，外来遺伝子を導入することもできる．

また，1980年後半に，パーティクルガン（gene gun）によって形質転換体を取得する方法が開発された．これは，微細な金あるいはタングステン粒子の表面にDNA分子をコーティングして，火薬あるいは圧縮空気により加圧して，強制的に細胞内にDNAを取り込ませる方法である．この手法により，従来形質転換が困難であったダイズ，トウモロコシなどの形質転換が可能となった（詳細は植物形質転換の項で述べる）．また，この方法は，細胞の組織，器官を問わず用いることができるため，形質転換を伴わない，器官特異的な一過的な遺伝子発現を解析するのにも有効な手段として利用されている．　　　　　　　（村中俊哉）

形質導入

形質導入（transduction）とは，宿主細胞の形質が，バクテリオファージを介して，他の宿主細胞に導入される現象をいう．

ファージ研究の当初，ファージが細菌に感染すると，つねにファージのもつ酵素によって細胞が溶解（溶菌）し，ファージ粒子が放出されファージが増殖すると考えられていた．ところが，感染後，すぐには溶菌せずに，宿主細胞の染色体にプロファージ（prophage）として入り込む状態があることがわかった．このように，ファージが粒子として存在せずに，そのゲノムがプロファージとして宿主染色体と同一の挙動で複製・維持される状態を溶原状態（lysogenic state），プロファージとなりうるフ

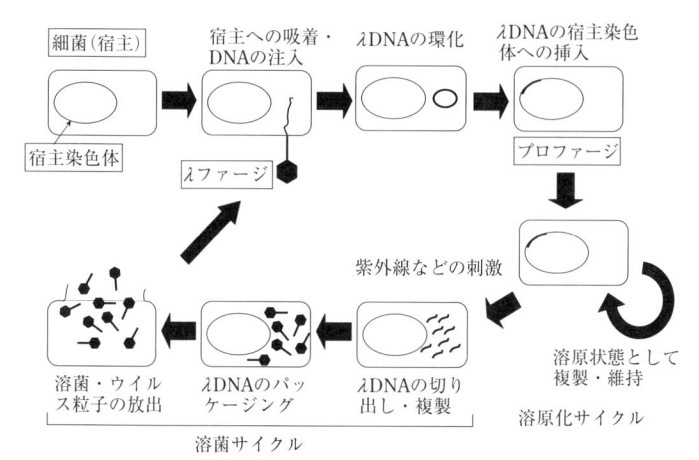

図Ⅱ-20　形質導入/λファージの生活環

ファージを溶原性ファージ（lysogenic phage）という．

たとえば，溶原性ファージの1つであるλファージの場合，宿主細胞である大腸菌に感染後，直鎖状のλファージのDNA（λDNA）は，その両端に存在する付着末端（cohesive end）とよばれる相補的1本鎖の塩基が対合することにより環状となる．つぎに，この環状λDNAは，大腸菌染色体上の特異的な塩基配列の領域で交叉（crossover）し，大腸菌の染色体に挿入される．このような溶原状態のプロファージは，紫外線などの刺激により，交叉と逆の作用により染色体から切り出され，溶菌，増殖のサイクルに入る．このとき，ファージDNAが挿入された近傍の宿主細胞のゲノムDNAが同時に切り出され，それがファージゲノムの一部に組み込まれたファージが生じる．このファージが他の宿主細胞に感染，プロファージとしてゲノムに取り込まれることによって，もとの細胞の形質が導入（形質導入）されるのである．

λファージの場合，導入される形質はλDNAが挿入された近傍の形質に限定されるため，特殊形質導入（specialized transduction）とよばれる．λDNAには，ファージ粒子の産生に必須ではない領域があり，その領域を外来のDNAに置きかえることができる．しかも，10キロ塩基対以上の長いDNA断片を安定的に保持できるため，その性質を利用した遺伝子クローニング用のλファージベクターが開発されている．

また，λファージなどによる特殊形質導入に対して，P1ファージ，P22ファージなどは，ファージが増殖するときに，宿主細胞の染色体DNAのランダムな断片を取り込むことができる．このような形質導入を，普通形質導入（generalized transduction）とよぶ．

形質導入の手法を用いることによって，プロリン，ヒスチジンなどのアミノ酸生産菌が育種されている．　　　　（村中俊哉）

減数分裂（成熟分裂）

配偶子形成や胞子形成のときに行われる分裂である．1回の染色体複製と2回の核分裂（第1分裂と第2分裂）からなる．減数分裂が体細胞分裂と特に異なるところ

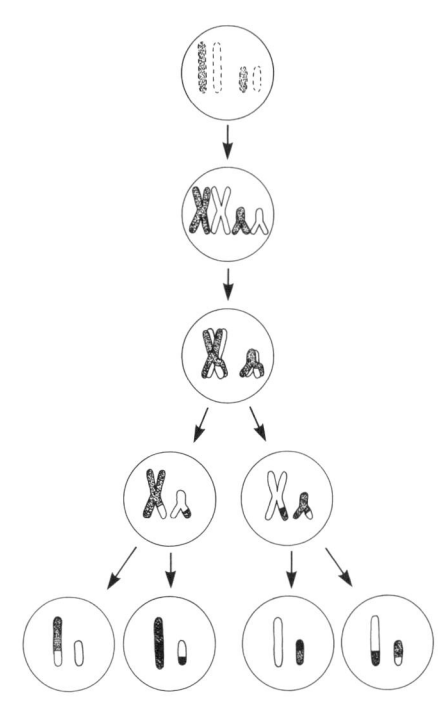

図Ⅱ-21 減数分裂における染色体の行動の模式図

は，相同染色体の対合，交叉，染色体数の半減が起こることである．連鎖した（同一染色体上の）遺伝子はそのまま，あるいは交叉によって組み換えられて，非連鎖（異なる染色体上）の遺伝子は互いに独立に配偶子に分配される．相同染色体の分離と交叉によって配偶子の遺伝的多様性が生ずる．

第1分裂は体細胞分裂と著しく異なり，その前期をさらに，レプトテン期，ザイゴテン期，パキテン期，ディプロテン期，ディアキネシス期に細分する．DNA 合成を終えた間期核の染色質は凝縮し染色糸となる（レプトテン期）．相同染色体にあたる染色糸どうしは2本ずつ並んで接着し対合する（ザイゴテン期）．この対合の際に交叉が起こる．対合が終わると，染色糸は太くなる（パキテン期）．染色糸のおのおのは2重に見えるようになり（4分染色体），姉妹染色分体が見分けられるようになる（ディプロテン期）．交叉による交換の結果としてのキアズマが認められる．染色糸はらせん状に巻き，染色体はさらに短く太くなる（ディアキネシス期）．続いて核膜は消失し，紡錘体ができる．染色体は赤道面に並ぶ（第1分裂中期）．やがて4本の染色分体は2本ずつ（2分染色体）両極に別れる（後期）．どの2分染色体がどちらに行くかは偶然によって決まる．この結果，半数の2分染色体を含む間期の核となる（終期）．第2分裂では，2分染色体の2本の染色分体は2つに分かれ，1本ずつ両極に移動する．一般に，第1分裂で対をなした相同染色体が対合面で分離し，第2分裂では，染色体の縦列面で均等に分かれる．

減数分裂の2回の分裂により，動物の1次精母細胞は2次精母細胞を経て4個の精細胞になる．この精細胞は，変態して精子になる．1次卵母細胞は第1分裂で2次卵母細胞と第1極体を生じ，2次卵母細胞は第2分裂で卵と第2極体を生じる．種子植物では，花粉母細胞は減数分裂により4個の花粉を生じ，花粉管内の精細胞，花粉管核は体細胞分裂によって生じる．胚嚢母細胞は減数分裂を経て胚嚢細胞になり，その後の3回の体細胞分裂を経て胚嚢になったのち，その内部に卵細胞が形成される．

〔酒泉　満〕

校　　正

一般に，DNA ポリメラーゼは，$5' \to 3'$ 方向にヌクレオチドの合成反応を行った直後に，新たに連結したヌクレオチドが正しく鋳型鎖の塩基に対合していることを確認し，もし対合に誤りがある場合には，そのヌクレオチドを除去する反応を行っている．この反応は，校正（proofreading）とよばれており，この酵素が保有する $3' \to 5'$ エキソヌクレアーゼ活性によって行われる．

ゲノムの遺伝情報を正確に複製することは正常な遺伝子発現や，種の保存の大前提である．DNA 合成の正確さは，DNA ポリメラーゼが，鋳型鎖の塩基配列に相補的なヌクレオチドを正しく選択し，重合させてゆく反応にかかっている．しかしながら，DNA ポリメラーゼの反応では，ある頻度で誤って相補的でないヌクレオチドが取り込まれる．この誤りを補正するために，多くの DNA ポリメラーゼには校正機能が備わっている．

　DNA 合成の正確さは，エラー頻度，あるいは忠実度（fidelity）という言葉で表現される．通常のポリメラーゼは，10^{-4} 程度のエラー頻度を示す．すなわち，10000 ヌクレオチドの合成につき，1 ヌクレオチド程度の誤った対合を生じる．校正が行われることによって，エラー頻度は 10^{-6} 〜 10^{-7} に低下する．実際の複製反応では，校正の後でさらに複製後修復システムが働いて，エラー頻度は 10^{-9} 〜 10^{-10} まで低下する．これで除去できなかった複製エラーは，変異として固定化されることになる．

　大腸菌の DNA ポリメラーゼ I や DNA ポリメラーゼ II，T4 ファージの DNA ポリメラーゼなどでは，同一のポリペプチド鎖中に DNA ポリメラーゼ活性のドメインと 3′ → 5′ エキソヌクレアーゼ活性を担うドメインが存在する．一方，大腸菌の DNA 複製酵素である DNA ポリメラーゼ III ホロ酵素では，DNA ポリメラーゼ活性と 3′ → 5′ エキソヌクレアーゼ活性は，それぞれコア酵素中の異なるサブユニット（DNA ポリメラーゼ活性は α サブユニット，3′ → 5′ エキソヌクレアーゼ活性は ε サブユニット）が担っている．

　真核生物では，複製に関与する DNA ポリメラーゼは，少なくとも 3 種類存在する．このうち，DNA ポリメラーゼ α は 3′ → 5′ エキソヌクレアーゼ活性をもたない．この酵素は，プライマーゼと複合体を形成して存在しており，ラギング鎖合成に際して岡崎フラグメントのプライマー RNA が合成されると，これを利用して，約 30 ヌクレオチドの短い DNA 鎖を合成する酵素である（プライマー RNA の項参照）．複製に関与する他の 2 つの DNA ポリメラーゼ（DNA ポリメラーゼ δ および DNA ポリメラーゼ ε）はいずれも複数個のサブユニットからなるが，ポリメラーゼ活性を担う触媒サブユニットに 3′ → 5′ エキソヌクレアーゼ活性のドメインをもっている．

　修復に関与する DNA ポリメラーゼの中には，3′ → 5′ エキソヌクレアーゼ活性をもたない，忠実度の低い DNA ポリメラーゼも存在する． （小川　徹）

構成的変異

　発現調節を受けるオペロンをつねに発現させるように変化させる変異である．オペロンの制御領域に生じる構成的変異，および，制御タンパク質をコードする遺伝子に生じる構成的変異が知られる．大腸菌の lac オペロンにみられる負の制御系では，リプレッサーがオペロンの制御領域のオペレーターに結合してオペロンの発現を阻止している．誘導物質とリプレッサーとの複合体はオペレーターと結合できず，オペロンの転写が起こり，オペロン中の遺伝子は発現する．このリプレッサー遺伝子に変異が生じてリプレッサーが不活性化されると，オペロンは誘導物質がないときでも発現し構成性を示す．また，制御領域のオペレーターに変異が生じてリプレッサーが結合できなくなっても構成性を示す．リプレッサー遺伝子の変異によりリプレッサー活性を失うと，劣性の構成性を示すことが多いが，多量体として働く lac リプレッサーの遺伝子では優性の変異が知られる．一方，オペレーターに生じた変異はそのオペレーターに隣接している転写単位にだけ優性の

O^+lacZ^- / $F-O^c lacZ^+$

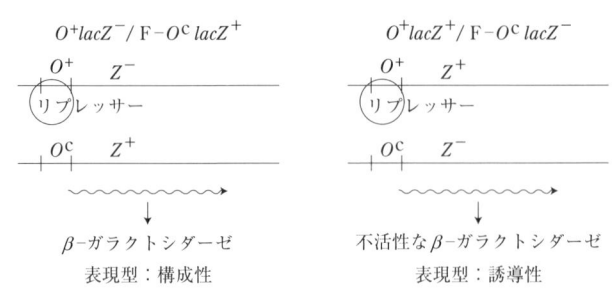

$O^+ \quad Z^-$
―――○―――|―――
  (リプレッサー)
―――○―――|―――
    $O^c \quad Z^+$
         ↓
    β-ガラクトシダーゼ
    表現型：構成性

O^+lacZ^+ / $F-O^c lacZ^-$

$O^+ \quad Z^+$
―――○―――|―――
  (リプレッサー)
―――○―――|―――
    $O^c \quad Z^-$
         ↓
   不活性なβ-ガラクトシダーゼ
    表現型：誘導性

図 II-22　シス優性

効果を現す．これをシス優性という（図II-22）．正の制御系の制御タンパク質は誘導物質と結合して活性化されるが，変異によって誘導物質がなくても活性をもつようなタンパク質に変化することがある．これにより，その制御下にあるオペロンは構成的に発現する．この種の変異は，機能獲得型の変異で優性を示す． 　　　（東江昭夫）

合成致死

2つの変異（a と b）があって，単独の遺伝子の変異体（aB あるいは Ab，2倍体細胞ではそれぞれ $a/a \; B/B$ あるいは $A/A \; b/b$）は生育可能であるが，2つの変異を同時にもつ2重変異体（$a \; b$，2倍体細胞では $a/a \; b/b$）が致死になる場合，合成致死であるという．一般に，単独の変異と2重変異とのあいだに表現型の著しい差がある場合を合成効果があるという．合成効果はいくつかの異なった機構で起こる．

① A と B 遺伝子の機能が重複しているとき（図II-23）．A 遺伝子の産物（A）と B 遺伝子の産物（B）が同じ機能をもち，しかも，この遺伝子産物が生育に必須であるときにこの現象が見られる（図II-23(a)）．細胞の状態の変化が，2つの異なった反応のうち一方があれば進むとき，それぞれの反応を制御する遺伝子産物をAとBとす

ると，AとBとのあいだに機能や構造に類似点はなくても，両者の同時欠損は致死になる（図II-23(b)）．

② A 遺伝子がコードするポリペプチドと B 遺伝子がコードするポリペプチドの複合体が機能タンパク質として働く場合（図II-24）．個々の単独の変異体は弱い表現型を示すが，2重変異体になると複合体の機能が完全に失われる．この場合，一方の遺伝子の欠失によって複合体の機能が失われるので，少なくとも一方の遺伝子が欠失変異であると合成効果は見られない．

③ 2つの遺伝子産物が多数の構成成分からなるタンパク質複合体である場合，1つのサブユニットが失われても構造と機能を維持できるが，2つのサブユニットを同時に失うと複合体としての機能を失うことが

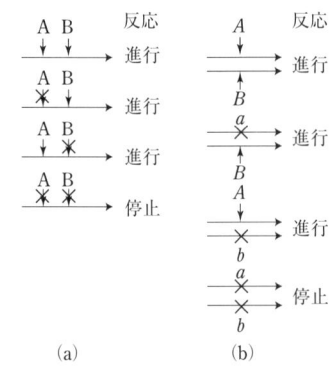

```
  A  B      反応              A       反応
  ↓  ↓    →進行            ↓      →進行
  A  B                              B
  ✗  ↓    →進行            ↓ a    →進行
  A  B                      ✗
  ↓  ✗    →進行              B
  A  B                      ↓ A    →進行
  ✗  ✗    →停止            ✗
                              ↓      →進行
                              ✗ b
                              ↓      →停止
                              ✗ b
     (a)                       (b)
```

図 II-23　重複した機能をもつ遺伝子間の合成致死

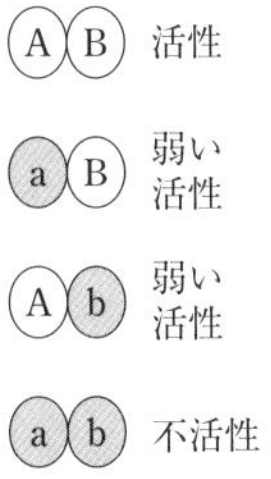

図Ⅱ-24 1つのタンパク質複合体のサブユニットをコードする遺伝子間の合成致死

ある.

④ A → B → C →のような一連の反応系に含まれる因子のうち2つが変異することにより，単独変異体の場合より全体の反応が著しく低下することがある．しかし，このような場合では，一方の変異に欠失のような完全機能喪失を用いると，欠失変異単独と欠失変異を含む2重変異体とのあいだに表現型の差は見られず，合成効果は現れない．

(東江昭夫)

構造遺伝子

タンパク質やRNAの1次構造を含む情報を転写するのに必要な核酸の区画である．遺伝子発現の制御系を論議するとき，発現制御を受ける遺伝子を構造遺伝子，構造遺伝子の発現を制御する遺伝子を調節遺伝子（制御遺伝子）という．大腸菌の lac 系では，ラクトースの代謝にかかわる酵素をコードする遺伝子群，lacZ, Y, A を構造遺伝子といい，制御にかかわる遺伝子産物をつくる遺伝子を調節遺伝子という．lacI はリプレッサーをコードするので調節遺伝子とよんでいる．しかし，lacI もリプレッサーの構造遺伝子である．オペレーターを調節遺伝子とよんでいたが，オペレーターはタンパク質やRNAの1次構造を決めてはいないので，現在では遺伝子とはよばずに制御領域とよぶのが一般的である．

(東江昭夫)

交 配 型⇨「Ⅰ—古典遺伝学」の接合型

高分子構造

生体内では，大きな分子量をもつさまざまな生体高分子が機能している．生体高分子として核酸，タンパク質，脂質，多糖があげられるが，それぞれ，ヌクレオチド，アミノ酸，脂肪酸，糖という低分子が複数連なってできている．核酸やタンパク質は，その構成低分子であるヌクレオチドやアミノ酸の連結によってできあがっているが，その並び方を1次構造とよぶのに対して，より高次の立体構造を高次構造とよぶ．核酸やタンパク質は，単なる鎖状の高分子として存在するのではなく，特有の立体構造をとっている．

タンパク質は，20種類のアミノ酸が連結してできている．アミノ酸は，ペプチド結合によって鎖状に結合している．この構成単位であるアミノ酸の配列順序をタンパク質の1次構造とよぶ．1次構造の違いによって，タンパク質の高次構造上の違いが生まれる．アミノ酸が多数連結した分子はポリペプチドとよばれる．ポリペプチドは，その1次構造によって異なる折りたたまれ方をして，数～数十アミノ酸残基を単位として，比較的安定な2次構造とよばれる形をとる．代表的な2次構造として，αヘリックス，βシート，ループ，ターンなどがある．2次構造によって部分的に折りたたまれたポリペプチドが，さらに折りたたまれてとる特異的な立体構造を3次構造とよぶ．2次構造，3次構造はポリペプチドが自然に折りたたまれてできるもので，1次構造によって決定されている．タンパク質によっては，特定の3次構造をもつ分子を

サブユニットとして，サブユニットが複数個会合して機能する場合があり，その会合構造を4次構造とよぶ．これらの2次構造，3次構造，4次構造をタンパク質の高次構造とよんでいる．タンパク質は，高次構造をとることによって機能しており，熱などにより高次構造が変性するとその機能を失う．

DNAは，4種類のヌクレオチドが連結してできている．この構成単位であるヌクレオチドの配列順序をDNAの1次構造とよぶ．DNAは通常細胞内で，2本の鎖が対合してらせん構造をとる．らせん構造には巻き方の異なるA型，B型，Z型などがあるが，このらせん構造をDNAの2次構造とよぶ．さらに，DNAはタンパク質との相互作用によってDNAループやヌクレオソームなどの3次構造をとる．さらに，折りたたまれてクロマチンや染色体などの4次構造をとる．これらの高次構造は，膨大な量の遺伝情報をコンパクトにまとめる役割を果たしているのみならず，遺伝情報の発現や複製の仕組みにも深くかかわっていることが明らかにされている．

（町田泰則・高橋裕治）

誤対合

R. Holliday により提案された相同組換えのモデルによると，組換え中間体（ホリデージャンクション）構造は，2重らせんが回転することで，その分岐点を移動させることができる（相同組換えの項参照）．相同染色体は相同ではあるが，塩基配列が完全に一致しているわけではないので，移動した分岐点でDNAが切断され，元とは違った相手と再結合することでヘテロ2重鎖部分をつくることになる（遺伝子変換の項参照）．ヘテロ2重鎖部分では，塩基の対合が正規のA：TあるいはG：Cではなく，G：AあるいはC：Tといったミスマッチを含む．このような誤った塩基の対合を誤対合という．この誤対合は，ミスマッチ修復酵素によりどちらかの塩基が修復され，どちらかにあわせられるか，あるいはまったく修復されないか，またそれがいつ起こるかによって遺伝子変換あるいは減数分裂後分離という現象を生むことになる（減数分裂後分離の項参照）．

誤対合はDNA複製のとき，DNAポリメラーゼが誤って対合のあわない塩基を取り込んでDNAを伸長させるときにも生じるし，また，生体内の代謝機能によって塩基が変化することで誤対合が生じることもある．複製における誤った塩基の取り込みはDNAポリメラーゼのもつ校正修復機能で直されるが，それでも残った誤対合は，大腸菌では，新生鎖のDNAがまだメチル修飾を受けていないことをもとに新生鎖と鋳型鎖を区別し，新生鎖の上にある塩基を修正する．このメチル化を指標とした鎖の識別は大腸菌に特異な機構であり，他の生物，特に真核生物では他の機構が予想されている．

（井上弘一）

Cot解析

2本鎖DNAを解離させて得られる相補的な1本鎖ポリヌクレオチドが2本鎖DNAになる過程の動力学的解析法（図II-25）．1本鎖ポリヌクレオチドの濃度を[C]，2本鎖DNA形成の反応定数をkとすると，
$$-d[C]/dt = k[C]^2$$
$$1/C = kt + 積分定数 \quad (1)$$
$t = 0$のとき，$C = C_0$とする

図II-25 1本鎖から2本鎖への反応

$$1/C = kt + 1/C_0 \qquad (2)$$
$$C/C_0 = 1/(C_0 t \cdot k + 1) \qquad (3)$$

ここに現れる $C_0 t$ が用語の由来となっている。この式は，図II-26のような曲線として表される。

1本鎖と2本鎖のポリヌクレオチドの比が等しくなるとき，いいかえれば，反応の中間点に達する時間を $t_{1/2}$ とすると，
$$C_0 t_{1/2} = 1/k \qquad (4)$$
k はゲノム中のユニーク配列のヌクレオチド数（N）に反比例する。Nをゲノムの複雑度という。$C_0 t_{1/2}$ はNに比例する。ゲノムサイズが知られているDNAについて $C_0 t_{1/2}$ を比較したものを図II-27に示す。$C_0 t_{1/2}$ がNに比例していることがわかる。ゲノムサイズが未知のDNAの $C_0 t_{1/2}$ を実験的に求めれば，Nが既知のDNAの $C_0 t_{1/2}$ と比較することにより，そのDNAのNを求めることができる。高等生物の染色体DNAを $C_0 t$ 解析すると，大きな $C_0 t_{1/2}$ の成分（ユニーク配列）と $C_0 t_{1/2}$ が小さい成分が含まれることがわかる。後者はくり返し配列によるものである。それぞれの成分の $C_0 t_{1/2}$ を求めることにより，ゲノム中に存在するくり返し配列の長さやコピー数がわかる。

（東江昭夫）

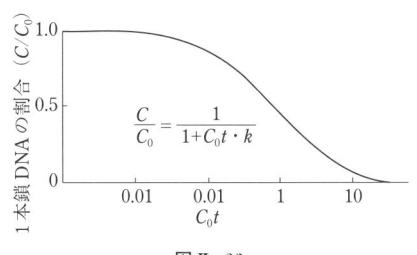

図II-26

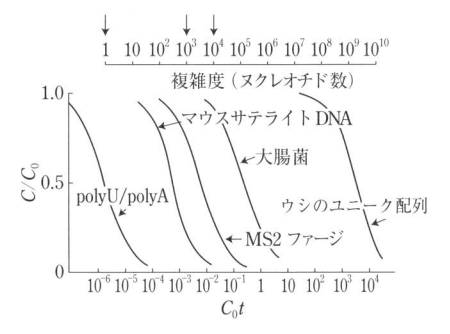

図II-27

コドン

アミノ酸に対応するトリプレット。ヌクレオチドは4種なので，64（4^3）種のトリプレットが可能である。個々のトリプレット（5′側から1番，2番，3番と番号を付ける）とアミノ酸との対応が解明され，これによって全生物界を通して，共通のコドンが使われていることがわかった（表II-2）。このことは，生物が共通の祖先に由来することの有力な証拠とされる。また，これによって，異種生物のタンパク質の生産が可能になる。たとえば，ヒトのタンパク質を大腸菌でつくらせることができるのである。64種のトリプレットのうち3種（UAG，UAA，およびUGA）はアミノ酸に対応しない。これらは翻訳の停止を指令するコドンである（ナンセンスコドンともよばれる）。61種のトリプレットはいずれかのアミノ酸に対応する。アミノ酸は20種なので，1つのアミノ酸に複数のコドンが対応する場合がある。たとえば，ロイシンとアルギニンには6種のコドンが対応している。これをコドンの縮重といい，同じアミノ酸に対応するコドンを同義コドンという。縮重しているコドンを見ると，第3番目の塩基が変化しても同じアミノ酸に対応することが多いことがわかる。同義コドンは一様に用いられているわけではない。発現量の多いタンパク質では使用コドンに偏りが見られる。どのコドンを優先的に用いるかは生物種によって異なる。

すべての生物は，共通のコドンを利用しているが，コドンが完全に普遍的であると

表 II-2　コドン表

1文字目(5'末端)	2文字目 U	2文字目 C	2文字目 A	2文字目 G	3文字目(3'末端)
U	UUU ┐フェニル UUC ┘アラニン UUA ┐ロイシン UUG ┘	UCU ┐ UCC ├セリン UCA │ UCG ┘	UAU ┐チロシン UAC ┘ UAA　終止 UAG　終止	UGU ┐システイン UGC ┘ UGA　終止 UGG　トリプトファン	U C A G
C	CUU ┐ CUC ├ロイシン CUA │ CUG ┘	CCU ┐ CCC ├プロリン CCA │ CCG ┘	CAU ┐ヒスチジン CAC ┘ CAA ┐グルタミン CAG ┘	CGU ┐ CGC ├アルギニン CGA │ CGG ┘	U C A G
A	AUU ┐ AUC ├イソロイシン AUA ┘ AUG　メチオニン	ACU ┐ ACC ├トレオニン ACA │ ACG ┘	AAU ┐アスパラギン AAC ┘ AAA ┐リジン AAG ┘	AGU ┐セリン AGC ┘ AGA ┐アルギニン AGG ┘	U C A G
G	GUU ┐ GUC ├バリン GUA │ GUG ┘	GCU ┐ GCC ├アラニン GCA │ GCG ┘	GAU ┐アスパラギン酸 GAC ┘ GAA ┐グルタミン酸 GAG ┘	GGU ┐ GGC ├グリシン GGA │ GGG ┘	U C A G

表 II-3　ミトコンドリアの遺伝暗号の変化の例

コドン	生物種	普遍的な使用	ミトコンドリアでの使用
UGA	ヒト, 酵母	終止	トリプトファン
AUA	ヒト, 酵母	イソロイシン	メチオニン
AGA	ヒト	アルギニン	終止
AAA	粘菌	リジン	アスパラギン

いうわけではない．ある種の *Candida* 酵母では通常ロイシンとして読まれる CUG がセリンをコードしている．これは，核遺伝子が共通コドンを用いない特異な例である．共通のコドンとは異なったコドンを利用している例としてミトコンドリアのタンパク質合成系が知られている（表 II-3）．コドンとアミノ酸の対応は生物種によって異なる．

（東江昭夫）

コピーチョイス

選択複写のことをいう．相同組換えの分子機構を説明するモデルの1つ．組換えは染色体の複製によって起こるというモデルである．一方で，切断再結合モデルが提唱された．選択複写モデルは，古くは，1913年に J. Belling がユリの細胞学的解析から提唱したものである．その後，A. Hershey らが 1952 年 T2 ファージを用いた組換え実験から，ファージの組換えは遺伝子の切断と再結合によって生じるのではなく，複

製時に片方の親ゲノムDNAを鋳型とする複製が，途中で他方の親ゲノムDNAを鋳型とする複製にスイッチしてそのまま複製が進行することを示した．その結果，両方の親ゲノムDNAをもつ組換え体ができるが，組換え体は親ゲノムと同じゲノムはもたない．A. Hersheyらは，複数の不活性化ファージを大腸菌に多重感染させると再活性化することを見いだし，宿主域変異T2ファージhとr13を大腸菌に混合感染させたところ，感染させた親ファージのほかに，hとr13の両方の形質をもつ変異ファージh r13と野生型ファージh+ r13+が検出された．これらの結果から，ファージにも遺伝的組換えが起こっていることが推測され，コピーチョイスモデルで説明できると考えられた．現在では，コピーチョイスモデルは相同組換え機構を説明するモデルとしては有力ではない．一方，ポリオウイルスをはじめとして，RNAウイルスの組換えは，相同または非相同な2本のRNA鎖間でコピーチョイスモデルに従って起こる．RNAウイルスにおいては，相同的組換えとはいってもスイッチする位置は厳密ではない．相同なヌクレオチド配列をもつRNAのあいだの組換え機構は，DNA間の組換えとは異なり，ホリデー構造はつくらない． （町田千代子）

コンセンサス配列

同じ機能をもつDNA・RNAの領域に見いだされる共通の塩基配列および同じ機能をもつタンパク質に見いだされる共通のアミノ酸残基の配列である．たとえば，特定の条件で転写される複数の遺伝子の5′上流を比較すると，すべての遺伝子上流のもつ共通の塩基配列を見いだすことができる．このような配列を，コンセンサス配列とよぶ．これは，この条件で働く転写因子の結合配列に対応するものである．また，同じ機能をもつ複数のタンパク質を比較すると，部分的に似た領域を見いだすことができる．このような配列もコンセンサス配列とよぶことがある．一般的には，タンパク質の場合モチーフとよぶことが多い．
（荒木弘之）

細胞周期

真核細胞が分裂・増殖する際の周期性をいう．細胞分裂により増殖する際，細胞は正確に自己複製し，子孫に情報を伝えなければならない．このとき，分裂に先立って，染色体を複製し，複製が完了した後に分裂を行うが，複製と分裂の期間のあいだには形態的な変化が乏しい期間があり，細胞周期全体は，G1期，M期，G2期，S期の4期に分けられる．細胞周期はこの4期が規則正しくくり返される．細胞周期にとって，1つの重要な時期がG1期とS期のあいだに存在する．その時期は，酵母ではスタート（START），哺乳類細胞では制限点（restriction point）とよばれ，いったん，この時期を通過すると再びG1期に戻るまで細胞周期は進行を続ける．細胞が増殖を停止する場合には，S期に進まず，G1期にとどまるか，細胞周期から外れて，静止期（G0期）とよばれる特別な状態に入る．細胞周期の進行を制御する主要な因子には，CDK（サイクリン依存性キナーゼ），サイクリン，CDK阻害因子（CKI）がある．CDKはプロテインキナーゼの触媒サブユニットであり，サイクリンはCDKと結合してCDKを活性化させるのに対し，CKIはサイクリン-CDK複合体に結合し，CDKのキナーゼ活性を抑制する．すなわち，CDKを細胞周期のエンジンとすると，サイクリンはアクセル，CKIはブレーキとして働き，細胞周期の進行を調節している．

CDKとサイクリンにはいくつかのサブタイプがあり，それらの組合せにより，細胞周期の進行を調節する時期が異なっている．サイクリンやCKIなど，細胞周期の進行に伴い，存在量が変動する因子が多数ある．この量的変動は，細胞周期の進行にとって重要な意味をもち，細胞周期の中で役割を終えると迅速に分解されなければならない．これらの因子の分解を担っているのが，ユビキチン-プロテアソーム系である．したがって，ユビキチン-プロテアソーム系による選択的なタンパク質分解も細胞周期の制御に重要な役割を果たしている．DNA複製，細胞分裂を正確にくり返すためには，細胞は，確実にS期に染色体を複製し，M期に分配しなければならない．これらの一連の過程が正常に完了したことを監視する機構が，1989年にHartwellとWeinertが提唱したチェックポイントの概念である．チェックポイントとしては，現在では，DNA損傷チェックポイント，DNA複製チェックポイント，スピンドルチェックポイントが知られている．哺乳動物細胞のDNA損傷チェックポイントは，G1期とG2/M期で異なる機構によって制御されている．G1期チェックポイントは，p53やRbなどの癌抑制タンパク質が重要な働きをしており，DNA損傷を感知すると細胞周期をG1期で停止させ，修復を待つか，修復不能の場合はアポトーシスにより細胞を殺して，不完全なゲノムをもつ細胞の増殖を防いでいると考えられている．DNA損傷は，G2/M期でも監視されており，プロテインキナーゼであるヒトChk1/Chk2あるいは，分裂酵母Cds2がサイクリン-CDK複合体の細胞内局在を制御することにより，DNAに損傷を見つけると細胞周期をM期に進ませず，DNAの修復を待たせると考えられている．細胞周期において，DNA複製は一度だけ起こるように厳密に制御されているが，DNA複製が異常な場合には細胞周期はG2期で停止する．このチェックポイントは，DNA損傷のG2/M期チェックポイントと同様の機構によることが示唆されている．細胞周期がM期に入ると，倍加した染色体である姉妹染色分体の動原体が紡錘糸（スピンドル）に結合し，染色体が均等に分配されるが，動原体と紡錘糸の結合が完了する前に姉妹染色分体の解離が開始すると染色体の不均一分配が起こり，染色体数が不安定になる．スピンドルチェックポイントでは，染色分体をM期中期までつなぎとめておくことにより，姉妹染色分体が早期に分離し，ランダムに娘細胞に分配するのを防いでいる．癌細胞において染色体数異常がしばしば見つかるが，これはスピンドルチェックポイントの異常が関与していることが知られている．　　　　（坂野弘美）

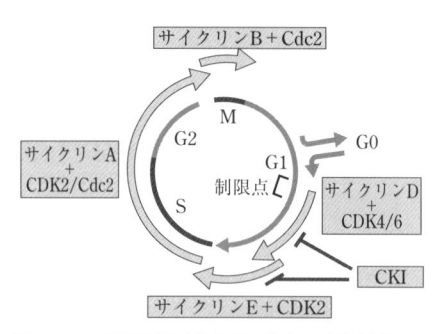

図Ⅱ-28　細胞周期（羊土社　わかる実験医学シリーズ　細胞周期がわかる　p.14 図1より改変）

サイレンサー

近傍に位置する遺伝子の転写を抑制するシスエレメントである．真核生物において，転写を活性化するシスエレメントであるエンハンサーに対して名づけられ，ともに転写を制御する領域をさす．エンハンサーと同様に遺伝子プロモーターに対する相対位置や距離，配列の向きに依存せずに働くの

が特徴である．ちなみに，エンハンサーやサイレンサーは遠方より遺伝子の発現に関与するので，遺伝子が近接する場合に問題になるが，これらの作用をブロックするシスエレメントとして境界因子（バウンダリーエレメント，インシュレーター）が同定されている．

サイレンサーはもともと出芽酵母の *HM* 遺伝子座を抑制状態に保つのに必要な配列を他のプロモーター近傍に挿入した場合においても転写を抑制することから提唱されたが，その後，高等真核生物においてもT細胞分化にかかわる *CD4* 遺伝子をはじめ多くの遺伝子プロモーター近傍にサイレンサーエレメントが見つかっている．サイレンサーにはサイレンサー結合因子が結合することにより転写を抑制すると考えられているが，その分子機構としてはさまざまなモデルが提唱されている．

転写抑制機構を大きく分類すると，基本転写装置による転写開始反応を阻害するいわゆる "active repression"（図Ⅱ-29(a)）と不活型クロマチンへの構造変換を伴う "gene silencing"（図Ⅱ-29(b)）であり，広義ではサイレンサーはいずれにおいても寄与しうるが，現在においては後者のクロマチン構造を介した遺伝子発現の完全な封印に寄与するシスエレメントをさす場合が多い．実際，出芽酵母の *HM* 遺伝子座においては RAP1 がサイレンサーに結合し，SIR2，SIR3，SIR4 の会合からヘテロクロマチン形成が行われる．テロメア領域においても同様のメカニズムでヘテロクロマチン形成されることが明らかとなっている．

この遺伝子サイレンシングはエピジェネティックに継承されるため，特に多細胞生物の発生，分化などにおいて重要な役割を果たすことが示されている．不活形クロマチン形成機構に関しては，ヒストンの脱アセチル化やメチル化，ヘテロクロマチンタンパク質（HP-1），ポリコーム因子群（PcG）の会合などのメカニズムが明らかとなってきている． 　　　　（田上英明）

サザンハイブリダイゼーション法

特定の DNA 制限酵素断片の長さを，その断片と相補的な塩基配列をもつ核酸プローブを用いて調べる方法である．また，プローブと類似の塩基配列が試料 DNA 中に含まれているかどうかを調べることにも用いられる．具体的には，つぎの手順で行われる．

① 制限酵素で切断した DNA 断片をアガロースゲル電気泳動などによって分画する．

② ゲルをアルカリ溶液に浸して 2 本鎖 DNA を 1 本鎖 DNA に変性させる．

③ ゲルをニトロセルロース膜あるいはナイロン膜と密着させ，毛管現象や電場をかけることなどによって DNA を膜に移しとる．

④ 高温，乾燥処理あるいは紫外線照射によって DNA を膜上に固定する．

⑤ DNA を移し取った膜を，標識した核酸プローブとハイブリダイズさせ，プローブと同じ塩基配列をもつ DNA 断片あるいはプローブと類似した塩基配列をもつ DNA 断片を検出する．

E. M. Southern により 1975 年に発表さ

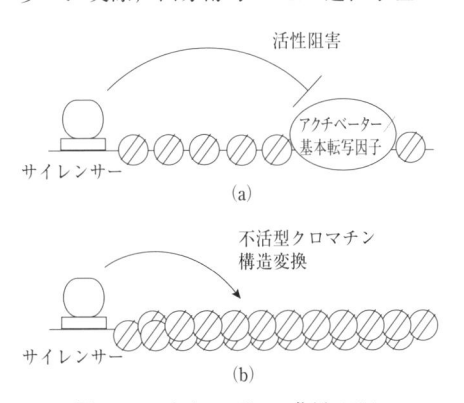

図Ⅱ-29　サイレンサーの作用モデル

れたことからこのようによばれる．RNA を電気泳動して，ニトロセルロース膜やナイロン膜に移しとり，核酸プローブとハイブリダイズさせて検出する方法をノザンハイブリダイゼーション法とよぶ．

(吉岡　泰)

雑種形成⇨ハイブリダイゼーション

雑種DNA

異なるDNA分子を高温などで1本鎖に変性し，塩基配列の相補性を利用して人工的に形成した2本鎖のDNA分子である．塩基配列の相補性は完全でなくとも類似性が高ければ雑種DNAを形成する．

(吉岡　泰)

3次構造⇨高分子構造

3点交雑

P：$AA\ BB\ CC \times aa\ bb\ cc$
F₁：$Aa\ Bb\ Cc$
戻し交配：$Aa\ Bb\ Cc \times aa\ bb\ cc$

子の遺伝子型	$\begin{array}{c}A\ B\ C\\ \text{I}\ \ \ \text{II}\\ a\ b\ c\end{array}$	$\begin{array}{c}A\ C\ B\\ \text{I}\ \ \ \text{II}\\ a\ c\ b\end{array}$	$\begin{array}{c}B\ A\ C\\ \text{I}\ \ \ \text{II}\\ b\ a\ c\end{array}$
	交叉が起こる区間		
$\left.\begin{array}{c}A\ B\ c\\a\ b\ c\end{array}\right\}$ s			
$\left.\begin{array}{c}A\ B\ c\\a\ b\ C\end{array}\right\}$ t	II	I, II	II
$\left.\begin{array}{c}A\ b\ c\\a\ B\ C\end{array}\right\}$ u	I	I	I, II
$\left.\begin{array}{c}a\ B\ c\\A\ b\ C\end{array}\right\}$ v	I, II	II	I

各遺伝子型の出現数をs, t, u, vで示す．

$A-B$間の距離 (cM) $= \dfrac{u+v}{s+t+u+v} \times 100$

$B-C$間の距離 $= \dfrac{t+v}{s+t+u+v} \times 100$

$A-C$間の距離 $= \dfrac{t+u}{s+t+u+v} \times 100$

併発率 $= \dfrac{2重交叉の頻度の観測値}{(\text{I}における交叉の頻度) \times (\text{II}における交叉の頻度)}$

図 II-30　3点交雑実験

1つの交雑実験で同じ連鎖群の3つの遺伝子間の位置関係を調べる実験法である．2つの遺伝子間の交雑を2点交雑という．互いに連鎖している遺伝子座をA, BおよびCとする．$AABBCC$と$aabbcc$の両親間の交雑で得られるF1（$AaBbCc$）を劣性ホモの個体（$aabbcc$）と交雑すると，図II-30の8種の遺伝子型の子孫が区別できる．2つの遺伝子間の区間をIおよびIIとする．たとえば，A, B, Cの順に並んでいるとすると，AbcとaBCは区間Iで，abCとABcは区間IIで，aBcとAbCは区間IとIIで交叉が起こったときに生じる．3点交雑では2重交叉を検出することができる．遺伝子の順番によって2重交叉で生じる遺伝子型が異なる．2重交叉の生じる頻度は1回交叉の起こる頻度より低いと考えられるので，交叉の結果生じる子孫のうちもっとも低頻度で現れるものが，2重交叉によるものといえる．上の交雑でaBcとAbCがもっとも低頻度で出現したとすると，A, B, Cはこの順番で染色体上に位置することがわかる．$A-B$間，および$B-C$間の遺伝的な距離も求められる．$A-B$間の距離は（AbcとaBC）と（aBcとAbC）の和の全子孫数に対する百分率で表される．$B-C$間の距離は（abCとABc）と（aBcとAbC）の和の全子孫数に対する百分率で表される．$A-C$間の距離を求めるとき，3点交雑では2重交叉が検出できるのに対して2点交雑ではそれができず，2点交雑による距離は少なめに算出される．3点交雑では区間Iと区間IIの2重交叉を検出でき

るので，両区間の交叉が互いに独立に起こるか，あるいは，一方での交叉が他方での交叉に影響するかを検討することができる．両区間での交叉が独立に起こるとすると，2重交叉の頻度の期待値は区間Ⅰでの交叉の頻度と区間Ⅱでの交叉の頻度の積に等しくなる．2重交叉の観察値を期待値で割った値を併発率という．この値が1より小さければ，区間ⅠあるいはⅡで起こる交叉は他方での交叉の発生を阻害することを示す．これを干渉といい，その程度を1－併発率で表す． (東江昭夫)

シストロン

シス・トランステストによって定義される遺伝子の機能単位である．現在では遺伝子と同義である．シス・トランステストは，2つの突然変異 $m1$ と $m2$ が同じ遺伝的機能単位（シストロン，遺伝子）に生じたものかどうかを調べる方法として用いられる．$m1$ 変異体と $m2$ 変異体間で雑種を形成させ，両変異が同じ染色体上に配置する場合（$m1m2/++$，シス配置という）と，異なる染色体上に配置する場合（$m1+/+m2$，トランス配置という）の表現型を比較する（図Ⅱ-31）．$m1$ と $m2$ 変異が異なった遺伝子に生じた場合，遺伝子型は

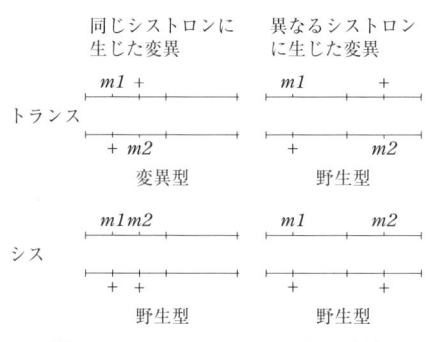

図Ⅱ-31 シス・トランステストの原理

シス配置およびトランス配置のいずれの場合も $m1/+$ と $m2/+$ でまったく同じ構成になり，したがって，表現型も同じになる．一方，$m1$ と $m2$ 変異が同じ遺伝子に生じた場合，シス配置の場合野生型の遺伝子産物がつくられるのに対して，トランス配置では野生型遺伝子産物はできない．いいかえれば，当該遺伝子産物に関して両者は異なる．シス配置とトランス配置で同じ表現型（野生型）を示すとき，$m1$ と $m2$ は異なった機能単位（シストロン）に生じた変異であり，シス配置とトランス配置で表現型が異なるとき，2つの変異は同じ機能単位（シストロン）に生じたものであると結論できる．

$m1$ と $m2$ 変異がともに野生型に対して劣性の場合，シス配置の細胞は野生型と同じ表現型を示すことが明らかなので，シス配置の実験を省略し，トランス配置の細胞の表現型が野生型を示すとき，これらの変異は異なったシストロンに生じたものと判定し，変異型を示すとき，これらの変異は同じシストロンに生じたものと判定する． (東江昭夫)

cdc 遺伝子

酵母の細胞周期の進行にかかわる遺伝子である．細胞分裂は増殖に必須であるため，細胞周期に影響を与えるほとんどの突然変異は致死となる．したがって，それらの突然変異は条件突然変異として単離されなければならない．もっとも一般的な条件突然変異は温度感受性突然変異で，許容温度では遺伝子産物は機能するが，制限温度では機能しない．出芽酵母は，出芽によって分裂するが，母細胞と芽の大きさの比から細胞周期のどの位置にあるかおおよその見当がつくため，細胞周期研究において大きな利点があった．1970年，Hartwellらは，

出芽酵母を用いて，許容温度では増殖できるが，制限温度では細胞周期の特定の時期に生育が停止する突然変異体を多数同定した．この均一な細胞周期停止は，変異した遺伝子が細胞周期のある特定の時期のみで必要であることを示している．このことから，これらの変異株は細胞分裂周期（cell division cycle；cdc）変異株と名づけられた．それらの変異の原因遺伝子が cdc 遺伝子である．cdc 突然変異株の詳細な解析から，細胞周期の過程の多くは，その前の過程が完了しなければつぎの過程が開始できないことが明らかとなった．この発見により，cdc 変異株は，前の過程が完了しないために 2 次的に細胞周期が停止するものと，細胞周期を進行させる機構自体が停止するものの 2 つに大別された．良好な栄養条件では，出芽酵母では，間期の初期に出芽，DNA 合成の開始，スピンドルポールボディーの複製の 3 つの事象が起こる．cdc7 は DNA 複製が開始できず，cdc24 は出芽ができず，cdc31 はスピンドルポールボディーが複製できないことから，これらの原因遺伝子は，細胞周期の特異的な事象を制御していると考えられた．これに対して，cdc28 変異株では，細胞周期の間期で起こる上の 3 つの事象すべてが起こらない．このことから，CDC28 の遺伝子産物は細胞周期を動かす重要な因子であることが示唆された．Hartwell らは，さらに，細胞周期には，ある状態変化が存在し，この状態変化により，細胞分裂にいたる過程が開始されると考え，この状態変化が起こる時期をスタート（START）と名づけた．細胞周期がいったん，スタートを過ぎると不可逆的に DNA 複製が開始される．Hartwell らに数年遅れて，Bonatti らと Nurse らは独立に分裂酵母を用いて細胞周期の突然変異株を単離した．その後，Nurse らは出芽酵母の cdc28 変異に対応する突然変異，cdc2 の原因遺伝子 $cdc2^+$（出芽酵母では，野生型遺伝子を大文字で CDC3 などと表し，分裂酵母では，野生型遺伝子を $cdc3^+$ のように，小文字で末尾に $^+$ をつけて表記する．また，cdc 変異の番号は出芽酵母と分裂酵母では対応していない）をクローニングし，$cdc2^+$ がプロテインキナーゼをコードしていることを明らかにした．そのころ，アフリカツメガエルの細胞周期において，M 期への移行を誘導する因子として，MPF（M 期誘導因子）が精製されていたが，MPF は Cdc2 と構造的に非常に類似したプロテインキナーゼとサイクリンが結合したものであることが示され，細胞周期は，酵母から動物にいたるまで，共通の分子機構により制御されていることが明らかとなった．　　　　　　　　　　（坂野弘美）

シスドミナント⇨オペロン/オペレーター

シャペロン

　形成途中のタンパク質や変性したタンパク質が適当な高次構造をとるように助ける働きをもつタンパク質である．タンパク質が正しく折りたたまれる途中に，表面に疎水性の高い部分が露出し，凝集の原因となる．非特異的な凝集を防ぐように露出した反応性の高い部分にシャペロンが結合し，正しい組合せの結合ができるまで，非特異的な反応を押さえる．シャペロンは，タンパク質合成の過程で必須な役割を果たしている．リボソーム上で翻訳されたポリペプチドはまだ折りたたまれていない．このようなポリペプチドが正しい構造に折りたたまれるまで，シャペロンがそのポリペプチドに結合し，タンパク質間の相互作用によって異常なタンパク質ができないように保護している．タンパク質が膜を通過するとき，高次構造をもったままでは膜中の穴を通過できないので，タンパク質は一時的にほどけた状態（変性状態）になる必要があ

表II-4 シャペロンファミリー

Hsp70ファミリー	
Hsp70	ATPase
Hsp40	ATPase活性化因子
GrpE	ヌクレオチド交換因子
シャペロニン	
Hsp60 (GroEL)	
Hsp10 (GroES)	

る.膜を通過した後,またもとの高次構造をとらなければならない.この過程のタンパク質の構造変化にシャペロンが関与している.表II-4に代表的なシャペロンを示す.Hsp70ファミリーは熱ショックによって誘導されるタンパク質として同定されたが,常温でも必須な機能をもつ.Hsp70遺伝子とHsp40遺伝子はそれぞれ類似したポリペプチドをコードする遺伝子群からなる.Hsp70とHsp40は複合体を形成して働く.Hsp70とHsp40の組合せによってはGrpEは必要ではない.シャペロニンは,7個のHsp60がリングを形成し,2つのリングが背中合わせに会合したものに,Hsp10の7量体がHsp60のリングの一方に結合した巨大なタンパク質複合体である.折りたたまれていないタンパク質をシャペロニンの内部に取り込んで正しく折りたたむ. (東江昭夫)

雌雄同体

同一の生物体に雌の部分と雄の部分をもち,雌性配偶子と雄性配偶子の両方を生じることをいう.雌雄異体と対する.動物では1つの個体に卵巣と精巣をもつこと.種子植物では雌雄同株といい,両性花をもつか,同一個体上に単性花(雄花と雌花)をつけること.

雌雄同体のうち,雄の機能と雌の機能が同時に現れる場合,常時雌雄同体とよび(クシクラゲ,ミミズ,マイマイなど),雄と雌の機能が時間的に前後して現れる場合を隣接的雌雄同体という.

隣接的雌雄同体において,雄性生殖器官がまず成熟して雄相を現し,のちに雄性生殖器官が退化し,かわって雌性生殖器官が成熟して雌相に移る場合を雄性先熟とよぶ(カキ,ホッカイエビ,クロダイなど).反対に,最初に雌相が発達したのち雄相が現れる場合は,雌性先熟(ホヤ,ベラ,ハナダイなど)という.ホンソメワケベラでは,雄相の発現が群の順位によって決定されるので雄を取り除くと,雌の中でもっとも順位の高いものに雄相が発現する.また,エゾアカガエル,メダカの一種などでは,発生初期にはすべての個体の生殖巣で卵巣様構造が見られるが,半数の個体ではのちに精巣に分化する.

両性花には,雄ずいと雌ずいの成熟が同時に起こる雌雄同熟花と成熟期に時間のずれがある雌雄異熟花がある.後者には雄ずいの成熟が雌ずいの成熟に先行する雄ずい先熟花(キク科,セリ科など),雌ずいの成熟が雄ずいの成熟に先行する雌ずい先熟花(アブラナ科など)がある.

雌雄同体の種でも,他家受精が一般的であり,自家受精を妨げる機構をもつもの(ホヤなど)が知られている.植物における自家受粉を防ぐ機構の1つに自家不和合性がある. (酒泉 満)

重複受精

被子植物でのみ見られる受精形式である.雌ずいの柱頭に受粉した花粉から花粉管が伸長し,胚珠内の胚嚢に到達すると,花粉管の先端にある2つの精核がそれぞれ卵細胞核および中央細胞の極核と受精する現象である.

ナヴァシン(1898年)がマルタユリで

発見，シュトラースブルガー（1900年）が，卵細胞と精細胞の受精後に起こる卵核と精核の融合を生殖受精，中心細胞と精細胞の受精後に起こる精核と極核の融合を栄養受精とし，この両者をあわせて重複受精とよんだ．

一般に，花粉管の先端が胚嚢に到達すると，2つの助細胞の片方の細胞内部で，2つの精細胞が花粉管の先から原形質とともに流出する．この2つの精細胞が，卵細胞と中央細胞の表面に達し，それぞれが卵細胞核および中央細胞の極核と受精する．受精卵は2nであるが，中央細胞は受精の直後に3nの核になる．ただ，植物種によっては，核融合せず，n+n+nや2n+nのまま分裂するものもある．スミレの一部の種では1つの生殖細胞に由来する4つの精細胞それぞれが，1つの卵細胞・2つの助細胞・1つの中央細胞と受精するので，4カ所で受精が観察される．重複受精の結果できた受精卵は胚へと分化するが，中央細胞は胚乳組織へ分化し，種子内に胚乳組織をつくる． (岡田 悟・河野重行)

表Ⅱ-5 T4ファージのナンセンス変異（sus）の抑圧

T4ファージ	大腸菌			
	Su^-	Su^+_{UAG}	Su^+_{UAA}	Su^+_{UGA}
	ファージの増殖			
野生型	+	+	+	+
sus_{UAG} (アンバー)	−	+	+	−
sus_{UAA} (オーカー)	−	−	+	−
sus_{UGA} (オパール)	−	−	−	+

条件致死変異

特定の物理的条件（温度），化学的条件（要求物質）あるいは生物的条件（遺伝子背景）のもとで生育が不可能な変異体を生じる変異である．変異体が生育できる条件を許容条件，野生型は生育できるが変異体は生育不可能な条件を制限条件あるいは非許容条件という．温度条件に関する変異体として，高温感受性あるいは低温感受性変異体が知られている．細胞の生育に必須な遺伝子でも，温度感受性変異体として分離することができれば，遺伝学的に扱うことができる．タンパク質合成，DNA複製，細胞周期の進行など細胞の必須機能にかかわる多くの遺伝子について温度感受性変異体が分離され，それぞれの反応の解析に役立っている．栄養要求性変異体では，それが要求する物質を含まない環境が制限条件で，含む環境が許容条件である．大腸菌の遺伝研究株の中に，ナンセンスサプレッサー変異をもつ株（Su^+）ともたない株（Su^-）がある．ナンセンスサプレッサーは，ナンセンス変異（コード領域に翻訳停止コドンが生じる変異）を抑圧し，野生型あるいは偽野生型に復帰させる．Su^+株とSu^-株の存在は，ナンセンス変異体ファージを条件致死変異体として分離するのに役立てられた（表Ⅱ-5）． (東江昭夫)

上流転写活性化配列

遺伝子の転写活性化因子が結合するDNA上の配列のことである．特に，酵母遺伝子について用いられる．真核生物の遺伝子の転写は，プロモーターに形成されるRNAポリメラーゼⅡと基本転写因子からなる転写開始複合体によって行われるが，転写活性化因子がRNAポリメラーゼⅡをリクルートしたり，転写活性化因子と基本転写因子との相互作用により転写開始複合体を安定化させることで，転写が活性化される．個々の遺伝子の転写活性化には，遺

伝子に特有な転写活性化因子あるいは転写活性化因子の組合せが必要であるが，これらの転写活性化因子はDNAに結合してその機能を発揮する．この結合部位が上流転写活性化配列（upstream activating sequence：UAS）である．出芽酵母遺伝子の転写制御機構研究の過程で発見されたもので，高等真核生物遺伝子のエンハンサーと同様の機能をもつが，エンハンサーが遺伝子上流と下流のどちらからでも，またTATA配列から数十kbp離れていても転写を活性化できるのに対し，UASは上流だけからしか機能できない点およびTATA配列からの距離が遠くなると（～1 kbpくらいが限界）転写活性化ができなくなる点が異なっている．

酵母遺伝子の転写開始に必要なTATA配列の上流域を順次欠失させていくと，あるところから転写活性化が起こらなくなることが観察され，欠失領域を狭めていくことで8～20塩基対ほどの転写活性化に必要な領域（UAS）が同定された．UASを含むDNA断片と精製した転写活性化因子を用いてゲルシフトアッセイやDNAフットプリントを行うことで，その転写活性化因子がUASに結合することが示された．1つの遺伝子の上流域に同じ転写活性化因子の結合部位が複数個みられることもあり，その配列が少しずつ異なっていることもある．UASの定義としてつぎのことがらがあげられる．

① それを欠失あるいは変異させると転写活性化が起きなくなる．
② TATA配列の上流に挿入すると転写活性化を起こすことができ，これはもとの遺伝子とは別の遺伝子の上流域に挿入しても見られる．
③ どちら向きに挿入しても転写を活性化できる．
④ コピー数に依存して転写活性化が増大する．

特に，②の性質は人工プロモーターの構

表 II-6 代表的な酵母遺伝子のUAS配列とそれに結合する転写因子

転写因子	遺伝子	UAS 配列
Gal4	GAL10	CGGCGGCTTCTAATCCG
Gcn4	TRP4	ATGATTCAT
Pho4	PHO5	GCACTCACACGTGGGA
Mcm1	CLN3	TTACTGATTTGGGAAA
Rap1	PGK1	ACCCAGACACGCTCGA

それぞれの遺伝子のUAS配列は複数個存在するのでその一例を示してある．

築に利用されている．表 II-6に代表的な酵母遺伝子のUAS配列とそれに結合する因子を示す．UASに対し転写を抑制する配列を上流転写抑制配列（upstream repressing sequence：URS）とよぶことがある．これを遺伝子上流域から欠失させると転写量が上昇することから発見され，リプレッサーの結合部位となっていることが多い．　　　　　　　　　　　（西沢正文）

除 去 修 復

DNA損傷を修復する機構の1つで，DNA鎖から損傷部分を削除する仕方により，ヌクレオチド除去修復と塩基除去修復との2つの型に区別される．この機構は，原核生物から高等真核生物まで広く存在する．ヌクレオチド除去修復は，DNAに生じた多様な障害（塩基損傷，塩基付加物，DNA鎖間の架橋など）を認識し，除去することができる．この修復の特徴は，転写因子を含む大きなタンパク質複合体により，損傷部分を含む長さ20～30 ntのオリゴヌクレオチドが除去される点にあり，きわめて効率のよい修復系である．この機能を欠損した変異株は，変異原に高感受性になる．ヒトではヌクレオチド除去修復欠損は色素性乾皮症，コケイン症候群など遺伝性疾患を引き起こす．原核生物の除去修

復機構は大腸菌においてもっともよく調べられている．修復反応は，① *uvrA* および *uvrB* 遺伝子産物による障害部位の認識，② *uvrC* 遺伝子産物による DNA 鎖の切断，③ *uvrD* 遺伝子産物による障害 DNA を含むヌクレオチドの除去，④ DNA ポリメラーゼ I と DNA リガーゼによる修復合成と鎖の連結，の順に進む．真核生物においてもほぼ同様の過程で進む．ヌクレオチド除去修復には，転写と共役した反応の速い修復（transcription coupled repair：TCR）とゲノム全体で進む反応の遅い修復（global genome repair：GGR）の2つの経路が区別されている．これらのヌクレオチド除去修復とは違って，アカパンカビと分裂酵母では紫外線損傷に特異的なヌクレオチド除去修復機構が存在する．ここで働く酵素 UVDE は，以下に述べる塩基除去修復酵素のように単独のタンパク質で働き，損傷の 5′ 側に切れ目を入れ，その後フラップエンドヌクレアーゼなどの働きで，損傷部分を除き修復を行う．

塩基除去修復は，活性酸素による塩基損傷，脱アミノやメチル化などによる塩基の変換，それにより生じるミスマッチ，塩基の欠落による AP 部位，アルキル化塩基などの小さな損傷の修復にかかわっている．修復の過程はつぎの手順で行われる．

① 損傷特異的 DNA グリコシラーゼによる N-グリコシド結合の加水分解が起こり，その結果 AP 部位が生じる．これまでに 3-メチルアデニングリコシラーゼなどのアルキル化塩基グリコシラーゼ，また，8-オキソグアニングリコシラーゼなどの酸化塩基グリコシラーゼ，また，ウラシル DNA グリコシラーゼ，チミングリコールグリコシラーゼなどが同定されている．

② AP 部位の修復には，polβ 依存型と PCNA 依存型の2つの経路がある．これらは，その修復パッチの大きさから，polβ 依存型はショートパッチ，PCNA 依存型はロングパッチとよばれている．いずれも AP エンドヌクレアーゼにより損傷の 5′ 側で DNA の 1 本鎖切断が起こる．

③ 3′ 末端から相補鎖を鋳型にした DNA ポリメラーゼによる修復 DNA 合成が起こる．

そして最後に

④ DNA リガーゼにより DNA が連結され，修復は完了する． （井上弘一）

<文献>
1) E. C. Friedberg, G. C. Walker, and W. Siede：DNA repair and Mutagenesis, ASM Press, Washington D. C., 1995.
2) 菅澤 薫：ヌクレオチド除去修復の分子機構，DNA 修復ネットワークとその破綻の分子病態（安井 明・花岡文雄・田中亀代次編），p. 893, 共立出版，2001.
3) 中津可道：転写と共役した DNA 修復との欠損症，DNA 修復ネットワークとその破綻の分子病態（安井 明・花岡文雄・田中亀代次編），p. 908, 共立出版，2001.
4) 池田正五・関 周司：塩基除去修復—DNA グリコシダーゼと AP エンドヌクレアーゼ，DNA 修復ネットワークとその破綻の分子病態（安井 明・花岡文雄・田中亀代次編），p. 916, 共立出版，2001.
5) H. Naegeli：Enzymology of human nucleotide excision repair, DNA recombination and repair, edited by P. J. Smith, and C. J. Jones, p. 99, Oxford University Press, New York, 1999.

自律的複製⇨プラスミド

伸長因子

タンパク質合成において，ポリペプチド鎖の伸長に必要なタンパク質である．原核生物と真核生物で，伸長反応の基本原理は同じで，原核生物では，EF-Tu，EF-Ts，EF-G の 3 種類の伸長因子があり，真核生物では，EF-1α，EF-1βγ，EF-2 が原

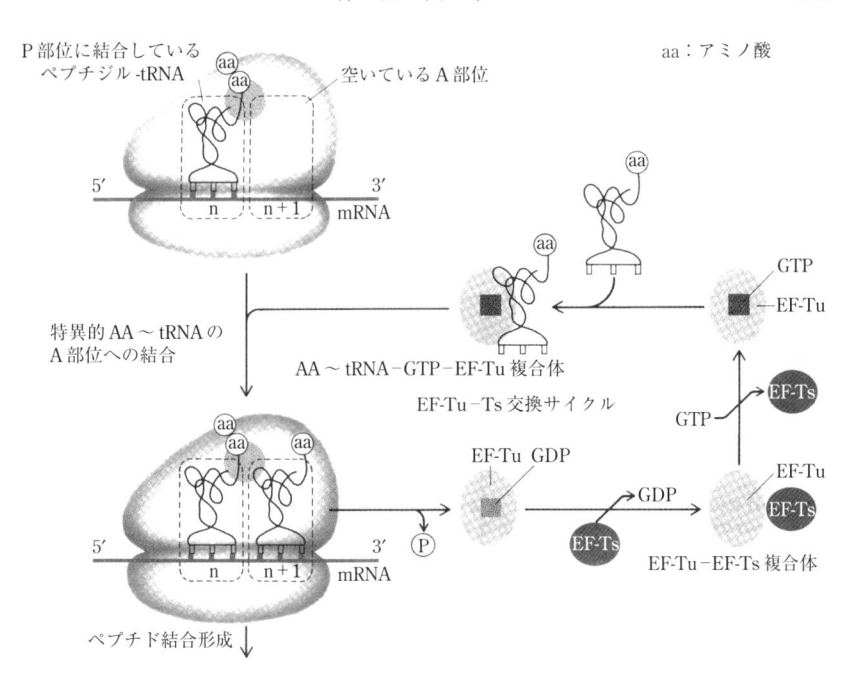

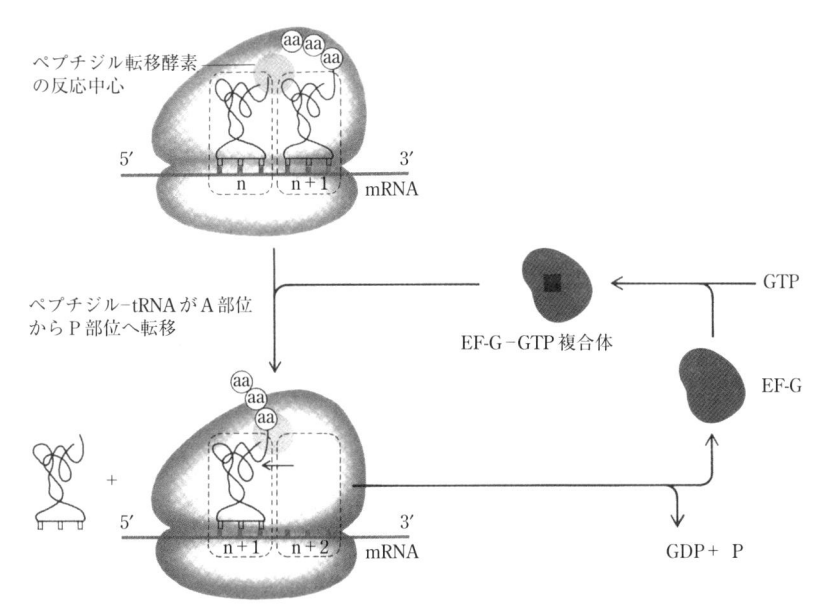

図II-32 伸長因子（ワトソン：遺伝子の分子生物学，第4版，図14-31より）

核生物のそれぞれの伸長因子に対応している．原核生物の場合，タンパク質を合成中のリボソームは 30S と 50S のサブユニットが会合して 70S リボソームを形成しており，30S サブユニットには mRNA が結合している．50S リボソームには，P（ペプチジル）部位と A（アミノアシル）部位とよばれる 2 つの窪みがあり，mRNA に沿って伸長しているポリペプチド鎖のカルボキシル末端のアミノ酸は対応する tRNA に結合した状態で P 部位に入っている．EF-Tu は，つぎのコドンに対応するアミノアシル-tRNA および GTP と結合して複合体を形成する．GTP が加水分解されてその複合体中のアミノアシル-tRNA が 70S リボソームの A 部位に入り，そのアミノアシル-tRNA がポリペプチド鎖に付加される．つぎのアミノ酸が付加されるには，新たにポリペプチド鎖に付加されたアミノアシル-tRNA が P 部位に移動しなければならないが，この反応には EF-G-GTP 複合体が必要で，GTP が加水分解されるとともにそのアミノアシル-tRNA 複合体は P 部位に移動する．このとき，1 つ前の tRNA は P 部位から外れるが，同時にその tRNA はポリペプチド鎖からも解離し，リボソームから放出される．伸長反応に使われた EF-Tu-GDP 複合体は EF-Tu-GTP 複合体に戻らなければならないが，この反応には EF-Ts が必要とされる．この反応では，まず，EF-Tu-GDP 複合体の GDP は EF-Ts と置きかわり，EF-Tu-EF-Ts 複合体が形成される．つぎに，EF-Tu-EF-Ts 複合体が GTP に出会うと EF-Ts は GTP と置換され，EF-Tu-GTP 複合体が再生される．これらの反応をくり返し，ポリペプチド鎖が伸長していく．

(坂野弘美)

スーパーコイル

Watson-Crick の 2 重らせんモデルでは，DNA は 2 本の鎖が対合して，1 本の直線状の軸の周りを巻いているように描かれている．これに対して，細胞内では通常 DNA は，軸が曲線となっていて，さらに高次のらせん構造を形成している．このような高次のらせん構造をスーパーコイル構造とよんでいる．この高次のらせん構造にはその巻き方が，Watson-Crick の 2 重らせんと同じ向きのものと，逆向きのものがあるが，前者を正の，後者を負のスーパーコイルとよぶ．

2 重らせんを形成する DNA のうちで，もっとも安定な B 型らせん構造をとる DNA は，平均 10.4 塩基対あたり 1 巻きしている．全体が B 型のらせん構造からなる環状 DNA は平面上に乗せることができ，これを弛緩型という．弛緩型の環状 DNA をいったん切断し，ねじってから繋ぎ直すと，ねじる方向によって，2 重らせんの巻き方がよりきつくなったり緩くなったりする．そうすると，1 巻きあたりの平均塩基数が 10.4 から変化してひずみが生じる．環状 DNA のらせんの巻き数は，いったん DNA を切断しないかぎり変化しないので，2 重らせんの中心軸を湾曲させることによって，らせんのひずみを解消しようとする．この中心軸の湾曲によって，DNA は 3 次元的なスーパーコイル構造をとるようになる．

プラスミドや原核生物の染色体のような環状の DNA は，細胞内では負のスーパーコイル構造をとっている．環状でない真核生物の染色体においても，DNA はタンパク質によって固定され，やはり負のスーパーコイル構造をとっている．

負のスーパーコイル構造をもっているために，弛緩型よりもコンパクトな形態とな

り，DNA を細胞内に納めるのに有利となっている．また，負のスーパーコイルはDNA の2本鎖を一部分離することによって解消されるので，この分離を容易にしていると考えられる．2本鎖の分離は，DNA の複製，転写，組換えにかかわっているので，これらの生命現象の制御にスーパーコイル構造が関与していると考えられる．

DNA をいったん切断し，2重らせんの巻き方を緩めたり，あるいはもっときつく巻いてから繋ぎ直すことによって，2重らせんのトポロジーを変える酵素群が存在し，そのような一群の酵素はトポイソメラーゼとよばれている．

(町田泰則・高橋裕治)

スプライシング

エキソンとイントロンからなる mRNA 前駆体からイントロンを除き，エキソンを連結させる反応である．真核生物の多くの遺伝子の転写領域は，タンパク質をコードする領域（エキソン）が介在配列（イントロン）により分断されている．RNA ポリメラーゼ II により転写された mRNA 前駆体が機能できる mRNA となるには，イントロンが除去されなければならない．真核生物のゲノム DNA と mRNA 由来の cDNA の塩基配列を比較すると，エキソンとイントロンの境界には短い共通な配列が存在している．一般的なイントロンの末端の2つの塩基は，5′末端は GT（RNA 配列では GU），3′末端は AG となっており，GT-AG 則とよばれている．このことは，イントロンは方向性をもっていることを意味しており，5′側が供与部位，3′側が受容部位とよばれる．5′供与部位周辺の塩基配列は多くの遺伝子で保存されており，平均的な5′供与部位ではスプライス部位より上流に2塩基，スプライス部位の下流に6塩基の共通配列が見られる．これに対して，3′受容部位の共通配列では，ピリミジン塩基が10以上連続する配列の下流に AG 配列を含む4塩基の保存配列が見られる．スプライシングの過程には，核内低分子 RNA (small nuclear RNA：snRNA) と RNA 結合タンパク質からなる核内低分子リボ核タンパク質（small nuclear ribonucleoprotein：snRNP）が関与している．snRNA は，核内に存在する107〜210ヌクレオチドの U に富む RNA で，U1，U2，U4，U5，U6 の5種類があり，snRNP はそれぞれが含む snRNA の種類により，U1 snRNP，U5 snRNP などとよばれるが，U4 snRNP と U6 snRNP は通常，1つの複合体として見いだされるため，U4/U6 snRNP とよばれる．これらの snRNP がスプライソソームとよばれる複合体をつくり，スプライシング装置を構成している．スプライシング反応では，5′エキソン-イントロン境界，3′受容部位の約30ヌクレオチド上流に存在する A 残基を含む分岐点とよばれる領域，3′イントロン-エキソン境界が snRNA 中の相補的な塩基配列によって認識される．U1 snRNA は5′供与部位の保存された9塩基と相補的な配列をもっており，U1 RNP が5′スプライス部位に結合し，U2 snRNP は A 残基を含む分岐点に結合する．さらに，U4/U6 RNP と U5 RNP が加わると，5′境界は GU 配列の5′側で切断され，イントロンの5′末端にあった G 残基と分岐点の A 残基とのあいだで2′-5′ホスホジエステル結合が形成される．これにより，投げ縄構造が形成されると，U1 RNP と U4 RNP がスプライソソームから放出される．さらに，U6 RNP が3′イントロン-エキソン境界を認識してエキソンどうしが結合されるとともに，投げ縄構造が切り出されることによりスプライシング反応が完了する．

(坂野弘美)

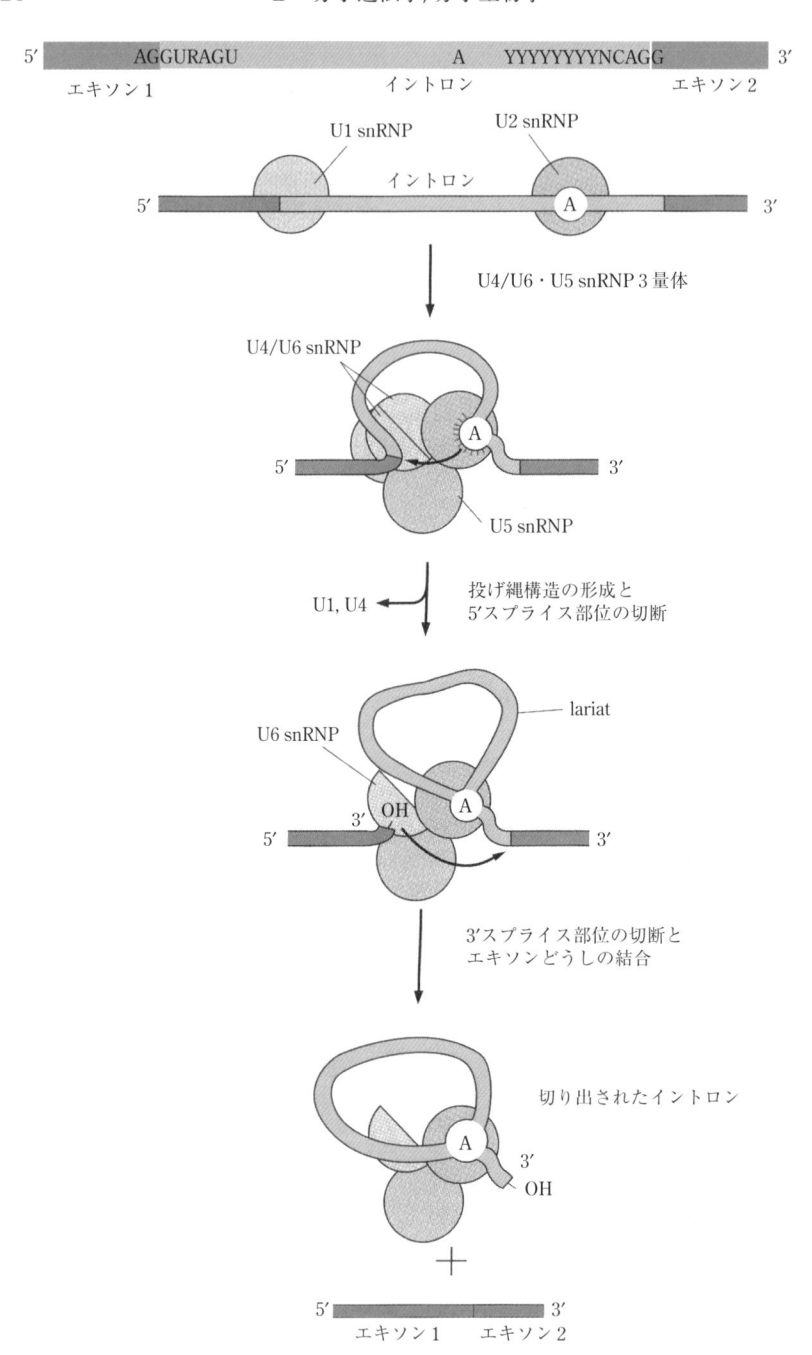

図 II-33 スプライシング（Molecular Biology of the Cell 4th ed. Figure 6-29 より改変）

制限酵素

DNAの特定の塩基配列を認識して，2本鎖DNAを切断する機能を有する酵素である．バクテリオ・ファージが宿主と異なる細菌に感染した場合，感染効率が制限される（低下する）現象が知られていた．制限酵素（restriction endonuclease）という用語は，この現象に由来するものである．切断部位の特異性が高く，またその種類が豊富であるため，遺伝子工学に必須のツールである．

本酵素は，広く生物界に存在し，これまでに，約500種以上の制限酵素が分離・精製されている．当初，制限酵素が単離された生物種によって酵素の特異性が異なっていたため，酵素名に生物種を略して記し，同一生物種で複数の酵素が含まれている場合，数字を付けて表記された（たとえば，大腸菌 Escherichia coli RY 13 から分離された1番目の酵素は，EcoRI）．しかしながら，酵素名が異なる制限酵素であっても，認識する塩基配列が同じであるもの（イソシゾマー（isoschizomer））が存在するため，切断部位から分類した場合，その種類は約100種類程度になる．

プラスミド構築には BamHI，EcoRI，HindIII，など5'末端突出型の6塩基認識の制限酵素がよく使われている．汎用性のあるベクターには，これらの制限酵素の認識配列を付加したマルチクローニングサイトを有するものが多い．

制限酵素によって切断される箇所をゲノム上に記したものを制限酵素地図（restriction map）とよぶ．もともとは，塩基配列が未知なゲノムの一部を単離し，それを制限酵素によって消化，電気泳動によって得られるDNA断片の泳動パターンから分子量を推定し，ゲノム上に示すことにより制限酵素地図が作成された．ゲノム解読が急速に展開されている現在では，解読された塩基配列情報を，コンピューター上で，既知の制限酵素の切断部位を検索し，制限酵素地図が作成される場合が多い．

類似したゲノム配列を，制限酵素処理によって得られる DNA 断片の長さの多型を制限酵素断片長多型（restriction fragment length polymorphism：RFLP）とよぶ．RLFPが一般的な名称である．同一の生物種であっても，ゲノム配列には個体差が存在する．特に，ゲノム上には，個体差が集積した部位が存在する．ある一群の個体群の表現型と個体特有の変異パターンとが相関する領域を見いだし，その領域においてRLFPを検出するプローブを作成し，サザンブロットなどにより RLFP を検出する．最近では，PCR法などの遺伝子増幅法と組み合わせて少量のDNAサンプルから多型を検出する方法が一般的である．RLFPは，犯罪捜査，遺伝子疾患の予測，作物，家畜の育種などに幅広く用いられている．

（村中俊哉）

表II-7 主な制限酵素とその認識部位

BamHI 起源；Bacillus amyloliquefaciens H
5'-G|GATCC-3'
3'-CCTAG|G-5'

EcoRI 起源；Escherichia coli RY 13
5'-G|AATTC-3'
3'-CTTAA|G-5'

HindIII 起源；Haemophilus influenzae Rd
5'-A|AGCTT-3'
3'-TTCGA|A-5'

精子

異型配偶子をもつ生物種において，配偶子の外形に大小がある場合，小型のものを精子とよぶ．卵は多量の細胞質をもつ大型の細胞であるが，それと比べて精子は著しく小型でほとんど細胞質をもたない．また，

図II-34 精 子

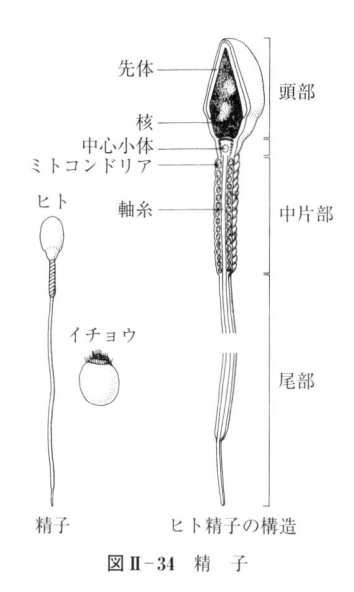

運動性に富む．動物以外に，褐藻類，車軸藻類，コケ類，シダ類，イチョウ，ソテツなどにも運動能のある雄性配偶子があり，これらも精子とよばれる．

動物の精子はふつう鞭毛をもつが，分類群によっては鞭毛をもたないことがある（線虫類，甲殻類など）．鞭毛をもつ精子は頭部，中片部とそれに続く尾部からなる．頭部はさらに先体と核とに分けられる．先体は頭部の先端にあって受精の際に重要な役割を果たす．核のクロマチンは凝縮し，多くの種においてクロマチンのタンパク質は，一般的なヒストンから精子特有のヒストンやプロタミンのような別の塩基性タンパク質を含む．精子核に含まれるDNA量は，体細胞に含まれる量の半分（核相はn）である．中片部には運動のエネルギー源であるATPをつくるミトコンドリアが存在する．尾部は細長い鞭毛であり，その中央には細胞膜に囲まれて9+2構造をもった軸糸が貫いている．哺乳類の精子の中片部は長い筒状をなして，そこには多数のミトコンドリアが存在し，軸糸の周辺には周辺束繊維が見られる．精子鞭毛の運動は，軸糸によって引き起こされる．鞭毛の基部には中心小体がある．

精原細胞から精母細胞を経て精子が形成される過程を精子形成とよぶ．発生過程においては，まず始原生殖細胞が精巣原基とは異なる場所で形成され，やがて分化しつつある精巣中に移動し，精原細胞を生じる．精原細胞は，精巣内で体細胞分裂をくり返してその数を増す（増殖期）．のちに精原細胞の一部は，成長期を経て1次精母細胞となる．続いて減数分裂に入り，第1分裂で2次精母細胞となり，第2分裂で4個の精細胞となる．この間に染色体数が半減すると同時に，細胞の体積が著しく減少する．精細胞は分裂することなく一連の複雑な構造変化を起こし，細胞質の大部分を放出して（精子変態），精子に分化する．

受精に際しては，先体に含まれる酵素が卵細胞の表層を分解して精子の進入を助ける．精子の核だけが卵の中に入り，精子の細胞質はふつう遺伝に関与しない．

（酒泉　満）

成熟分裂⇨減数分裂

生殖医療

生殖医療とは，ヒトの生殖にかかわる医療全般をさす．1978年にイギリスで初の体外受精による妊娠，分娩に成功して以来，さまざまな高度生殖医療技術が臨床応用されている．

生殖医療には，人工授精（AHI），非配偶者間人工授精（AID），体外受精・胚移植（IVF-ET），配偶子卵管移植（GIFT），凍結胚移植，顕微授精（透明帯開孔術：PZD，囲卵腔内精子注入法：SUZI，細胞質内精子注入法：ICSI），アシステッドハッチング（assisted hatching：AHA）などが

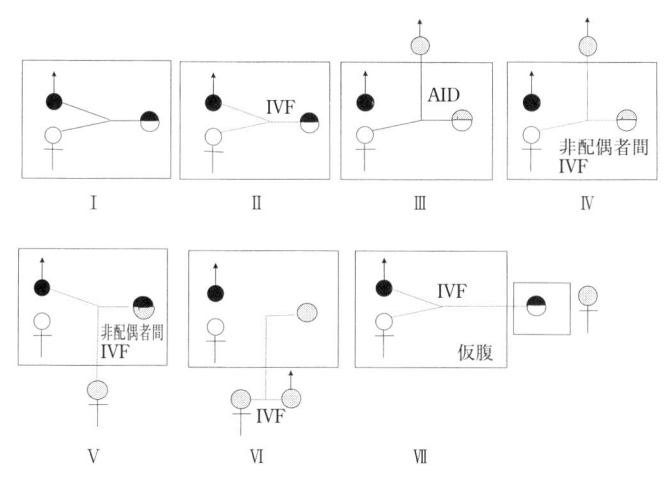

図Ⅱ-35 生殖医療に伴う親子関係の模式図（文献[3]より改変引用）
さまざまな生殖医療によって生じる親子関係について表した．Ⅰ：夫婦間の自然妊娠，Ⅱ：夫婦間の体外受精，Ⅲ：非配偶者間の人工授精，Ⅳ：精子提供による非配偶者間の体外受精，Ⅴ：卵子提供による非配偶者間の体外受精，Ⅵ：胚の提供，Ⅶ：仮腹（代理懐胎）．□の中が親子関係が推定される組合せであるが，現在わが国において法的な親子関係が認められているのはⅠ，ⅡおよびⅢの場合である．

ある．体外受精法を中心とした先進技術は，一般に補助的生殖技術 ART（assisted reproductive technology）とよばれる．

生殖医療の発達に伴ってさまざまな倫理的問題も出てきている．特に，親子関係の問題が重要である（図Ⅱ-35）．現在，日本産婦人科学会は非配偶者間の体外受精や胚の提供を認めていない．

また，近年話題となっているのが代理懐妊の問題である．平成15年4月に日本産婦人科学会が示したガイドラインによると，代理懐胎を望むもののために生殖補助医療を実施したり，その実施に関与したり，代理懐胎の斡旋を行ってはならないとの見解を示している．理由として，次のことがらがあげられる．

① 生まれてくる子の福祉を最優先するべき．
② 代理懐胎は身体的危険性・精神的負担を伴う．
③ 家族関係を複雑にする．
④ 代理懐胎契約は倫理的に社会全体が許容していると認められない．

さらには，近年では家畜を中心としてクローン技術が発達してきた．技術的にはヒトへの応用も可能であると考えられるが，倫理的な視点からさまざまな問題があると考えられており，現在のところ倫理社会的に許容され得ないと考えられている．これに関して，わが国では平成13年12月5日「ヒトに関するクローン技術等の規制に関する法律」および「特定胚の取り扱いに関する指針」が施行され，クローン技術のヒトへの応用に対する歯止めとなっている．

（中堀 豊）

<文献>
1) 日本産婦人科学会会告「代理懐胎に関する見解」平成15年4月

2) 日本不妊学会編：新しい生殖医療技術のガイドライン，金原出版，1996.
3) 堤 治：生殖医療のすべて，丸善，2002.

生殖系列

　生殖細胞系列ともいう．対義語は体細胞系列．発生分化の後，生殖細胞を形成する運命にある細胞系列をさす．生殖細胞は生命の起源から，現在のわれわれの体内にいたるまで，系列（生殖細胞系列）として一貫して連続しているが，体細胞はおよそ世代を限度として消滅する．
　発生のどの段階で生殖細胞としての細胞運命が決定されるかは生物種によって異なる．昆虫や両生類の一部では，生殖細胞の細胞質内に生殖質とよばれる物質が存在し，これを受け継いだ細胞が始原生殖細胞に分化する．線虫などでは卵の特定の部域に由来する割球が始原生殖細胞となる．哺乳類の一部では，胚発生の初期の段階で特殊化した細胞（幹細胞）が分化し，これに由来する細胞が生殖細胞となる．マウス・ニワトリ・両生類の一部では，生殖巣外の胚葉で始原生殖細胞が生じ，生殖巣（原基）へ移動して生殖細胞を形成する．
　始原生殖細胞（卵原細胞または精原細胞）から生じた卵母細胞または精母細胞は，減数分裂した後に卵または精子へ分化する．このような配偶子形成は，動物ではさまざまなタンパク質ホルモン，糖タンパク質ホルモン，ステロイドホルモンなどの支配下にある．植物の配偶子形成過程には不明な点が多いが，ジベレリン様の物質が制御していることを示唆する事実もある．

　　　　　　　　　　（岡田　悟・河野重行）

生殖細胞

　生殖のために特別に分化した細胞をいう．無性生殖に関係するものに胞子，有性生殖に関係するものに配偶子がある．減数分裂をする特性があり，この分裂によって染色体数は半減する．生殖細胞という用語には，直接生殖に関与する胞子や配偶子ばかりでなく，その始原細胞も含まれる．のちに配偶子になる細胞の系列を生殖細胞系列という．動物では，生物体を構成する細胞のうち，生殖細胞系列以外の細胞を一括して体細胞とよぶ．生殖細胞系列の細胞は生物が種の連続性を維持するために必要であり，世代を越えて受け継がれる唯一の細胞群である．受精卵は全能性をもつが，発生の進行とともに分化して全能性を失っていく．このなかにあって，生殖細胞は次世代を形成するすべての遺伝情報を保持する．
　生殖細胞系列の細胞群のうち，もっとも未分化な細胞を始原生殖細胞とよぶ．始原生殖細胞は，個体発生の初期に体細胞系列の細胞群から分かれ，その子孫細胞が精原細胞や卵原細胞になる．始原生殖細胞が，生殖巣予定域から離れた一定の胚域に出現し，のちに生殖巣原基に移動することが多くの動物種で知られている．たとえば，マウスでは7.5日胚の後腸と尿嚢の接続点近くの卵黄嚢に出現し，のちに腸と腸間膜を経由して生殖隆起に達する．ショウジョウバエでは胞胚期に卵の後端部に生じる極細胞に由来する．
　生殖細胞となるべき細胞がもつ特殊な細胞質を生殖細胞質とよぶ．ショウジョウバエの卵後端には極顆粒が局在しており，卵割期の卵を紫外線照射すると極細胞が形成されない．極顆粒には，ミトコンドリアのリボソーム RNA 大サブユニットのほか，oskar, vasa, tudor, nanos などの遺伝子

産物が含まれる．また，アフリカツメガエルの生殖顆粒にも RNA や vasa タンパク質などが含まれることが知られている．

(酒泉　満)

性染色体

　雌雄異体の生物において，性の決定と分化を遺伝的に制御している染色体，すなわち性決定遺伝子を含む染色体およびその染色体の相同染色体として行動する染色体のことをいう．1891 年に H. V. Henking によってホシカメムシで最初に発見された．常染色体と異なり，雌雄で数や形に違いが見られることがある．同じ種類の染色体を 2 本もつことを同型接合，異なる種類の染色体を 1 本ずつもつ場合を異型接合とよぶ．雌が同型接合で雄が異型接合のとき，雄異型接合型であるといい，ふつう XX-XY 型と表記する（大部分の哺乳類，メダカ，ショウジョウバエ，アサ，オニドコロなど）．雌雄両方がもつ染色体が X 染色体，雄だけがもつ染色体が Y 染色体である．この型では減数分裂の結果，雌では X をもつ配偶子のみが，雄では X と Y をもつ 2 種類の配偶子が形成される．個体の性は受精した雄の配偶子によって決まり，同数の雌雄が生じる．Y 染色体を欠く場合は XX-XO 型という（トノサマバッタ，ホシカメムシ，スイバ，サンショウなど）．これに対し，雄が同型接合で雌が異型接合の場合を雌異型接合とよび，ZZ-ZW 型と表記する（鳥類，カイコガ，タカイチゴなど）．この型では，雌では Z と W をもつ 2 種類の配偶子が，雄では Z をもつ配偶子のみが形成され，個体の性は受精した雌の配偶子によって決定される．W 染色体を欠く場合は，ZZ-ZO 型という（ミノガ，アカウミガメなど）．さらに，3 本以上の性染色体からなる特殊な場合も存在する（カナムグラ，シマドジョウの一種など）．

　同じ XX-XY 型の性染色体をもつ場合でも，哺乳類やメダカのように Y 染色体上の遺伝子によって雄の性が決定されるものと，線虫 C. elegans やキイロショウジョウバエのように X 染色体の数で性が決まるもの（2X が雌，1X が雄）とがある．

　性染色体は，1 対の常染色体が進化の過程で特殊化して生じたとされている．哺乳類の X と Y のように，形態的・機能的に分化して，染色体の一部の相同領域でのみ組換えが起こるものがある一方，メダカのように性染色体が未分化で染色体の全領域で組換えが認められるものもある．

　性染色体は，雌雄で組合せが異なるため，性染色体上に位置する遺伝子の遺伝様式は常染色体上のそれとは異なる様式をとり，これを伴性遺伝という．また，哺乳類やショウジョウバエの場合，X は Y に比べて大型で多数の遺伝子を含むため，雌雄間に遺伝子量のアンバランスが生じる．両性で有効な遺伝子量が同一であるように，補償する調節作用を遺伝子量補償とよぶ．哺乳類では，雌の 2 本の X のうち 1 本の不活性化，キイロショウジョウバエでは X 上の遺伝子の転写活性の倍加による．

(酒泉　満)

性の決定

　ヒトの場合には，胎生期の 6 週ごろまでは男女の性腺で形態学的にも差がない．男性においては，胎生期の 6 週ごろに Y 染色体上に存在する精巣決定因子 *SRY*（sex-determining region on Y）の影響によって未分化性腺からセルトリー細胞が分化し，精巣が形成される．*SRY* は哺乳類や有袋類の Y 染色体上に存在している．Sry タンパク質は，その中央に HMG（high mobility group）box とよばれる DNA 結合

部位をもち，他の遺伝子を調節する働きをすると予想されるタンパクである．しかしながら，現在その標的遺伝子は明らかでない．セルトリー細胞はミュラー管抑制因子（MIS）を分泌し，ミュラー管を退化させる．一方，女性においてはY染色体が存在しないために，未分化性腺から卵巣が誘導される．また，性腺からのMISの分泌がないために，ミュラー管に由来する卵管や子宮などの内性器が分化・発達してくる．

SRYがY染色体上の精巣決定因子であることは，この遺伝子がY染色体上の精巣誘導に必要な最小領域に存在することや，一塩基置換をもつXY女性の存在，さらにはトランスジェニックマウスを用いた実験でマウスのSryを性染色体がXXの受精卵に導入するとメスからオスへの性転換が起きたことからも裏づけられている．

XY女性とXX男性

X染色体とY染色体は，減数分裂時に偽常染色体領域（pseudoautosomal region：PAR）とよばれる領域でのみ交叉し，DNAの組換えを起こす．逆に，PAR以外のY染色体の領域（non-recombining region Y：NRY）は組換えを起こさない．上述のSRYは，Y染色体短腕側のPARとNRYとの境界近傍でセントロメアよりのNRYに存在する．X染色体とY染色体はまれに不等交叉を起こすことがあり，これによってSRYがX染色体に転座することがある．SRYが転座したX染色体をもつ精子が卵子と受精すると，XX男性となる．一方で，転座によってSRYが失われたY染色体が卵子と受精すると，XY女性となる．

SRY遺伝子に何らかの異常があるとされるのは，XY女性のうちの20％程度である．また，XX男性のうちSRYが存在するのは80％程度である．これらの事実は，SRY以外に性決定に関与する遺伝子が存在することを示しているが，現在のところ一部の遺伝子を除き，明らかとなっていない．

（中堀　豊）

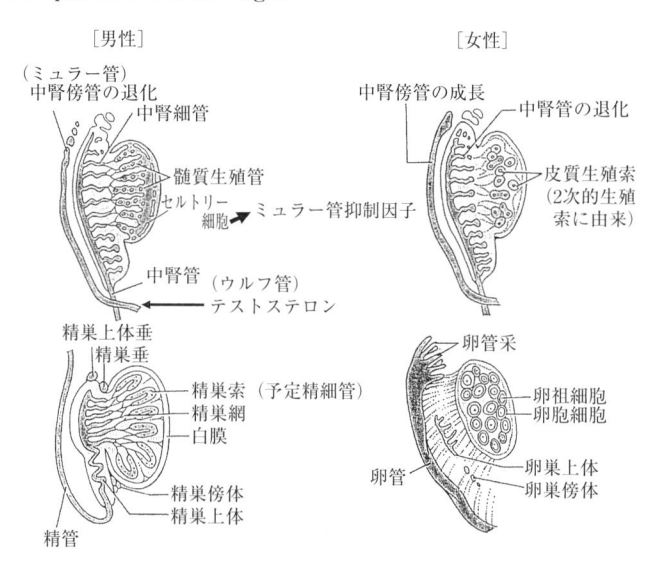

図II-36　ヒトの性分化の模式図（文献1より改変引用）
ヒトの性決定・性分化について表した．女性では，SRY遺伝子が存在しないために，未分化性腺からセルトリー細胞が分化しない．

<文献>
1) 大谷ら監訳：ラーセン最新人体発生学第2版，西村書店，1999.
2) Genes and Mechanisms in Vertebrate Sex Determination, Birkhaeuser Verlag, 2001.

正の調節⇨遺伝子発現調節
精母細胞⇨生殖系列

接合

単細胞生物の繊毛虫類に見られる生殖法の1つである．2個体が細胞融合を起こし，核を相互に交換した後，分離して2個体に復帰する．接合は接合型の異なる個体間で起こる囲口部の接着によって開始される．接合によってゲノムの交換と混合が行われることから，一種の有性生殖とみなすことができる．ゾウリムシの場合，栄養が欠乏したり，無性的に2分裂をくり返すことによって老化した個体群で起こる．接合には，若返りの効果があると考えられている．ゾウリムシの接合にあたっては，大核が消失し，小核が減数分裂によって4個に分裂する．そのうち3個が消失したのち，残った1個が体細胞分裂によって2個に分裂して，その中の1個が接着部を経て互いに交換される．他の1個は個体内にとどまる．交換後2個の核は合体して新しい核を生じ，両個体は分離する．接合の結果生じた2個体は，遺伝的に同一であるが，接合前の個体とは遺伝的に異なる．

藻類や菌類では，生殖細胞（配偶子）または生殖器官（配偶子嚢）の合体を接合とよぶ．一般に配偶子接合，配偶子配偶子嚢接合（ワタカビ），配偶子嚢接合（ミズカビ，クモノスカビ），生殖細胞に分化していない体細胞が性を異にする体細胞と接合する体細胞接合（接合藻類）の4型に分けられる．接合によって1個の接合子が生じる．接合は相補的な1対の接合型のあいだで起こり，クラミドモナスの配偶子には（＋）型と（－）型がある．クラミドモナスでは窒素源を欠いた培養液に移すことによって配偶子を誘導できる．（＋）型と（－）型の配偶子を混合すると，鞭毛どうしが互いに接着して大きな凝集塊ができる．凝集塊内で相補間の組合せができると両者のあいだで膜融合が起こり，接合子が形成される．

交配型の異なる細菌（雄菌と雌菌）が菌体表面の一部で結合し，遺伝物質が雄菌から雌菌に伝達される現象も接合とよぶ．接合は雄菌に存在する性因子（F因子など）によって遺伝的に支配され，細菌の染色体の一部や性因子が雌菌に伝達される．雄菌の性線毛が雌菌を認識して接着する．性線毛はDNAを供与する側のF＋株，Hfr株，F′株だけに形成される．大腸菌の遺伝子地図は，接合による遺伝子組換えを利用して作成された．　　　　　　　（酒泉　満）

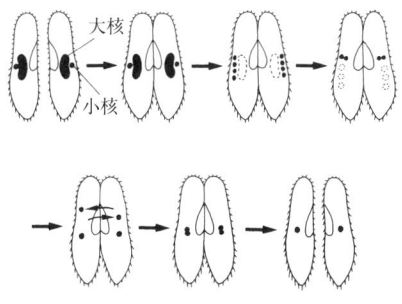

図Ⅱ-37　ゾウリムシの接合

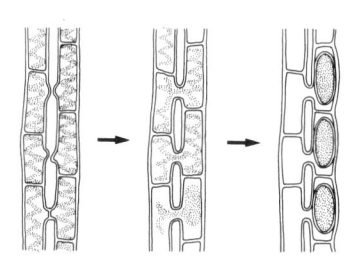

図Ⅱ-38　アオミドロ（接合藻類）の接合

切断・再結合・架橋

　B. McClintock が提案した2動原体染色体や環状染色体の継続的な変化のモデルである．2動原体とは1本の染色体に動原体が2個あることで，染色体間や染色分体間で切断と再結合が起これば，2動原体染色体，あるいは無動原体染色体ができる．2動原体染色体のそれぞれの動原体が細胞分裂時に別々の極に向かうと，染色体橋（架橋）が形成され，やがてそれが切断され，それぞれの極には1個の動原体と1つまたは2つの切断末端をもつ染色体ができる．分裂終期では，この不安定な切断末端が融合し環状染色体をつくる．これが，つぎの体細胞分裂では，再び切断，融合を起こし，以後，切断，融合，架橋のサイクルをくり返し，その都度，切断がどこで起こるかによって，異なる遺伝子の重複や欠損を生みだす．　　　　　　　　　（井上弘一）

<文献>
1) B. McClintock：Spontaneous alterations in chromosome size and form in *Zea mays*, Cold Spr. Harb. Symp. Quant. Biol., **9**, 72, 1941.

Z-DNA

　Z-DNA は DNA 分子が示す3次元立体構造の一種である．2重らせん構造が DNA 構造の基本であるが，その3次元構造は厳密には DNA の置かれている環境（温度，塩濃度，湿度，pH）や塩基配列により変化する．それらの構造は，DNA の X 線繊維回折像の解析から主に5種類（A，B，C，D，Z）に分類されている．ランダムな配列をもった DNA は，周囲の湿度などの違いにより A 型，B 型，C 型構造をとることが知られている．特に，水溶液中では B 型をとり，ワトソンとクリックの2重らせんモデルはこれに該当する．これら A 型，B 型，C 型構造間の変換は可逆的であり，すべて右巻きのらせん構造をとっている．しかし，特徴的なプリン-ピリミジン交互配列である poly (dG-dC) からなる DNA の結晶構造解析が進み，左巻き2重らせんの存在が示された．その左巻き2重らせんのピッチは 4.56 nm で1巻き約12塩基対からなり，10.4塩基対からなる右巻き B 型に比べ細長い構造となっている．このような構造的特徴をもった DNA は，B 型 DNA などのリン酸骨格をなぞる線が滑らかならせんを描いているのと対照的に，左巻きのジグザグ（zig-zag）な線を与えることから Z 型と総称されるようになった．結晶構造で観察された Z 型 DNA 構造が水溶液中でも存在するか興味がもたれるが，プロトン核磁気共鳴を用いた解析から，4M NaCl 中で解析された poly (dG-dC) の構造が Z 型をとっていることが示唆されている．そこで，生体中での Z 型 DNA 構造の存在やその生理機能に関するさまざまな研究がなされたが，いまだ議論の域を出ないのが現状である．
　　　　　　　　　　　　　　　（水野　猛）

染色体地図

　染色体上の遺伝子の順番と遺伝子間の距離を記した模式図である．交雑実験によってつくられた地図を遺伝学的地図，顕微鏡による染色体の観察から得られた地図を細胞学的地図という．DNA の塩基配列の情報に基づく物理的地図もつくられる．遺伝学的地図の形状と染色体の形状は一致することが多い．たとえば，環状の染色体をもつ大腸菌の遺伝学的地図は環状であり，線状の染色体をもつヒトの遺伝学的地図は線

状である．しかし，まれに両者の形状が一致しない例がある．T4の染色体は線状であるが，遺伝的地図は環状である．

（東江昭夫）

染色体分配⇨「I—古典遺伝学」の細胞分裂

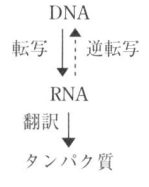

```
      DNA
  転写 ↓↑ 逆転写
      RNA
  翻訳 ↓
      タンパク質
```

図 II-39　セントラルドグマ

セントラルドグマ

　中心教義または中心命題ともいう．1956年 F. H. C. Crick により提唱された遺伝情報の伝達と発現についての一般原理となる考え方である．DNAの2重らせん構造モデルが発表されたころには遺伝子の化学的実体がDNAであること，DNAとRNAの化学的に類似していること，遺伝子はタンパク質のアミノ酸配列を決めていること，およびタンパク質合成とRNAとの密接なかかわりなども明らかになっていた．これらのことを総合して，遺伝情報はDNAの中に塩基配列として貯えられており，それが子孫に伝達されるときはDNAからDNAへと伝達され，一方，形質の発現には，DNAからRNAへ，ついでRNAからタンパク質へと遺伝情報が伝達されるという作業仮説が生まれ，セントラルドグマ（central dogma）と名づけられた．DNAからDNAへの遺伝情報の伝達過程がDNAの複製で，DNAからRNAへの情報の伝達が転写，RNAからタンパク質への情報の伝達が翻訳である．複製，転写ならびに翻訳は，多数の分子が関与する複雑な酵素反応である．セントラルドグマでは遺伝情報の流れは1方向で，タンパク質からRNAへ，またRNAからDNAへの情報の逆流はないとされたが，1970年に H. M. Temin, D. Baltimore らにより逆転写酵素によるRNAからDNAへの情報の流れ（逆転写）があることが発見され，当初の考え方の一部は修正されることになった（図 II-39）．また，DNAからタンパク質への遺伝発現の過程においては，転写と翻訳に加えてRNAとタンパク質の加工という情報の編集のステップがあることもセントラルドグマの新たな展開といってよい．

（饗場弘二）

セントロメア

　紡錘体微小管と分裂期染色体が相互作用する必須領域がセントロメアであり，ここには分配機能やチェックポイントにかかわるタンパク質因子が集合する．セントロメア機能にかかわる多くのタンパク質（CENP-A, -C, -F, -H, hMis12, hMis6）は酵母からヒトまで真核生物に広く保存されているが，下地となるセントロメアDNA配列は生物種ごとに大きく異なる．

　出芽酵母では各染色体分配に必須なごく短い125bp程度のセントロメアDNAが1980年代に明らかにされ，分配機能にかかわるタンパク質因子がセントロメアDNAと相互作用することが示された．分裂酵母では，中央部のコア配列と，両脇のくり返し配列に形成されるヘテロクロマチンを含む40〜120 kbpの領域がセントロメア機能に必要である．ヒトを含む多くの動植物細胞染色体セントロメアには高度反復配列（サテライトDNA）からなるメガベースにも及ぶ巨大領域が存在し，この領域内にセントロメアやヘテロクロマチンを

構成するタンパク因子が集合する．ヒト人工染色体を用いた研究から，このような反復配列の1つ α-サテライト DNA にはセントロメア機能タンパク因子を集合させる能力があることが示されている．ただし，線虫類のように染色体全体にわたって散在型のセントロメアを形成する生物種も明らかにされており，セントロメアの部位決定機構は生物種によりさまざまである．

ヒトセントロメアは，分裂期染色体の形

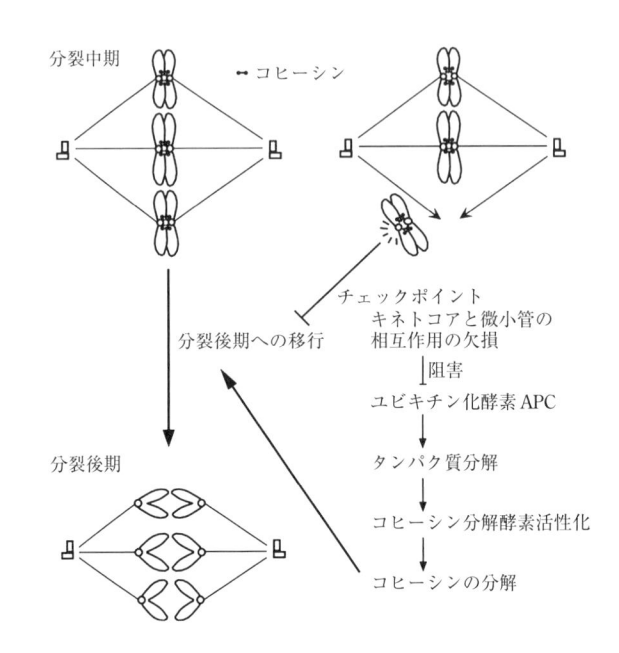

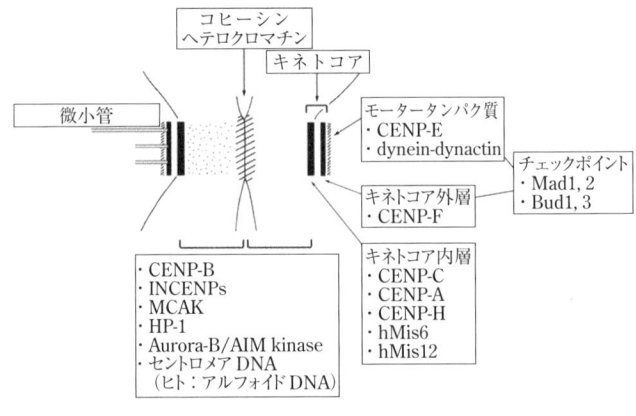

図Ⅱ-40 セントロメア

態的にくびれた部分（1次狭窄）に位置し，その両外側部に沿ってセントロメア特異的ヒストンH3（CENP-A），α-サテライトDNA結合タンパク（CENP-B），CENP-C，-F，-H，hMis12，hMis6（CENP-I）などのタンパク因子が集合しキネトコア構造体が形成される（図II-40）．キネトコアには，キネシン（CENP-E），ダイニンなどの微小管モーター機能にかかわるタンパク質も分布し，微小管との相互作用により染色体の動きを制御する領域である．染色体セットの正確な分配にはBubR1，Mad2などの分裂期チェックポイントタンパクも重要な働きを担っており，染色体セットが分裂赤道面に並ぶまで，各姉妹染色分体の分離や細胞周期の分裂後期への移行を阻害している．キネトコアと微小管が相互作用し染色体がすべて分裂赤道面に並ぶと，このチェック機構が解除され，姉妹染色分体接着因子コヒーシンの分解機構が活性化され，各染色分体が一斉に分離する．このように，セントロメア外側のキネトコアでの微小管相互作用と内側（ヘテロクロマチン領域）でのコヒーシン分解作用がチェックポイント機構により制御されることで，染色体分配は正しく遂行されるものと考えられている． 〔舛本　寛〕

相同組換え

　相同な塩基配列をもつ2本のDNA鎖のあいだでつなぎ換えが起こることをいう．組換えには，相同組換えのほか，部位特異的組換えと非正統的組換え（非相同組換え）がある．相同組換えは複製によって倍加した相同染色体どうしが対合した2価染色体にキアズマとよばれる結節点が形成される時期に起こる．キアズマは，父親由来の染色分体1本と母親由来の染色分体1本どうしがそれぞれ同じ部分で切れ，染色分体をつなぎ直した部分に形成され，残りの2本の染色分体は変化しない．正確には，相同染色体が密接に対合する太糸期に起こっている．遺伝学的に得られる連鎖した遺伝子間の乗換えは，このような相同染色体間の組換えによって起こる．

　相同組換えの分子機構は，ファージと大腸菌を使った組換え中間体の分離とその解析から，RecBCD複合体により組換えが開始され，1本鎖DNAに依存したATPase活性をもつrecAが関与して組換え中間体分子が形成されることがわかった．真核生物においても，出芽酵母のRad51が構造的にRecAと相同であり，ヒトやマウスでもRad51と相同性の高いRecA様タンパク質が存在することから，RecA様タンパク質による組換えの機構が高等生物にも広く存在すると考えられる．出芽酵母のDmc1は減数分裂特異的に発現し，減数分裂期の相同組換えに必須であることが明らかになっているが，その他の遺伝子の個々の働きや分担についてはまだわかっていない．出芽酵母を用いた実験に基づいて，現在，2本鎖DNA切断修復モデルが提唱されている．このモデルでは，①2重鎖の切断，②エキソヌクレアーゼ分解による3′突出の1本鎖DNA部分の形成，③1本鎖DNA部分が，相同な塩基配列をもつ他の2本鎖DNAに入り込み，このDNAを鋳型として修復合成された鎖が再びもとの鎖と結合し，2重ホリデー構造をもつ中間体がつくられる．つぎに，中間体が開裂して組換え体分子が形成される．

　遺伝子ターゲッティングにおいては，導入したDNAと相同なDNA塩基配列をもつ染色体間との相同組換えを利用している．この方法により，任意の遺伝子を特異的に破壊することができる．また，体細胞における相同組換えも誘発することが可能である．ポリオウイルスなどにおいては，相同なヌクレオチド配列をもつRNAのあいだでも組換えが起こるが，その機構は，

DNA 間の組換えとは異なり，選択複写（コピーチョイス）モデルにそった機構で起こる． (町田千代子)

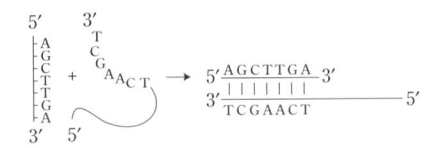

図Ⅱ-42 相補鎖間で形成される2本鎖DNAの形成

相補性（塩基配列の）

2本鎖の核酸では，2本のポリヌクレオチドが反平行に配置し，それぞれのポリヌクレオチドから内側に突き出ていて互いに向き合っている塩基のあいだには決まった関係がある．一方のポリヌクレオチド中のアデニンは，他方のポリヌクレオチド中のチミン（DNAではチミン，RNAではウラシル）と，グアニンはシトシンと向き合っていて，向き合った塩基のあいだで水素結合が形成される（図Ⅱ-41）．水素結合で対を形成したアデニンとチミン（あるいはウラシル）およびグアニンとシトシンを塩基対という．2本鎖核酸中の2本のポリヌクレオチドの塩基配列のあいだには一定の関係があり，一方の塩基配列が決まれば，他方の塩基配列も一義的に決まる．一方のポリヌクレオチド鎖を他方のポリヌクレオ

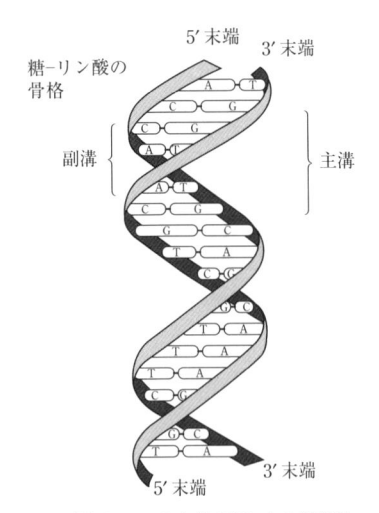

図Ⅱ-41 2本鎖DNA中の塩基対

チドの相補鎖という．また，この関係を相補性という．相補鎖の形成は，DNAの複製，転写，修復，組換えなどの生体内の反応の重要なステップとなっている．試験管内で相補的な塩基配列をもつポリヌクレオチドを混合して適当な条件に置けば2本鎖核酸が形成される（図Ⅱ-42）．この反応はサザン法，ノーザン法，PCRなどさまざまな分子生物学実験の基礎になっている． (東江昭夫)

損傷乗り越え型DNA合成

除去修復などにより修復されなかったDNAの損傷は，DNA複製の進行を阻害する．複製の進行が停止したままでは，細胞は生き延びることができない．このような，鋳型DNAに損傷がある状況でも損傷を乗り越えてDNA合成を続けることができるDNAポリメラーゼが相ついで見いだされてきた．ヒトにおいては，通常の複製にはBファミリーのポリメラーゼであるpolα, polε, polδ（複製ポリメラーゼ）が働いている．これらのポリメラーゼは，鋳型DNAを正確に，効率よく複製し，DNA合成を進行させるが，DNA損傷があるとその手前で複製を停止する．一方，Yファミリーのポリメラーゼであるpolι, polη, polκなどは，損傷部分の相補鎖に塩基を挿入して，停止していたDNA複製を再開させ，危機を回避する．しかしながら，これらのポリメラーゼは長い距離にわたっての複製はできない．そこで，複製ポリメラーゼと

同じ B ファミリーに属する polζ（Rev3）は，Y ファミリーのポリメラーゼによって不正確に塩基を挿入されたあと，それを受け取り連続して DNA 合成を進める．このため，損傷乗り越え型 DNA 合成では，複製における忠実度が低く，高い頻度で突然変異が生成する．Polη は，紫外線に高い感受性をもつ色素性乾皮症の1つ，XP バリアントの原因遺伝子産物である．この Polη は紫外線によって生じるピリミジン2量体に対して，相補鎖にアデニンを優先的に取り込んで DNA を伸長させる．これにより，紫外線損傷による細胞死の危機を回避するとともに，紫外線による突然変異の生成を低くおさえている．損傷乗り越え型の DNA ポリメラーゼは広く生物界に存在し，大腸菌でも，DinB（polIV）や UmuDC（polV）が，高等生物と同様に損傷乗り越え型ポリメラーゼとして働いている（誤りがち修復の項参照）．（井上弘一）

＜文献＞
1) A. L. Lehmann：Replication of damaged DNA in mammalian cells：new solutions to an old problem, Mutation Research, **509**, 23, 2002.

体外受精

体外受精（*in vitro* fertilization：IVF）は精子と卵子を体の外で受精させて，受精卵を得る方法である．通常，それをさらに培養して細胞分裂の始まった段階で子宮の中に入れる胚移植（embryo transfer：ET）が行われる．体外受精は1978年にイギリスで世界最初の成功例が報告されて以来，数多くの例が報告されている．わが国では，1983年に東北大学医学部附属病院で日本初の体外受精児が誕生している．体外受精-胚移植は，英語の頭文字をとって IVF-ET ともよばれる．IVF-ET では，妊娠率を上げるため一般に複数個の胚を移植する．これによる多胎妊娠をできるかぎり防ぐために，日本産婦人科学会では，移植する胚を3個以内に制限することを会告で示している．

IVF-ET は，① 実施前の検査，② 卵巣刺激法による卵胞発育の促進，③ 採卵，④ 受精・胚培養，⑤ 胚移植の各ステップから構成される．

体外受精の技術は，さまざまな生殖医療技術と組み合わせることによって，多くの不妊症症例の治療に用いられている．体外受精に関連した生殖医療技術に関して，わが国では日本産婦人科学会がすでに種々の見解やガイドラインを公表している．現在，わが国において出生児の約1％程度が体外受精によるといわれている（図II-43）．

（中堀　豊）

＜文献＞
1) 堤　治：生殖医療のすべて，東京，丸善，2002.
2) 日本不妊学会編：新しい生殖医療技術の

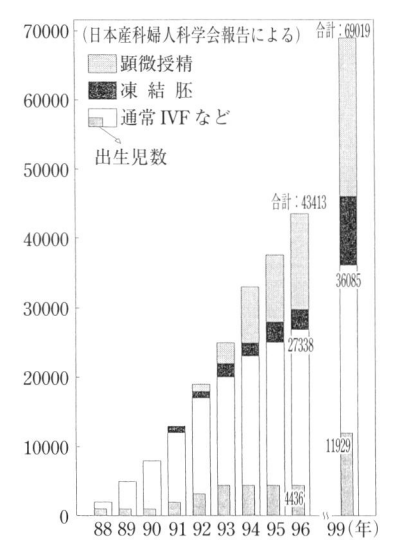

図II-43　日本における IVF-ET の実施数と妊娠数の年次推移（文献2より改変引用）
IVF-ET による出生児数は年々増加している．

ガイドライン，金原出版，1996．

タグ標識

タンパク質の検出や精製などのために，目的とするタンパク質と共有結合させる分子をタグとよび，タグを付けることをタグ標識という．目的タンパク質に対する抗体が十分量供給されていれば，免疫学的な検出や抗体を用いたアフィニティー精製がすぐにできるが，そのようなことはないのがふつうである．また，タンパク質複合体の1つの構成分子に対する抗体を用いてタンパク質複合体を分離する場合，抗体が複合体形成に必要なドメインに結合してしまうと複合体形成を妨害し，結果として複合体が精製できなくなってしまう．タンパク質をタグ標識し，タグに対する抗体または特異的な結合物質を用いればこのような問題は解決できる．タグが満たすべき条件として，① 分子量が小さいこと，② 標識されたタンパク質の生物機能を極力阻害しないこと，③ 標識されたタンパク質の局在性を極力変化させないこと，④ 特異的な抗体が得られること，⑤ 特異的なリガンドまたは結合タンパク質が存在すること，などがあげられる．実際に用いられているもので，①と④の条件を満たすものはエピトープタグとよばれ，c-*myc* のエピトープ，インフルエンザウイルスの HA 抗原のエピトープ，FLAG 配列などがよく使われている．ウエスタンブロッティングによる検出や FISH による細胞内局在の検出，共免疫沈降によるタンパク質間相互作用の検出，タンパク質複合体の精製などに利用されている．発光クラゲの緑色蛍光タンパク質（green fluorescent protein：GFP）は，特にそれでタグ標識されたタンパク質の生体内での局在や動態の検出に強力な武器となっている．一方，アフィニティー精製を主目的として用いられるものの代表例を表 II-8 にまとめて示す．これらは，目的タンパク質との融合タンパク質として生産され，リガンドを固定化した担体と特異的に結合させてから溶出することで精製する．融合部位にプロテアーゼによる切断配列をもたせて，精製後にタグを分離できるようにしてあるものもある．

タンパク質複合体を網羅的に分離するために，2連アフィニティー精製タグ（tandem affinity purification tag：TAP）が開発された．これは，図 II-44 に示すように，カルモジュリン結合タンパク質，Tobacco etch virus（TEV）のプロテアーゼによる切断配列とプロテイン A からなる TAP タグモジュールと複合体の構成分子と予想されるタンパク質の融合タンパク質を細胞内で発現させ，細胞抽出液を調製し，まず IgG ビーズを用いたアフィニティー精製を行う．TEV プロテアーゼで切断後，カル

表 II-8 アフィニティー精製を主目的として用いられるタグの代表例

融合タグ	リガンド	溶出法
β-ガラクトシダーゼ	APTG（p-aminophenyl-β-thio-galactoside）	ホウ酸ナトリウム，pH10
プロテイン A	IgG	0.5M 酢酸
グルタチオン転移酵素（GST）	グルタチオン	還元型グルタチオン
マルトース結合タンパク質（MBP）	クロスリンクしたアミロース	マルトース
ポリヒスチジン	固定化した Ni^{2+} または Co^{2+}	イミダゾール

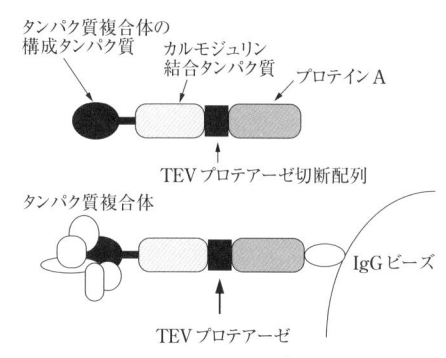

図II-44 Tandem Affinity Purification (TAP) タグ
TAP タグの構造を上に示す．これと細胞抽出液を混合するなどして，タンパク質複合体を形成させる．IgG ビーズに結合させてから TEV プロテアーゼで切断すると，プロテイン A 部分などに非特異的に吸着したタンパク質を除くことができる．ついで，カルモジュリンビーズに吸着させて洗浄後，溶出することで温和な条件でタンパク質複合体を精製できる．

モジュリンビーズを用いたアフィニティー精製を行うことで，タンパク質複合体を効率よく分離精製できる．　　　　（西沢正文）

多コピーサプレッサー

遺伝子量を増加させたときにだけ，抑圧活性を現す遺伝子である．外来 DNA を細胞に導入することができるようになってはじめて取得が可能になった．多コピーベクターに繋いだ遺伝子を宿主に導入すると，導入された遺伝子はコピー数が上昇し，その結果その遺伝子産物の量も増加する．低コピーベクター上の遺伝子でも，高発現プロモーターの支配下で発現させれば，多コピーベクターを用いるのと，同等の効果が得られる．A 遺伝子の変異型遺伝子を a とし，その多コピーサプレッサーを分離するとき，A 遺伝子も同時に分離される．A 遺伝子の分離を避けるために，表現型の復帰の程度が弱いものを選ぶなどの工夫が必要である．また，PCR 法などにより，多コピーサプレッサーの候補遺伝子として分離される A 遺伝子を検出し，その後の解析から除外することも必要である．多コピーサプレッサーを B とする．多コピーサプレッサーの作用は，それが抑圧する変異遺伝子との関係によってさまざまである．A と B の関係について，つぎのことが考えられる．

① 変異遺伝子の活性を代替する場合．多コピーサプレッサーとして働く B 遺伝子の産物 B が，弱いながら A 遺伝子産物の活性をもつとき，1 コピーの遺伝子では B は A の代わりに働くことはできないが，B の量が増加すると，A として働けるようになる．

② A が触媒する反応の基質が B の反応の産物である場合，a が基質との親和性が低下した変異タンパク質であるとき，B の増量で基質量が増加することによって，変異タンパク質 a による反応が部分的に可能になる．

③ A と B が複合体を形成する場合．変異タンパク質 a と B との親和性が低下し，複合体が形成できなくなるが，タンパク質 B の量が増加することによって aB 複合体の形成が可能になる．

④ A と B が 1 つのカスケードの構成メンバーで，A が B を活性化して情報を伝達する系を想定する．A が活性を失って B を活性化できなくなったとき，B が増量することにより，A による活性化を受けずに B として働けるようになる場合がある．

以上のケースでは，A タンパク質と B タンパク質とのあいだに機能的な関連があり，多コピーサプレッサーの分離は，機能的に関連する遺伝子の検索に有効である．

（東江昭夫）

タンパク質のプロセシング

　mRNA からの 1 次翻訳産物（前駆体）がプロテアーゼによる切断あるいはペプチド鎖の除去を受けて，機能をもった成熟タンパク質に変化すること．消化酵素，血液凝固にかかわるタンパク質，ホルモン，分泌タンパク質などに見られる．

　小胞体（粗面小胞体）は分泌タンパク質や，リソソームタンパク質，膜タンパク質などの合成の場として重要な役割を果たしている．このようなタンパク質を試験管内翻訳系を用いて合成すると，N-端側に余分なペプチドが付いた本来の大きさよりやや大きいタンパク質が合成された．試験管内翻訳系にミクロソーム画分（小胞体を含む画分）を加えると，本来の大きさのものが得られた．このことから，このようなタンパク質には合成時に小胞体へ導くシグナルとなるリーダーペプチド（シグナル配列）があり，それが切断されて最終目的地へと輸送されるというシグナル仮説が提唱された．この仮説は，合成されるペプチド鎖が小胞体膜腔へと転送されていくことを意味しているが，実際ミクロソーム画分を加えた試験管内翻訳系にプロテアーゼを加えても，合成されたペプチド鎖が分解から保護されることから，小胞体膜腔への転送が起きていることが証明された．さらに，本来は分泌されないタンパク質の N-端にシグナル配列をつけることで，そのタンパク質が分泌されてしまうことも示された．シグナル配列の存在は細菌から動物，植物にいたるまで普遍的に存在することが示され，細菌では細胞膜にリボソームが結合して分泌タンパク質や膜タンパク質を合成し，真核生物では細胞内のオルガネラへと輸送されるタンパク質や，細胞外へ分泌されるタンパク質が，まず小胞体に結合したリボソームで合成されることがわかった．

　シグナル配列をもつタンパク質の合成は，小胞体に結合していないフリーのリボソームで開始される．シグナルペプチドがリボソームから出てくると，シグナル認識粒子（signal recognition particle：SRP）がシグナルペプチドに結合し，翻訳が一時的に停止する．リボソーム・SRP 複合体は，小胞体膜上にある SRP 受容体と結合することで，リボソームが小胞体上に導かれる．小胞体膜にはタンパク質を膜腔へと転送させる Sec61 複合体があり，シグナルペプチドがこれと結合することで Sec61 複合体の孔が開く．SRP と SRP 受容体がリボソームから離れ，翻訳が再開し，合成されたペプチドは Sec61 複合体の孔を通って膜腔へと送られていく．シグナルペプチドはタンパク質の合成途中に，小胞体膜に存在するシグナルペプチダーゼによって切断される．切断された後も，シグナルペプチドは Sec61 複合体と結合して孔を開けたままにしておくことで，合成タンパク質の膜腔への転送を助けると考えられている．

　各種の消化酵素，ホルモン，神経ペプチドなどは，小胞体膜腔へと転送されてから，ゴルジ体を経て分泌小胞へパッケージされ，最終的に細胞外へと分泌される．消化酵素，特にプロテアーゼは輸送途中で活性をもってしまうと，他のタンパク質を分解し始めてしまうため，細胞に傷害を与えてしまう．膵臓炎は膵臓でつくられるタンパク質分解酵素が膵臓の細胞内部で活性化されてしまうために起こると考えられている．また，神経ペプチドのように分子量がごく小さいもの（10 アミノ酸以下）には，小胞体からゴルジ体に送られ，分泌小胞にパッケージされるという細胞内輸送に必要なシグナルをもたせることができない．そこで，このようなタンパク質は前駆体として合成され，ゴルジ体以降あるいは細胞外でプロセシングを受けて成熟タンパク質となる．したがって，このようなタンパク質の mRNA はプリ・プロ体をコードしている

ことになる．プリ配列は，シグナル配列に相当し，プロ体とは成熟タンパク質部分と切断を受けて除かれるプロ配列ペプチド鎖に相当する．ペプチド鎖の切断のみによって活性化あるいは成熟タンパク質となるものは消化酵素（トリプシンなど）や血液凝固系（フィブリノーゲンなど）に見られ，これらの前駆体は zymogen とよばれる．十二指腸で作用するタンパク質分解酵素であるトリプシン，キモトリプシン，エラスターゼ，カルボキシペプチダーゼはすべて zymogen として分泌され，トリプシンによって切断されて活性化される．トリプシノーゲンがエンテロペプチダーゼによって切断されて生じる少量のトリプシンが zymogen 活性化の引き金となる．

インスリンは，21アミノ酸からなるA鎖と30アミノ酸からなるB鎖が2つのS-S結合でつながれた構造をしている．インスリンの mRNA は，プリプロインスリンをコードしており，シグナル配列（プリ配列）は小胞体で除かれる．プロインスリンはN-端側からB鎖，プロ配列（30アミノ酸），A鎖の順につながっており，正しいS-S結合がA鎖とB鎖部分で形成されているが，インスリンとしての活性はもっていない．プロインスリンがゴルジ体へ輸送されてからプロセシングが始まり，分泌小胞にパッケージされてからもプロセシングは継続して行われ，このようにしてプロ配列が除かれた活性型インスリンを詰め込んだ小胞が，血糖値が高いというシグナルを待って，インスリンを血流中に放出するのである．

出芽酵母の接合フェロモンであるα-因子は13アミノ酸からなるペプチドである．プリプロα-因子は165アミノ酸からなり，シグナル配列とそれに続くプロ配列，そして4コピーの成熟α-因子がスペーサー配列を介して並んだ構造をとっている．シグナル配列が小胞体で除かれた後，ゴルジ体で-Lys-Arg-のあいだを切るエンドペプチダーゼによってプロ配列とスペーサー配列が切断される．これでもα-因子にはまだN-端とC-端の両方に余分なペプチドが付いている．ゴルジ体とさらに分泌小胞に移されてからも，まずC-端側の余分なペプチド，ついでN-端側の余分なペプチドが除かれて，成熟α-因子ができあがる．同じ前駆体からプロセシングの違いによって異なるペプチドを生成する例がある．プロ・オピオメラノコルチンはプロ配列が除かれた後，組織によって異なるプロセシングを受ける．脳下垂体前葉ではコルチコトロピンとβ-リポトロピンができるが，中葉ではさらにプロセシングを受けて，メラニン細胞刺激ホルモン，β-エンドルフィン，γ-リポトロピンになる．　　（西沢正文）

調節遺伝子

大腸菌の *lac* 系は，*lacZ*, *Y*, *A* のように，その発現が制御を受ける遺伝子と *lacI* のように制御因子をコードする遺伝から構成されている．注目する制御系において，制御の対象となる遺伝子（たとえば，*lacZYA*）を構造遺伝子，構造遺伝子の発現を制御する働きをもつ遺伝子産物をコードする遺伝子を調節遺伝子（たとえば，*lacI*）という．ある調節遺伝子が他の制御系では，構造遺伝子となることもある．構造遺伝子に隣接して存在し，シスの位置で作用を現すオペレーターも調節遺伝子とよばれたこともあったが，DNA上の部位であるところから現在では制御領域とよばれる．トランスに働く調節遺伝子産物は負の制御系ではリプレッサー，正の制御系ではアクチベーターという．トランスに働く因子は，DNA上の制御領域を認識して結合し，負の制御系では転写を阻害し，正の制御系では転写を活性化する（図Ⅱ-45）．制御領域のDNAに直接結合せずに遺伝子

の発現を調節する調節遺伝子も知られている．このような調節遺伝子産物は，転写因子と直接結合するかあるいは修飾して転写活性を調節する．例として，それぞれ，出芽酵母の *GAL* 系と *PHO* 系を図 II-46 に示す．*GAL* 系では正の制御因子（転写因子）Gal4 は負の制御因子 Gal80 と結合した状態で不活性化されているが，ガラクトースが存在すると Gal80 が不活性化されることにより Gal4 が活性化され，ガラクトース代謝系の酵素遺伝子の転写が誘導される．*PHO* 系では，リン酸を十分に含む培地中で Pho80-Pho85 複合体（サイクリン依存性プロテインキナーゼ）が活性をもち負の制御因子として働き，正の制御因子（転写因子）Pho4 をリン酸化することによりホスファターゼ遺伝子の転写を不活性化している．リン酸欠乏状態になると Pho80-Pho85 キナーゼが不活性化され，その結果脱リン酸化された Pho4 が蓄積しホスファターゼ遺伝子の転写に働く．調節遺伝子の産物が RNA である例も知られる．

（東江昭夫）

対　　合

減数分裂時に相同染色体どうしが対を形成する現象をいう．生殖細胞の第 1 減数分裂前期で，合糸期（ザイゴテン期）には相同染色体が側面をあわせ並列に並び，両染色体間に安定なシナプトネマルコンプレックスを形成する．各相同染色体末端は，核膜に付着しており，接合末期には染色体の一端から他端，すなわち核膜から他端の核膜まで連続したシナプトネマルコンプレックスが形成される．それに続く太糸期（パキテン期）で相同染色体間に遺伝子交換が起こる．

（岡田　悟・河野重行）

ツーハイブリッド法

転写活性化因子が，DNA 結合ドメインと転写活性化ドメインに分けられることを

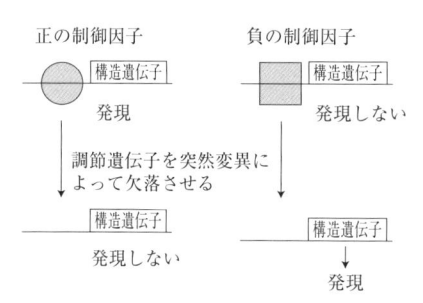

図 II-45　正の制御と負の制御

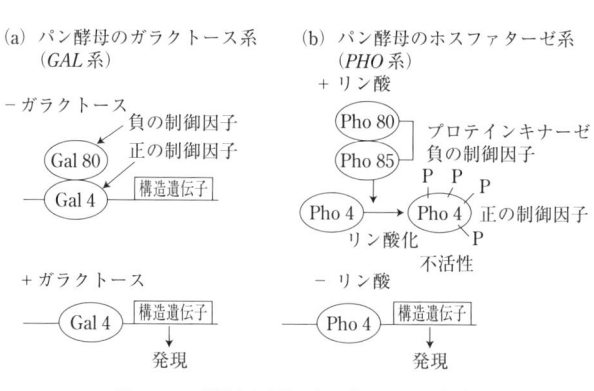

図 II-46　制御因子間の相互作用による制御

利用し，酵母細胞内でタンパク質相互作用により，転写活性化因子が再構成され，転写活性化が起きることを指標として，タンパク質相互作用を検出する方法である．可溶性のタンパク質で，酵母細胞内で安定に発現できるものであれば，由来する生物種を問わず相互作用の検出に利用できるので，タンパク質の相互作用を検出する簡便な手段として広く用いられている．また，動物細胞でツーハイブリッド法を行う系も開発されている．

あるタンパク質AとBの相互作用の有無を調べたいとき，AとDNA結合ドメインとの融合タンパク質，Bと転写活性化ドメインとの融合タンパク質をそれぞれ発現するプラスミドを作製する．適当なレポーター遺伝子上流に，DNA結合ドメインの結合配列をもたせた検定用プラスミドをあらかじめ導入しておいた酵母細胞にこれらのプラスミドを導入する．細胞内でAとBが相互作用をすれば，結果的に転写活性化因子が再構成され，レポーター遺伝子が発現することで相互作用を検出できる（図Ⅱ-47）．タンパク質Aと相互作用をするタンパク質を探索したい場合には，cDNAと転写活性化ドメインとを融合させたライブラリーを作製し，同様に酵母細胞中に導入して，レポーター発現の有無により相互作用するタンパク質をコードするcDNAクローンをスクリーンすることができる．

当初は，酵母の転写因子Gal4のDNA結合ドメインと転写活性化ドメインが使われたが，酵母細胞内では非特異的な転写活性化を起こしやすいため，大腸菌由来のlexAリプレッサーのDNA結合ドメインや細菌あるいはウイルス由来の転写活性化ドメインが使われるようになっている．また，レポーターにはβ-ガラクトシダーゼや酵母HIS3遺伝子がよく用いられる．β-ガラクトシダーゼはX-galなどの発色物質によりプレート状で容易に活性発現が確認でき，HIS3はヒスチジンを欠いた培地での

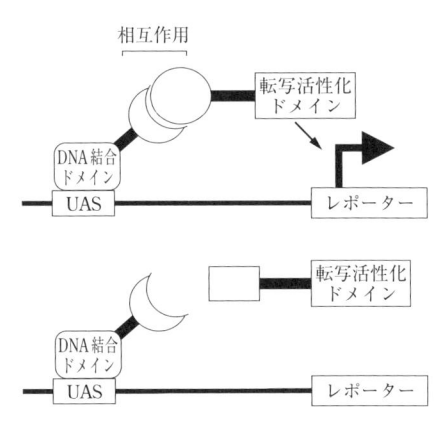

図Ⅱ-47 酵母ツーハイブリッド法
DNA結合ドメイン，転写活性化ドメインとそれぞれ融合させたタンパク質どうしが相互作用をすると，転写活性化因子が再構成されるので，レポーター遺伝子の転写が活性化される．下のように相互作用しない場合は，転写活性化因子が再構成されないので，レポーター遺伝子が発現しない．

生育回復により発現を検出できる．さらに，HIS3遺伝子産物の阻害剤である3-amino-triazoleを培地中に加えておくことで，弱い相互作用によるバックグラウンドをなくすことができる．これら実験に必要なプラスミドやcDNA融合ライブラリーは多種市販されている．

ツーハイブリッド法から派生したものに，ワンハイブリッド法とスリーハイブリッド法がある．前者は，特定の塩基配列を上流にもたせたレポーター遺伝子とcDNA-転写活性化ドメイン融合ライブラリーを用いて，その配列に結合する転写因子を探索する方法である．後者は，RNAあるいは薬剤に結合するタンパク質を探索する方法で，それぞれの受け皿としてRNA結合タンパク質あるいは薬剤受容体とDNA結合ドメインの融合タンパク質を用い，cDNA-転写活性化ドメイン融合ライブラリーをスクリーンするものである．また，タンパク質相互作用を妨害する薬剤を探索するリバースツーハイブリッド法も開発さ

れている。　　　　　　　（西沢正文）

DNA

　デオキシリボ核酸（deoxyribonucleic acid）の略称である．塩基，糖（2′-デオキシリボース），およびリン酸基からなるデオキシリボヌクレオチドの重合体で，遺伝子の化学的実体である．1953年，J. D. Watson と F. H. C. Crick により2重らせん構造が明らかにされた．

　塩基はアデニン（A），グアニン（G），シトシン（C），チミン（T）の4種からなり，5-メチルシトシンなどの修飾された塩基も少量存在する．塩基の窒素原子と2′-デオキシリボースの1′位の炭素原子がN-グリコシド結合で結ばれた化合物は2′-デオキシリボヌクレオシド，または単にデオキシリボヌクレオシドと総称される．上記の4種の塩基に対応するデオキシリボヌクレオシドはそれぞれ，デオキシアデノシン，デオキシグアノシン，デオキシシチジン，デオキシチミジンである．デオキシリボヌクレオシドの5′位（または3′位）にリン酸基が結合した化合物がデオキシリボヌクレオチドである．DNAはデオキシリボヌクレオチドどうしが，一方の3′-OH基と他方の5′-リン酸基のあいだでホスホジエステル結合とよばれる共有結合を形成することにより，重合したものである（図Ⅱ-48）．

　天然に存在するDNAは，ある種のバクテリオファージゲノムのように1本鎖の場合もあるが，通常は2本鎖がからまり合って2重らせん構造を形成している．2重らせん構造の特徴は，つぎのようにまとめられる．

　① 2本のDNA鎖が逆向き（一方は5′→3′方向，他方は3′→5′方向）に並び，糖

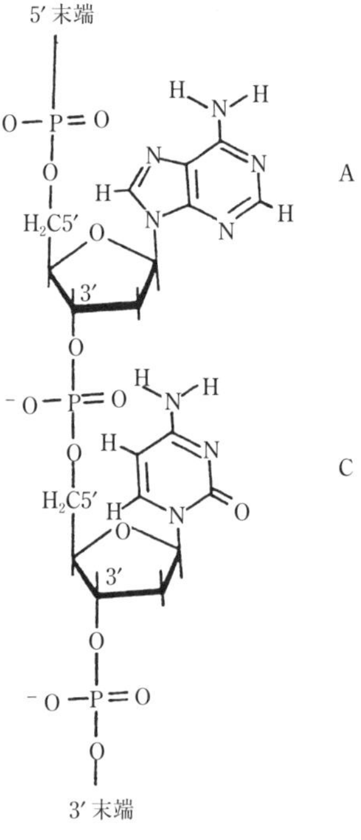

図Ⅱ-48　DNAの構造の一部

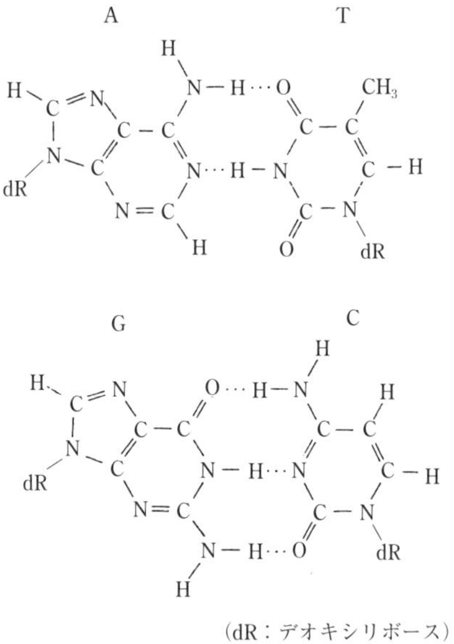

図Ⅱ-49　塩基間の水素結合（…）
（dR：デオキシリボース）

とリン酸基からなる骨格が，右巻きのらせんを形成している．らせんの直径は 2 nm で，ピッチ（1 回転の長さ）は 3.4 nm である．また，らせんには，広くて深い主溝（major groove）と，狭くて浅い副溝（minor groove）が存在する．

② 塩基は，らせんの内側に向かっており，2 重らせんを形成する相手の鎖の特定の塩基とのあいだ（A に対して T，G に対して C）で水素結合を形成している（図Ⅱ-49）．この塩基対が 0.34 nm の間隔でらせんの内部にらせん軸に対してほぼ垂直に積み重なっている．らせんの 1 回転はおよそ 10.5 塩基対からなる．

このような DNA の構造は B 型とよばれ，生理的条件下で大部分の DNA がとっている形である．これに対し，Z 型とよばれる左巻きの 2 重らせん構造が見いだされている（Z-DNA の項参照）． （小川　徹）

DNA 型ウイルス

DNA ウイルスともいう．DNA を遺伝子としてもつウイルスの総称である．

DNA ウイルスには 1 本鎖線状 DNA（例，パルボウイルス），1 本鎖環状 DNA（例，φX174），2 本鎖線状 DNA（例，T4 ファージ），2 本鎖環状 DNA（例，ポリオーマウイルス），末端にタンパク質が共有結合した 2 本鎖 DNA（例，アデノウイルス），末端が共有結合で閉じた 2 本鎖 DNA（例，ポックスウイルス）を遺伝子としてもつものがある．ウイルス DNA 分子の末端が独特な形態をとるのは，DNA 鎖の末端のヌクレオチドを正確に複製するための分子機構を反映したと考えられる．

DNA ウイルスは，ほとんどの場合 DNA を細胞に導入するだけで感染性粒子が産生される（例外，ポックスウイルス）．こういったゲノムを感染性ゲノムあるいは感染性核酸という．細胞内ではまず宿主細胞の転写装置を利用してウイルス遺伝子上のプロモーター配列から mRNA が転写され，ウイルス増殖過程の開始に必要なタンパク質が翻訳される．

これらのウイルスゲノムの転写・複製様式は宿主のものを利用しながら，宿主細胞の中で増殖する．たとえば，アデノウイルスでは遺伝子の転写に関与するのは，宿主細胞の DNA 依存性 RNA ポリメラーゼであるが，複製にかかわるのはウイルスゲノムにコードされた DNA 依存 DNA ポリメラーゼである．ヘルペスウイルスでは DNA 依存 DNA ポリメラーゼのほか，チミジンキナーゼをはじめとする複製関連因子のいくつかがウイルスゲノムにコードされており，ウイルス複製の独自性が高くなっている．しかし，転写酵素は宿主細胞の DNA 依存 RNA ポリメラーゼである．ポックスウイルスの転写/複製の場は宿主細胞の細胞質であり，そのため細胞核の機能を代替できるように複製関連の酵素のみならず，転写をつかさどる DNA 依存 RNA ポリメラーゼや RNA 修飾酵素などもウイルスゲノムにコードしている．転写に関与する酵素群はウイルス粒子に取り込まれているので，核に依存しないですむ．

ウイルスの複製にはウイルスのタンパク質だけではなく，多くの宿主細胞の因子も密接に関連したものが多く，アデノウイルスや SV40 DNA の複製系の研究により真核細胞 DNA の複製機構の解明が進んだ．

（渡辺雄一郎）

DNA 結合モチーフ

DNA の特定の配列に結合するタンパク質のアミノ酸配列のうち，実際に DNA と結合する領域がとる構造をさす．DNA 配列の識別に関与する多くのタンパク質は，

DNA結合構造モチーフを少なくても1つもち，それとは別に転写活性化ドメインをもつ．

いずれのDNA結合モチーフもα-ヘリックスまたはβ-シートでDNAの主溝の中に入り，特定の配列を構成する塩基と結合する．この主溝に入り込んだモチーフの中のアミノ酸配列によって特定のDNA塩基配列が識別される．DNAアフィニティークロマトグラフィーなど遺伝子調節タンパク質のDNA塩基配列特異性を用いた方法により，これらのタンパク質とそれをコードする遺伝子を同定し単離・精製できる場合がある．

最初に確認されたDNA結合モチーフは，ヘリックス-ターン-ヘリックスである．λファージのリプレッサータンパク質で初めて同定され，その後真核生物，原核生物由来を問わず数多くのDNA結合タンパク質，遺伝子発現調節などにかかわるタンパク質に見られるモチーフである．2個のα-ヘリックスが短いアミノ酸のターンで連結されたような構造をしており，ヘリックスが主溝に入り込んで，特定の配列を認識している．

名前は似ているが，別のモチーフとしてヘリックス-ループ-ヘリックスモチーフがある．2個のα-ヘリックスがある長さのアミノ酸配列からなる（らせんではない）ループ鎖で連結されながら，大きく曲がった構造をしている．1つのヘリックスが主溝に入り込んで特定の配列を認識し，もう1つのヘリックスが2量体形成にかかわる．MyoDタンパク質がこのモチーフをもつことで有名である．

2量体を形成するDNA結合タンパク質で，洗濯ばさみのように2重らせんをつかむものに，ロイシン・ジッパーというモチーフが見られる．2つの各単量体に由来する2本のα-ヘリックスが一緒になって，短いより合ったコイルを形成する．2本のヘリックスはそれぞれのヘリックスの特定の側に伸びた疎水性アミノ酸（多くはロイシン）鎖間での相互作用によって結合を保つ．同一サブユニットで2量体形成される場合と，異種のサブユニットの組合せで2量体形成される場合がある．後者の場合，組合せによって認識するDNA配列の特異性が変わり，その結果転写制御の多様性を増加させることに貢献している．Gcn4タンパク質，原癌遺伝子産物であるJunと，Fosのヘテロ2量体形成の例が有名である．2本のα-ヘリックスはその接触面の先で離れて，Y字型の構造を形成し，側鎖がDNAの大きな溝と接触可能になっている．この構造はヘリックス-ループ-ヘリックスモチーフと似て区別が明快でない場合もある．

亜鉛イオンを補因子として組み込んだα-ヘリックスを用いてDNAの大きい溝を識別するDNA結合モチーフをジンクフィンガーという．ジンクフィンガーは，比較的短い長さで密なドメインとなる．ジンクフィンガーモチーフは，真核生物の5SrRNAの転写を活性化するTFIIIAタンパク質で初めて同定され，その後ステロイド受容体タンパク質など多くの転写調節因子タンパク質で見いだされている．このメンバーには多くの種類があり，さらにC_2H_2ジンクフィンガー（単量体として機能する），C_4ジンクフィンガー，C_6ジンクフィンガーと3つほどのタイプ分けがなされている．

ヒストンH5などがもつDNA結合モチーフは，ウィングドヘリックスとよばれている．一般に，このモチーフをもつタンパク質は単量体としてDNAに結合する．

その他のDNA結合モチーフとしては，DNA配列を認識する部分がβ-シートが幾重にもかかわるβ-リボンモチーフ，β-シートが幾重にも絡んで樽状になり，その一部がDNA配列を認識するβ-バレルモチーフなどがある．

〔渡辺雄一郎〕

DNA トポイソメラーゼ

DNA の超らせん（スーパーコイル）構造の変化を引き起こす酵素を総称して DNA トポイソメラーゼとよぶ．真核生物の DNA は，核内ではヒストンなどの核タンパク質と結合して高度に折りたたまれたクロマチン構造を形成している．原核生物の DNA も多くの DNA 結合タンパク質により，コンパクトな形に折りたたまれている．このような高次構造をとるためには，DNA に大きなひずみがかかることになり，安定な水素結合を介した 2 重らせん構造を維持するためには，この構造上のひずみを解消することが必須となる．さらに，DNA 上で転写や，複製，組換えなどの 2 重鎖の部分的開裂を伴う反応が行われる際に，構造上のひずみを生じる．たとえば，DNA 複製が行われる際には，複製フォークの前方で正のスーパーコイルが，後方で負のスーパーコイルが蓄積する．また，転写が行われる際には，同様に DNA 上を移動する RNA ポリメラーゼの前方で，正のスーパーコイルが，後方で負のスーパーコイルが蓄積する．このような構造的なひずみがあるレベルに達すると，これらの反応は進行できなくなる．DNA トポイソメラーゼは，DNA 鎖を一時的に切断し，この切断点で DNA 鎖の他の部分を通過させた後，鎖を連結することにより，超らせん構造の変化を引き起こす．この反応によって，先に述べたような DNA の構造上のひずみが解消される．また，複製終了後の 2 本の娘鎖分子は，通常，互いに絡まった状態になっており，DNA トポイソメラーゼがこの絡まりを解消するためにはたらいている．

DNA トポイソメラーゼは，反応機構の違いから，I 型と II 型の 2 種類に分けられ，さらにそれぞれの型は A，B の 2 つのサブファミリーに分けられる．I 型の DNA ト

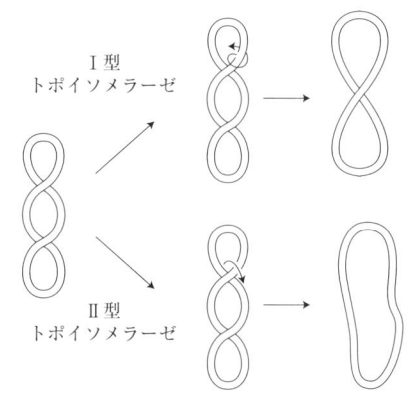

図 II-50 DNA トポイソメラーゼの反応

ポイソメラーゼは DNA の 2 本鎖の片方の鎖を一時的に切断し，この切断点で相補鎖を通過させ，再び鎖を連結する（図 II-50）．これにより，超らせんの個数は 1 だけ変化する．一方，II 型の DNA トポイソメラーゼは DNA の 2 本鎖を同時に切断し，この切断点で同一の DNA 鎖の他の部分を通過させ，再び鎖を連結する．これにより，超らせんの個数は 2 だけ変化する．また，II 型の DNA トポイソメラーゼは切断点で他の DNA 鎖を通過させることも可能で，この方法で DNA 鎖間のからまりを解くことができる．細菌から高等真核生物にいたるすべての生物は複数個の I 型および II 型の DNA トポイソメラーゼをもっている．

〔小川　徹〕

DNA の損傷・修復

DNA は細胞内で，さまざまな理由により絶えずさまざまな損傷を受けている．損傷の多くは DNA の複製や転写を阻害し，あるいは突然変異の生成の原因となる．その結果，細胞死，老化，癌化，遺伝病などの生物にとって深刻な事態に及ぶ場合があり，このような事態を避けるために，すべ

ての生物はDNA上に生じた損傷を修復するための機構を備えている．

(1) DNAの損傷

a. 内在的要因によるDNAの損傷　細胞が増殖してゆく過程で，DNA上には必然的に変異が生じる．これは1つには，DNA複製時に複製酵素（DNAポリメラーゼ）が誤って非相補的な塩基を取り込むためである．たとえば，大腸菌ではDNA複製を行う酵素であるDNAポリメラーゼIIIホロ酵素は，おおよそ10^{-4}/塩基対の頻度で複製エラーを生じることが知られている．この場合には，通常の損傷とは異なり，損傷を受けていない塩基のあいだで非相補的な塩基対（ミスマッチ，またはミスペア）が形成されることになる．また，同一塩基が連続して存在するような場所を複製中に，鋳型鎖と新生鎖の塩基対合がずれて，挿入/欠失ミスマッチが生じる場合があることが知られている．

つぎに，DNA自身の化学的不安定性に起因する損傷がある．たとえば，プリン塩基とデオキシリボースのあいだのN-グリコシド結合は生理的条件下で加水分解を受けることがあり，その頻度はヒトの1個の細胞につき，1日あたりおおよそ数千カ所と見積もられている．その結果，DNA上に脱プリン部位（APサイト）が生じる．また，塩基の側鎖のアミノ基も不安定であり，たとえばシトシンのアミノ基は加水分解されてウラシルになる場合がある．ウラシルに相補的な塩基はアデニンなので，この部位が修復される前に複製されると，もとのC-G塩基対はT-A塩基対に変異することになる．さらに，塩基の互変異性の問題もある．まれにではあるが，アミノ基がイミノ基に，あるいはケト基がエノール基に，一時的に変化した互変異性体が存在しており，たまたまこれらの部位が複製されると，誤った塩基の対合が生じることがある．

もう1つの重要な内在的要因は，細胞内の代謝活動によって生じる，反応性に富む化学物質で，特に酸素ラジカルは大きな要因である．酸素ラジカルによる損傷の代表的な例としては，グアニンの酸化によって生じる8-オキソグアニン（8-oxoG）がある．8-oxoGはシトシン以外にアデニンと対合するために，修復される前に複製されると高頻度で変異を生じることになる．8-oxoGは直接DNA上で生じる場合と，dGTPが酸化されて生じた8-oxo-dGTPがDNA複製の際に基質となってDNAに取り込まれる場合がある．

内在的要因によって生じるDNA上の変異は，自然突然変異とよばれる．

b. 外的要因によるDNAの損傷　外的要因としては，紫外線やX線，ガンマ線などの放射線と，細胞内に取り込まれた化学物質があげられる．

紫外線によりDNA中の隣り合ったピリミジンどうしのあいだで，シクロブタン型や（6-4）光産物などの2量体が形成される．また，X線やガンマ線をはじめとする放射線は，より多様な損傷を引き起こすために，塩基のみならず糖-リン酸骨格が損傷を受けてDNA鎖に切断を生じる場合がある．

DNAに損傷を与える化学物質としては，さまざまなものが知られている．種々の塩基にアルキル基を導入する化合物として，メタンスルホン酸メチルや硫酸ジメチルなどがある．また，ナイトロジェンマスタードやソラレンなどは2価のアルキル化剤であり，DNA相補鎖間を架橋することができるために，より強力な細胞毒性をもっている．これらのほかに，ニトロソアミンなどのように細胞内で他の物質から代謝されて生じる物質がある．

(2) 損傷の修復

生物は，DNAの損傷の多様性に対応してきわめて多様な方法で修復を行っているが，修復様式は以下の3つの機構に大別できる．

a. 直接的な修復 直接的な修復を行う酵素の例として，紫外線により生じたシクロブタン型ピリミジン2量体に働く光回復酵素があげられる．この酵素はシクロブタン環を開裂させ，もとどおりの2つのピリミジンに戻す働きをする．この反応には，可視光のエネルギーが必要である．また，アルキル化された塩基からアルキル基を取り除く働きをする酵素なども直接的な修復を行う酵素の例である．

b. 除去修復 塩基除去修復では，まず，傷害を受けた塩基と糖のあいだのN－グリコシド結合が加水分解される．つぎに，塩基がとれた部位（APサイト）の糖およびリン酸残基が除去される．その後，DNAポリメラーゼにより失われたヌクレオチド残基が付加され，最後にDNAリガーゼによりDNA鎖が連結されて修復が完了する．

塩基除去修復は，比較的単純な塩基の損傷に働き，1～数ヌクレオチドの短いDNA合成を伴う反応である．より多様な損傷に対応して，ヌクレオチド除去修復の機構が働いている．この反応では，損傷部位を挟んでDNA上の2カ所で切断が起き，損傷部位を含むDNA断片が除去される．つぎに，生じたギャップ部分がDNAポリメラーゼによって充填され，最後にDNAリガーゼが働いて完全なDNA鎖となる．

ミスマッチの修復はヌクレオチド除去修復によって行われる．ピリミジン2量体の修復は，上述の光回復酵素によって行われるほかに，ヌクレオチド除去修復によっても行われる．

c. 組換え修復 DNAの2本鎖切断を伴う損傷が起きた場合は，切断末端の再結合によって修復されるほかに，組換え修復が働く場合がある．特に，切断部位の近傍でDNA鎖の分解が起きた場合には，相同組換えを伴った修復が行われることが，もとどおりの塩基配列に回復するために必須

である．

(3) 修復の重要性

何らかの原因で高頻度にDNA損傷が生じて修復に時間がかかる場合，修復が完全に終了するまで細胞周期の進行を停止させておくための機構（チェックポイントコントロール）が働く．原核生物では，SOS応答とよばれる一連の反応が誘導されて細胞内で修復関連酵素の活性が上昇し，修復が完了するまで細胞分裂は阻害される．

ヒトにおいて修復反応に関与する遺伝子に欠陥のある疾患が多数知られている．これらの遺伝病患者では，加齢とともに高頻度で癌を発症するなどの問題が生じる．除去修復に異常を生じた色素性乾皮症や，ミスマッチ修復に異常を生じたリンチ症候群（HNPCC）などが有名な例である．

（小川　徹）

DNAの複製

細胞が増殖する過程で，遺伝情報を担うゲノムを正確に複製し，細胞分裂に伴って2つの娘細胞に分配することは，生命の維持においてもっとも基本的で重要な事柄の1つである．細胞内では，DNAは多くのタンパク質の結合によって，きわめてコンパクトに折りたたまれているが，複製は驚くべき精度で速やかに行われる．DNAの複製反応は，開始反応，伸長反応，および終結反応からなっている．

(1) 開始反応

開始反応は，複製起点において2重らせんが開裂し，伸長反応にかかわるタンパク質が集合して複製フォークが形成される反応である．染色体上のすべての場所が細胞周期の特定の時期に，1回だけ複製されるわけであるが，複製時期は開始のステップでコントロールされており，いったん開始反応が起きると，あとは自動的に終点まで

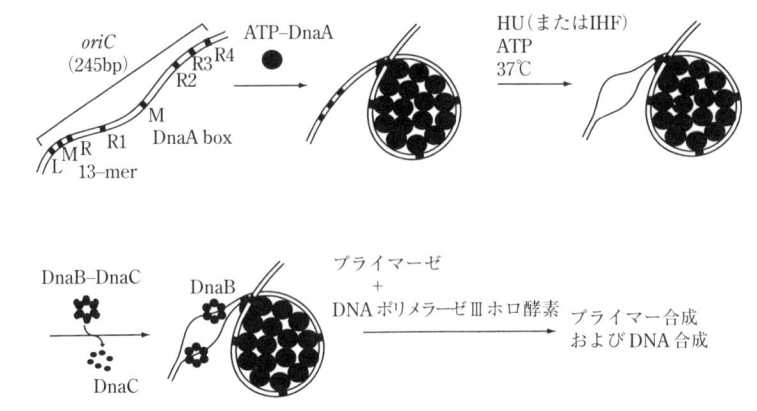

図Ⅱ-51　大腸菌染色体の複製開始機構

伸長反応が続けられる．

一部のプラスミドやバクテリオファージなどを除き，開始反応とその調節の分子機構はいまだに不明な点が多く，現在盛んに研究が進められている．複製起点は染色体上の特定の部位であり，大腸菌などの原核生物や，出芽酵母などの下等真核生物では塩基配列が明らかにされている．

原核生物ではDnaAタンパク質が開始タンパク質である．大腸菌では，複製起点（oriC：245塩基対からなる）をもつプラスミド（ミニクロモソーム）を鋳型として，精製タンパク質を用いて試験管内で開始反応を行わせることが可能となっている．大腸菌のDnaAは，oriC内の5カ所に存在する9塩基配列を認識して結合する．oriC全体に20～40分子のDnaAが結合すると，AT含量の多い部位が開裂してヘリカーゼ（DnaBタンパク質：2重らせんを開裂させる働きをもつ酵素）が導入され，引き続いてプライマーゼによるプライマーRNA合成とDNAポリメラーゼⅢホロ酵素によるDNA合成が始まる（図Ⅱ-51）．

出芽酵母ではORCタンパク質が複製起点を認識し，結合する．ORCのホモログはヒトを含めて真核生物に広く存在しており，同様の働きをしていると考えられている．開始に際しては，ORCが結合した複製起点上にMCMタンパク質（ヘリカーゼとして働くと考えられている）やDNAポリメラーゼをはじめとする多くのタンパク質が集合してレプリソームが形成されると考えられている．この過程は，タンパク質のリン酸化反応を中心とした機構によって厳密に制御されている．

(2) 伸長反応

DNA鎖の伸長の過程では，DNAポリメラーゼが親鎖を正確にコピーする．DNAの2本鎖が逆向きであるにもかかわらず，DNAポリメラーゼの合成反応が$5' \rightarrow 3'$方向のみであるために，2本の娘鎖の合成様式は大きく異なる．複製フォークの進行方向と同じ向きに合成される娘鎖はリーディング鎖，逆向きに合成される娘鎖はラギング鎖とよばれる．ここでは，分子機構の解明の進んでいる大腸菌の場合について説明する（図Ⅱ-52）．

複製フォークの先頭では，ラギング鎖の鋳型を囲む形でヘリカーゼが結合しており，これに10種類のタンパク質の複合体からなるDNAポリメラーゼⅢホロ酵素が結合して，2本鎖の巻き戻しと同時に両娘鎖の合成が行われる．ヘリカーゼが2本鎖を巻き戻して生じる1本鎖部分には，1

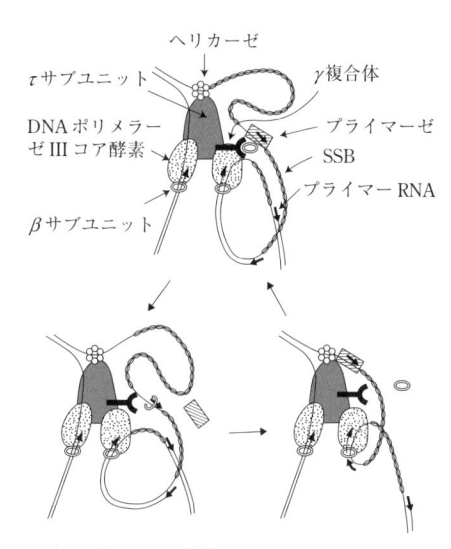

図II-52 複製フォークの模式図

本鎖DNA結合タンパク質（SSB）が結合し，1本鎖の状態を安定化させる．DNAポリメラーゼIIIホロ酵素には，DNAの合成反応を触媒するコア酵素が2個含まれており，1個ずつがリーディング鎖とラギング鎖の合成を分担する．コア酵素にはβサブユニットが結合しており，DNAから解離するのを防いでいる．リーディング鎖は基本的には連続的に合成される．

ラギング鎖を合成するコア酵素は，τサブユニットを介してリーディング鎖合成のコア酵素と結合していると考えられている．ラギング鎖合成は，岡崎フラグメントの合成と連結の反応からなっている（岡崎フラグメント，およびプライマーRNAの項参照）．プライマーゼによって合成されたプライマーRNAの3'-OH末端に，まずβサブユニットが結合し，つぎにコア酵素が導入されてDNA合成が始まる．βサブユニットの結合は，γ複合体によって行われる．DNA合成が先に合成された岡崎フラグメントの5'末端まで進むと，コア酵素は解離して，新たに別のβサブユニットが結合したプライマーRNAの3'-OH末端へ移動する．

プライマーRNAは，最終的にはRNase HとDNAポリメラーゼIのニックトランスレーション活性によってDNAに置きかえられる．DNAのみになった岡崎フラグメントはDNAリガーゼによって連結され，ラギング鎖合成が完了する（RNase H，DNAポリメラーゼ，およびDNAリガーゼの項参照）．

真核生物でも，基本的に同様な機構で伸長反応が行われているが，関与するタンパク質や詳細な反応機構については不明な部分が多い．

(3) 終結反応

伸長反応が終了した後の2本のDNA娘鎖は互いに絡まっており，そのままでは分配できない．絡まりの解消はトポイソメラーゼによって行われる（トポイソメラーゼの項参照）．

〔小川　徹〕

DNAポリメラーゼ

DNAを合成する酵素を総称してDNAポリメラーゼ（DNA polymerase）とよぶ．1956年にA. Kornbergらによって初めて大腸菌から精製された．現在，大腸菌には5種類のDNAポリメラーゼが存在することが知られており，複製フォークで実際にDNAの合成を行っているのは，DNAポリメラーゼIII（pol III）ホロ酵素である（DNAの複製の項参照）．Kornbergらによって最初に発見された酵素は，現在はDNAポリメラーゼI（pol I）とよばれており，もっとも詳しく解析されている．pol Iは，岡崎フラグメントのプライマーRNAの除去およびプライマーRNAの除去により生じるギャップの充塡を行う酵素である．また，pol Iは，修復反応にも関与している．pol II，pol IVおよびpol Vは修復

表Ⅱ-9 DNAポリメラーゼの分類

ファミリー	原核生物（大腸菌）	高等真核生物
A	pol I	pol γ, pol θ
B	pol II	pol α, pol δ, pol ε, pol ζ, pol ϕ
C	pol III	
X		pol β, pol λ, pol μ, pol σ, TdT
Y	pol IV, pol V	pol η, pol ι, pol κ

反応に関与している．高等真核生物では10種類以上のDNAポリメラーゼの存在が知られており，ギリシャ文字の名前がつけられている．このうち，染色体DNAの複製に関与しているのはDNAポリメラーゼα，δおよびεであると考えられている（DNAの複製の項参照）．DNAポリメラーゼγは，ミトコンドリアのDNA複製を行う酵素である．他のDNAポリメラーゼの大部分は修復に関与するもので，DNAの損傷の種類に応じて異なるDNAポリメラーゼが働く場合や，同じ損傷に対して複数のDNAポリメラーゼが働く場合があると考えられている．構造上の特徴に従った分類を表Ⅱ-9に示す．

DNAポリメラーゼの反応様式は，pol Iでもっとも詳細に解析されてきた．反応には，鋳型となる1本鎖DNAが必要である．また，de novoの開始反応を行うことができず，鋳型の1本鎖DNAに水素結合した既存のDNA鎖，またはRNA鎖がプライマーとして必要である．合成反応は，このプライマーの3′-OH末端に鋳型の塩基配列に相補的なヌクレオチドを順次付加しながら，5′から3′方向に進行してゆく．基質となるのは，デオキシリボヌクレオシド5′-三リン酸（5′-dNTP）であり，dNMPの部分がDNAに取り込まれ，ピロリン酸が遊離する．このdNTPの加水分解のエネルギーが重合反応に利用される．この反応様式は，すべてのDNAポリメラーゼに共通である．

相補的なヌクレオチド鎖を合成してゆく際に，ある頻度で誤って相補的でないヌクレオチドが取り込まれる．そのため，一般にDNAポリメラーゼはヌクレオチドの重合反応を行いながら，同時に誤って対合させたヌクレオチドを除去する反応を行って，相補鎖合成の精度（fidelity，忠実度）を上げている．この反応は，校正（proofreading）とよばれ，この酵素が有する3′→5′エキソヌクレアーゼ活性によって行われる（校正の項参照）．3′→5′エキソヌクレアーゼ活性をもたない，忠実度の低いDNAポリメラーゼも存在する．複製に関与するDNAポリメラーゼは忠実度が高く，それに比べて修復に関与するDNAポリメラーゼは一般に忠実度が低い．真核生物の修復に関与するDNAポリメラーゼは，ゲノムプロジェクトの進展に伴ってごく最近発見され，性質が十分に解明されていないものも多い．

大腸菌のpol Iは3′→5′エキソヌクレアーゼ活性のほかに，5′→3′エキソヌクレアーゼ活性をもっている．上述した岡崎フラグメントのプライマーRNAの除去は，この活性によっている．実際には，5′→3′エキソヌクレアーゼ活性による分解反応は，ポリメラーゼ活性によるDNA合成反応と同時に働き，2つの反応をあわせてニックトランスレーションとよぶ．5′→3′エキソヌクレアーゼの活性を担うN端領域を欠失させたpol Iは，pol I large fragmentあるいはpol I Klenow fragmentとよばれて市販されており，遺伝子操作実験で頻繁に使用される酵素の1つである．また，

放射能や蛍光色素などでDNAを標識する場合には，DNAポリメラーゼIのニックトランスレーション活性が利用される．

一般に，修復に関与するDNAポリメラーゼに比べ，複製に関与するDNAポリメラーゼは，連続的に長いDNA鎖を合成できる．この性質には，ポリメラーゼをDNA鎖上につなぎ止めておく機能を有するタンパク質（sliding clamp：大腸菌ではpol IIIホロ酵素のβサブユニット，真核生物ではPCNAタンパク質）が関与している．さらに，複製フォークでは，リーディング鎖合成を行うDNAポリメラーゼと，ラギング鎖合成を行うDNAポリメラーゼや，ヘリカーゼなどのタンパク質の複合体が形成されていると考えられる．しかしながら，この複合体の実体については未解明の部分が多い（DNAの複製の項参照）．

特殊なDNAポリメラーゼの例として，レトロウイルスの粒子中に存在し，RNAを鋳型にしてDNA合成を行う逆転写酵素や，鋳型に依存しないでヌクレオチドを重合するターミナルデオキシヌクレオチジルトランスフェラーゼ（またはターミナルトランスフェラーゼ，TdT），テロメアの合成に関与するテロメラーゼなどがある．逆転写酵素はDNAを鋳型とするDNA合成も行う． （小川 徹）

<文献>
1) U. Hübsher, G. Maga and S. Spadari：Eukaryotic DNA polymerases, Ann. Rev. Biochem., **71**, 133, 2002.

DNA リガーゼ

DNA 2本鎖中に，$5'$-末端がリン酸基（$5'$-P），$3'$-末端が水酸基（$3'$-OH）の状態の1本鎖切断部位（ニック）が存在するとき，この部位を認識してホスホジエステル結合により連結する酵素である．DNA複製時に，岡崎フラグメントの連結を行うほか，修復反応や組換え反応におけるDNA鎖連結反応にも関与する（岡崎フラグメントの項およびDNAの複製の項参照）．

1967年に大腸菌，およびT4ファージ由来の酵素が最初に発見され，この2つの酵素の性質がもっとも詳しく解明されている．反応には，大腸菌の酵素ではNAD，T4ファージの酵素ではATPが必要である．反応は図Ⅱ-53に示す機構によって進行する．

DNAリガーゼは，$5'$-P末端と$3'$-OH末端以外の構造をしたポリヌクレオチド鎖の連結を行うことはできない．大腸菌のDNAリガーゼは，$5'$-P末端のDNAと$3'$-OH末端のDNAの連結のほかに，$5'$-P末端のDNAと$3'$-OH末端のRNAを連結できる．しかしながら，$5'$-P末端のRNAと$3'$-OH末端のDNAの連結はできない．また，RNAとRNAの連結も行えない．RNA鎖に水素結合したポリヌクレオチド鎖の連結は行えない．

これに対してT4ファージの酵素は，DNA鎖だけでなく，RNA鎖に水素結合し

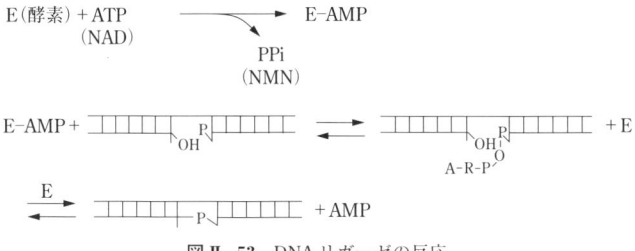

図Ⅱ-53 DNAリガーゼの反応

た，5′-P 末端 DNA と 3′-OH 末端 DNA の連結を行うことができる．また，効率はかなり低下するが，RNA鎖上で，5′-P 末端 RNA と 3′-OH 末端 RNA の連結も行うことができる．DNA 鎖上では，5′-P 末端 DNA と 3′-OH 末端 DNA，5′-P 末端 DNA と 3′-OH 末端 RNA，5′-P 末端 RNA と 3′-OH 末端 DNA，5′-P 末端 RNA と 3′-OH 末端 RNA のすべての組合せの反応を行うことができる．さらに，T4 ファージの酵素は，効率は低いが，2本鎖の平滑末端（blunt end）どうしの連結を行うことができる．この酵素の平滑末端に対する Km は，50 μM，DNA 中の 1本鎖切断部位に対する Km は 0.6 μM である．

真核生物では ATP 依存性の複数個の DNA リガーゼが存在しており，複製のほか，種々の修復，組換えの反応において特定の酵素が関与していると考えられる．

(小川　徹)

<文献>
1) A. E. Tomkinson and Z. B. Mackey : Structure and function of mammalian DNA ligases, Mutat. Res., **407**, 1, 1998.

テロメア

真核生物の染色体の末端あるいは末端小

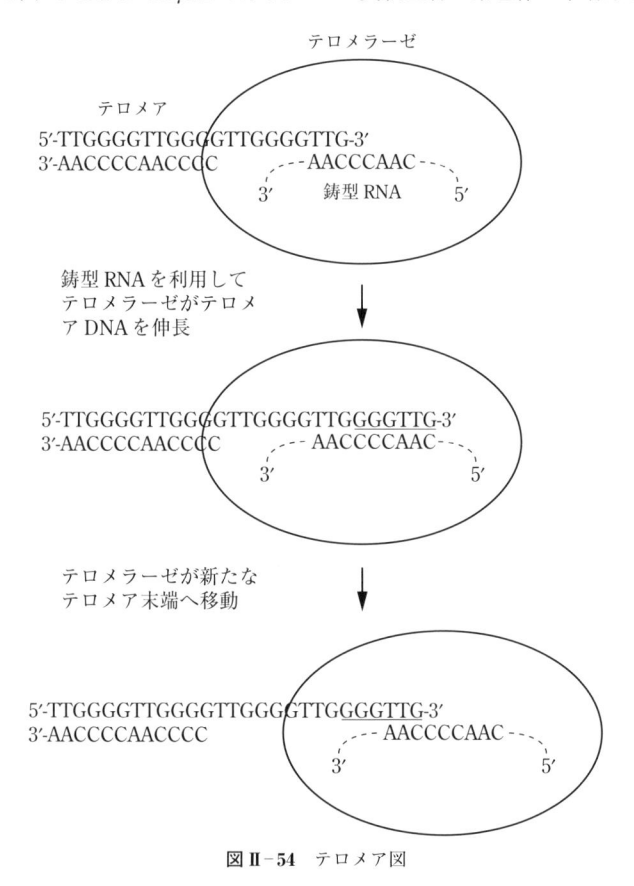

テロメラーゼ

テロメア
5′-TTGGGGTTGGGGTTGGGGTTG-3′
3′-AACCCCAACCCC
　　　　　　　　---AACCCAAC---
　　　　　　　3′　鋳型 RNA　5′

鋳型 RNA を利用してテロメラーゼがテロメア DNA を伸長

5′-TTGGGGTTGGGGTTGGGGTTGGGGTTG-3′
3′-AACCCCAACCCC
　　　　　　　　---AACCCCAAC---
　　　　　　　3′　　　　　　5′

テロメラーゼが新たなテロメア末端へ移動

5′-TTGGGGTTGGGGTTGGGGTTGGGGTTG-3′
3′-AACCCCAACCCC
　　　　　　　　---AACCCCAAC---
　　　　　　　3′　　　　　　5′

図 II-54　テロメア図

粒．真核生物の染色体は直鎖状2本鎖DNAよりなるが，両末端には特徴的な反復配列が存在している．テロメアは染色体をヌクレアーゼなどによる分解から保護する機能をもち，また，染色体の末端どうしが融合するのを防いだり，ある種の細胞においては染色体と核膜との相互作用を助けると考えられている．ヒトのテロメアは5′-TTAGGG-3′という配列のくり返しからなるが，テロメアの配列は多くの生物種で類似している場合が多い．たとえば，被子植物であるシロイヌナズナのテロメアは5′-TTTAGGG-3′，原生動物であるテトラヒメナのテロメアは5′-TTGGGG-3′という反復配列からなる．染色体DNAの5′末端が複製される際には短いRNAがプライマーとして合成されて鋳型DNAが複製される必要があり，このRNAプライマーは複製開始後に除去されてしまう．そのため，染色体DNAの5′末端は複製の度にRNAプライマーの分だけ短くなっていくと考えられる．しかし，実際にはテロメラーゼという酵素が短くなったテロメアを修復して，もとの長さに戻している．テロメラーゼは，テロメアを修復するための鋳型RNAをそれ自体の中に含む逆転写酵素である．　　　　　　　　　　（吉岡　泰）

転　写

(1) 概　要

DNAを鋳型にして相補的なRNA鎖が合成される過程である．転写酵素RNAポリメラーゼにより触媒される．遺伝子発現の最初の段階で，遺伝子の発現はその遺伝子の転写がどの程度行われるかで主に決定される．RNAの情報に従ってタンパク質の合成が行われる過程は翻訳とよばれる．また，レトロウイルスなどでみられるように，RNAのもつ情報をもとにDNAが生合成される過程は逆転写といわれる．

(2) 転写反応の特徴

① 転写はゲノムDNA上の単一または複数の遺伝子を含むある限定された領域ごとに行われ，それらを転写単位という．各転写単位には，転写開始に必要な領域（プロモーター）と転写終結に必要な領域（ターミネーター）がある．各転写単位では，DNA 2本鎖のうち一方の鎖だけが転写される．転写される鎖を鋳型鎖，もう一方の鎖をコード鎖という．合成されたRNA鎖の塩基配列はコード鎖のそれと同じで，鋳型鎖のそれとは相補的である．

② RNA合成の前駆体（基質）は，4種類のリボヌクレオシド5′-三リン酸（ATP，GTP，CTP，UTP）である．重合反応は，DNA依存RNAポリメラーゼにより触媒され，鋳型に依存している．DNAポリメラーゼによるDNA合成とは異なり，重合反応の開始にはプライマーを必要としない．

③ 重合反応では，1つのヌクレオチドの3′-OHがつぎのヌクレオチドの5′-リン酸基（α位）と反応し，ピロリン酸が除去されホスホジエステル結合が形成される．RNA鎖は5′→3′の方向に伸長する．したがって，合成されたRNA鎖の5′末端には最初のヌクレオチドの-三リン酸がそのまま残っている．

④ 合成されるRNA鎖の塩基配列は，鋳型DNAの塩基配列によって決まる．すなわち，RNA鎖の伸長する末端に付加される塩基は，鋳型DNA鎖塩基対合できるかどうかで選ばれる．鋳型DNA鎖上のA，G，C，Tは，それぞれ，RNA鎖上で，U，C，G，Aとして現れる．

(3) 転写反応のステップ　（図II-55）

転写反応は，① RNA合成の開始，② RNA鎖の伸長，③ RNA合成の終結という3つの段階に分けられるが，それぞれの段階はさらにいくつかの素過程からなる．RNA合成の開始は，プロモーターへのRNAポリメラーゼの結合による閉鎖型プ

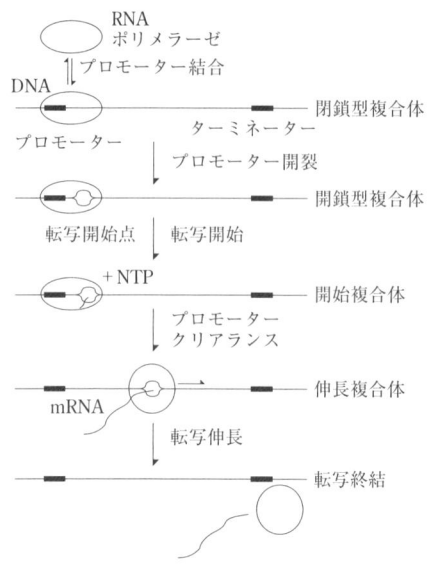

図Ⅱ-55 転写過程の模式図

ロモーター複合体の形成，開鎖型プロモーター複合体への転換（転写開始点近傍の2本鎖DNA鎖の開裂），RNAの5′末端となるリボヌクレオシド三リン酸（通常はATPまたはGTP）と2番目のリボヌクレオシド三リン酸とのあいだのリン酸ジエステル結合の形成などからなる．一般的に，転写開始反応には，RNAポリメラーゼ以外の種々の転写調節タンパク質が関与する．原核生物の一部のプロモーターでは，ホロ酵素単独で転写開始が可能であるが，転写活性化タンパク質の補助で行われるのが一般的である．真核生物においては，多数の基本転写因子などがRNAポリメラーゼのプロモーターへの結合に必須で，転写開始時に巨大な転写開始複合体を形成する．RNAポリメラーゼはこれらの補助的タンパク質群とホロ酵素複合体を形成した後，プロモーターに結合するという考え方も提唱されている．また，RNAポリメラーゼのプロモーターへの結合に先立つクロマチン構造の変換も，転写開始の重要なステップと考えてよい．

転写開始後，RNAポリメラーゼは10ヌクレオチド程度の短鎖RNAを合成後，プロモーターから移動し（プロモータークリアランス），転写伸長段階に入る．この過程でRNAポリメラーゼは構造変化を起こし，安定な転写伸長複合体となる．原核生物では，この過程でσサブユニットが解離する．真核生物のRNAポリメラーゼⅡにおいては，第1サブユニットのC末端（CTD）がTFIIHによりリン酸化され，多くの基本転写因子や転写調節因子が転写伸長複合体から転写伸長過程へ移行する．原核生物におけるNusAやGreA/B，真核生物におけるTFIIF，SII，FACTなどの種々の因子が転写伸長に関与していることが明らかになってきている．転写伸長を行ってきたRNAポリメラーゼは特定の領域（ターミネーター）で，単独もしくは転写終結因子の作用で転写を終了し，転写伸長複合体は解体する．

(4) 転写酵素

原核生物では，すべてのRNAが基本的には1種類のRNAポリメラーゼにより転写されるが，真核生物ではrRNAを合成するRNAポリメラーゼⅠ，mRNAを合成するRNAポリメラーゼⅡ，およびtRNAと5S rRNAを合成するRNAポリメラーゼⅢの3種の転写酵素が機能分担している．転写はこれらのRNAポリメラーゼにさまざまな転写因子が作用してはじめて可能になり，また転写量が決定されている．転写の調節は，遺伝子発現の調節の中心を占めており，なかでもDNA上のシスのエレメントに結合する転写因子による転写開始反応の調節はもっとも普遍的な調節様式である．伸長段階や終結段階でも転写の調節は行われている．

(饗場弘二)

転写因子

　広義では，転写反応およびその制御にかかわるトランスに働くタンパク質因子群すべてをさすが，転写装置自身であるRNAポリメラーゼや真核生物における転写開始に必要な基本転写因子群とアクチベーターやリプレッサーなどの転写制御因子に大別される．

　基本転写因子は，真核生物において転写開始複合体を形成するのに必須な因子で，mRNA合成にかかわるRNAポリメラーゼII依存プロモーターにおいては，TATAボックスに結合するTBPを含むTFIIDを初めTFIIA, B, E, F, Hなどのタンパク質複合体とRNAポリメラーゼIIが会合することによって転写開始能をもつ活性型複合体を形成する．転写伸長反応を制御する転写伸長因子も多く見つかっている．

　転写開始制御は，遺伝子発現においてもっともダイナミックレンジが大きいため，非常に多くの制御因子がこれまでに発見，解析されている．転写制御因子としては，遺伝子上の特異的なシス配列に直接結合するアクチベーター，リプレッサーなどと，タンパク質相互作用によってそれらの働きを仲介，もしくは補助するメディエーター，コアクチベーター，コリプレッサーなどがあげられる．これらの呼称については議論があるが，アクチベーターと転写装置間の相互作用を橋渡しするものをメディエーターとよび，ATP依存的にクロマチン構造変換を行うクロマチンリモデリング因子やヒストンアセチル化酵素などのヒストン修飾因子を含むクロマチン構造変化を介するものをコアクチベーター，コリプレッサーとよぶのが一般的になってきている．

　DNAに直接結合するアクチベーターやリプレッサーはヘリックス・ターン・ヘリックスやZnフィンガー，ロイシンジッパーなどのDNA結合ドメインと負電荷に富む酸性領域などの転写制御ドメインをもつ．これらの因子は，外界からのシグナルによって，リガンド結合やリン酸化などのアロステリック変化を起こす．活性化された転写制御因子は，特異的なDNA配列に結合する．転写制御の分子機構については，さまざまなシステムで解析が進んでいるが，直接あるいは間接的でも転写装置と相互作用することが重要である．転写制御ドメインがこの相互作用に寄与し，転写装置や補助因子群を結合標的とする．アクチベーターは最終的には転写装置をプロモーターにリクルートして活性型転写開始複合体の形成を促進し，リプレッサーは逆に阻害することで転写を調節している．

（田上英明）

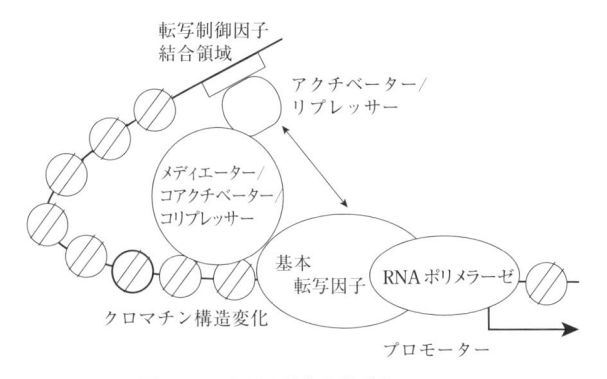

図II-56　転写開始複合体形成のモデル

転写終結/転写終結因子

(1) 概　　要

転写の最後のステップで，合成されたRNAがRNAポリメラーゼと鋳型DNAから解離する反応である．転写終結は，転写単位（オペロン）の3'末端で起こるが，5'リーダー領域やシストロン境界，あるいは構造遺伝子内でも起こることもある．転写終結に関与するDNA上の特定の領域は，転写終結シグナル（ターミネーター）とよばれている．転写開始点が厳密に定まっているのに対し，一般に転写終結はある範囲内で起こるランダムな事象である．原核生物のターミネーターには2つのタイプがある（図II-57）．補助因子に依存しないタイプと転写終結因子を必要とするタイプである．前者はファクター非依存性ターミネーター，後者はファクター依存性ターミネーターといわれる．これらは，それぞれρ非依存性ターミネーターおよびρ依存性ターミネーターと実質的には同義語で使われている．ρ以外の明確な転写終結因子が知られていないからである．転写終結シグナルとして働くのはDNAの塩基配列そのものではなく，転写されたRNAの塩基配列（構造）として考えられている．

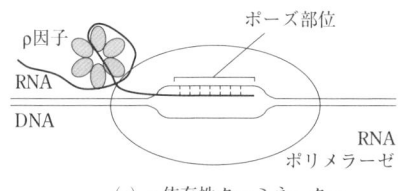

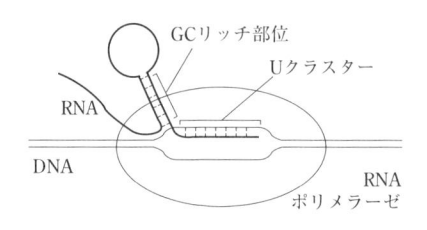

(2) ρ非依存性ターミネーター

ρ非依存性ターミネーターの特徴は，GとCに富む逆向き反復配列とそれに続く連続するU配列である．これらの特徴がどのようにして転写の終結を導くかについては，つぎのようなモデルが考えられている．逆向き反復配列から転写されたRNAはステムループ構造（ヘアピン構造）をとり，RNAポリメラーゼと相互作用して転写の一時的停止と転写複合体の不安定化を引き起こす．その後にポリU配列が続くため，DNAとRNAの水素結合の解離が容易になり，転写終結が起こるというものである．ρ非依存性ターミネーターは，多くのオペロンの末端に依存し，転写産物の3'末端を規定する役割を担っている．また，アミノ酸生合成オペロンなどにおいては，5'のリーダー領域に存在し，転写の減衰制御（アテニュエーション）に関与している．また，RNAステムループ構造は，3'-5'エキソヌクレアーゼによる攻撃の障壁となり，しばしばRNAの安定性に寄与している．

(3) ρ依存性ターミネーター

ρ依存性ターミネーターは，Gが少なく高次構造をとりにくい100塩基以上の領域と，それに続くRNAポリメラーゼの一時的停止部位の存在がその条件とされているが，明確なコンセンサス配列はない．ρは，これらの領域でRNA鎖にエントリーしてATPの加水分解エネルギーを利用してRNA鎖上を走り，RNA鎖をRNAポリメラーゼから引き離すと考えられている．ρは，最初，RNAポリメラーゼによるλファージの初期転写を特定の部位で停止させる働きをもつ因子として大腸菌で同定された．その後，ρ依存性ターミネーターはい

図II-57　大腸菌における2種の転写ターミネーター

(a) ρ依存性ターミネーター
(b) ρ非依存性ターミネーター

くつかのオペロンの末端，シストロン境界あるいはリーダー領域に存在することが明らかになっているが，タンパク質遺伝子の翻訳領域内でもっとも頻繁にみられる．これらの領域が翻訳されている場合，RNA鎖はリボソームに覆われているために ρ が働けないが，ナンセンス変異が起こるとRNA鎖がフリーになり ρ が作用して，転写の終結が起こり下流の遺伝子の発現が遮断される．この現象は，極性効果といわれている．ρ は細胞の生育にとって必須のタンパク質であり，より広範に転写の終結に関与している可能性がある．ρ は419アミノ酸残基のサブユニットからなり，環状の6量体で働く．1本鎖RNAへの結合，RNA依存ATPase，RNA-DNAヘリカーゼなどの活性をもつ．N末端には，RNA結合タンパク質に共通にみられるRNP-1モチーフがあり，中央部のATP結合ドメインはF1-ATPaseのそれと類似している．最近，ρ および ρ-RNA複合体の3次元構造が決定された．それによると，RNAに結合する前には開いていた6量体リングがRNAへの結合に際し閉じることがわかり，上記の ρ 作用機構にとって都合がよい特徴が明らかになった．

(4) 真核生物の転写終結

真核生物での転写終結についての知見は少ないが，いくつかの特徴点は明らかになっている．RNAポリメラーゼIIによる転写の終結はRNAの3′末端のプロセシングと共役している．ポリAシグナルの近傍でmRNA前駆体の切断とポリAの付加が起こるが，このmRNA前駆体の切断が引き金となってポリAシグナルの数百から数千塩基下流で転写終結が起こるらしい．この場合，どのようにして転写終結が起こるかは転写終結シグナルや転写終結因子の関与を含めて不明である．RNAポリメラーゼIによるrRNA前駆体の転写は，DNA結合性の特異的転写終結因子が関与している．また，RNAポリメラーゼIIIによる転写は一連のU配列の存在で終結する．

(饗場弘二)

点突然変異

遺伝子中の1塩基の変化による突然変異である．① 塩基置換と ② フレームシフトの2種の変異が含まれる．

(1) 塩基置換

DNA中の塩基が他の塩基と入れかわることをいう．AからGへ，あるいは，CからTへのように，プリンからプリンへ，あるいは，ピリミジンからピリミジンへの変化をトランジションという．TからAへ，GからTへのように，プリンからピリミジンへあるいはピリミジンからプリンへの変化をトランスバージョンという．タンパク質をコードする配列に塩基置換が生じると，つぎの3つケースのいずれかになる．

a. ミスセンス変異 アミノ酸の置換が起こるような塩基置換による変異をいう．たとえば，UGGコドンがCGGコドンに変化する変異が生じると，その位置のトリプトファンはアルギニンへ変化する．

b. ナンセンス変異 停止コドンが生じるような塩基置換による変異をいう．UGGコドンがUAGコドンに変化する変異が起きると，トリプトファンをコードする場所が停止コドンに変化し，その遺伝子によってコードされていたポリペプチドの全長はつくられず，変異によって生じた停止コドンのところでペプチド合成は止まる．

c. サイレント変異 塩基置換によって同義コドンに変わる変異をいう．DNAの塩基配列は変化するが，コードされるタンパク質は変化せず，したがって，表現型の違いは生じない．この種の変異は，DNA多型の原因の1つである．

(2) フレームシフト

タンパク質のコード領域で1塩基が欠失するか，あるいは，挿入されることにより読み枠がずれる変異である．変異部位以後のアミノ酸配列は野生型のものとまったく異なる．

塩基類似体では，トランジションは誘発されるがフレームシフト変異は誘発されない．逆に，プロフラビンのようなフレームシフト変異の誘発剤は塩基置換を誘発しない．自然突然変異としてはフレームシフトのほうが塩基置換より起こりやすい．

〔東江昭夫〕

同義コドン⇨コドン
動原体⇨セントロメア

突然変異/突然変異体

染色体（DNA）中の塩基配列の変化や染色体数の変化である．塩基配列の決定法が発明され，突然変異によってどのような変化が DNA に生じたかを正確に決定することができるようになったことから，突然変異の分子機構について具体的に考察できるようになった．突然変異は，遺伝子突然変異と染色体突然変異に分けられる．遺伝子突然変異は，DNA の複製時や修復時におけるエラーにより発生する塩基置換やフレームシフトが原因で起こり，自然突然変異はフレームシフトによるものが多い．一方，染色体突然変異は，染色体内，あるいは染色体間の組換え，トランスポゾンが関与した組換えなどによって生じる．

(1) 遺伝子突然変異

① 塩基置換：トランジションとトランスバージョンに区別され，前者はプリンからプリンへの変化あるいはピリミジンからピリミジンへの変化（たとえば，AT から GC への変化）を，後者はプリンからピリミジンあるいはピリミジンからプリンへの変化（たとえば，AT から CG への変化）をいう．DNA 複製中に通常の塩基対形成に当てはまらない塩基が取り込まれたり，塩基の修飾によって誤塩基対ができても，ほとんどの誤塩基対は一時的なもので，DNA 合成の校正反応や修復反応によって正常な塩基対に修復されるが，まれに残った誤塩基対が塩基置換の原因となる．DNA 中のシトシンが脱アミノ化されるとウラシルになるが，DNA 中のウラシルを認識し，取り除く反応系があるので，シトシンの脱アミノ化が突然変異を引き起こすことは少ない．しかし，シトシンがメチル化されてできる 5-メチルシトシンが脱アミノ化されるとチミンに変化し，チミンは異常塩基として認識されないのでそのまま残り，突然変異の原因となる．実際，5-メチルシトシンは GC から AT への塩基置換が高頻度で生じる箇所に見いだされる．

② フレームシフトは1個ないし数個のヌクレオチドの挿入あるいは欠失による変異で，DNA の複製中に生じる．フレームシフトが発生した箇所の塩基配列を調べると，1種類の塩基が連続していたり，隣り合った2塩基のくり返しなど，単調な配列であることがわかり，この発見からフレームシフトは DNA 合成中に単調な塩基配列の箇所における1本鎖の切断とそれに続く誤った箇所での2本鎖形成によるものと説明されている．

紫外線などにより DNA が損傷すると，DNA の修復のために多くの遺伝子が発現する．この現象を SOS 反応という．SOS 反応によって誘導される遺伝子の中には損傷を受けた DNA の構造を認識し，損傷部分を除去し，その部分を合成して正常な DNA に修復する一連の反応（除去修復という）に関与するタンパク質が含まれるが，これらのタンパク質とは別に，DNA 合成の正確さを低下させ，鋳型 DNA に損傷があっても鋳型として利用して DNA の合成

を進める働き(損傷乗り越え型の複製)をするタンパク質(DNAポリメラーゼの一種)もある.このタンパク質により細胞は死を免れるが突然変異が高頻度で発生する(誤りがちな修復という).

(2) 染色体突然変異

染色体中の遺伝子の数の変化(重複,欠失),あるいは染色体上の遺伝子の位置の変化(逆位,転座),動原体の融合や分裂のような染色体構造の変化を伴うものと,異数体化,倍数性の変化など染色体の数が変化するものがある.前者の変異は,不等組換えやトランスポゾンの挿入の関与が示唆されている.一方,後者の変異は比較的に高頻度で観察され,細胞分裂時の染色体分配の異常が原因と考えられる.

〔東江昭夫〕

突然変異誘発

細胞あるいは個体に人為的に突然変異を生じさせること.DNAは,つねに細胞内外の要因により損傷を受けるが,DNA修復機構が働くため変異の発生率はきわめて低い.DNAの損傷を増加させるか,DNA修復能を低下させるか,あるいはその両方によって突然変異の発生率は上昇する.突然変異を誘発する要因を変異原という.マラー(1929年)によってX線が変異を誘発することが証明された後,多くの化学的,物理的変異原が発見された.変異原によって変異の誘発機構は異なる.

① 塩基類似体は複製時にDNAに取り込まれ互変異性(図Ⅱ-58)による誤塩基対

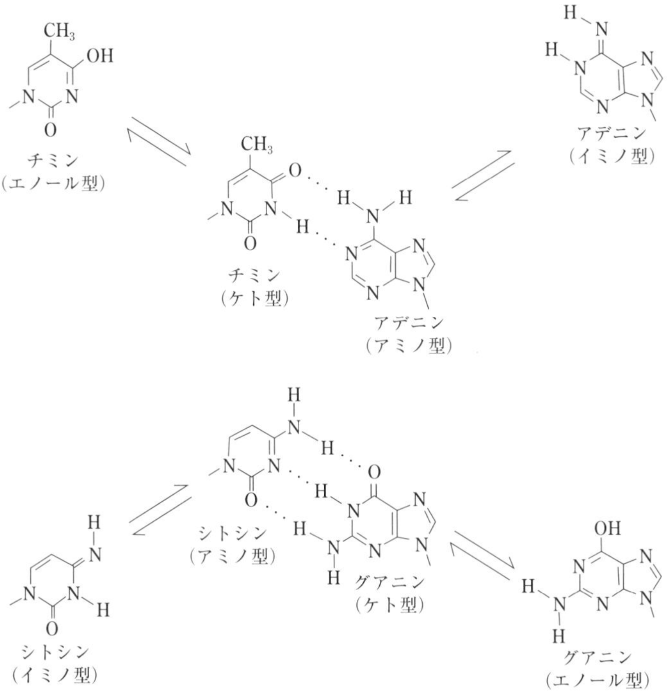

図Ⅱ-58 互変異性による誤塩基対の形成

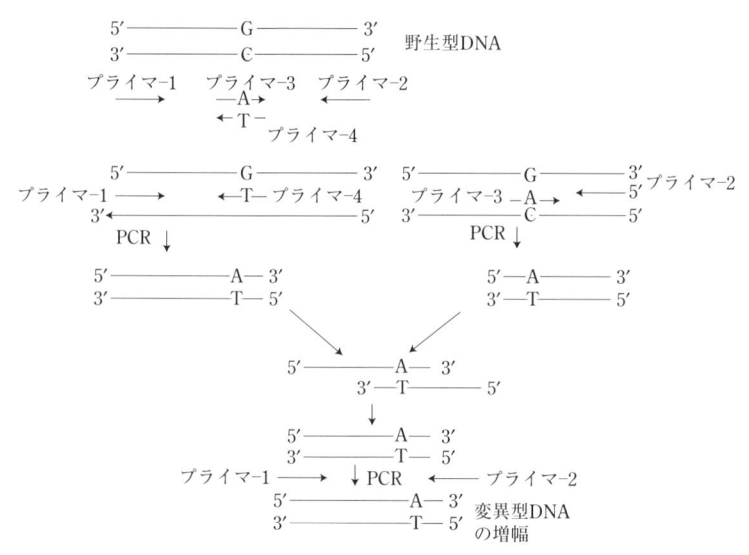

```
            5'————————G————————3'    野生型DNA
            3'————————C————————5'
         プライマー1  プライマー3  プライマー2
             →       —A—       ←
                     ←T—
                   プライマー4

  プライマー1    5'———G———3'              5'———G———3' プライマー2
     →      3'  ←T— プライマー4     プライマー3 —A→  ←   5'
            3'—————————5'              3'—————————5'
              PCR ↓                        PCR ↓

       5'————A————3'                   5'—A————3'
       3'————T————5'                   3'—T————5'
                    ↘               ↙
                   5'————————A———3'
                   3'———T————————5'
                            ↓
                   5'————————A———3'
                   3'———T————————5'
         プライマー1 →  ↓ PCR  ← プライマー2
                   5'————————A—3'   変異型DNA
                   3'—T————————5'   の増幅
```

図Ⅱ-59 指定部位に変異を導入する方法

の形成を促進することにより塩基置換を誘発する.

② 塩基の修飾，たとえば，脱アミノ化を起こす亜硝酸処理あるいはアルキル化を起こすエチルメタンスルフォン酸などで処理することにより塩基置換を誘発する.

③ 紫外線照射によって生じるピリミジン2量体が修復される際，鋳型に依存しないDNA合成によって塩基置換が生じる（誤りがちな修復という）.

③ DNAの塩基間に挿入されるプロフラビンなどの薬剤はフレームシフトを誘発する.

変異原で処理された細胞では無作為に変異が生じる．この方法では，変異を導入する遺伝子を指定することはできないし，遺伝子の決められた部位に変異を導入することもできない.

DNA操作技術の発達により，目的とする遺伝子だけに変異を誘発することが可能になった．クローニングした遺伝子（DNA）を亜硝酸やヒドロキシルアミンで処理してDNA中の塩基を修飾し，この修飾された遺伝子の中から求める変異体の表現型を示す遺伝子を選ぶことができる．さらに，合成オリゴヌクレオチドを用いた *in vitro* DNA合成により，遺伝子の指定した部位に指定した変異を導入することが可能である（図Ⅱ-59）. (東江昭夫)

突然変異率

細胞分裂1回あたりの突然変異の発生率である．細胞集団中にいくつの突然変異体が存在するかを示す突然変異体頻度とは異なる．突然変異率を正確に求めるためには，突然変異の発生回数を測定しなければならない．このようなことが，実験的に可能なのは単細胞の微生物にかぎられる．1つの方法は，コロニー内に生じる突然変異を乳頭状コロニーとして検出することである．この方法は，大腸菌の *lac*⁻ 菌（EMB寒天培地上で赤いコロニーを形成する）から *lac*⁺ 菌（EMB寒天培地状で赤紫色のコロ

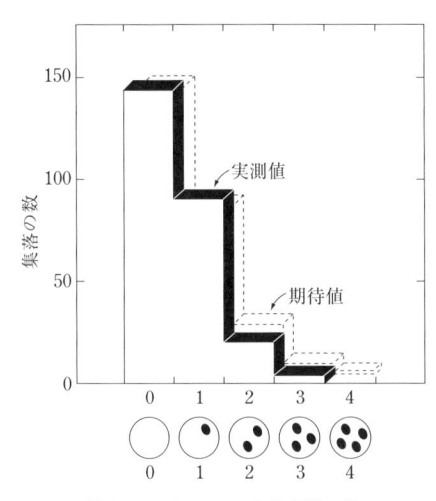

図 II-60 lac⁺ への突然変異の数

ニーを形成する)への復帰変異率を測定するのに用いられた.EMB 培地上の lac^- 菌のコロニー内に lac^+ 細胞が発生すると,赤紫色の乳頭状のコロニーができる.lac^- コロニー内の乳頭状コロニーの数を数えることで lac^- から lac^+ への突然変異の発生数を求めることができる.lac^- コロニーあたりの突然変異の数の分布はポアソン分布で表される(図 II-60).1 個の lac^- コロニーに含まれる lac^- 細胞の数は別途求めることができる.細胞数が多くなれば細胞分裂の回数はほぼ細胞数と同じになるので,突然変異の数を細胞数で割れば,突然変異率が得られる.揺動試験を用いても突然変異率を求めることができる.小分けした試験管のうち,突然変異体を含まないものの割合を a とする.1 本の試験管に生じる突然変異の数の平均値を m とすると,a はポアソン分布の 0 次の項 (e^{-m}) の値であるので,$a = e^{-m}$ から m の値が得られる.試験管内の細胞数も得られるので,突然変異率を計算することができる.(東江昭夫)

ドミナントネガティブ効果

変異型の遺伝子産物が,正常な遺伝子産物に対して優性に作用して,変異型の形質が現れることをいう.変異した遺伝子産物が,何らかの機構で正常な遺伝子産物の働きを阻害する場合に見られる.このような性質を利用して,未知の遺伝子産物の機能を調べることができる.たとえば,酵素などでは,活性中心にアミノ酸置換を導入した不活性型のタンパク質がよく用いられる.このような変異型タンパク質を細胞の中で過剰に合成させると,不活性型が基質分子と結合してしまい,内在性の正常な分子が基質と結合できず,酵素反応が阻害される場合がある.また,この酵素の活性に何らかの活性化因子が必要な場合には,不活性型がそのような活性化因子と結合してしまい,内在性の酵素が活性化されない場合もある.これらの結果,種々のレベルでの機能不全が観察される可能性がある.このように,ドミナントネガティブ効果は,標的因子の機能を直接的には阻害せずに,それと相互作用する別の因子との結合を介して起こる機能阻害と考えられる.したがって,劣性の形質を示す突然変異体は,変異遺伝子をホモにもつ場合でのみ野生型とは異なる表現型が観察されるが,ある遺伝子にドミナントネガティブに作用するような変異をもった個体では,変異遺伝子がヘテロの場合においても表現型が現れることがある.また,類似機能をもつ異なる複数の因子が存在する場合でも,ドミナントネガティブ変異型を過剰に発現させることによって,一度にそれらの機能を抑圧することも可能である.

しかし,この効果を利用した解析には,注意を要する場合がある.たとえば,異なった機能をもつ因子 A と因子 B が同じ活性化因子を共有する場合,ドミナントネガ

ティブ変異を導入した因子Aを発現させた結果として，因子Aばかりでなく，因子Bの活性化も阻害される可能性がある．この場合には，因子Aと因子Bの機能欠如による表現型を同時に観察することになり，因子A単独の機能を反映したものではないと考えられる．

〔町田泰則・征矢野敬〕

トランスファーRNA (tRNA)

タンパク質合成において，メッセンジャーRNA上のコドンとアミノ酸を対応させるアダプターの働きをするRNA．アミノ酸をリボソーム上のタンパク質合成の場まで運ぶ働きをしているのでこの名がある．tRNAは100ヌクレオチドに満たない小さなRNAで，3′末端にすべてのtRNAに共通の塩基配列CCAをもつ．このCCA配列は，DNAにコードされていないこともあり，その場合は転写後に付加される．

分子内に相補的な塩基配列をもち，分子

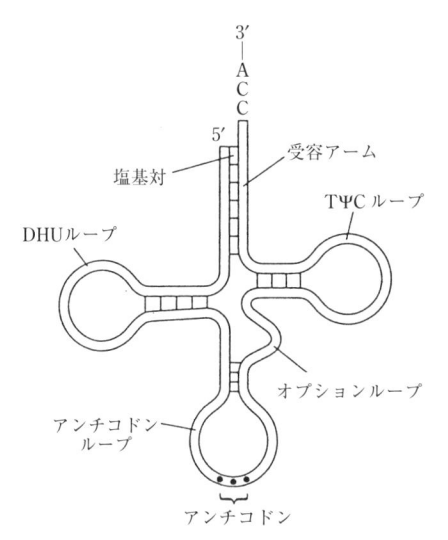

図Ⅱ-61 クローバーリーフモデル

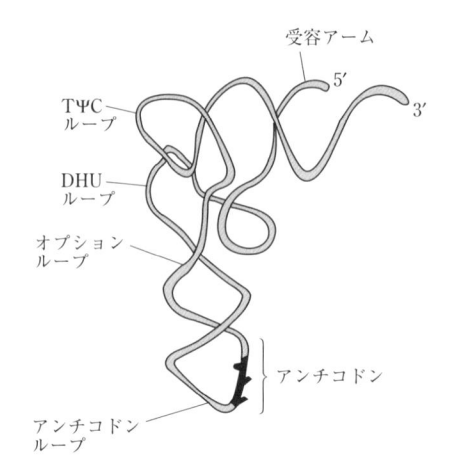

図Ⅱ-62 tRNAの3次元構造

内で部分的に2重らせんを形成する．tRNAの特徴的な構造は，クローバーリーフモデルで表すことができる（図Ⅱ-61）．3′末端部分と5′末端部分との塩基対により形成されるアームは，アミノ酸が3′末端のアデノシンの3′-OHとアミノアシル結合を形成するので，アミノ酸受容アームとよばれる．アンチコドンを含むアンチコドンループ，ジヒドロウラシル（DHU）を含むループ，プソイドウリジン（Ψ）を含むループ，一部のtRNAにだけみられるエキストラループがある．実際のtRNA分子は折りたたまれ，L字構造をとる（図Ⅱ-62）．アミノ酸結合部位とアンチコドンループは互いにもっとも離れた位置にある．

真核生物のtRNA遺伝子は，RNAポリメラーゼⅢによって転写される．真核生物でも原核生物でもtRNAは前駆体として転写され，種々のプロセッシングを受けた後，機能をもつ完成型のtRNAが形成される．プロセッシングには，特殊なRNaseによる余分の塩基配列の除去，イントロンの除去および塩基の修飾が含まれる．

〔東江昭夫〕

トランスフェクション法

DNA あるいは RNA を細胞に導入する方法である．一般に，真核細胞に核酸を導入する場合，特に動物細胞に対して，この言葉が用いられる．目的により，トランジェント・トランスフェクションとステーブル・トランスフェクションがあり，トランジェント・トランスフェクションは，一過的に目的遺伝子を発現させたり，RNAi による内在性遺伝子の発現抑制のために DNA あるいは RNA を細胞に導入するのに対して，ステーブル・トランスフェクションは目的遺伝子が染色体に組み込まれた細胞を選抜するために DNA を導入する．トランスフェクションの方法として，リン酸カルシウム法，DEAE-デキストラン法，リポソーム法，エレクトロポレーション法などがあり，目的や細胞の種類などにより適した方法が異なる．

リン酸カルシウム法はもっとも一般的に用いられている方法で，DNA とリン酸カルシウムの共沈物を細胞の表面に吸着させ，細胞の食作用などを利用して細胞内に導入する方法であり，ステーブル・トランスフェクションに適している．DEAE-デキストラン法は，DNA と DEAE-デキストランを混合し，細胞に導入する方法で，DNA/DEAE-デキストラン混液の調製が容易であるため，多数のサンプルを調製できるが，DEAE-デキストランの細胞毒性のために，ステーブル・トランスフェクションには向かない．リポソーム法は，正に荷電したリポソームに DNA あるいは RNA を内包し，細胞表面の DNA あるいは RNA を細胞に導入する方法で，トランジェント・トランスフェクション，ステーブル・トランスフェクションのどちらにも適している．エレクトロポレーション法は，細胞を高電圧の電界にさらすことにより，瞬間的に細胞に穴を開け，DNA などの巨大分子を細胞内に導入する方法である．この方法は，細胞の種類によらず高分子を細胞に導入できるため，他の方法で核酸の導入が困難な細胞にも有効である． （坂野弘美）

トランスポゾン

DNA 上のある部位から他の部位へ転移する遺伝因子のことをいう．もともと，原核生物の転移因子として発見され，薬剤耐性などのマーカー遺伝子をもつ因子に付けられた名前であるが，現在では，転移因子 (transposable element) とほぼ同じ意味を示す．転移因子の概念は，1953 年に Barbara McClintok によりトウモロコシの斑入りの種子の遺伝学的解析と染色体構造の細胞学的解析から提唱された．1970 年代になり，原核生物に動く遺伝因子が発見され，その DNA 塩基配列の構造が明らかにされ，広く生物のゲノム上に存在し，変異を誘導する転移性の遺伝因子として解明された．広義には，可動性の遺伝因子の総称として使われる場合がある．可動性の遺伝因子には，転移因子である DNA 断片自身が転移する場合（DNA タイプ）と逆転写を介して転移する場合（RNA タイプ）があり，後者はレトロトランスポゾンとよばれている．レトロトランスポゾンは転移のメカニズムが異なるため，トランスポゾンとは別に扱われる場合が多い．原核生物には，DNA タイプの転移因子である挿入因子 (IS1, IS2, IS3 など)，トランスポゾン (Tn3, Tn9, Tn10 など)，Mu ファージがある．真核生物では，DNA タイプの転移因子とレトロポゾンの両方がある．DNA タイプの転移因子には，トウモロコシの Ac-Ds 因子，En-Spm 因子，ショウジョウバエの P 因子がよく知られている．脊椎動物では，メダカの Tol 因子が 1999

年に発見されているが，哺乳類には存在しない．一方，レトロトランスポゾンは酵母からヒトにいたるまで広く存在することがわかっている．

トランスポゾンは，自分自身の転移を触媒する転移酵素（トランスポザーゼ）をコードし，転移酵素の認識部位である約10〜50塩基対の逆位反復配列を両端にもつ．また，転移酵素をコードしないが，逆位反復配列が両端にある場合には，自身では転移できないが，転移酵素が同種のトランスポゾンから供給される場合には転移可能である．このようなDNA因子は非自立性トランスポゾンとよばれる．トランスポゾンの大きさは数百塩基対から数万塩基対にわたる．ゲノム上のランダムな位置に転移し，挿入したトランスポゾンの両端には，転移の標的部位の数塩基対の配列を重複させる．標的部位に重複する塩基対の数は，おのおののトランスポゾンに固有である．転移に際しては，複製を伴わない切り貼り型（cut and paste）の場合と複製を伴う場合がある．切り貼り型の場合には，トランスポゾンの切り出しに伴い，もとのDNA上には切断部位が残り，この部位が修復される場合に数塩基対の欠失や挿入が起こる場合がある．このような痕跡をフットプリントという．したがって，もとのDNA上に，ある遺伝子があった場合に，その機能は切り出しによって完全に回復される場合と，フットプリントのために回復しない場合がある．複製を伴う場合には，転移に際して，トランスポゾンが1コピー増えることになる．トランスポゾンの転移に伴い，染色体の欠失，逆位，重複などのDNA組換えが起こり，さまざまな変異や遺伝的多様性を生み出す主要な要因となっている．しかしながら，生物にとっては，転移の頻度が高いと高頻度で変異を生み出すことになり有害である．大腸菌のトランスポゾンの場合には10^6〜10^9回分裂して1回起こるようなきわめて頻度の低い反応であることがわ

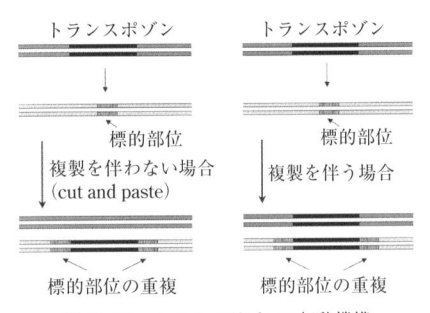

図Ⅱ-63　トランスポゾンの転移機構

かっている．トランスポゾンはたいていの場合，自らの転移頻度を抑えるために，さまざまな抑制機構をもつ．たとえば，大腸菌のTn3は転移酵素とともにリプレッサーをコードし，両端の逆位反復配列に結合し，転移酵素の結合を阻害することが知られている．

トランスポゾンの転移機構を図Ⅱ-63に示した．

（町田千代子）

2次元ゲル電気泳動法

通常のゲル電気泳動が，分子量や荷電の違いによってタンパク質のゲルマトリックス内の移動度が異なることを利用して分離するのに対し，2次元ゲル電気泳動は，最初は等電点の違いによって分離し（1次元），ついで分子量の差によって分離する（2次元）というように，異なる原理による電気泳動法を組み合わせて泳動を2次元的に展開する．これによって，細胞内あるいは特定のオルガネラのすべての構成タンパク質をゲル上に展開することが原理的には可能である．また，tRNAなどの小形RNA分子を分離するのにも用いられる．2次元電気泳動法はこのような分子種の検出だけでなく，タンパク質分子の修飾の有無の検出にも有効である．特定の刺激を与えた後にどのようなタンパク質がリン酸化さ

れるかなどは，2次元電気泳動とオートラジオグラフィーを組み合わせることで検出することができる．

古典的な2次元ゲル電気泳動法（オファーレル法）は，1次元目を等電点電気泳動法，2次元目をSDSゲル電気泳動法で行う．等電点電気泳動は，ショ糖あるいはグリセロールによる密度勾配またはディスクポリアクリルアミドゲル中に両性担体を混入し，電場を加えることでpH勾配を形成させる．ところが，このpH勾配を長時間安定に保持することが難しいため，2次元目を泳動させた後のタンパク質分離パターンの再現性が難しいという問題点があった．この問題を解決するために，pH勾配を固定化させる技術が開発された．これは，ポリアクリルアミドゲル重合時にカルボキシル基あるいは3級アミノ基からなる解離基をもつアクリルアミド誘導体を加え，ゲルマトリックス側鎖にこれらの解離基を導入することで，pH勾配を固定化するものである．また，pH勾配の範囲を任意に設定することもできる．

1次元目の分離に等電点電気泳動法を用いると，リボソームタンパク質のように塩基性タンパク質を多く含む分子種の分離がうまくいかない場合があった．また，強酸性タンパク質の分離も良好ではなかった．そこで，1次元目をジチオスレイトールのような還元剤存在化でのディスクゲル電気泳動により，荷電の違いで分離し，2次元目を尿素存在下での変性条件で分子量の違いで分離する方法も開発された．

再現性が高くかつ定量性がある2次元ゲル電気泳動法の開発により，細胞内のタンパク質，特にオルガネラの構成タンパク質の網羅的解析が進んでいる．これは，2次元ゲル電気泳動で分離されたスポットからタンパク質を回収し，分解酵素で断片化処理後，質量分析によりペプチドを解析し，データベースと照合してタンパク質を同定するものである．しかしながら，多次元クロマトグラフィーと質量分析を組み合わせた方法（multidimensional protein identification technology：MudPIT）の開発や，質量分析の精度の向上とタンパク質データベースの集積により，1次元ゲル電気泳動と質量分析の組合せでタンパク質解析ができるようになるなど，新技術の開発が進んでいる．プロテオーム解析における主役の座が，2次元ゲル電気泳動法からこれらの新手法に譲られる日はそう遠くないと思われる．

〔西沢正文〕

2次構造⇨高分子構造
2重鎖切断モデル⇨「Ⅵ―バイオテクノロジー」の遺伝子組換え技術

ヌクレオソーム

146 bpのDNA断片がヒストン8量体（ヌクレオソームコア）の周りに2回超らせん構造で巻き付いたものをヌクレオソームとよぶ．隣り合うヌクレオソームコアは，リンカーDNAとよばれる短い領域で隔てられているが，その間隔はかなり規則正しいものである．リンカーDNAの長さは細胞の種類によって異なっている．ヌクレオソームコアはヒストンH2A，H2B，H3，H4の4種のヒストンタンパク質それぞれ2分子ずつのヒストン8量体からできている．そして，ヌクレオソームコアに巻き付いたDNAにヒストンH1が1分子結合している．H1はコアに巻き付くDNAの入口と出口部分に結合し，巻き付いた構造をとどめるような働きをしている．ヌクレオソームコアは，平坦な円盤状の構造をしており，H2A，H2B，H4，H3，H3，H4，H2B，H2Aの順番でDNAとコンタクトするという回転対称構造をもつ．ヒストンH2A，H2B，H3，H4タンパク質のN-端部は8量体粒子からそれぞれ突出しており，リン

カー DNA，他のヒストンタンパク質あるいは非ヒストンタンパク質と相互作用をしている．H1 も同様の働きをしている．これらの相互作用により，ヌクレオソームがコンパクトに折りたたまれた高次構造を形成する．これがクロマチンとよばれる．クロマチンがほどかれると，ヌクレオソームが一定間隔で並んだビーズ状の構造が観察される．

DNA はヌクレオソームコアに一様に巻き付いているのではなく，何カ所かで折り曲げられている．したがって，このような構造をとりにくい塩基配列がある部分は，ヌクレオソームに巻き付きにくくなる．逆に，DNA が自然に曲がっている部分は，ヌクレオソームに巻き付きやすくなる．このように，DNA の塩基配列に依存する特定な部分的構造がヌクレオソームに巻き付くかどうかを決める，いいかえればヌクレオソームが DNA 上のどこに位置するか（ヌクレオソームポジショニング）を決める要因となっている．ヌクレオソームポジショニングは，遺伝子の発現制御の点から重要である．ヌクレオソームコアに接する配列は，DNA に作用する酵素や制御タンパク質とは接触しにくく，逆に露出している配列やリンカー DNA は接触しやすい．したがって，たとえばある遺伝子の転写活性化因子の DNA 結合部位が，ヌクレオソームコアに対してどのような位置にあるかがその遺伝子の発現を制御することになる．

H3 と H4 は翻訳後修飾，すなわちリジン残基がアセチル化される．これは，ヒストンアセチル転移酵素（histone acetyl transferase：HAT）によって触媒される．このアセチル化はヒストン脱アセチル化酵素（histone deacetylase：HDAC）によって外される．H4 のアセチル化されていない N－端部は隣り合うヌクレオソーム中の H2A と H2B と結合し，その結果ヌクレオソームどうしがつながれてしまう．N－端部がアセチル化されると，このようなヌクレオソームの連結は外れる．したがって，一般に HAT は転写を活性化し，HDAC は転写を抑制する機能をもつといえる．

（西沢正文）

ヌル変異⇨突然変異/突然変異体

濃　縮　法

大多数の野生型の中に混在する突然変異体の濃度を上昇させる方法である．変異原で処理しても，細胞の集団の中に含まれる突然変異体の数はきわめて少ない．求める突然変異体を効率的に分離するために，野生型と目的とする突然変異体の生理的な差を利用して，突然変異体を濃縮する方法が工夫されている．

① ペニシリン法：ペニシリンが細菌の細胞壁合成を阻害することを利用した方法である．野生型は増殖できるが突然変異体は増殖できない条件で両者が混在しているとき，ペニシリンを加えると，野生型も突然変異体も細胞壁の合成が阻害される．野生型は増殖を続けるので，増殖中に細胞壁の合成が阻害されると細胞は破裂し，死滅する．一方，突然変異体は増殖しないので，細胞壁の合成が阻害されていても生き残る．したがって，ペニシリン処理により野生型が優先的に死滅し，突然変異型細胞の濃度が上昇する．

② ニスタチン法：ニスタチンは，酵母の細胞膜中のステロール脂質に結合して増殖中の細胞を優先的に死滅させる．ペニシリン法と同様の原理で突然変異体を濃縮することができる．

③ ろ過法：糸状菌で用いられる．野生型の胞子は発芽して菌糸になるが，突然変異体は発芽しない条件で培養し，適当な時期に増殖した野生型をガーゼでろ過するこ

とによって除く．野生型が生育してこなくなるまでこの操作をくり返すと，ろ液中に突然変異型細胞が濃縮される．

④ アイソトープ自殺法：野生型は ^3H 標識した前駆体を取り込めるが，突然変異体は取り込めないという条件を設定する．^3H 前駆体を取り込ませた細胞を保存しておくと，取り込んだ細胞が優先的に死滅し，^3H を取り込まない突然変異型細胞が濃縮される．　　　　　　　　　（東江昭夫）

ノザンハイブリダイゼーション法

特定のRNAの長さや存在量をそのRNAと相補的な配列をもつ核酸プローブを用いて調べる方法である．RNAの2次構造を壊すためにホルムアルデヒドを加えたアガロースゲルで電気泳動したRNAを泳動パターンを保持したままニトロセルロース膜やナイロン膜に移し取り，RNAを移し取った膜をDNAあるいはRNAプローブとハイブリダイズさせ，プローブと相補的な塩基配列をもつRNAを検出する．DNAを電気泳動して，ニトロセルロース膜やナイロン膜に移しとり，核酸プローブとハイブリダイズさせる方法をサザンハイブリダイゼーション法とよぶ．　　　（吉岡　泰）

配　偶　子

成熟した有性の生殖細胞である．配偶子は単為生殖など特別な場合を除き，単独で発生して新しい個体を形成することはなく，異性の配偶子と融合して接合子を形成し，次世代の個体を生じる．通常，配偶子の核相は n で，体細胞の半数の染色体をもつ．動物の配偶子は，生殖原細胞から生じる．この過程は配偶子形成とよばれ，配偶子形成のときに減数分裂が行われる（配偶子還元）．これに対し，胞子還元では胞子形成のときに減数分裂が行われ，胞子から生じた単相の配偶体が配偶子をつくる．また，菌類，藻類に見られる接合子還元では，接合子が発芽あるいは分化する際に減数分裂が行われ，複相は単細胞の接合子だけで，減数分裂を経て単相の配偶体を生じる．特殊な場合には，体細胞と同数の染色体をもつ配偶子（非還元配偶子）を生じることもある（ミジンコ，ワムシ，トカゲ類・硬骨魚類の一部，ドクダミ，タンポポなど）．

合体する2つの配偶子の形，大きさ，運動能などが類似している場合には同型配偶子とよばれ，これらのあいだで行われる合体を同型配偶という（クラミドモナスの一種など）．両配偶子間に何らかの違いが認められる場合には異型配偶子といわれ，両者の合体を異型配偶という．異型配偶子において，外形に大小の区別があるとき，小型のものを小配偶子あるいは精子とよび，大型のものを大配偶子または卵とよんでいる．

生物が配偶子をつくって行う生殖法を配偶子生殖という．これには，両性の配偶子の合体（受精）による両性生殖と，新個体の出発点は卵であるが，受精することなしに単独で発生する単為生殖がある．

動物では卵巣内に卵を，精巣内に精子を生じる．種子植物では，花粉形成のときに生殖細胞が分裂して生じた2個の精細胞が雄性配偶子，胚嚢の中の卵細胞が雌性配偶子である．シダ類，コケ類では造卵器・造精器中に卵・精子を生じる．クラミドモナスなど単細胞の藻類では，配偶子は個体細胞と区別がつかない．多細胞藻類の配偶子は，配偶子嚢に生じる．藻類の配偶子は一般に鞭毛をもつが，紅藻の配偶子は鞭毛を欠くので不動配偶子とよばれる．

　　　　　　　　　　　　（酒泉　満）

ハイブリダイゼーション

　異なる2本鎖DNAを1本鎖に変性した後，塩基配列の相補性を利用してDNA間で雑種分子を形成させる反応である．あるいは1本鎖DNAとRNAとのあいだで塩基配列の相補性を利用して雑種分子を形成させる反応である．雑種分子の形成のしやすさは，相補的な配列の長さ，反応温度，塩濃度，核酸分子の濃度などに依存する．たとえば，相補配列部分が短い核酸どうしや塩基配列の相補性が低い核酸分子間で雑種分子を形成させるには，反応温度を低く設定する必要がある．一方の核酸をニトロセルロース膜やナイロン膜に固定し，それらの核酸分子の中から標識したDNAやRNAと相補的な配列をもつ核酸分子を検出する方法にサザンハイブリダイゼーション法，ノザンハイブリダイゼーション法，ドットブロットハイブリダイゼーション法，プラークハイブリダイゼーション法，コロニーハイブリダイゼーション法などがある．また，標識したRNAと相補的な塩基配列をもつmRNAの分布を組織切片上などで検出する方法をインシトゥハイブリダイゼーションという． 　　　（吉岡　泰）

発　癌　性

　動物個体や動物，ヒト由来の細胞に与えたときに癌を発生させたり細胞を癌化したりする性質をいう．このような性質を示すものは，いわゆる発癌物質といわれる化学物質の類，放射線や紫外線のような物理的要因，また癌ウイルスとよばれる一連のウイルスなどである．さらに，動物の体の同じ部位を何度も傷つけるというようなくり返しの刺激も発癌性を示すこともある．

　発癌性を示す化学物質や物理的要因の多くは，細胞のDNAを傷つけ，それによって癌遺伝子や癌抑制遺伝子に遺伝子変異を生じ細胞を癌化させる．化学物質の種類によっては直接DNA損傷などを生ずるものと，生体内の酵素などで活性化された後，DNAに損傷などを生ずることができるようになるものがある．いずれにしても，これら発癌性を示す化学物質や物理的要因の多くはバクテリアなどに対しても遺伝子変異誘発能を示すので，サルモネラ菌などに対する突然変異原性を発癌物質のスクリーニングに利用している．なお，変異原性を示さない発癌物質としてよく知られているものにアスベストがある．実際の発癌過程では，DNAの変化が生じた（イニシエーション，initiation）細胞はそれだけでは癌化せずさらにプロモーションという過程が必要とされる．多くの発癌性の物質はプロモーションを促進する作用ももっているが，化学物質の種類によってはどちらかの作用しかもたないものもある．たとえば，ベンゾアントラセン，ウレタンなどはイニシエーション作用のみを示し，ホルボールエステル，フェノバルビタールなどは代表的プロモーターである．

　放射線や紫外線は直接的にまた細胞内に活性酸素などのラジカルを生成することによってDNA損傷を誘発する．最近，紫外線の人に対する発癌機構も詳しく調べられており，幼少期に一度に大量の日光を浴び，真っ赤に日焼けしてしまうというようなことが，発癌性がもっとも大きいということも明らかにされている．紫外線は発癌性だけでなく皮膚の老化，免疫能の抑制などを引き起こし，日本の緯度では日常生活でも1日15分以上は日光を浴びないほうがいいといわれている．

　動物に発癌性を示すウイルスの多くは，いわゆるウイルス性の癌遺伝子をもつレトロウイルスであるが，このタイプのウイルスはいまのところヒトについては知られて

いない．ヒトに発癌性を示すウイルスとして現在明らかにされているのは，成人T細胞白血病の原因となるHTLV-1ウイルスだけである．ほかに，ヒトやヒト細胞で発癌性を示すことが知られているのはパピローマウイルス（human papiloma virus）やEBウイルス（epstein-barr virus）などのDNAウイルスである． （石﨑寛治）

つものから，数十～数百塩基対の配列があいだをおいて逆向きに出現するものもある．このように，長いパリンドロームの場合は，必ずしも正確な反復配列ではないことが多く，トランスポゾンのような可動遺伝子の挿入が原因となっていると考えられる．数十塩基対のパリンドロームが出現する部位がスーパーコイルDNA上にあると，それぞれの鎖で逆方向反復配列が塩基対を形成してヘアピン構造をとり，十字架構造（cruciform）をつくることがある（図Ⅱ-64）．

パリンドロームがRNAに転写されて1本鎖上に存在するようになると，ヘアピン構造あるいはステム・ループ構造をとるようになる（図Ⅱ-64）．rRNAやtRNAに見られる2次構造はその典型例である．mRNA上に見られるヘアピン構造は，原

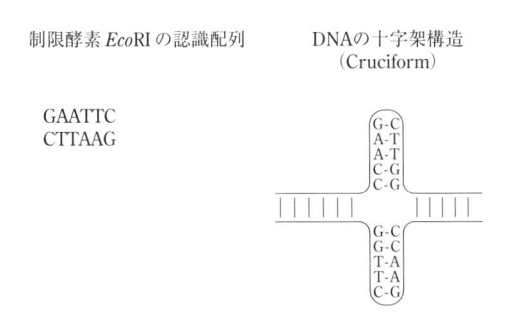

パリンドローム

DNAの塩基配列が回文配列のような逆方向反復配列（どちらの方向から読んでも同じ配列になる）をもっている部分のこと．制限酵素による認識配列のように，短い（4～8塩基対）完全な2回転対称構造をも

制限酵素 *Eco*RI の認識配列

GAATTC
CTTAAG

DNAの十字架構造
（Cruciform）

RNAのステム・ループ構造　翻訳リプレッサーのステム・ループ構造への結合

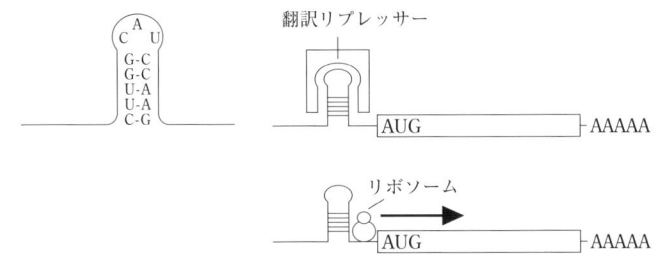

図Ⅱ-64 パリンドロームの例およびそれによって生じるDNAとRNAの構造
フェリチンmRNAの5'非翻訳領域に生じるステム・ループ構造に翻訳リプレッサー（アコニターゼ）が結合すると翻訳開始が阻害される．

核生物遺伝子の転写の減衰（attenuation）や終結（termination），翻訳開始の調節など遺伝子発現の制御に機能している．細菌のトリプトファンオペロンでは，オペロンの直前に位置するリーダー RNA 上の4ヵ所のパリンドロームの異なる組合せによるヘアピン構造の形成がトリプトファンオペロンの転写を制御している．フェリチン mRNA の 5′ 非翻訳領域に形成されるステム・ループ構造に，翻訳開始のリプレッサー（アコニターゼ）が結合すると翻訳が抑制され，アコニターゼが鉄と結合するとリプレッサー機能を失い，開始コドンが露出することでフェリチンの翻訳が始まる．

〔西沢正文〕

パルスフィールドゲル電気泳動法

巨大 DNA 分子を分離するためのゲル電気泳動法のことである．PFGE と略されることもある．1984 年に Schwartz と Cantor により出芽酵母の染色体を分離する方法として紹介された．アガロースゲルを用いて，異なる2方向に交互に電場をかけ，DNA 分子量が大きいほど移動の方向転換に時間を要することを利用して分離する．通常のアガロース電気泳動で分離できるのは 20 kb 程度までの断片であるが，この手法では 5 Mb 以上の断片を分離することも可能となり，細菌類のゲノムや真核生物の染色体の分離・解析が進められた．

パルスフィールドゲル電気泳動は，電場の方向を変える周期（パルスタイム）を変えることにより，分離可能範囲を調整し，パルスタイムが長いほど高分子の分離が可能となる．電気泳動の際に影響を与える主な条件は，パルスタイム，電圧，温度，泳動用緩衝液の組成などである．電圧は通常数 V/cm で泳動する．パルスタイムが同じ場合，電圧が高いほど高分子が分離できるが，高くなりすぎるとバンドがブロードになり，その傾向は分子量が大きいほど顕著である．したがって，分離したい DNA 断片が高分子になればなるほど，電圧を低くしてパルスタイムを長くするため，泳動時間は長くなり，数 Mb 以上の分子を分離するには，数日間を要する．温度は高温ではバンドがブロードになるため，4〜15 ℃ 程度の低温で行うのが一般的である．泳動用の試料は，巨大な DNA 分子の切断などの損傷を防ぐため，特殊な抽出法を用いる．細胞をアガロースに包埋した状態のまま溶菌処理，プロテアーゼ処理を行って DNA を抽出し，制限酵素処理によって直鎖状 DNA にして用いる．ゲノムサイズの小さい酵母などでは，染色体をそのまま分離することも可能である．

最初に考案されたものは電場が一様でないため，バンドが弧のように曲がり，各レーン間での大きさの比較が困難であった．その後，OFAGE（orthogonal field agarose gel electrophoresis）をはじめ，さまざまな形の装置が考案された．現在，もっとも広く使われるのは CHEF（contour-clamped homogeneous electric field）というタイプの装置で，六角形に電極を配置し，電場の交差角度は通常 120° で均一の電場

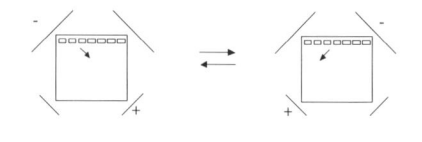

(a) OFAGE

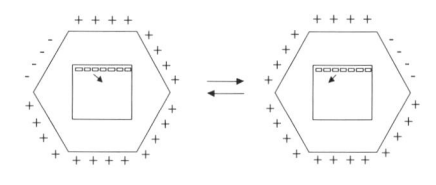

(b) CHEF

図 II-65 パルスフィールドゲル電気泳動法

が生じるように工夫されているため，多数のサンプルを同時に泳動でき，分離能も高い（図Ⅱ-65）．さまざまな生物のゲノム解析における大規模な物理地図作成に利用されるほか，分子疫学においては大腸菌O157株，黄色ブドウ球菌といった病原菌の同定，分類にも使用される．（小島晶子）

反復配列⇨「Ⅰ—古典遺伝学」
bHLHモチーフ⇨DNA結合モチーフ
bZIPモチーフ⇨DNA結合モチーフ

光 回 復

紫外線によって与えられた細胞内の損傷が光によって修復される現象のことである．1949年，A. Kelnerは，紫外線照射後，可視光をあてることで細胞の生存率が上がることを，放線菌の一種ストレプトマイセス菌で発見した．同様の現象は，枯草菌や分裂酵母などの一部の生物をのぞく多くの生物で見られる．紫外線はDNAにさまざまな損傷を与えるが，そのほとんどがピリミジン残基において生じる．主なものは，シクロブタン型ピリミジン2量体（CPD）と（6-4）光産物である．光回復反応は，紫外線照射によってDNAに生じたピリミジン2量体に光回復酵素が結合し，可視光によって活性化され，2量体を開裂し，もとの状態に戻す光酵素反応である．光回復に有効な光の波長は320〜500 nm（青色光）である．この反応には，光受容分子（クロモフォア）として2種類の発色団が関係している．1つはフラビンアデニンジヌクレオチド（FADH$^-$）であり，もう1つは5, 10-メテニルテトラヒドロ葉酸ポリグルタメート（5, 10-MTHF）あるいは8-ヒドロキシ-5-ジアザフラビン（8-HDF）である．最初に発見され，同定された光回復酵素はCPDに特異的に働くもので，これをCPD光回復酵素（CPDフォトリアーゼ）とよぶ．一方，1993年に藤堂らはショウジョウバエから（6-4）光産物に特異的に働く光回復酵素を発見した．（6-4）光回復酵素もCPDフォトリアーゼと同様，酵素1分子あたり1分子のFADをもち，光を吸収して励起されたFADH$^-$から電子を受容し，（6-4）光産物の修復を行う．（6-4）光回復酵素は，ショウジョウバエのほかアフリカツメガエル，シロイヌナズナなどでも，その存在が報告されている．

光回復酵素の遺伝子クローニングがさまざまな生物で進み，その1次構造の比較が行われた結果，CPDフォトリアーゼは，単細胞生物（細菌類，酵母，菌類）のもつクラスⅠ型と高等生物（動，植物）のもつクラスⅡ型に分けられている．

以上のような光酵素反応とは別に，紫外線照射後に近紫外光（310〜380 nm）を照射すると，大腸菌の生存率が上がる現象が知られており，これを間接光回復という．間接光回復は，近紫外光照射によりタンパク質合成の遅れ，細胞分裂の遅れが生じ，その間に除去修復が働くためであるとされている． （井上弘一）

<文献>
1) A. Sancar : Structure and function of DNA photolyase and cryptochrome blue-light photoreceptors, Chem. Rev., **103**, 2203, 2003.
2) 藤堂 剛：青色光受容タンパク質としての光回復酵素，実験医学16巻（松影昭夫・花岡文雄編），p. 126，羊土社，1998.
3) 武部 啓：DNA修復，東京大学出版会，1985.

ヒストン

真核生物の染色体を構成する一群の塩基

2個の4量体ヒストン

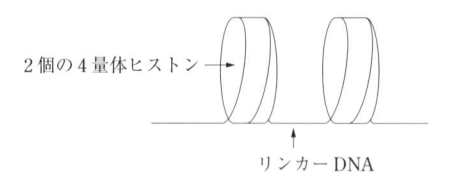

リンカーDNA

図II-66 ヌクレオソームの構造

性タンパク質である．H1, H2A, H2B, H3およびH4に分類される．このうち，H1以外はコアヒストンといい，かび・酵母から高等動植物まで高度に保存されている．ヒストンとDNAとの複合体の最小単位がヌクレオソームである．ヌクレオソームはH2A, H2B, H3およびH4からなる円盤が2枚重なった形をした8量体の周りにDNAが2回巻き付いて形成され，1つのヌクレオソームと隣のヌクレオソームのあいだのDNAをリンカーという（図II-66）．ヒストンH1はリンカー部分に結合してヌクレオソームを固定するように働く．コアヒストンと結合していないリンカー部分は，ヌクレアーゼによる分解を受けやすいので，染色体をミクロコッカス由来のヌクレアーゼで処理すると，ヌクレオソームが切り出される．このような実験から，ヒストンと結合するDNAの長さは146塩基対，リンカー部分は生物によって異なるが，ヒトでは60塩基対であるので，1ユニットのヌクレオソームには約200塩基対のDNAが含まれることがわかった．ヒストン遺伝子の転写および翻訳は，DNA複製と連動しておりS期に行われる．DNA複製フォークの後側に生じるDNAには親染色体のヒストンが結合しているが，DNA量は倍加しているので，新たに合成されたヒストンもヌクレオソームに取り込まれる．コアヒストンは種々の修飾を受ける（表II-10）．これらの修飾は染色体の構造変化，遺伝子発現，ヌクレオソーム形成などに関与している．　　　（東江昭夫）

表II-10　ヒストンの修飾

H2A	リン酸化，アセチル化，ユビキチン化
H2B	アセチル化，ユビキチン化
H3	リン酸化，アセチル化，メチル化
H4	リン酸化，アセチル化，メチル化

ヒストンメチラーゼ

ヒストンタンパク質はアセチル化やユビキチン化，リン酸化，ADPリボシル化などの修飾に加えて，さらにメチル化の修飾を受ける．このヒストンメチル化の活性をもつ酵素をヒストンメチラーゼ（ヒストンメチル化酵素）という．ヒストンは，生物種を越えよく保存されているが，特にヒストンH3とH4とは高度に保存されている．このH3とH4のある特定の位置のリジン残基がメチル化のターゲットになっている．たとえばH3では，アミノ末端から4番目，9番目，27番目，36番目，79番目の各リジンがメチル化を受ける．9番目のリジンがメチル化されることと，染色体がヘテロクロマチン化すること，また転写の不活化が起こることとが関連している．また，4番目のリジンのメチル化は9番目のリジンのメチル化とは逆相関になっている．これらのメチル化を起こす酵素は，SET［SU(VAR)3-9, enhancer-of-zeste, trithorax］ドメインという特徴のあるドメインをもつことが明らかにされている．SETドメインをもつアカパンカビのDIM5はH3の9番目のリジンをメチル化するが，dim-5変異株ではこのリジンのメチル化ができないのと同時にDNAのメチル化もできない．同様の結果は，シロイヌナズナでも得られており，これらの生物ではヒストンのメチル化がDNAのメチル化を制御していると考えられている．ヒストンのメチル化は，リジン残基だけにかぎられているのではなく，H3のアルギニン残基も

メチル化されていることが知られている.

(井上弘一)

<文献>
1) S. Rea, et al.: Regulation of chromatin structure by site-specific histone H3 methyltransferase, Nature **406**, 593, 2000.
2) 真貝洋一:ヒストンのメチル化修飾と転写制御, エピジェネティクスと遺伝子発現機構, 実験医学(押村光夫・伊藤　敬編), p.45, 羊土社, 2003.

非正統的組換え

非相同的組換え(nonhomologous recombination)ともいう. 相同なDNA塩基配列のあいだで起こる相同的組換えに対して, DNA塩基配列の相同性がないか, あるいは非常に短い相同性をもつDNAのあいだで起こる組換えを総称して非正統的組換え(illegitimate recombination)という. 転移因子(トランスポゾン)が介在して起こる欠失, 逆位, 重複, 転移などのDNA組換えは, 非正統的組換えの1つである. トランスポゾンによる組換えは, おのおののトランスポゾンがコードする転移酵素(トランスポザーゼ)が関与しており, 組換え部位はランダムであり, DNA塩基配列特異性はない. また, プロファージが切り出される場合に, まれに宿主染色体DNAの一部を組み込む場合があり, このような組換えは非正統的組換えである. 植物に感染するアグロバクテリウムが保有するTiプラスミド上のT-DNAが植物染色体に導入される場合に起こる組換えも非正統的組換えの1つである. T-DNAの末端には約25塩基対のLB, RB配列があり, この領域およびその近傍の塩基配列と挿入部位の塩基配列には部分的に相同な配列が見られる. 挿入部位は, ランダムであり塩基特異性はない. 抗原特異的免疫細胞がつくられるときに起こる免疫グロブリン遺伝子のV(D)J組換えも非正統的組換えの1つである. V(D)J組換えにおいては, 免疫細胞特異的なRag1/Rag2が切断末端のシグナルエンドとよばれる配列を認識して2本鎖切断を導入する. 上記の組換え機構は, それぞれの組換えに特異的に関与する因子があるが, DNA2本鎖の切断末端どうしが再結合してDNA鎖を回復するDNA末端結合反応(end-joining)が起こって修復される点は共通である. DNA末端結合反応とは, 単純にDNA2本鎖切断が起こった末端どうしが再結合し, 2本鎖DNAが回復される反応をいう. 修復に伴ってもとの分子を正確に回復できる場合もあるが, 末端付近のDNA塩基配列の欠損や置換を伴う場合も多い. DNA末端結合反応にかかわる因子は多く, 高等真核生物ではDNA依存型のプロテインキナーゼ, DNAリガーゼIVが関与していること, 酵母では相同組換えやDNA修復にかかわる遺伝子*RAD50*, *MRE11*, *XRS2*が関与していることがわかっている. 真核生物の細胞にDNAを導入すると, 高頻度で染色体DNAに組み込まれるが, 挿入部位にDNA塩基配列の相同性は認められず, 非正統的組換えによると考えられる. (町田千代子)

非相同末端結合

放射線などにより2本鎖DNA切断が起きたときに, 切断された2本鎖の切断末端を直接つなげることにより修復する仕組みのことである. 塩基配列の相同部分を用いて修復する相同組換えの対義語である. 非相同末端部分を結合する修復なので, しばしば染色体の再配列変異を生む. 非相同末端結合には, 多くの因子が関与しているが, それらの因子を欠くマウスの細胞は, 放射線に対し高い感受性を示し, 染色体異常,

免疫不全などを示す．非相同末端結合に関与する因子は，リンパ球が正常に発生しない複合性免疫不全の原因遺伝子として同定された．ヒトの自己免疫症患者の抗体に結合する因子として見いだされたKu70とKu86は，2本鎖切断部位に結合し，イノシトールトリスリン酸依存性プロテインキナーゼファミリーのDNA-PKcs（DNA依存性プロテインキナーゼ触媒サブユニット）と複合体をつくり，切断部位を保護するとともに，末端どうしを接近させ，XRCC4とDNAリガーゼIVの働きで末端を結合する．下等真核生物の酵母でも，Ku70，Ku86のホモログ（それぞれyKu70とyKu80）が高等生物のものと同様，非相同末端結合により2本鎖切断の修復を行っているが，下等真核生物ではDNA-PKcsホモログの存在は確認されていない．ヒトなどの高等動物では，非相同末端結合機構は2本鎖切断の修復だけでなく，免疫の多様性をつくるのに必要なV(D)J組換えにも関与している．抗体の可変領域は，L鎖ではVとJ領域，H鎖はVとDとJ領域に分かれてコードされている．抗体産生細胞ではRag1-Rag2ヘテロ2量体が，これらDNA領域の特定配列部分で2本鎖を切断した後，これを非相同末端結合により再編することで，多様な抗原受容体遺伝子をつくりだしている．また，Kuタンパク質以外に，減数分裂において組換えの開始となる2本鎖切断を導入する［Nbs1-Mre11-Rad50］複合体も非相同末端結合に関与している．　　　　　　　　　　（井上弘一）

<文献>
1) 園田英一郎，武田俊一：遺伝学的アプローチ，ゲノムの修復と組換え（花岡文雄・武田俊一・柴田武彦編），p. 71, シュプリンガー・フェアラーク東京, 2003.
2) 花田克浩，池田日出男：DNAの切断再結合による非相同組換え，DNA修復ネットワークとその破綻の分子病態（安井明・花岡文雄・田中亀代次編），p. 1063, 共立出版, 2001.

部位特異的組換え

特異的な塩基配列を認識する組換え酵素によって起こる組換えである．一般的な相同組換えのようにDNA分子どうしの長い相同性には依存しておらず，そのメカニズムも相同組換えとは異なる．部位特異的組換えは，保存型部位特異的組換えと転位型部位特異的組換えの2つの機構がある．前者は，2つのDNA間の短い相同配列を認

(a) 保存型部位特異的組換え　　(b) 転位型部位特異的組換え

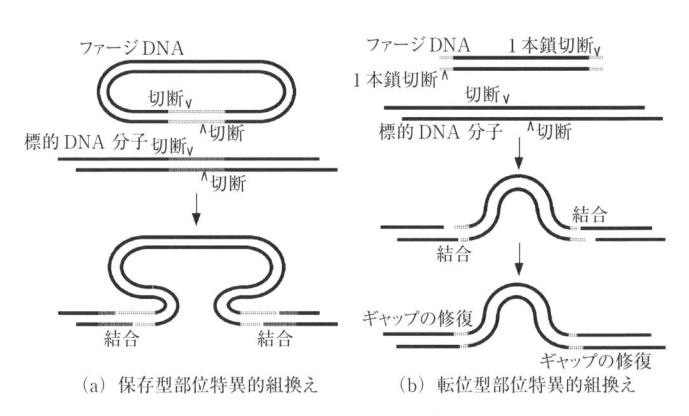

図II-67　部位特異的組換え

識する組換え酵素が作用する．具体例として，バクテリオファージλのDNAの大腸菌のゲノムへの挿入と切出しや，Cre組換え酵素によるlox部位での挿入と切出しなどがあげられる．λファージの場合は，λインテグラーゼ複合体がファージの環状染色体にある組込み部位（attP）と細菌染色体の組込み部位（attB）に結合する．attPとattBは短い相同配列となっており，λインテグラーゼ複合体は，この短い相同配列領域を切断してそれぞれのDNA鎖を再結合する．このとき，連結部位に7塩基対のヘテロ2重鎖の継目が形成される．

DNAに特異的な配列を必要としない．このような部位特異的組換えを行う例として，Muファージやトランスポゾンなどがあげられる．Muファージの場合を例にとると，線状2本鎖のファージDNAの両端にある特異的な反復配列に1本鎖切断を入れ，標的DNA分子の任意の部位を切断する．ついで，それぞれの配列が再結合する．このとき，標的DNA分子の連結部位に1本鎖の短いギャップが生じ，これをDNAポリメラーゼが埋める．そのため，この機構では，標的の塩基配列の2カ所の境に短い重複が生じ，保存型部位特異的組換えのようなヘテロ2重鎖は形成されない．この組換えを触媒する酵素は，トランスポゼースともよばれる． （町田泰則・征矢野敬）

復　雑　度⇨cot解析

復帰変異

突然変異型から野生型への突然変異を復帰変異という．野生型の表現型をA，突然変異型の表現型をaとする．表現型の復帰に際して，遺伝子がまったくもとの野生型に戻る場合を真の復帰変異という．この場合，表現型も完全に野生型に復帰する．一

変異体	→	野生型	復帰変異体の分離
a	→	A	真の復帰変異
aX	→	ax	抑圧変異

交雑実験による区別

$$A\binom{真の復帰}{変異体} \times A\binom{標準株の}{野生型} \rightarrow すべて野生型$$

$$ax\binom{抑圧}{変異体} \times AX\binom{標準株の}{野生型} \rightarrow aX(変異型)の分離$$

図Ⅱ-68　真の復帰変異と抑圧変異の区別

方，a変異を残したまま第2の変異xが生じることによって表現型が野生型（あるいは野生型に近い表現型）に復帰することもある．この場合，変異xを抑圧変異という．真の復帰変異と抑圧変異は，野生型との交雑実験によって区別することができる．真の復帰変異と野生型の交雑から生じる子孫は，すべて野生型であるが，抑圧変異体と野生型の交雑からは変異型の子孫が分離する（図Ⅱ-68）．抑圧変異は，A遺伝子内に生じるものと，A遺伝子外に生じるものに区別される．前者を遺伝子内抑圧変異，後者を遺伝子外抑圧変異という．もととなる変異がどのようなDNAの変化によるかによって，いろいろな復帰変異の起こり方があり得る．欠失変異の場合，真の復帰変異と遺伝子内抑圧変異は生じない．点突然変異からは，真の復帰変異が起こり得る．トランジションによる点突然変異からの復帰変異は，塩基類似体やアルキル化剤などトランジションを誘発する変異原によって誘発される．フレームシフト変異の発生は，トランジションの誘発剤で促進されないが，フレームシフト誘発剤で促進される．点突然変異がナンセンス変異の場合，tRNA遺伝子の変異によって抑圧される．これは，一種の遺伝子外抑圧変異であり，この変異tRNA遺伝子を特にナンセンスサプレッサーという．復帰変異体の分離は，遺伝学のいろいろな局面で役に立ってきた．たとえば，フレームシフト変異からの復帰変異の分離は，コドンのトリプレット

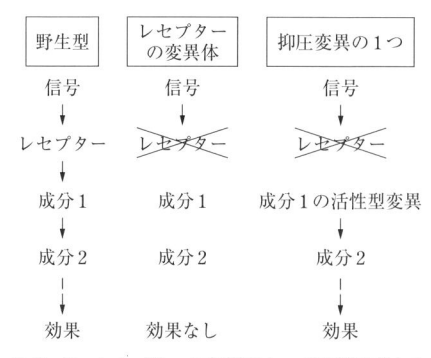

図Ⅱ-69 レセプターの欠陥によって不活化された信号伝達カスケードの活性化をもたらす復帰変異

説の切掛けとなった．また，遺伝子外抑圧遺伝子を分離することは，遺伝子の働きのカスケードやネットワークの解明に有効な方法である（図Ⅱ-69）．たとえば，信号伝達系の上流の因子が欠損することによって系が停止するが，下流の因子に活性化型変異が生じると，上流の因子が欠損したまま系が働くようになる．このように，遺伝子外抑圧遺伝子の分離によって下流因子を同定できる． (東江昭夫)

負の干渉

併発率（2重交叉の頻度の観察値/2重交叉の期待値）が1より大きくなる現象である．1つのキアズマができると，その近傍でのキアズマができ難くなることによる干渉（干渉の項参照）の場合，併発率は1より小さい値をとる．負の干渉は，染色体上の近接した部位間の交雑実験で観察され，キアズマ間の干渉とは異なる機構で起こる．極近接した変異間の組換えの検出が可能なファージを用いて行う3点交雑実験で，3点が近接しているほど併発率が高くなる．これは，実験に用いている変異が互いに近接しているために，1つのヘテロデュープレックスの中に含まれ，誤対合の修復

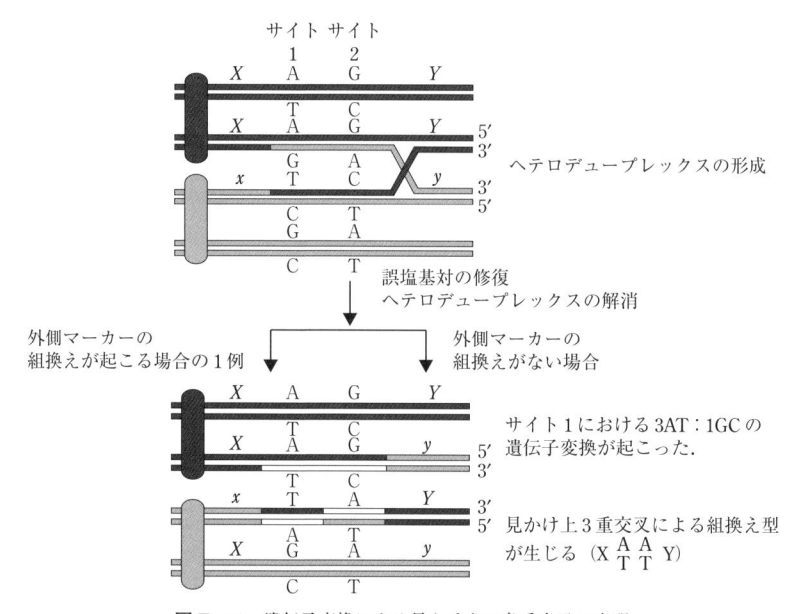

図Ⅱ-70 遺伝子変換による見かけ上の多重交叉の出現

部分2倍体

生活環の中に2倍体の時期をもたないバクテリア細胞に，別の細胞の染色体の一部が導入された状態の細胞をいう．大腸菌Hfr菌とF⁻菌との接合により，Hfr菌の染色体がF⁻菌に転送されるが，Hfr菌の染色体全体が転送されることはほとんどない．F⁻菌に転送された染色体断片は部分2倍体を形成し，その部分で組換えを起こし，組換え体を生じる（図Ⅱ-71）．ここで形成される部分2倍体は安定に保持されない．DNA断片による形質転換やファージを介した形質導入によってできる部分2倍体も安定に保持されない．しかし，F導入によって安定な部分2倍体の状態を維持することができるので，相補性試験や優性/劣性の判定ができる（図Ⅱ-72）．以上に述べた部分2倍体は，F因子をもつ大腸菌およびそれと近縁のバクテリアにかぎられる．プラスミドに染色体遺伝子を連結して作成する組換えプラスミドを導入することでも，安定な部分2倍体をつくることができる．この方法によれば，宿主・ベクター系が開発されている生物ならば，どれでも部分2倍体の状態をつくることができる．

（東江昭夫）

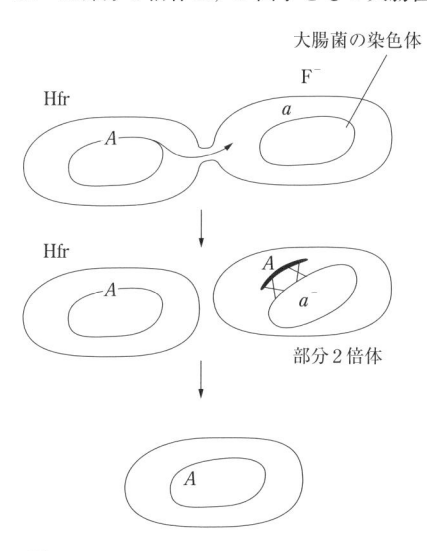

図Ⅱ-71 Hfr×F⁻によってできる部分2倍体

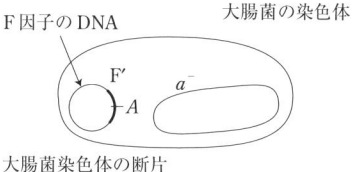

図Ⅱ-72 F導入による部分2倍体

プライマーRNA

DNAポリメラーゼは，既存のDNA鎖またはRNA鎖の3′-OH末端にデオキシリボヌクレオチドを付加することによりDNA鎖を伸長する酵素であり，自分自身でヌクレオチドの重合反応を開始させることはできない．DNA複製の場合は，特にラギング鎖の合成が，岡崎フラグメントの合成と連結のくり返しからなる不連続的機構で行われるために，頻繁な合成開始反応が必要となる（DNAの複製および岡崎フラグメントの項参照）．すべての生物において，岡崎フラグメントの合成には短いRNA鎖がDNA合成のプライマー（導火線の意）として利用される．

プライマーRNAは，DNAプライマーゼ（またはプライマーゼともいう）によって合成される．構造は，バクテリオファージT4ではpppA（またはG）pC(pN)$_3$（NはA, G, CまたはU），バクテリオファージT7ではpppApC(pN)$_{2-3}$，大腸菌ではpppA（またはG）(pN)$_{9-11}$である．真核生物では，

生物種により鎖長に若干の違いがあるが，pppA（またはG）(pN)$_{7-14}$という1次構造からなっている．

原核生物では，プライマーゼはヘリカーゼに依存して働くことが示されている．鋳型鎖上でプライマー合成を行う場所は生物種により異なっており，T7ファージのプライマーゼは5′-GTC-3′を認識して，このトリヌクレオチドの中央のTに相補的なAからプライマーの合成を開始する．T4ファージの場合は，5′-GTT-3′または5′-GTC-3′が合成のシグナルとなり，同様に中央のTに相補的なAからプライマーの合成が始まる．大腸菌のプライマーゼは，5′-CTG-3′をシグナルとして，やはり中央のTに相補的なAからプライマーの合成を行うことが試験管内で示されているが，細胞内では他の配列も利用されている．

真核生物のプライマーゼは，DNAポリメラーゼαと強固な複合体を形成している．鋳型鎖上の5′-PyPyPu-3′を認識して中央のPyに相補的なPuからプライマーRNAの合成を開始する．DNAポリメラーゼαは，このRNAをプライマーとして約30ヌクレオチドのDNA鎖を合成する．このDNA鎖は，DNAポリメラーゼδによって伸長され，岡崎フラグメントが生成する．

プライマーゼは，岡崎フラグメントのプライマーRNA以外に，複製起点におけるリーディング鎖合成の開始反応にも関与している．また，修復反応において *de novo* の合成開始反応が必要となる場合にも，プライマーゼによるプライマーRNA合成が行われる．

特殊な例として，DNAポリメラーゼにより利用されるプライマーが，プライマーゼにより合成されるRNA以外の場合もある．たとえば，組換え反応や修復反応で生じたDNAの末端や，RNAポリメラーゼにより合成されたRNAの末端，あるいは線状DNAの末端に結合したプライミングタンパク質に依存するDNA合成などが知られている． （小川　徹）

<文献>
1) D. N. Frick and C. C. Richardson : DNA primases, Ann. Rev. Biochem., **70**, 39, 2001.

プラスミド

染色体外遺伝子の1つで，宿主染色体とは物理的に独立して自律複製できる遺伝因子の総称である．細胞増殖の過程で安定に維持され，大部分は閉環状の2重鎖DNAであり，非メンデル遺伝を示す核外遺伝子の一種である．しかし，真核生物のミトコンドリアや葉緑体などに含まれるオルガネラDNAとは区別される．プラスミドは，細菌ばかりでなく，酵母などでもその存在が知られており核内に局在している．出芽酵母の2 μm プラスミドがその代表である．細菌のプラスミドの大きさは2 kbから数百kbに及ぶ．1細胞あたりのコピー数は，その種類によって異なっており，1コピーのものから数百コピーのものまである．また，接合により受容菌に伝達しうる接合プラスミド，接合プラスミドと共存すれば伝達しうる可動性プラスミド，非接合プラスミドが知られている．

細菌のもつプラスミドの中には，大腸菌の性因子であるFプラスミドのように閉鎖状2本鎖DNAの状態で自律増殖する状態と自身のもつトランスポゾンの働きなどによって，宿主染色体に組み込まれた状態をとるものがある．このような2つの状態をとりうる染色体外遺伝子の総称として，エピソームとよばれる．λファージなどのテンプレートファージもその例で，溶原化状態では宿主染色体DNAに組み込まれているが，ファージ増殖に向かうと環状2本

鎖のプラスミドとして複製される．また，Fプラスミドは，宿主染色体の一部と結合したまま，宿主染色体から閉鎖状2本鎖DNAに戻ることがあり，組み込まれていた付近の染色体遺伝子を保持している場合がある．この状態のFプラスミドを特にF'プラスミドという．

プラスミドは，宿主細胞の生存には必須なものではないが，薬剤耐性因子，抗菌タンパク質であるコリシン因子，性決定因子をもつものなどがある．また，*Agrobacterium tumefaciens* のもつTiプラスミドのように，植物細胞を腫瘍化するものもある．これらのもつ複製開始点や薬剤耐性遺伝子などを利用して人工的なプラスミドが構築され，遺伝子クローニングや遺伝子組換え操作のベクターとして広く用いられている．

〔町田泰則・征矢野敬〕

プリオン

プリオンは，スクレイピー病のヒツジやクロイツフェルト・ヤコブ病のヒト脳から分離された感染性の強いかん状の構造体で，アミロイド様のタンパク質繊維（プリオンタンパク質，prion protein：PrPと略す）に含まれる病原性因子をさす．

こうした病気の組織から単離される病原性因子は核酸を含まず，タンパク質分解酵素や加熱，紫外線照射などの不活化処理にも抵抗性があることから非通常感染因子とよばれた．1982年プリスナーは，こうした病変した脳に共通して見いだされるプリオンタンパク質が感染因子の本体であるとする"プリオン"仮説を提唱した．プリオン仮説は，タンパク質そのものが自己複製をする感染の実体であるとする点でウイルスとは大きく異なる．1985年にPrP遺伝子の単離によりPrPが外来性のものではなく，PrPが正常細胞の遺伝子にコードされるものであること，正常PrP（PrP^c）は翻訳後修飾によりC末端部に付加されるグリコシルホスファチジルイノシトール（GPI）を介して細胞膜にアンカーする糖タンパク質であることが明らかとなった．

プリオン感染脳組織に蓄積するプロテアーゼ抵抗性PrP（PrP^{Sc}）はPrP^cとアミノ酸の1次構造に差がなく，感染細胞ではPrP^cが何らかの翻訳後高次構造の変化を受けてPrP^{Sc}に変換するものと考えられている．両者を明確に区別するのはプロテアーゼ感受性の差で，PrP^cがプロテアーゼKにより完全消化されるのに対して，PrP^{Sc}はシグナルペプチドに続く67個のアミノ酸だけが消化され，残りの分子量27〜30 KDが抵抗性タンパク質として残る．このように，正常なプリオンタンパク質（PrP^c）が何らかの機序で不溶性でプロテアーゼ抵抗性の異常タンパク質（PrP^{Sc}）へ変換し，これが神経細胞に蓄積して神経細胞死を惹起すると説明される．また，PrP^cが神経組織の発生分化・機能に重要な役割を演じていることが推測されており，蓄積したPrP^{Sc}による直接的神経細胞障害機構に加えてPrP^cの機能消失が神経細胞死を促進している可能性が高い．プリオン病は，プリオンが体内に入ってからの潜伏期間が非常に長いので，ウイルスと病原性の関係についてのような研究は遅れている．

近年では，スクレイピーにかかったヒツジのプリオンが肉骨粉という飼料として牛に与えられ，そのことが狂牛病（BSE）の原因となったとされて，問題となった．狂牛病のプリオンによる人間の変異型クロイツフェルト・ヤコブ病（vCJD病）の発症も指摘されている．

〔渡辺雄一郎〕

フレームシフト⇨点突然変異
プロウイルス/プロファージ⇨溶原性
プロセシング⇨タンパク質のプロセシング

プロモーター

　RNAポリメラーゼが結合して転写を開始するDNA配列の総称であり，遺伝子発現の第1段階である転写開始を規定するシスエレメントである．1961年にF. JacobとJ. Monodのオペロン説が提唱された時点では，遺伝子発現を負に制御するオペレーターという概念しかなく，その後1964年に彼らによる大腸菌のラクトースオペロンの遺伝解析から，転写開始点を規定するDNA領域としてプロモーターという概念が打ち出された．ゆえに，従来の意味では正の転写制御領域も含めて転写開始を促進する領域がプロモーターであるが，現在ではRNAポリメラーゼが結合して転写を開始する領域をさすことが多い．また，転写制御因子の結合領域を含まない転写開始に必要な50～80 bp程度の最小領域をコアプロモーターとよぶ場合もある．

　RNAポリメラーゼはプロモーターに結合後，転写開始点付近のDNA開裂を伴う活性型転写開始複合体（open complex）を形成する．つぎに，鋳型鎖の+1の位置のRNAの5'末端となる基質と+2の位置の基質により，最初のリン酸ジエステル結合が形成され，RNA合成が開始される．その後，プロモータークリアランスとよばれる転写伸長モードに変換する過程を経て，DNA上の遺伝情報がRNAへと写し取られる．この転写開始反応の素過程は原核，真核生物ともに共通であり，より早く試験管内再構成系が確立された大腸菌の転写系によって多くの概念がうち立てられてきた．

　原核生物の多くの場合は，転写開始点上流に保存性の高い-10配列（Pribnow boxともいう）と-35配列をもっている．（図Ⅱ-73(a)）．既知の大腸菌プロモーター解析から得られるコンセンサス配列は-10配列がTATAAT，-35配列がTTGACAで

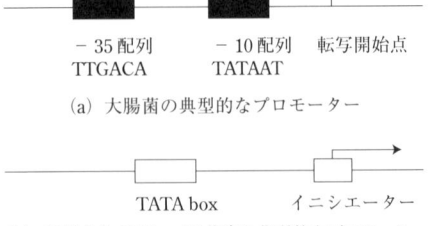

(a) 大腸菌の典型的なプロモーター
-35配列 TTGACA　-10配列 TATAAT　転写開始点

(b) 真核生物RNA polⅡ依存の典型的なプロモーター
TATA box　イニシエーター

図Ⅱ-73　プロモーター

その間は17～18 bpである．転写開始点はA/Gであることが多い．プロモーターの認識は，対応するシグマ因子が結合したRNAポリメラーゼホロ酵素によって行われるが，これらの配列にRNAポリメラーゼホロ酵素中の主要シグマ因子（σ^{70}）が直接結合することが，結晶構造解析からも証明された．一般的に，構成的に発現する強いプロモーターにおいてはこれらの配列の保存性が高く，RNAポリメラーゼ単独で転写を開始することができるが，アクチベーターが存在する場合は保存性が低い傾向にあり，タンパク質相互作用によりRNAポリメラーゼがプロモーター上にリクルートされる．また，ヒートショックによって誘導される遺伝子や定常期特異的な遺伝子のプロモーターはおのおの特異的シグマ因子によって認識される配列をもっている．シグマ因子は，プロモータークリアランス後，RNAポリメラーゼから解離するとされていたが，近年の解析より異なる位置に移行することが示されている．

　真核生物の場合は3種類のRNAポリメラーゼをもち，それぞれ特異的なプロモーターからの転写を行う．いずれのRNAポリメラーゼも単独では結合できず，各ポリメラーゼに特異的な基本転写因子を必要とするが，細胞内ではこれらが巨大なホロ酵素として働くことも示唆されており，原核生物との共通性も議論され始めた．mRNA合成を行うRNAポリメラーゼⅡによって

転写される強いプロモーターにおいては，転写開始点を含む領域にイニシエーター(Inr)，30塩基上流にTATAボックスをもつ場合が多い（図II-73(b)）．TATAボックスは基本転写因子TFIID内のTBPによって認識される．TBPはDNA2重らせんの副溝に結合し，主溝側に約80度DNAを湾曲させることが結晶構造解析から明らかとなっている．このDNAの折れ曲がりも，プロモーターにおける転写開始複合体形成に寄与するものと考えられている．RNAポリメラーゼIIに特徴的な最大サブユニットRpb1のC未満のくり返し配列(CTD)は転写開始複合体中においては脱リン酸化状態であるが，転写伸長モードに移行するとTFIIHなどによってリン酸化されることが明らかとなっている．転写伸長後もいくつかの基本転写因子はプロモーター上にとどまり，つぎの転写開始複合体形成に寄与することが示唆されている．

(田上英明)

不和合性

① 有性生殖の機能は正常であるが，個体の組合せによっては受精あるいは交配が阻止される現象である．植物の自家不和合性として，配偶子自家不和合性と胞子体自家不和合性が知られる．自家不和合性を決定する遺伝子座Sにはいくつもの異なった対立遺伝子がある（$S1$, $S2$, $S3$, など）．配偶子自家不和合性の場合，花粉におけるS遺伝子座の対立遺伝子型が花柱（2倍体）のS遺伝子座の遺伝子型のいずれかと一致すると，花粉管の伸長が阻害される（図II-74）．ナス科植物やバラ科植物などでは，花柱の細胞から分泌され花粉管に取り込まれるRNaseが自家不和合性の原因として働く．一方，ケシ科植物では花柱のSタンパク質を対立遺伝子特異的に花粉管に取り込むことにより不和合性を起こす．胞子体自家不和合性の場合，柱頭に付いた花粉からの花粉管の伸長が，親（2倍体）の遺伝子型によって決定される．花粉管で発現するS遺伝子の対立遺伝子と花柱で発現するS遺伝子の対立遺伝子が一致すると不和合性が起こる（図II-75）．アブラナ科植物で見られる．ここでは，受容体型プロテインキナーゼとリガンドの組合せが合うと信号伝達系が働き，不和合性が現れる．いずれの不和合性も自家受精を回避するように働く．

② 糸状菌のヘテロカリオン不和合性：糸状菌によっては，菌糸どうしが融合してヘテロカリオンが形成される．ヘテロカリオンは，融合する菌糸のhet座の対立遺伝子が異なると致死性を示す．この現象をヘテロカリオン不和合性という．アカパンカビでは11個のhet座が知られている．そ

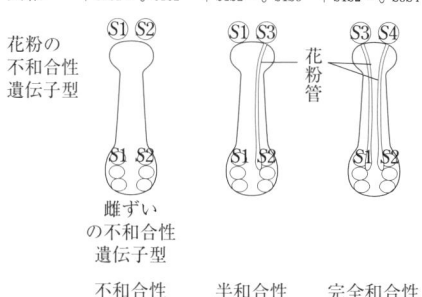

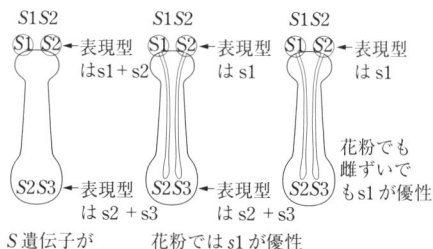

図II-74 配偶子不和合性

図II-75 胞子体不和合性

のうちの1つ, $het-c$ について調べた結果, ヘテロカリオン中の2種の核が異なる $het-c$ 対立遺伝子をもつとき, それぞれがコードするタンパク質間で複合体を形成する. しかし, その複合体がどのようにしてヘテロカリオンの増殖を阻害するのか不明である.

③ プラスミドの不和合性：バクテリアに2種のプラスミドを導入したとき, 両者とも安定に保持される組合せといずれかが排除される組合せがあることが知られている. 安定に共存できない現象を不和合性といい, 同一グループのプラスミドが共通の複製機構あるいは分配機構をもち, 両者で競合が起るために共存できない. バクテリアのプラスミドを不和合性グループによって分類することが行われる. （東江昭夫）

分岐点移動⇨相同組換え

ベクター

組換えDNA実験において目的のDNAを組み込み, 宿主細胞内で増殖する能力を備えたDNA分子である. プラスミド, ファージ, ウイルス, 人工染色体などがベクターとして利用されている. ベクターは, 宿主細胞染色体とは独立に自律的に増殖するための複製起点を備えているが, 宿主染色体に組み込まれて染色体の一部として増殖するものもある. 遺伝子をクローニングするために用いられるベクターをクローニングベクター, クローニングした遺伝子を宿主細胞内で発現させるためのベクターを発現ベクターとよぶ場合がある. 通常, ベクターはDNAを組み込むための制限酵素部位, ベクターが宿主細胞に導入されたかどうかを識別するためのマーカー遺伝子をもっている. 大腸菌で用いられるプラスミドベクターとしてはpUC, pBR322ベクターなどがあるが, これらのベクターは宿主細胞内におけるコピー数が多いので, 目的DNAが宿主に有害な産物をコードしている場合などにはpSC101プラスミド由来の低コピー数プラスミドベクターが用いられることもある. 大腸菌で用いられるファージベクターとしてはλファージベクター, P1ファージベクター, M13ファージベクターなどがある. λファージベクターは5〜24 kb, P1ファージベクターは70〜100 kb と大きなDNAを組み込むことができるので, ゲノムライブラリーの作製に用いられる. その他, 大きなDNAを組み込むためのベクターとしてコスミドベクター, BAC (bacterial artificial chromosome) ベクター, YAC (yeast artificial chromosome) ベクターなどがある. コスミドベクターは, λファージDNAの付着末端 (cos部位) をもつ大腸菌プラスミドで, 30〜45 kbのDNAを組み込むことができ, 試験管内でλファージ粒子にパッケージングして宿主菌に感染させる. BACベクターは環状プラスミドである大腸菌F因子の複製起点をもつプラスミドベクターで120〜300 kbのDNAを組み込むことができる. YACベクターは末端にテロメア配列をもつ直鎖状DNAベクターであり, 酵母染色体の複製起点, 動原体部位 (セントロメア) をもち, 酵母を宿主細胞とする. 250〜400 kbから最大1 MbのDNAを組み込むことができる. 植物に遺伝子を導入する場合には, ウイルスのほかに土壌細菌アグロバクテリウムのもつTiプラスミド由来のT−DNA領域をもつベクターが用いられることが多い. この場合, 植物細胞に導入されたDNAは自律的に増殖できないので, 宿主植物染色体に組み込まれた状態で安定に保持される. 動物細胞を宿主とするベクターとしては, バキュロウイルス・ワクシニアウイルス・レトロウイルスなどがある. 大腸菌と酵母, 大腸菌と動物細胞など異なる宿主細胞で増殖でき

るように，複数の複製起点をもつプラスミドベクターはシャトルベクターともよばれる. 　　　　　　　　　　　　　　（吉岡　泰）

ヘテロ核 RNA

真核生物細胞の核内（ただし核小体の外側）に存在し，大きさが非常に不均一な高分子 RNA を総称していう．核内の RNA をショ糖密度勾配超遠心分離法で解析したときに，リボソーム RNA や tRNA とは異なる，非常に大きな分子として沈降する画分として発見された．アイソトープで標識したヌクレオチドを用いたパルス・チェイス実験から，半減期が 3 分と非常に短いこと，標識に用いたヌクレオチドの約 10％が細胞質内の mRNA 画分に現れることから，ヘテロ核 RNA (heterogeneous nuclear RNA：hnRNA) は mRNA の前駆体と考えられた．その後，mRNA の 5′ 端にはキャップ構造がつくこと，3′ 端にはポリ A 配列がつくことが発見されたが，ヘテロ核 RNA の大部分にもキャップ構造とポリ A 配列が存在することが確認され，ヘテロ核 RNA は mRNA の前駆体であることが確実となった．では，どのようにしてヘテロ核 RNA がそのキャップ構造とポリ A 配列を保持したままで mRNA へと変換されるかは，スプライシングの発見を待たなければならなかった.

RNA ポリメラーゼ II が転写を開始して 25 ヌクレオチドほど RNA を合成すると，その 5′ 端がキャップ構造によって修飾される．ついで，キャップ結合タンパク質がキャップに結合して 5′ 端のプロセシングが完了する．伸長中の RNA 鎖には，すでにスプライシングに必要なスプライソーム (spliceosome) のコアとなるタンパク質が結合しており，順次スプライソームを形成してスプライシングを開始する．このときに，hnRNP (heterogeneous nuclear ribonuclear protein) がヘアピン構造を解消したり，長いイントロンをたたみ込んだりしてスプライシングを助ける．転写の終結により，伸長する RNA 鎖の切断が起き，3′ 端にポリ A が付加される（3′ 端のプロセシング）．そして，スプライシングが完了した成熟 mRNA には，キャップ結合タンパク質 (CBC)，ポリ A 結合タンパク質，hnRNP，スプライソームの構成タンパク質の一部が結合している．ヘテロ核 RNA はこのような mRNA 成熟過程のすべての中間体（RNA-タンパク質複合体）の集合体であると考えられる． （西沢正文）

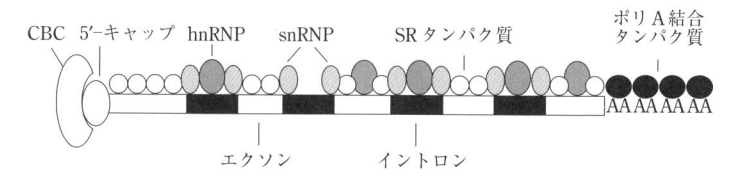

図 II-76　転写が終了して生じた mRNA 前駆体の模式図
この図には，転写が終了するまでスプライシングが起きていないように描いてあるが，実際にはすでにスプライシングが開始している場合が多い．SR タンパク質はセリンとアルギニンに富むタンパク質で，エクソンに結合しスプライシングの境界を決めると考えられている．hnRNA は，この図に示す mRNA 前駆体ができるまでの中間体と，それがスプライシングを受けて成熟 mRNA になるまでの中間体のすべての混合物である．また，この図に示すタンパク質のどれかが必ず結合している．

ホットスポット

　DNA塩基配列上で起きる自然突然変異の頻度分布をとると，変異がゲノム全体にわたりランダムに起きるのではなく，頻度の高いところ低いところがあることがわかる．特に，高い頻度で突然変異が生じる部位をホットスポットとよぶ．S. BenzerはT4ファージのrII遺伝子座の突然変異部位を解析し，ホットスポットの存在を指摘した．自然突然変異のホットスポットによく見られるのは，シトシンがメチル化され，5-メチルシトシンとなる位置でのGC→AT変異で，これは5-メチルシトシンが細胞内で自然に脱アミノ反応を受け，チミンに変化した結果である．変異原処理によっても，突然変異が多数生ずる部位が決まっている．変異原処理によるホットスポットの位置は使用する変異原によって異なり，また生じる突然変異の種類によっても異なる．

　減数分裂時の相同組換え頻度もゲノム全体で一様でなく，組換え頻度の高いところと低いところがある．高いところを「組換えのホットスポット」とよぶ．「組換えのホットスポット」は相同組換えが開始される2本鎖切断部位であり，多くは遺伝子のプロモーター領域と重なる．　　（井上弘一）

<文献>
1) S. Benzer : On the topography of the genetic fine structure, Proc. Natl. Acad. Sci USA, **47**, 403, 1961.
2) 石川辰夫ら編，図解微生物学ハンドブック，p.357，丸善，1990.
3) 柴田武彦，分子機能研究によるアプローチ，ゲノムの修復と組換え（花岡文雄・武田俊一・柴田武彦編），p.123，スプリンガー・フェアラーク東京，2003.

ホーミング（遺伝子の）

　介在配列（イントロンあるいはインテイン）が，この介在配列を欠失した遺伝子に転送されること．この反応に働くエンドヌクレアーゼは介在配列にコードされ，介在配列を欠失したDNA中の標的配列で2重鎖切断を起こし，そこに介在配列が挿入される．この反応によって介在配列を失った遺伝子から介在配列をもつ遺伝子に変換される．ホーミングは，すべての生物界（細菌，古細菌および真核生物）に見られる．真核生物では，核，ミトコンドリアおよび葉緑体のいずれにもホーミングが見られる．これまで，グループIイントロン，グループIIイントロンおよびインテインによる3種のホーミング反応が知られている．ホーミング能をもつグループIイントロンではイントロン内のORFにコードされたエンドヌクレアーゼがそのイントロンをもたない対立遺伝子内の標的配列を切断し，イントロンが遺伝子変換によりイントロンをもたない遺伝子に転送される．インテインはエンドヌクレアーゼ活性をもち，インテインを含まない対立遺伝子内の標的配列を切断し，遺伝子変換によりインテインをコードする配列を転送する．グループIIイントロンのホーミングでは，イントロンが切り出されて生じる投げ縄構造（ラリアート）のRNAとイントロンにコードされた逆転写酵素とRNP（リボヌクレオプロテイン）を形成する．このRNPはイントロンをもたない標的配列を切断し，切断箇所に結合する．イントロンのcDNAを合成し，挿入する．　　（東江昭夫）

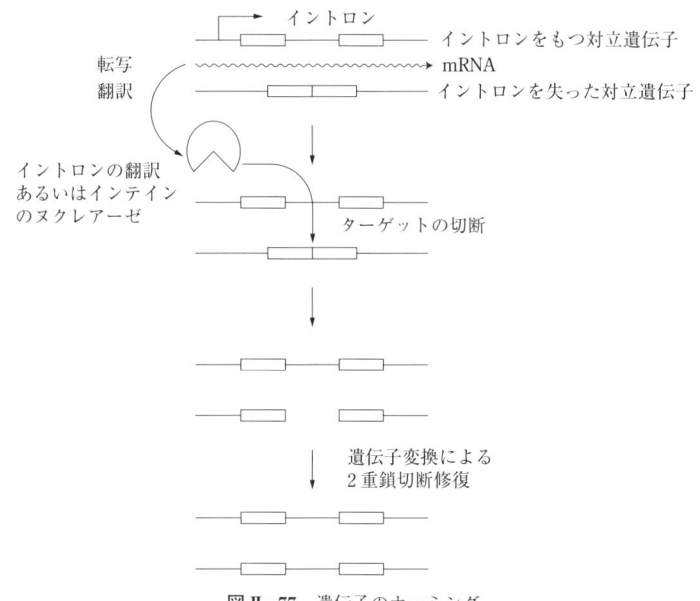

図II-77 遺伝子のホーミング

ホメオティック遺伝子

　ホメオ遺伝子,体節転換遺伝子ともいう.ベートソン（W. Bateson）は1894年に,多細胞生物のある体節が別の体節の構造をもつように転換してしまう現象を「ホメオーシス」と命名した.ホメオーシスは,単一の突然変異で生じることが後に見いだされ,このような変異のことをホメオティック突然変異とよぶ.ショウジョウバエのホメオティック突然変異では,体節の欠損を起こすことなく,ある体節が特徴的な他の体節の性質をもつようになる.このようなホメオティック突然変異を生じ得る原因遺伝子をホメオティック遺伝子という.ホメオティック遺伝子は動植物を通じて見いだされ,領域特異的形態形成をつかさどるマスター調節遺伝子として機能するが,特にショウジョウバエの正常発生における形態形成を制御する遺伝子としてよく研究が進んでいる.

　ホメオティック遺伝子の多くは,ホメオドメインをコードする領域ホメオボックスを含み,この遺伝子産物（ホメオドメインタンパク質）はDNA結合性転写制御因子として機能し,その働きで他の一群の遺伝子の発現を調節する.ホメオティック遺伝子は,クラスター構造をもつ遺伝子群として広く動物界でゲノム中に見いだされ,旧口動物および新口動物の原索動物までは1つのクラスター,脊椎動物では異なる染色体上に4つのクラスターがある.各遺伝子のクラスター上での相対位置,ホメオドメインのアミノ酸配列は動物間できわめて類似していて,進化的に起源を共有していると考えられる.ショウジョウバエの第3染色体右腕には,アンテナペディア遺伝子群（antennapedia-complex）とバイソラックス遺伝子群（bithorax-complex）にホメオボックスをもつ複数のホメオティック遺伝子がクラスターを形成している.アンテナペディア遺伝子群には, *Antp*, *Scr*, *dfd*

などのホメオティック遺伝子が含まれ，これらの遺伝子は，頭部から第2胸節前方区画までの体節を決定する．ショウジョウバエのアンテナペディア変異では成虫の触角が脚になる．一方，バイソラックス遺伝子群は，*Ubx*, *abdA*, *abdB* を含み，残りの胸節から第8腹節までの体節の特性化を行う．胚発生においてホメオティック遺伝子は，クラスター上での遺伝子の相対位置と平行関係にあるような頭尾軸に沿った領域特異的な発現を示し，体節に固有構造を生じるような分化経路を決定する選択遺伝子としての機能をもつ．哺乳類の Hox 遺伝子群は，脳分節に固有の分化，脊椎骨やろっ骨の頭尾軸に沿った固有の形態形成，四肢の軟骨パターン形成などを制御する．植物においても，シロイズナズナの *AGAMOUS*（花弁が雄ずいに転換し，心皮が形成される花の中心部は分裂組織のまま維持され八重咲となる），キンギョソウの *DEFICIENS*（花弁が萼片に，雄ずいが心皮に転換する）など多くの種類が知られている（ホメオボックス遺伝子の項参照）．

(川原裕之)

<文献>
1) R. L. Garber, A. Kuroiwa, W. J. Gehring : Genomic and cDNA clones of the homeotic locus *Antennapedia* in *Drosophila*, EMBO J., **2**, 2027–2036, 1983.
2) W. McGinnis, C. P. Hart, W. J. Gehring, F. H. Ruddle : Molecular cloning and chromosome mapping of a mouse DNA sequence homologous to homeotic genes of *Drosophila*, Cell, **38**, 675–680, 1984.
3) W. J. Gehring : Homeo boxes in the study of development, Science, **236**, 1245–1252, 1987.
4) W. J. Gehring：ホメオボックスストーリー；形づくりの遺伝子と発生・進化（浅島誠監訳），東京大学出版会，2002.

ホメオボックス遺伝子

ホメオボックス遺伝子は，ショウジョウバエの形態形成遺伝子をクローニングする過程で1983年に発見された．バーゼル大学のゲーリングらは，アンテナペディア遺伝子の cDNA をクローニングしエクソンをマップする過程で，その cDNA をプローブに用いたサザンハイブリダイゼーションにより，アンテナペディア遺伝子座の近傍に別の遺伝子に由来するシグナルを見いだした．このシグナルは，他の分節遺伝子として同定されていた *fushi tarazu* であり，アンテナペディア遺伝子と一部共通した塩基配列をもつところから交差反応したことがわかった．さらに，この共通配列が *Ultrabithorax* や *Deformed* など，他のホメオティック遺伝子群にも含まれることが明らかとなり，ホメオボックスと名づけられた．ホメオボックスは180塩基対からなる DNA 配列で，この配列を含む遺伝子をホメオボックス遺伝子（homeobox gene）と総称する．ホメオボックスの発見により，塩基配列の類似性を利用して多くの動物のボディープランにかかわる制御的遺伝子群の分離同定の道が開けた．その後，類似した配列は多くの転写因子をコードする遺伝子にも見いだされた．これら他種生物遺伝子のホメオボックス部分は，核酸レベルでもきわめてショウジョウバエのホメオボックスと類似性が高い．ショウジョウバエで同定された遺伝子は，ほとんどの動物において保存されている．すなわち，ホメオボックスを含む遺伝子は，ショウジョウバエだけでなく，軟体動物，環形動物，棘皮動物，原索動物，脊椎動物であるカエル，マウス，ヒトなどで見いだされている．ホメオボックスの配列は，酵母の接合型決定遺伝子座の産物の1つ Matα2 の DNA 結合部位にも類似性がある．哺乳類のホメオボ

ホモログ

　異なる生物種間あるいは同一種内で2つ以上のタンパク質のアミノ酸配列を比較し，配列相同性が認められれば，それらは相同タンパク質（homologous protein）あるいはホモログ（homologue）という．相同タンパク質間では，対応するアミノ酸が完全に保存されていることもあるが，機能上類似したアミノ酸に置換されている場合（たとえばロイシンからイソロイシンへ，あるいはグルタミン酸からアスパラギン酸へ）などもある．相同タンパク質をコードする遺伝子は，進化的に共通の祖先タンパク質に由来したものであると考えることができ，遺伝子の同一性あるいは近縁性を示している．核酸やタンパク質の構造と機能の比較から分子進化を論ずる場合に用いる．

　相同性を検索する場合，遺伝子の配列がわかっている場合には，BLASTやFASTAなどのコンピュータープログラムによる解析によって，その遺伝子塩基配列，あるいはそれがコードするタンパク質間の相同性，類似性を算出することができる．一方，ある遺伝子の配列が未知である場合に，目的遺伝子との配列類似性があるか否かを判断したい場合には，目的遺伝子に相補的な塩基配列をもつプローブによってハイブリダイゼーションさせることにより相同性を検討することもできる．相同性が高ければより厳しい条件（high stringent）でも両者はハイブリダイズし，相同性が低ければより緩い条件（low stringent）でなければハイブリダイズしない．

　一般に，生理機能が同じか類似のタンパク質どうしは相同タンパク質である場合が多い．しかし，たとえば卵白リゾチームと乳ラクトアルブミンは機能的に異なるにもかかわらず，1次構造上の類似性が高く，

ックス遺伝子は，多くの場合クラスター構造をなしており，このような構造がいくつかの異なる染色体上にマップされる．クラスターを形成している遺伝子群については，Hoxとよばれ，これらは，進化的に相同な一群の転写調節因子をコードしており，このクラスターが染色体の上に並んでいる物理的順番と，その発現の時間的，空間的位置のあいだに線形一致（colinearity）があることが知られている．

　DNA上のホメオボックス配列に対応するタンパク質領域をホメオドメイン，このモチーフをもつタンパク質をホメオドメインタンパク質（homeodomain protein）と総称する．このタンパク質は転写調節能を有しており，標的遺伝子のシス調節エレメントに結合してその遺伝子発現を制御する．ホメオドメインは60個のアミノ酸からなるDNA結合性の転写制御タンパク質である．さまざまなホメオティック遺伝子産物のあいだで，このタンパク質の部域は80～90％共通である．ホメオドメインはヘリックスターンヘリックス構造を示す3つのヘリックスから構成され，第3ヘリックスがDNAの主溝に入り込み，塩基と相互作用して結合する．ホメオドメインは，ショウジョウバエのホメオティック遺伝子，分節遺伝子や体軸決定遺伝子，脊椎動物のHox遺伝子群などの形態形成を調節する遺伝子，組織に特有な遺伝子発現を調節する転写因子群などに見いだされる．ホメオタンパク質は，初期形態形成だけでなく，神経分化決定，組織再生や癌化などにも関与していることが最近明らかになってきている． 　　　　　　　　　　（川原裕之）

<文献>
1) W. J. Gehring：Homeo boxes in the study of development, Science, **236**, 1245-1252, 1987.
2) 野地澄晴，黒岩　厚編：ホメオタンパク質，実験医学，羊土社，2004.

タンパク質として相同であるといえる．一方，進化の過程で遺伝子重複をくり返し同一生物種のゲノム中で多様性を増した場合は，それぞれ関連してはいるが，おのおのが固有の機能を分担している場合も多く，それらは遺伝子産物ファミリーを形成する．タンパク質間での相同性が，分子全体に渡らずある領域にかぎられることもある．共通に保存されている領域は，その領域に保存された特定の機能を果たす機能ドメインとして働いている場合もあり，タンパク質の分子進化の過程で他の機能ドメインと融合し全体として新しい機能をもったタンパク質が生み出されたと考えられるが，このような場合は両者をホモログと考えることは難しい．

1次配列上の類似性はなくとも，同一の機能を果たしうる遺伝子産物の場合には，機能ホモログという概念もありうる．たとえば，卵白リゾチームとバクテリオファージT4のリゾチームとは1次構造上の類似性はなく，収束の結果であるとも解釈されるが，両者は類似した機能を果たすことができる機能ホモログの例と考えられる．

（川原裕之）

ポリシストロン性⇨オペロン/オペレーター

ホリデーモデル

R. Hollidayが1964年に提唱した遺伝的組換え機構のモデルである．真菌類における遺伝子変換の現象を説明するために考案されたが，組換え機構の一般的モデルとして受け入れられている．① DNA塩基配列が相同な2つのDNA分子が並ぶ．② 同じ方向性をもつDNA鎖の同じ位置に1本鎖切断が入り，生じた1本鎖DNAが交差してヘテロ2本鎖がつくられる．③ 生じた切断末端はそれぞれ，相同な相手の分子の切断末端と連結する．このような交差をもつDNA分子の構造をホリデー構造という．生じた交差部位は分子上を移動できる（分岐点移動）．④ 交差部位の位置で最初に切断が入ったDNA鎖と同じ鎖が切断されてつなぎ変えが起こった場合には，非交差型の組換え体ができる．⑤ 一方，最初に切断が入ったDNA鎖とは違うDNA鎖が切断されてつなぎ変えが起こった場合には交差型の組換え体ができる．

また，1983年Szostakらは，最初の切断が両方のDNA鎖に起こるという2本鎖DNA切断修復モデルを提唱した．このモデルでは，①2重鎖の切断，②エキソヌ

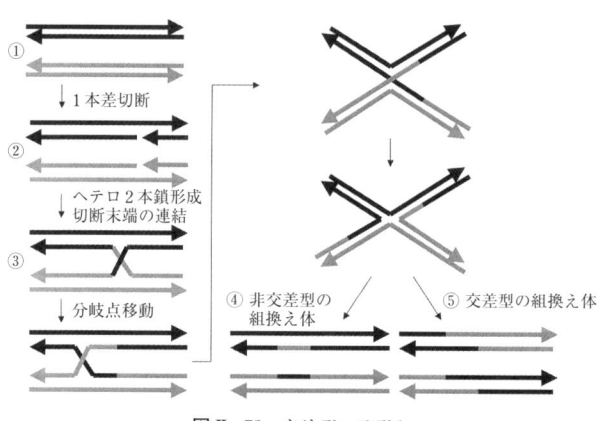

図II-78 ホリデーモデル

クレアーゼ分解による3′突出の1本鎖 DNA部分の形成，③1本鎖DNA部分が，相同な塩基配列をもつ他の2本鎖DNAに入り込み，このDNAを鋳型として修復合成された鎖が再びもとの鎖と結合する．この場合には，2つのDNA分子が2つのホリデー構造をもつ中間体がつくられる．その後，中間体が開裂して組換え体分子が形成される．2重のホリデー構造をした分子が減数分裂期のDNAから分離されており，現在もっとも支持されているモデルである． (町田千代子)

翻 訳

4種類の塩基の配列から構成されているmRNAに内包されている遺伝暗号を，20種類のアミノ酸の配列に変換する過程を翻訳という．DNAに内包された遺伝情報を最終産物であるタンパク質として発現する遺伝子発現の最終段階である．巨大なRNA-タンパク質複合体であるリボソームが関与する多段階の反応から構成される．

① アミノアシルtRNAの合成：アミノアシルtRNA合成酵素により，アミノ酸が2個の高エネルギー結合により活性化され，特異的なtRNAの3′末端のリボースにエステル結合で付加される段階をいう．アミノアシルtRNA合成酵素によるtRNAの構造とアミノ酸の厳密な認識は，翻訳の正確性を決定する非常に重要な段階である．

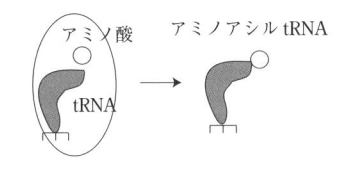

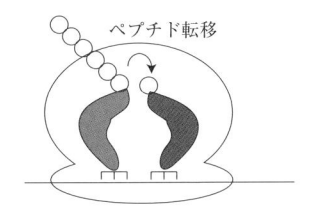

② 翻訳開始反応 (translation initiation)：mRNAがリボソームと結合し，正しい開始コドン上で翻訳開始複合体を形成する段階をいう．真核生物のmRNAは5′端にキャップ構造を3′端にポリ(A)配列をもち，5′端から最初のAUGが開始コドンとして認識される．真核生物の翻訳開始反応は，以下の段階からなる．

1) 43Sリボソームの形成：eIF3やeIF1Aにより，80Sリボソームが40Sと60Sの各サブユニットに解離する．eIF3やeIF1Aが結合した40SリボソームはeIF2・GTP・Met-tRNA$_i$複合体と43S前開始複合体を形成する．

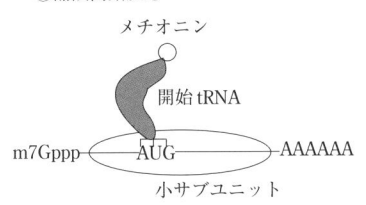

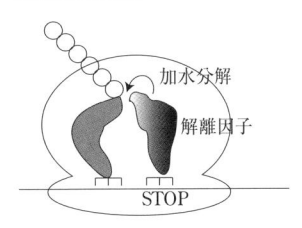

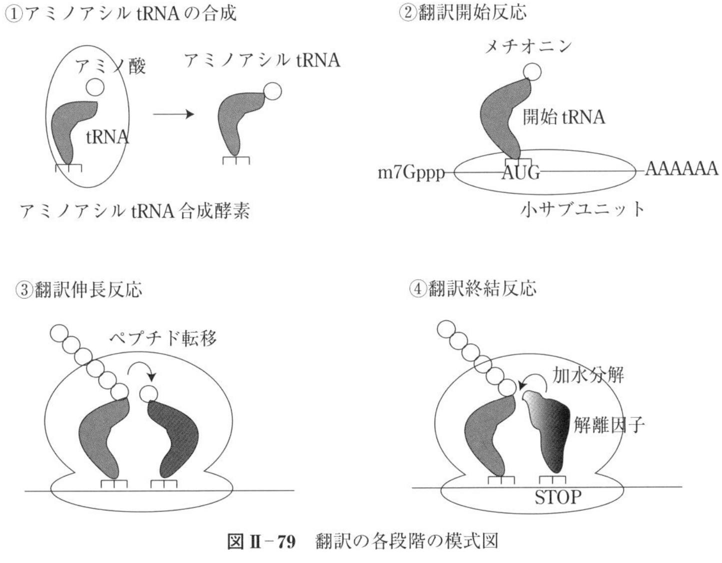

図Ⅱ-79 翻訳の各段階の模式図

2) mRNA とリボソームの結合：翻訳開始因子 eIF4E とポリ（A）結合因子 Pab1p がキャップ構造とポリ（A）に同時に結合し，翻訳開始因子 eIF4G を介してmRNA が環状構造を形成する．主に eIF4G と eIF3 の相互作用により，43S 前開始複合体が mRNA の 5′ 端近傍に接合する．

3) 翻訳開始複合体の形成：5′ 端近傍に結合したリボソームは，RNA ヘリケースである eIF4A/eIF4B の作用により，ATP 加水分解のエネルギーを利用して 2 次構造を解きながら mRNA 上をスキャンし，開始コドンを認識する．eIF5 も関与して安定な開始複合体が形成された後，eIF2 に結合した GTP が加水分解され，開始因子が 40S リボソームから解離する．その後 eIF5B の作用により 60S サブユニットが結合して開始反応が完了する．原核生物では，リボソームの mRNA への結合と正しい開始コドンの認識は，開始コドンの上流に存在するシャイン・ダルガーノ（SD）配列と 16S rRNA の 3′ 端近傍に存在する SD に相補的な配列（anti-SD 配列）間の塩基対形成に大きく依存する．IF3 により 30S と 50S の各サブユニットに解離したのち，IF2・GTP・fMet-tRNA$_f$ 複合体や IF1 の作用により，開始コドン上で 30S リボソームが開始複合体を形成する．IF1 と IF3 が解離して 50S リボソームが会合した後，GTP の加水分解に伴って IF2 が解離し，70S・fMet-RNA$_f$ 複合体が形成される．

③ 翻訳伸長反応（translation elongation）：mRNA 上のコドンに従ってポリペプチド鎖が形成されて行く段階をいう．

1) 翻訳伸長因子 eEF1A（原核生物では EF-Tu）による GTP の加水分解に依存して，mRNA 上のコドンと正しい塩基対を形成するアミノアシル tRNA が選択され A サイトに結合する（暗号解読）．

2) 60S（原核生物では 50S）サブユニットに保持されるペプチド鎖転移触媒活性（ペプチジルトランスフェラーゼ）に依存してペプチド鎖が A サイトに結合したアミノアシル tRNA のアミノ基に転移される．ペプチド鎖転移触媒活性中心の近傍にはタンパク質や金属イオンが存在せず，rRNA が触媒活性をもつと考えられる．

3) eEF2（原核生物では EF-G）の作用により mRNA とリボソームの相対的位置が 1 コドン分移動する（トランスロケーション）．1)～3) の反応がくり返され，ポリペプチド鎖が伸張する．

④ 翻訳終結反応（translation termination）：終止コドンを認識してリボソームに結合するペプチド鎖解離因子（RF）によりペプチド鎖がペプチジル tRNA から解離する段階をいう．原核生物には 2 種類の解離因子が存在し，RF1 は UAG と UAA を，RF2 は UGA と UAA を特異的に認識する．真核生物では eRF1 が 3 つの終止コドンを認識する．

⑤ リボソーム解離反応（ribosome recycling）：ペプチド鎖が解離した後，リボソームが mRNA から解離する段階をいう．

翻訳は高い正確性をもつ反応であるが，mRNA に内包されたプログラムにより通常のルールに従わない翻訳も行われる．また，翻訳開始因子が機能を失う状況下で，リボソームが直接 mRNA 内の特異的配列に結合して翻訳を開始する例が，ウイルス mRNA や癌抑制遺伝子，また細胞周期の M 期特異的に発現する遺伝子で発見されている．これらは，翻訳が高い正確性とともに発現制御系としての可塑性をもつことを示している．また，正しく遺伝子をコードしない異常 mRNA を積極的に分解する品質管理システムの解析から，翻訳とmRNA 分解系の密接な関係も明らかになりつつある． （稲田利文）

ミスセンス ⇨ 点突然変異

ミューテーター

他の遺伝子の自然突然変異率を上昇させる遺伝子のことをいう。ミューテーター遺伝子ともいう。正常細胞における自然突然変異の発生は,通常 $10^{-10} \sim 10^{-9}$/塩基対/細胞分裂であるが,ミューテーター遺伝子に突然変異をもつ細胞では,これに比べて $100 \sim 100000$ 高い自然突然変異の発生が見られる。ミューテーターとしての表現型は,以下のような種々の異なる遺伝子変異によって生じる。

① DNA 複製装置のエラーが原因であるもの。たとえば,バクテリオファージ T4 の DNA ポリメラーゼ I のもつ $3' \rightarrow 5'$ エキソヌクレアーゼの校正機能欠損変異,あるいは大腸菌 DNA ポリメラーゼ III の α,あるいは ε サブユニットの欠損変異などである。これらの変異により〜10000 倍の自然突然変異の上昇が見られる。出芽酵母の PolIII (Polδ) および PolII (Polε) でも同様のことが観察されている。

② ミスマッチ修復機能が欠損しているもの。DNA 複製の折,誤って取り込まれた塩基による塩基ミスマッチは校正修復で修復されるが,それを逃れたミスマッチはミスマッチ修復機構によって修復される。大腸菌の mutS, mutL, mutH 遺伝子によってコードされているタンパク質はミスマッチ(片方の鎖の数塩基の欠失あるいは付加によるミスマッチも含む)部分を認識し,これを修復するが,もしこの機能を失うと細胞は高い自然突然変異率を示すようになる。ヒトを含む真核生物にも広くこの修復機構が存在し,ヒトでは,この機構の欠損は遺伝性の結腸癌を引き起こすことが知られている。

③ 細胞内代謝に起因するヌクレオチド損傷の排除にかかわる機構の欠損によるもの。生体内の代謝は活性酸素を生み出し,種々の酸化的 DNA 損傷を生むが,特に 8-オキソグアニンは発生頻度が高く,DNA に取り込まれた際に対合の相手としてアデニンを取り入れる。大腸菌の mutT 遺伝子産物は,この 8-オキソグアニンのヌクレオチドプールからの排除にかかわる加水分解酵素 (8-oxo-dGTPase) である。また,mutY, mutM は 8-オキソグアニンの対合相手のアデニン,あるいは 8-オキソグアニンを DNA から切り出すグリコシラーゼをコードしている。いずれの遺伝子の変異も,自然突然変異率を著しく高めるミューテーターである。

①,② で説明したミューテーターにより上昇する変異は,すべてのタイプの塩基置換とフレームシフトであるが,③ では G:C→T:A のトランスバージョンが特異的に上昇する。　　　　　　(井上弘一)

<文献>
1) 真木寿治:DNA 複製エラーの発生と修正の分子機構,DNA 修復ネットワークとその破綻の分子病態(安井　明・花岡文雄・田中亀代次編),p. 1146,共立出版,2001.
2) E. C. Friedberg, et al.:DNA repair and Mutagenesis, ASM Press, 1995.

無性生殖

有性生殖の対語であり,配偶子などによる有性過程を経ずに新しい個体を生み出す生殖法である。遺伝子セットが組み換えられることなく,子が親と遺伝的に同一である。新個体が単一の細胞から発生する場合(無配偶子生殖)と1つの細胞群から発生する場合(栄養生殖)とがある。

無配偶子生殖は,生殖のもっとも単純な様式で,単細胞生物で見られ,直接細胞分裂で生殖が行われる。この中には2分裂(ゾウリムシ,珪藻など)や多分裂(胞子

虫など），出芽（酵母やヤコウチュウなど）がある．また，胞子による生殖や維管束植物の無配生殖なども含まれる．栄養生殖には，植物における鱗茎（クロッカス，タマネギ），球茎（グラジオラス，コンニャク），塊茎（ジャガイモ，キクイモ），根茎（タケ，ヨシ，シダ類）などの地下茎，匍匐枝（ユキノシタ，コヤブラン），匍匐根茎（ドクダミ），塊根（サツマイモ，ダリア），むかご（ヤマノイモ，オニユリ），コケ類の無性芽など，動物においては，サンゴや群体ボヤの出芽，淡水カイメンの芽球，鉢虫類の横分体形成（strobilation），イソギンチャク，渦虫類，多毛類，ヒトデなどで見られる分裂などがある．

　有性生殖をする生物でも，その生活環の中に無性生殖が含まれる例も多い．有性生殖に伴って染色体の単相と複相とが交互に現れる現象を核相交代というが，生物種によって，無性生殖が複相世代で行われるものと単相世代で起こるものとがある．前者には，動物や植物の栄養生殖やゾウリムシ，珪藻などの2分裂，ミズカビやツボカビの遊走子などが，後者には，クラミドモナスの遊走子，接合菌類・子嚢菌類の栄養胞子がある．胞子虫・菌類，アオサ・コケ類・シダ類などでは複相の接合子，胞子体から減数分裂によって単相の遊走子・種虫・真性胞子が生じる（接合子還元・胞子還元）．

　単為生殖は単性生殖であり，ふつう無性生殖には含めないが，組換えを回避するという理由で遺伝学的には，無性生殖と同様に扱われる場合がある．　　　（酒泉　満）

メセルソン-スタールの実験

　DNAが半保存的に複製されることを証明した実験で，M. MeselsonとF. W. Stahlにより1958年に発表された．
　DNAの2重らせんモデルは，1953年に

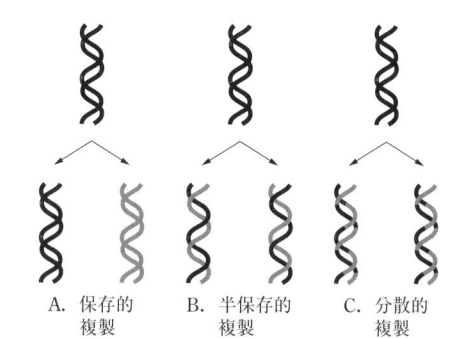

A. 保存的複製　　B. 半保存的複製　　C. 分散的複製

図II-80　3種類の複製様式（親鎖：黒，娘鎖：灰色）

J. D. WatsonとF. H. C. Crickによって提出された．さらに同年，彼らはDNAの複製様式として，半保存的複製モデル（図II-80 B）を提出した．このモデルでは，まず2重らせんの一部が巻き戻され，生じた2つの1本鎖DNA（親鎖）のそれぞれが鋳型となって，相補的な塩基配列からなるDNA（娘鎖）がつくられる．合成された娘鎖は鋳型となった親鎖と水素結合を形成し，複製の進行に伴って，親鎖と娘鎖からなる2つの新たな2重らせんのDNA分子が生じる．

　このモデルが出された当時は，まだDNAの変性という現象すら知られておらず，非常に長い糸状のDNAが小さな核の中で，短時間のうちに，もつれずに巻き戻されたり複製されたりすることは容易ではないと考えられていた．また，実験的検証も難しく，このモデルはすぐには受け入れられなかった．M. DelbrückとG. S. Stentは，当時考えられていたいろいろなモデルを3つの基本的なモデルにまとめた（図II-80）．保存的複製モデル（図II-80 A）では，親鎖の2重らせんはすべて保存されたまま，何らかの機構で塩基配列の並びが読みとられ，その情報に基づいて新しい娘鎖のみからなる2重らせんが生じる．分散的複製モデル（図II-80 C）では，両方のDNA鎖で古い親鎖と新しく合成された娘

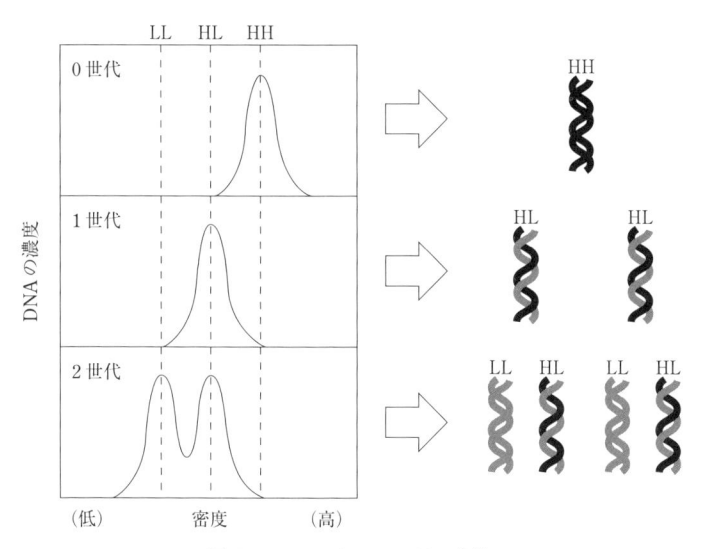

図 II-81　Meselson–Stahl の実験
左図中で，世代数は軽い培地に移した後の培養時間を表す．LL，HL および HH は右の模式図に示したおのおのの DNA がバンドを形成する位置を示している．右図中の H は重い 1 本鎖 DNA を，L は軽い 1 本鎖 DNA を表す．

鎖が部分的に混ざり合った状態の 2 重らせんを生じる．

　Meselson と Stahl は，画期的な実験方法を開発して見事にこの問題の解答を導き出した．彼らは，大腸菌を，窒素源として ^{15}N-塩化アンモニウムを含む培地（重い培地）中で培養した．^{15}N は通常の窒素原子 ^{14}N の安定同位体であり，DNA 中の塩基に取り込まれるために DNA を "重く標識" することができる．数世代，培養した後に，遠心分離により菌体を集め，通常の ^{14}N-塩化アンモニウムを含む培地（軽い培地）に移していろいろな時間培養を続けた．重く標識された古い DNA と，軽い培地で新たに合成された "軽い DNA" がどのような割合で存在するかを調べるために，菌体から抽出された DNA は塩化セシウム溶液中での平衡密度勾配遠心にかけられた．DNA は抽出操作中に断片化されている．高濃度の塩化セシウム水溶液に DNA を加えて長時間，超遠心を行うと，遠心管内に塩化セシウムの密度勾配が形成され，DNA は自身の密度（浮遊密度）に等しい位置に集まり，バンドを形成する．

　図 II-81 に得られた結果の模式図（左）と，結果から導き出された複製様式の模式図（右）を示す．0 世代のサンプル（左上）は，軽い培地での培養を行わなかったもので，DNA は重い DNA の位置（HH）にバンドを形成した．軽い培地に移して 1 世代培養したサンプルは，重い DNA の位置（HH）と軽い DNA の位置（LL）の中間にバンドを形成した．軽い培地に移して 2 世代培養したサンプルは，中間の位置と軽い DNA の位置（LL）に等量の DNA のバンドを形成した．中間の位置のバンドは，右図に示すとおり H および L の DNA を 1 本ずつ含む HL DNA と考えられる．実際に Meselson と Stahl は，このバンドの DNA を加熱変性すると 1 本鎖の重い DNA と 1 本鎖の軽い DNA に分かれることを示した．

図Ⅱ-81の実験結果は，保存的複製モデルや，分散的複製モデルでは説明できず，右の模式図に示したとおり，半保存的な機構によってDNA複製が行われていることを示している． (小川　徹)

メッセンジャーRNA (mRNA)

(1) 概要と歴史

遺伝情報がタンパク質に発現される過程で，タンパク質のアミノ酸配列を規定する情報の媒体として働くRNAである．伝令RNAともいわれる．mRNAはtRNAを介して特定のアミノ酸配列に翻訳され，タンパク質が合成される．歴史的には，DNAの遺伝情報がRNAに転写され，このRNAがタンパク質の合成を仲介するというセントラルドグマが定着した初期には，リボソームRNA自体がアミノ酸配列を規定すると考えられた．リボソームがタンパク質合成の場所であることと，RNAの大部分はリボソームにあることが明らかになったからである．しかし，リボソームRNAは均一でかつ安定であることから，情報の媒体として働くRNAとしては適さないことも認識されていた（リボソームのパラドックス）．T4ファージが感染した大腸菌内で新たに合成されるファージRNAの解析を契機に，1961年DNAの遺伝情報をリボソームに運ぶ不安定なRNAが発見され，メッセンジャーRNA（mRNA）とよばれるようになった．

(2) 転写単位

mRNAは他のRNAと同様に，ゲノムDNAからRNAポリメラーゼにより一定の単位ごとに転写される．1つの転写単位上のDNA領域では，mRNAはDNAの一方の鎖からのみ転写される，転写されるDNA鎖を鋳型鎖，転写されたmRNAと同じ塩基配列をもつもう1つのDNA鎖をコー

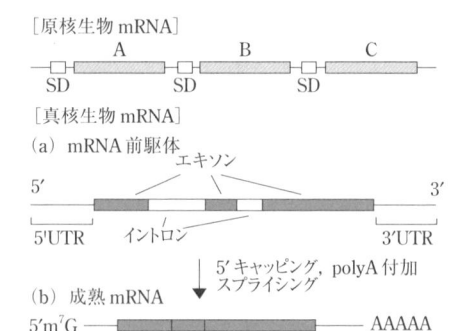

図Ⅱ-82　真核生物と原核生物のmRNAの比較

ード鎖という．mRNAは細胞の全RNAの数％を占めるに過ぎないが，そのサイズは多様で広範囲にわたっている．単一の遺伝子（シストロン）から転写されるmRNAをモノシストロニックmRNA，複数個の遺伝子から1つながりに転写されるmRNAをポリシストロニックmRNAという．原核生物ではポリシストロニックmRNAとして転写されることが多い．ポリシストロニックmRNAから翻訳されるタンパク質はしばしばある1つの代謝経路にかかわっている．たとえば，大腸菌のガラクトース代謝に必要な3つの酵素やヒスチジンの合成に必要な10種の酵素は，おのおの1つのポリシストロニックmRNAから合成される．ポリシストロニックmRNAを用いると，いくつかの関連したタンパク質の合成を統合的に調節できる利点がある．

(3) mRNAの構成 (図Ⅱ-82)

mRNAはポリペプチドをコードするコード領域（open reading frame：ORF），5′非翻訳領域および3′非翻訳領域からなる．5′非翻訳領域はリーダー領域ともいわれる．ORFは開始コドン（ATGまたはGTGがふつう）で始まり，終止コドン（UAA，UAG，UGA）で終わる．ポリシストロニックmRNAの場合，1つのORFの終止コドンから，つぎのORFの開始コドンまで

は通常数十塩基あり，この領域をスペーサー領域という．各 ORF の開始コドンのすぐ上流には 16S rRNA の 3' 末端と相補的な配列（シャイン・ダルガーノ配列：SD 配列）が存在する．この配列は翻訳の開始の際，30S リボソームと mRNA との結合に重要な役割を果たしている．原核生物では転写が完了し mRNA が DNA から解離する前にリボソームによる翻訳が始まる．すなわち，転写と翻訳は同時に進行する．このことを転写と翻訳の共役という．原核生物の mRNA 分子の半減期は数分で，他のRNA に比べ短い．この性質は環境変化に対応し，タンパク質合成をすばやく調節するうえで重要な意味をもっている．

真核生物の mRNA は一般にモノシストロニック mRNA であるが，その形成過程は複雑である．RNA ポリメラーゼ II により核内で合成された 1 次転写産物は，その 5' 末端および 3' 末端に，それぞれキャップ構造およびポリ A 鎖が付加される．ついで，スプライシングにより，イントロン（介在配列）が除去され，エキソン（タンパク質をコードする部分）のみが連結されて成熟 mRNA となり，細胞質に移行する．キャップ構造とポリ A 鎖の付加は，mRNA の安定性や翻訳の効率を決める重要な要因である．なお，mRNA の 3' 末端でのポリ A 鎖の付加は，原核生物においても発見されており，mRNA の安定性に関与していることが明らかになってきている．

（饗場弘二）

メディエーター

転写活性化において，DNA 結合転写活性化因子と転写開始複合体，特に RNA ポリメラーゼ II とのあいだをつなぐ DNA 非結合性の仲介因子複合体をいう．出芽酵母で詳しく研究され，現在では分裂酵母やマウスおよびヒト細胞で相同体が見つかっている．

メディエーターは，遺伝学的研究と生化学的研究の 2 つのアプローチから発見された．RNA ポリメラーゼ II の最大サブユニットの C-末端には 7 アミノ酸のくり返し配列（C-terminal domain：CTD）があるが，これを短くした変異株は低温感受性となる．この低温感受性を抑圧する変異（優性変異，*SRB2*，*SRB4*，*SRB5*，*SRB6*；劣性変異，*srb7 - srb11*）が単離された．特に *SRB4*，*SRB6*，*SRB7* 遺伝子は生育に必須であり，これらの温度感受性変異株では転写の全般的な低下が見られた．酵母からRNA ポリメラーゼ II を精製すると，それは大きなタンパク質複合体（RNA ポリメラーゼ II ホロ酵素）であり，その中にSrb8，Srb9，Srb10，Srb11 タンパク質が含まれており，Srb2，Srb4，Srb5，Srb6 タンパク質がこの複合体と相互作用することがわかった．一方，R. Kornberg のグループは *in vitro* 転写反応で，転写活性化因子を 2 種類加えると一方が他方による転写活性化を押さえる干渉現象が，RNA ポリメラーゼ II や基本転写因子以外のタンパク質画分を加えることで解消することを見いだした．さらに，この画分は精製した転写活性化因子，RNA ポリメラーゼ II と基本転写因子を用いた *in vitro* 転写反応の転写活性化に必要であることがわかった．この画分を精製した結果，20 種のタンパク質からなる複合体であり，Srb2，Srb4，Srb5，Srb6，Srb7 タンパク質，既知のDNA 非結合性転写制御因子である Nut1，Nut2，Rgr1，Gal11，Sin4，Pgd1，Rox3，Cse2 そして新規の 7 種の Med タンパク質を含んでいた．これらのタンパク質はSrb2，Srb4，Srb5，Srb6 が 1 つのグループ，Rgr1，Sin4，Gal11，Pgd1，Med2 がまた 1 つのグループというように，モジュール構造をとってメディエーター複合体を形成していると考えられている．

メディエーターは，転写活性化以外に基本転写の促進，TFIIH による CTD リン酸化の促進という機能をもつ．これらの機能には，メディエーターと RNA ポリメラーゼ II の CTD との相互作用が重要であるが，後の 2 つの機能には Sin4, Gal11, Pgd1, Med2 モジュールが不要であり，モジュール間での役割分担あるいはメディエーター構成の多様性が考えられている．メディエーターの作用機構として，DNA 結合性転写活性化因子との相互作用により，転写開始複合体をプロモーターにリクルートする機構が提唱されているが，今後の検証をまたなければならない．

ヒト細胞で，甲状腺ホルモン受容体による転写活性化を補助する因子の複合体として単離された TRAP は Rgr1, Nut2, Srb7, Srb10, Srb11 の相同体を含んでいた．また，Med7, Srb10, Srb11 の相同体の探索からマウス，ヒト，分裂酵母で TRAP 以外のメディエーター複合体が発見された．このことは，転写制御におけるメディエーターの機能が真核生物で共通していることを示している．　　　　　　　（西沢正文）

モノシストロン性⇨オペロン/オペレーター

有性生殖

無性生殖の対語で配偶子による生殖をいう．通常，両性の配偶子の合体（受精）によって接合子（受精卵）を生じ，これから新しい個体が発生する（両性生殖）．単細胞生物の接合も有性生殖に含まれる．これに対し，単為生殖のように一方の性の配偶子が受精なしに単独で発生して新個体を生じる場合もある．両性生殖では，減数分裂と受精が規則的に交代し，その過程で遺伝的組換え（遺伝子の組合せの多様化）が生じる．

1 つの生物種において，生殖法を異にした世代が周期的に交代することを世代交代という．世代交代を行う生物においては，有性生殖を営む有性世代（配偶体を生活の主体とする世代）と胞子体を生物の本体とする無性世代とがある．世代交代の様式には，配偶子生殖が無配偶子生殖と交代するもの（緑藻類，褐藻類，紅藻類，多くの菌類，コケ類，シダ類，胞子虫類），両性生殖と無性生殖が交代するもの（ミズクラゲなど），両性生殖と単為生殖が交代するもの（ヘテロゴニー；ワムシ，アリマキなど），幼生の単為生殖と成体の両性生殖が交代するもの（アロイオゲネシス；カンテツなど）などがある．

単為生殖と両性生殖を比較したときに，両性生殖が増殖率において不利であることを「有性生殖のコスト」という．異型配偶子生殖を行う種においては，大配偶子（卵）と小配偶子（精子）にほぼ同じ資源を投資する．しかし，小配偶子は遺伝情報以外接合子に資源においてほとんど寄与しない．もし，この種に親と同じ遺伝子型をもつ卵をつくり，かつ受精を必要としない単為生殖する変異個体が生じたら，小配偶子に投資される資源をすべて大配偶子に回せるので有性生殖個体の 2 倍の速度で集団内に広がり，ついには両性生殖個体を駆逐してしまうことが考えられる．有性生殖が進化・維持されるためには，この 2 倍のコストを上回るだけの有利さが両性生殖になければならないことになる．両性生殖の本質的特徴は異なる祖先からきた遺伝情報が 1 個体の子孫に受け継がれ，多様な遺伝子の組合せをもつ子孫が生じることである．両性生殖が維持されてきた理由は，進化生物学上の重要な未解決問題である．　（酒泉　満）

揺らぎ仮説⇨コドン

溶菌サイクル

　細菌の体内で増殖したバクテリオファージが，溶菌して多数の子ファージを放出する感染サイクルのことである．バクテリオファージ（ファージ）は細菌に感染し，その菌体内で増殖するウイルスである．大腸菌を宿主とするファージにはλファージ，T2, T4などのT系ファージ，M13ファージなどがある．
　ファージの生活環には，溶菌サイクルと溶原サイクルの2つの様式がある．溶菌サイクルしかもたないファージをビルレントファージという．溶菌サイクルは，以下のように行われる．
① 宿主細胞外膜の特異的な受容体にファージが吸着する．
② ファージのDNAが注入され，DNAが内膜をとおり細胞質内に輸送される．
③ 宿主のRNAポリメラーゼによって前期遺伝子が転写され，ファージDNAの複製のための酵素などが合成される．
④ 後期にはファージ粒子の構造タンパク質などが合成される．
⑤ ファージ粒子の形態形成が行われる．
⑥ ウイルス遺伝子の産物の作用で細胞壁が破壊され溶菌し，新たに合成されたファージが放出される．
　シャーレ上で細菌が一面に増殖していると全体が白く見え，いわゆるローンを形成するのに対し，ファージがいるところではファージがつぎからつぎへ細菌を溶かしてゆくため，細菌のいない透明な部分（プラーク）が形成される．同調条件下で感染を行わせたときには，一段増殖といわれる増殖を行う．感染した直後には，感染細胞をつぶしても中に感染性のあるウイルスは検出されない暗黒期がある．ファージの生活環がひとまわりして溶菌直前となると菌体内に多くの子孫ファージが蓄積してくる．
　以上の溶菌サイクルに対して，溶原サイクルではファージDNAが宿主細菌の染色体に組み込まれ，細菌を殺さずに細菌染色体と一緒にウイルス遺伝子が増殖することになる．このような生活環をもつファージのことを溶原性（テンペレート）ファージという．ラムダファージは溶菌サイクルと溶原サイクルの2つの様式を使い分けている．
　　　　　　　　　　　　（渡辺雄一郎）

溶原性

　外部からの感染なしにファージを生産しうる細菌の能力である．非感染のファージ（プロファージ）が細菌の染色体の一部となっている場合と，染色体外にプラスミドとして存在する場合とがある．前者の例として大腸菌のλファージ，後者の例として大腸菌のP1ファージがあげられる．いずれの場合もプロファージは，細菌ゲノムの一部として子孫へと遺伝する．自然誘発あるいは紫外線などにより誘発されると感染性のファージ粒子が生産され，プロファージを溶原化していた菌（溶原菌）の溶菌が起こる．溶原菌は溶原化しているファージと同種のファージの感染に対して特異的な抵抗性（免疫性）を獲得している．プロファージとして溶原化するファージは溶原ファージ（テンペレートファージ）とよばれる．
　　　　　　　　　　　　（吉岡　泰）

揺動試験

　大きな集団とそれを分割した小さな集団について，突然変異発生の頻度を統計的な方法で比較することにより，突然変異がランダムに発生するかどうかを検討する方法である．これにより，細胞1世代あたりの

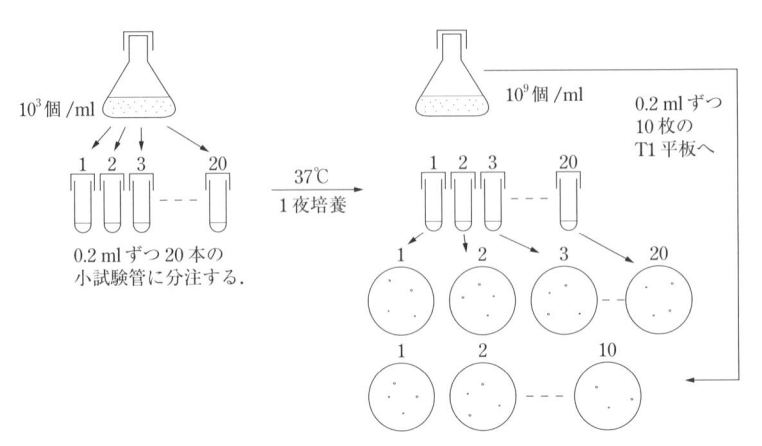

図 II-83 大腸菌のT1感受性から耐性への突然変異の発生（Luria and Delbrück, Genetics 28：491（1943））

表 II-11 大腸菌のT1ファージ耐性の自然突然変異

小分けした培養		小分けしなかった培養	
試験管	T1耐性菌の数	試験管	T1耐性菌の数
1	1	1	14
2	0	2	15
3	3	3	13
4	0	4	21
5	0	5	15
6	5	6	14
7	0	7	26
8	5	8	16
9	0	9	20
10	6	10	13
11	107		
12	0		
13	0		
14	0		
15	1		
16	0		
17	0		
18	64		
19	0		
20	35		
平均	11.4		16.7
分散	694		15

突然変異率を推定することができる．Luriaと Delbrück（1947年）によって考案された．大腸菌を実験材料にして，T1ファージに感受性から耐性への突然変異の発生頻度を統計的に調べる（図 II-83）．大腸菌の培養液（10^3個/ml）を 0.2 mlずつ20本の小試験に小分けし，一夜培養する．各試験管中の大腸菌の濃度は 10^9個/ml になる．一方，同じ培養液について小分けしない培養もつくり同様に一夜培養する．小試験管の培養液を，T1ファージを塗布した寒天平板1枚に広げる．小分けしなかった培養液を1枚の寒天平板に 0.2 mlずつ10枚の寒天平板に広げる．寒天平板を一夜保温した後に現れるT1ファージ耐性の大腸菌のコロニーを数える（表 II-11）．小分けした実験区について，平板あたりのT1耐性変異体の数の平均値と分散を計算する．小分けしなかった実験区についても同様の処理を行う（表 II-11）．

小分けした実験区で生じるT1耐性変異体の出現頻度の分散は，小分けしなかった実験区のものと比べて大きい．この結果は，変異がランダムに発生することを示しており，突然変異の発生率はポアソン分布で記述できる．

$$P(r) = \frac{m^r}{r!}e^{-m}$$

$P(r)$ は1本の試験管内でr回の突然変異が起こる確率，mは平均値を表す．T1寒天平板上に現れた突然変異体の数は突然変異の発生数ではない．この実験法では，突然変異の発生回数を直接知ることはできないが，ポアソン式からmを求めることができる．

$P(0) = -e^{-m}$

表から，$P(0) = 11/20$
よって，$m = 0.598$

$$突然変異率 = \frac{m}{細胞数} = \frac{0.598}{2 \times 10^8} = 3 \times 10^{-9}$$

〔東江昭夫〕

抑圧遺伝子

突然変異体の表現型が現れるのを抑える働きをする遺伝子である（抑制遺伝子ともいう）．任意の変異体の表現型が野生型（あるいは野生型に近い表現型）へ復帰するとき，もとの変異を残したまま，第2の変異が生じたことによることがある．第2の変異がもとの遺伝子内に生じたとき遺伝子内抑圧変異，別の遺伝子に生じたとき遺伝子外抑圧変異という．第2の変異が遺伝子外抑圧変異であるとき，その遺伝子を抑圧遺伝子という．抑圧は種々の仕組みで起こる．どのような抑圧遺伝子が分離されるかは，もととなる変異によって異なる．

もとの変異がナンセンス変異の場合，tRNAの変異によって変異遺伝子内の終止コドンがアミノ酸に対応できるようになり，翻訳が続き野生型に近い性質のタンパ

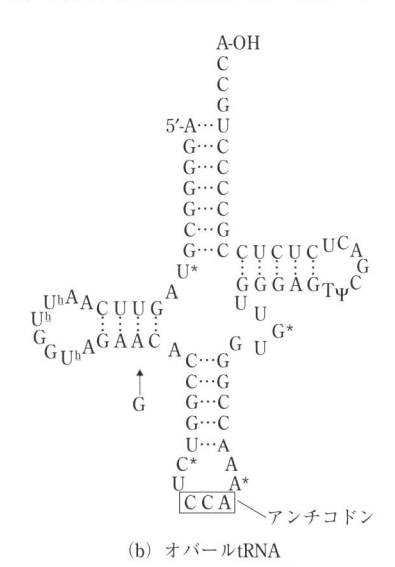

図Ⅱ-84　サプレッサーtRNA
アンバーtRNAではアンチコドン中のGがCに変化している．オパールtRNAでは，DHUアーム中のGがAに変化している．星印は転写後修飾を表す．

野生型	UGG	G⒢C	CAU	CGG	CUA	CGA
↓	Trp	Gly	His	Arg	Leu	Arg
−1フレームシフト	UGG	GCC	AUC	GGC	UAC	GA
↓	Trp	Ala	Thr	Gly	His	…
+1フレームシフト	UGG	GCC	AUC	GGC	⒞UA	CGA
	Trp	Ala	Thr	Gly	Leu	Arg

(a) フレームシフトサプレッサー
野生型の⒢が欠失し−1フレームシフトが生じ，次いで+1フレームシフトで⒞が挿入された．

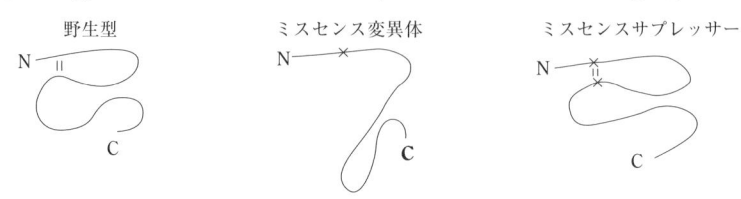

(b) ミスセンス変異のサプレッサー

図Ⅱ-85　遺伝子内抑圧変異

ク質が形成されることが知られている．この種の抑圧遺伝子をナンセンスサプレッサー，抑圧変異をもった tRNA をサプレッサー tRNA という（図Ⅱ-84）．大腸菌のアンバー（UAG）サプレッサー tRNA は tRNA^{Tyr} のアンチコドンに変異が起こり，ナンセンスコドン UAG にチロシンを対応させる．オパール（UAG）サプレッサー tRNA は tRNA^{Trp} のアンチコドン以外の場所に生じた変異で，UGA にトリプトファンを対応させる．ミスセンス変異も tRNA 遺伝子生じた変異で抑圧されることがある．ナンセンス変異は，リボソームの変異など tRNA 遺伝子以外の変異で抑圧されることもある．

　信号伝達系カスケードの上流の因子が不活性化されることによって，信号伝達が停止している細胞で，下流の因子を活性化型にする変異が生じると系が働くようになる場合が知られている（復帰変異の項参照）．

　フレームシフト変異の抑圧変異として，遺伝子内抑圧変異が得られやすい．−1のフレームシフト変異の変異部位に近いところで+1のフレームシフトが起こることによって翻訳時の読み枠がもとに戻る．2つのフレームシフト変異に挟まれた部分のアミノ酸配列はもとにもどらないので，その部分がタンパク質の活性に重要な働きをしていない場合に抑圧変異が検出できる（図Ⅱ-85(a)）．

　ミスセンス変異の遺伝子内抑圧変異も可能で，アミノ酸置換による変異部位でのタンパク質の構造変化が別のアミノ酸置換によりもとに戻ると考えられる（図Ⅱ-85(b)）．

　上記の抑圧遺伝子は染色体上に生じた新たな突然変異によるものであるが，遺伝子クローニング法が確立され，細胞に外来遺伝子を導入することが可能になったことにより，人為的に遺伝子量を増加させることによって変異を抑圧する多コピーサプレッサーの分離も可能になった（多コピーサプレッサー参照）．　　　　　（東江昭夫）

抑圧突然変異⇨復帰変異，抑圧遺伝子
抑制遺伝子⇨抑圧遺伝子
読み過ごし⇨転写

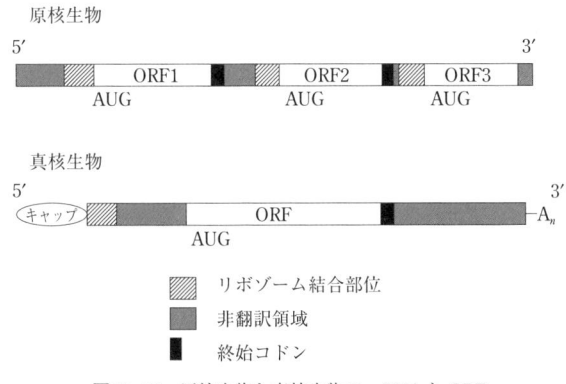

図II-86 原核生物と真核生物のmRNAとORF

読　み　枠

　読み枠（open reading frame：ORF）とはDNAから転写されたmRNAのうちで，アミノ酸配列に翻訳され，タンパク質となる塩基配列のことで，転写解読枠ともよぶ．転写されたmRNAのすべてがタンパク質に翻訳されるわけではなく，開始tRNAによって識別された開始コドン（AUG：メチオニンに翻訳）から，終始コドン（UAA，UAG，UGA）にいたるまでの塩基配列の領域が翻訳される．

　原核生物では，1本のmRNAに複数のORFが存在するのに対して，真核生物では，通常，1本のmRNAに1つのORFしか存在しない．これは，原核生物と真核生物とで，開始コドンの識別機構が大きく異なっているためである．

　原核生物の場合，1本のmRNA鎖の中で，開始コドンとなるAUGの4～7塩基上流に，6塩基以下の特別な開始部位配列が存在する．リボソームrRNAとこの配列とが塩基対を形成し，その近傍にあるAUGからポリペプチド鎖の合成が始まる．このため，1本のmRNA鎖に，開始部位配列とその近傍にAUGが存在すれば，複数のORFが存在することになり，複数のポリペプチド鎖が合成される（ポリシストロニックとよぶ）．

　一方，真核生物では，核内で転写されたmRNAは，5′末端へのキャップ構造（7-メチルグアノシン残基）の付加と3′末端へのポリA（約200残基のアデニル酸）の付加という2つの特徴的な修飾を受ける．開始tRNAなどの開始因子が結合したリボソームの小サブユニットは，5′キャップ構造を認識してmRNAの5′末端に結合する．続いて，このサブユニットは，mRNA鎖に沿って移動し，サブユニットに結合しているtRNAが開始コドン（AUG）を認識し，翻訳が開始される．ほとんどの場合，最初に認識されたAUGのみが開始コドンとして使用され，mRNA鎖の下流にAUGがあったとしても，新たな開始コドンとはならず，1本のmRNAから一種のポリペプチド鎖が合成される（モノシストリニックとよぶ）．

　以上のような情報をもとに，コンピューターなどを用いて，DNAの塩基配列から，タンパク質に翻訳されうる領域を検索する手法をORF検索（open reading frame seach）とよぶ．大規模なゲノムシークエンスの後，ORF検索によって仮のタンパク質（putative protein）としてデータベー

スに登録されるが，必ずしも，すべてが正しいわけではない． (村中俊哉)

ラクトースオペロン

(1) 概　要

ラクトースの代謝に関与する遺伝子群からなる転写単位で，*lac* オペロンともいう．大腸菌では，染色体の8分座に位置しており，全長は約5 kb である．F. Jacob と J. Monod が提出したオペロン説の研究対象になったことで有名である．遺伝子発現の調節に関する主要な概念と用語は，ラクトースオペロンの研究をもとに生まれた．プロモーター (*lacP*) とオペレーター (*lacO*) に続いて，3つの構造遺伝子 (*lacZ*, *lacY*, *lacA*) からなる．*lacZ* はラクトースをグルコースとガラクトースに加水分解する β-ガラクトシダーゼを，*lacY* はラクトースを取り込むガラクトシドパーミアーゼをコードしている．*lacA* によりコードされているガラクトシドアセチルトランスフェラーゼのラクトース代謝における役割は不明である．ラクトースオペロンとその制御機構の概要を図II-87に示す．

(2) オペレーターとリプレッサー

lacP は σ^{70} 型の RNA ポリメラーゼの，*lacO* は *lac* リプレッサーの作用部位で，プロモーターとオペレーターは部分的に重なっている．*lacP* の上流には *lac* リプレッサーの遺伝子 *lacI* が近接している．*lacI* は別の転写単位をつくっており，ラクトースオペロンとは独立に転写される．オペレーターにリプレッサーが結合するとプロモーターへの RNA ポリメラーゼの結合が阻害され，ラクトースオペロンの転写は抑制される．*lac* リプレッサーは，最初に同定された転写調節タンパク質であるとともに，アロステリーの概念の確立にも貢献した．典型的なアロステリックタンパク質である *lac* リプレッサーは，誘導物質の結合によりその立体構造（コンフォメーション）が変化しオペレーターへの結合能が低下する．このため，リプレッサーがオペレーターから解離し転写の抑制が解除される．

lac リプレッサーは4個の同一のサブユニット（分子量 38.6 kD）からなり DNA 結合ドメインが N 末領域にあり，残りの領域が誘導物質との結合とサブユニットの会合に関与している．オペレーターは 35 bp からなる部分的な逆くり返し配列（パリンドローム構造）からなる．1つのオペレーターには，4量体リプレッサーのうち2つのサブユニットが結合する．したがって，4量体リプレッサー分子は同時に2カ所のオペレーターに結合できる．実際，プロモーターとオーバーラップするオペレーター (O1) 以外に約 400 塩基下流と 80 塩

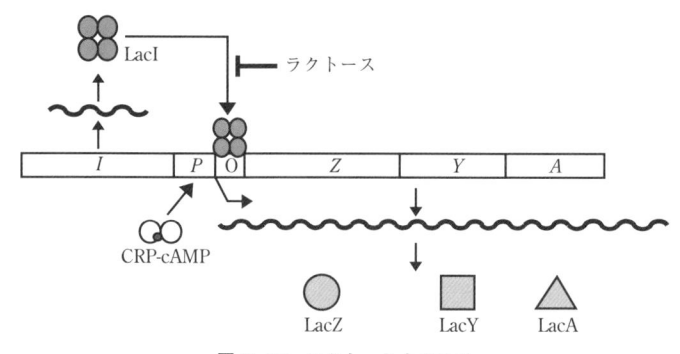

図II-87　ラクトースオペロン

基上流に補助的なオペレーター（O2およびO3）が存在する．*lac*リプレッサーはO1とO2またはO1とO3に同時に結合し，リプレッサーを介したDNAループ構造をとることで効率的な転写抑制を行う．

(3) CRPと転写の活性化

ラクトースオペロンの転写は，*lac*リプレッサーによる負の制御とともにCRP（cAMP receptor protein）またはCAP（catabolite activator protein）による正の制御下にある．cAMPと結合したCRPがプロモーターのすぐ上流にある標的部位に結合すると，RNAポリメラーゼのプロモーターへの結合と転写開始複合体の形成が促進され，転写は約50倍活性化される．CRPをコードする*crp*またはcAMP合成酵素であるアデニル酸シクラーゼをコードする*cya*の機能欠損変異株ではラクトースオペロンの転写はごくわずかしか起こらず，菌はラクトースを代謝できず，表現型がLac$^-$となる．したがって，cAMPまたはCRPの細胞内濃度が低下すると，原理的にはラクトースオペロンの転写レベルが低下する．なお，RNAポリメラーゼの結合領域（－40から＋20）をコアプロモーターとよび，その上流のCRP結合領域を含めた領域を広義のプロモーターとする見方もある．約20 bpのCRP結合領域も部分的な逆くり返し配列からなり，cAMPと結合した2量体CRPが特異的に結合する．CRPもcAMPの結合により，そのコンフォメーションが変化する（活性化する）アロステリックタンパク質であり，生化学的に解析が進んだ最初の転写活性化タンパク質の1つであり，遺伝子発現の正の調節という概念の確立に大きく寄与した．*lac*プロモーターの－10配列（プリブナウボックス）と－35配列はコンセンサス配列との相同性が低いためRNAポリメラーゼ単独での転写活性は弱い．ラクトースオペロンの転写と*lac*リプレッサーおよびCRP－cAMPの作用は，転写抑制と転写活性化の分子機構のモデル系として今日にいたるまで研究されている．

(4) グルコース抑制の機構

ラクトースオペロンの転写は，グルコースなどが存在すると抑制される．その現象は，グルコース効果あるいはカタボライト抑制といわれる．グルコース効果は，細胞内のcAMPレベルの低下によるとされてきたが，グルコースとラクトースが存在するときのラクトースオペロンの強い転写抑制は，cAMPレベルの低下ではなく，グルコースによるラクトースの取込み阻害（誘導物質排除）の結果，*lac*リプレッサーが活性化するためであることが明らかにされている．一般に，グルコースによるcAMPレベルの低下が起こる条件でも，その変化は数倍程度で，グルコースによるラクトースオペロンなどの標的遺伝子の転写レベルの減少は同程度の範囲内にある．

〔饗場弘二〕

ラッギング鎖⇨DNAの複製

λファージ

λファージは遺伝子の機能，発現，複製，組換え，ならびに形態形成の研究において，きわめて重要な実験材料であり，生物学上の多数の重要な概念がλファージの研究により確立された．

(1) ファージの形態

ファージ粒子の直径は54 nmで180 nmの長さの尾部をもつ．染色体は線状2本鎖の48 kb DNAであり，両方の5′末端には付着末端とよばれる相互に相補性のある12塩基からなる1本鎖構造がある．λファージは正20面体からなる頭部と尾部からなる．これらの構造は，秩序立った経路によって形成され，ファージと宿主のGroEL，ESのタンパク質間の相互作用に

より制御されている．ファージの形態形成は，自己集合化の優れたモデル系である．

(2) 生 活 環

大腸菌外膜の LamB タンパク質をリセプターとして大腸菌に感染する．感染後 DNA が細胞質に注入された後，付着末端により環状構造となる．その後，外的条件により ① プロファージ化（溶原化）か，② 自己生産サイクル（溶菌化）かのいずれかに決定される．溶原化する際には，attB とよばれる特異的部位にファージ DNA が挿入され（部位特異的組換え），染色体 DNA とともに複製される．ファージの遺伝子発現は cI 遺伝子産物である cI リプレッサーにより抑制され，多重感染に対して免疫をもつ．紫外線照射などにより RecA タンパク質が活性化された場合，cI リプレッサーが切断されてファージ遺伝子の転写が誘導され，ファージの産生にいたる（ファージの誘導）．

(3) 発 現 制 御

λ 染色体上の遺伝子は，その機能により3つに分類される．溶原化に必要な遺伝子は中央部に，感染からファージ複製の溶菌化に必要な遺伝子は，左右両アーム部分に存在する．溶原化か溶菌化かの調節の研究から，遺伝子発現の切換え（分子スイッチ）の概念が確立されてきた．遺伝子発現の切換えは，P_L と P_R プロモーターからの転写を制御する 2 個のオペレーター領域（O_L, O_R）と cI リプレッサーにより行われる（図 II-88）．オペレーター領域は 3 つのオペレーターから構成され，cI リプレッサーに対する親和性は $O_1 > O_2 > O_3$ の順である．溶原化状態から溶菌化までは，以下のように推移する．① 溶原化状態では cI リプレッサーが O_{L1}, O_{R1} に結合し，P_L と P_R プロモーターからの転写を抑制する．その結果，生産サイクルの後初期や後期遺伝子の発現に必要な N や Q 遺伝子は発現されない．② cI リプレッサー濃度が低下した場合，P_R プロモーターからの転写が起こり，cro 遺伝子が発現する．cro 遺伝子産物は O_{R3} に結合し，cI リプレッサーの合成を止める．その結果，さらに cI リプレッサー濃度が低下し，P_L と P_R プロモーターからの転写の抑制が完全に解除される．③ 抗転写終結因子をコードする N 遺伝子が P_L プロモーターから転写される．P_L と P_R プロモーターからの転写は，転写終結シグナルである t_{L1} や t_{R1} で終結するが，N 遺伝子産物の作用により転写終結が解除される．その結果，後期遺伝子が転写される．④ 後期遺伝子である int と xis 遺伝子産物の作用により，ファージ DNA が宿主の染色体から切り出されて環状構造になる．⑤ Q 遺伝子産物により DNA 複製，頭部と尾部タンパクの合成に関与する後期遺伝子が

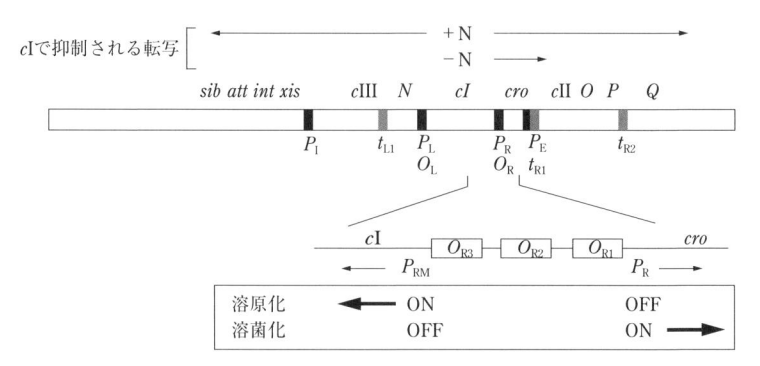

図 II-88 ラムダファージ感染初期の転写調節の模式図

発現され，ファージ粒子が合成された後，細胞が溶菌してファージが放出される．

(4) 複　　製

ファージの複製には，ファージ由来の O と P 遺伝子産物と多くの宿主因子が必須である．O 遺伝子産物は複製開始点（λori）結合因子であり，P 遺伝子産物は DnaB 6量体と結合し，さらに $\lambda ori \cdot O$ 複合体と結合して $\lambda ori \cdot O \cdot P \cdot DnaB$ 前複製開始複合体を形成することで DnaB を λori 上に安定化させる．宿主の複製因子により両方向に DNA 合成が開始し，θ 構造をとった後，ローリングサークル型の複製が行われ，数百分子の λDNA が合成される．

(5) 組 換 え

λ ファージは，宿主側の $attB$ とファージ DNA の $attP$ との部位特異的組換えにより大腸菌の染色体に挿入される（図 II-88）．この組換えには，ファージのインテグラーゼが必須であり，宿主因子の IHF と Fis により湾曲化された DNA に結合して高次構造を形成した後，トポイソメラーゼ I 様の活性により組換えを行う．逆反応であるファージ DNA の切り出しには，これらに加えて Xis 遺伝子産物が必要である．　　　　　　　　　　　　　（稲田利文）

卵

雌性配偶子の総称である．特に，雌雄の配偶子間に明瞭な分化が見られる場合，雄性配偶子の精子に対して用いられる．一般に，大型で不動性である．雄性配偶子との合体を受精といい，受精により卵は受精卵となる．受精前の卵は，未受精卵とよばれる．被子植物では，胚嚢内の卵装置中のもっとも大きな細胞をいう．動物では，全般にわたって精子と卵の区別があり，貯蔵物質である卵黄が含まれる．脊椎動物では，エストロゲンの作用を受けて卵黄タンパク質の前駆物質（ビテロゲニン）が肝臓で合成され，血液によって卵巣に運ばれ成長期の卵母細胞に取り込まれて蓄積される．卵黄に対し，卵の細胞質を卵細胞質または卵質とよぶ．一般に，卵は極性を示し，動物極，植物極などが区別される．

動物において，卵巣内に入った始原生殖細胞から卵原細胞を経て成熟卵が形成される過程を卵形成とよぶ．この過程は，個体の一生のごく初期に始まる．卵原細胞は，卵巣内で体細胞分裂を繰り返して増殖する（増殖期）が，やがて分裂を止めて休止期に入り細胞が成長する（成長期）．卵形成における成長期は，精子形成の場合に比べて著しく長く，この時期の細胞を卵母細胞とよぶ．第1および第2減数分裂時のものをそれぞれ1次卵母細胞，2次卵母細胞という．卵母細胞の成長には，補助細胞が重要な役割を果たす．濾胞細胞は卵黄物質などを供給する．昆虫などで見られる保育細胞は，卵母細胞と細胞質が繋がっており，RNA などの物質を卵母細胞に供給する．多くの動物では，排卵の直前まで第1減数分裂前期の状態でとどまっている．この間，パキテン期，ディプロテン期にはランプブラシ染色体を形成し，mRNA の合成が盛んである．また，rRNA のほかタンパク質や脂質の合成も盛んに行われる．合成諸活性はやがて低下し，巨大な殻（卵核胞）をもつ卵母細胞は休止期に入る．のちにホルモンなどの外的刺激により卵核胞崩壊が起こり減数分裂は再開される．

卵形成過程での減数分裂は，著しい不等分裂である．第1分裂では，1次卵母細胞の細胞質の大部分を受け継いだ2次卵母細胞と，ごく少量の細胞質を含む極体とに分かれる．引き続いて起こる第2分裂では，細胞質の大部分を受け継いだ卵と小さな第2極体を生じる．この間の卵の成熟過程を卵成熟とよぶ．卵成熟が完了した後に，受精が起こるとはかぎらない．たとえば，脊椎動物では，減数分裂は第2分裂中期で停

止し，受精が起こると分裂を再開する．

（酒泉　満）

卵母細胞⇨生殖系列
リーディング鎖⇨DNA の複製
リボ核酸⇨RNA

リボザイム

　RNA を活性成分とする触媒の総称である．RNA 酵素ともいう．
　1980 年代はじめ，Cech はテトラヒメナのリボソーム大サブユニット RNA を解析中，その遺伝子に存在するイントロンが，rRNA 前駆体として転写された後に，グアノシンと Mg^{2+} イオン存在下，中性条件で in vitro で自動的に切り出される現象（自己スプライシング）を発見した．この反応にタンパク質成分がまったく含まれなくても起こることから，この発見により RNA の生体触媒機能という新しい概念が確立された．
　リボザイムは，単分子 RNA から構成されるものと，活性中心に RNA をもつが複数の RNA とタンパク質から構成されるものの 2 種類に区分される．単分子 RNA から構成されるものは，分子量の大小と RNA 切断の反応機構の違いにより高分子リボザイムと低分子リボザイム）の 2 種類に分類される．高分子量リボザイムには，自己スプライシングを行うグループ I イントロン，グループ II イントロンおよび tRNA 前駆体の 5′ 末端を加水分解により切断する RNaseP などがある．低分子量リボザイムには，ハンマーヘッド型リボザイムやヘアピン型リボザイム，HDV（hepatitis delta vilus）リボザイムなどがあり，いずれも数個のステム（またはヘリックス）とループの組合せにより，その活性に必須な構造を形成している．本来生体内ではシス（分子内）で働き自己切断を触媒するが，触媒部位と基質に分けたトランス（分子内で作用する）型の制限リボヌクレアーゼとしての分子デザインが可能で，反応機構および応用の研究がなされている．
　一方，複数の RNA とタンパク質から構成されるリボザイムとして，タンパク質合成を行うリボソーム rRNA のペプチジルトランスフェラーゼ活性や，真核生物の核内スプライソソーム中の snRNA による mRNA のスプライシング促進活性などがある．
　タンパク質酵素とは異なり，リボザイムを利用すると塩基配列を認識して特定の RNA のみを分解できることから，生体内の特定の遺伝子 mRNA の機能発現を抑制したり，RNA ウイルスである HIV（ヒト免疫不全ウイルス）などの増殖抑制剤としての応用も期待されている．
　RNA が原始地球上で唯一情報と機能をあわせもつ高分子だったという考え方も RNA の新たな機能の発見から生まれた．それにより，初期生命は DNA，タンパク質に依存しないで，RNA の自己複製，RNA による酵素活性に依存していたとする RNA ワールド仮説が生まれた．

（渡辺雄一郎）

リボソーム

　リボソームは，タンパク質合成の場として働く巨大な RNA-タンパク質複合体である．すべての細胞とミトコンドリア，葉緑体に存在する．

(1) 構成成分と存在様式

　真核生物のリボソームは，沈降係数 40S と 60S のサブユニットが会合した 80S（分子量 4.5 MDa）として存在する．60S サブユニットは 3 種類の rRNA（28S, 5.8 S, 5S）と約 40 種類のタンパク質から，40S サブ

ユニットは1種類のrRNA（18S）と約30種類のタンパク質から構成される．原核生物のリボソームは，沈降係数30Sと50Sのサブユニットが会合した70S（分子量2.7 MDa）として存在する．50Sサブユニットは，2種類のrRNA（23S，5S）と34種類のタンパク質から，30Sサブユニットは1種類のrRNA（16S）と21種類のタンパク質から構成される．一般的に，タンパク合成中のリボソームは数個のリボソームが1つのmRNAに結合してポリソームを形成している．真核生物のリボソームの多くは，膜と結合して粗面小胞体を形成する．原核生物のリボソームは，細胞質に遊離して存在している．

(2) 立体構造と活性

原核生物のリボソームを対象とした近年のX線結晶解析により立体構造が解かれ，翻訳の各段階におけるリボソームの機能が原子レベルで解明されつつある．いずれのサブユニットにおいても，rRNAが折りたたまれて基本構造を形成している．サブユニットの会合面は主にRNAにより構成され，溶媒側はタンパク質で構成されている．

① 遺伝暗号解読（デコーディング）：A部位において，mRNA上のコドンと正しい塩基対を形成するアミノアシルtRNAが選択される．この反応では，30Sサブユニットがコドン-アンチコドンの対合をモニターし，正しい対合の場合にのみEF-TuのGTP加水分解を促進し，EF-Tuのみがリボソームから解離する．この分子機構として，コドン-アンチコドンの第1塩基対と第2塩基対に対して，16S rRNAの特定の塩基が直接結合し，正しい対合の場合にのみ30Sサブユニットが構造変化を起こすことが明らかになった（図II-89）．

② ペプチド鎖転移反応：P部位に結合したペプチジルtRNAのポリペプチド鎖のカルボニル基とA部位に結合したアミノアシルtRNAのアミノ酸のアミノ基が新たなペプチド結合を形成する反応（図II-89）．ペプチド鎖転移触媒活性中心の近傍には，タンパク質や金属イオンが存在せず，rRNAが触媒活性をもつと考えられる．

③ トランスロケーション：ペプチド鎖転移反応後にmRNAとリボソームの相対的位置が1コドン分移動する反応である．このトランスロケーションの際に，リボソームのダイナミックな構造変化が起こることが，超低温電子顕微鏡などによる解析から明らかになった．

④ リボソームトンネルの機能：合成されたポリペプチドは，50Sサブユニット内のトンネルを通過する．この合成途中のポリペプチド鎖とリボソームトンネルとの相互作用により，翻訳伸長の停止や翻訳終結の阻害を引き起こす制御が明らかになっている．

⑤ 抗生物質の作用：アミノグリコシド系をはじめとする多くの抗生物質がリボソームに結合し活性を阻害する．

(3) 生合成

rRNAは前駆体として合成され，リボヌクレアーゼや修飾酵素などの作用による複雑な成熟化過程をへる．生体内ではrRNAの成熟化とリボソームタンパク質の集合が同時に起こると考えられる．真核生物では，リボソーム生合成のほとんどの反応が核内で行われ，低分子核RNAがガイドRNAとして機能するさまざまな修飾反応を経た後，特異的な因子の作用で核外に輸送されて生合成が完了する．

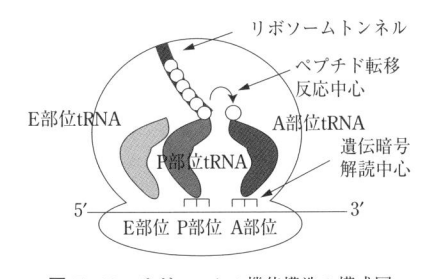

図II-89 リボソームの機能構造の模式図

(4) 発現制御

① 緊縮調節：アミノ酸飢餓状態に対応したリボソームの合成制御は，緊縮調節（ストリンジェントコントロール）とよばれている．原核生物ではリボソームのAサイトに結合したデアシル化されたtRNAを認識したRelAタンパク質がリボソーム上でppGppを合成する．ppGppはrRNAなどの安定なRNAの合成を抑制する．同時に，過剰な遊離のリボソームタンパク質の翻訳段階での自己制御系により，リボソーム全体の合成が抑制される．

② 増殖速度依存制御：増殖速度と細胞内のリボソーム量には正の相関があり，原核生物ではrRNAの転写効率が細胞内のNTP濃度に依存することが原因と考えられている．また，真核生物では複数のシグナル系を介してrRNAの転写が制御されている． 〔稲田利文〕

RecAタンパク質

大腸菌recA遺伝子がコードする352アミノ酸からなる分子量約38000のタンパク質である．大腸菌 recA 変異株は，1965年ClarkとMarguliesにより，接合による染色体の移行を受けても組換えの起こらない変異株として見いだされた．Rec Aタンパク質は，DNAの相同組換えに重要な役割を果たす以外に，細胞が障害を受けた際のSOS応答やλファージの誘発にもかかわる．このため，recA変異株は相同組換えが観察されない以外にもDNA修復欠損，紫外線高感受性，プロファージの誘発が起こらないなど，多面形質発現性を示す．RecAタンパク質は，ATP存在下で1本鎖DNAに協調的に結合することにより，活性化する．相同組換えにおいては，RecAタンパク質と1本鎖により形成されたらせん状のフィラメントに2本鎖DNAが取り込まれ，RecAのATPase活性により巻き戻され，1本鎖と相補的な部分でヘテロ2本鎖を形成する．ヘテロ2本鎖では1本鎖の3′末端からのDNA合成が進み，組換え中間体ができる．

大腸菌のDNA修復経路であるSOS応答に関与するSOS遺伝子群は，LexAとよばれるリプレッサータンパク質が転写開始領域付近に結合し，通常はその発現は抑えられている．しかし，DNAの損傷により1本鎖が生じると，そこにRecAが結合してフィラメントをつくり活性化し，LexAと相互作用することでLexAの自己消化反応を促進する．その結果，SOS遺伝子が発現し，DNA修復が行われる．修復が終わりRecAが離れれば，再びLexAが結合してSOS遺伝子の発現は抑制される．同様な機構で，λファージのリプレッサーの切断も促進する．

真核生物においても，出芽酵母のRad51が構造的にRecAと相同であり，電子顕微鏡観察からRad51は1本鎖DNAの周囲にRecAと同様のらせん状の構造をつくることが明らかにされた．ヒトやマウスでもRad51と相同性の高いRecA様タンパク質が存在することから，RacA様タンパク質による組換えの機構が高等生物にも広く存在することが示唆された．細菌ではRecAをコードする遺伝子は1つしかないが，出芽酵母ではRad51を含め3種，ヒトでは少なくとも7種の相同遺伝子（パラログ）が存在する．このうち，出芽酵母のDmc1は減数分裂特異的に発現し，減数分裂期の相同組換えに必須であることが明らかになっている． 〔小島晶子〕

レトロウイルス

　レトロウイルス（retrovirus）はウイルス粒子内にゲノムとして1本鎖RNAをもち，ウイルス粒子内に含まれる逆転写酵素によりゲノムRNAをDNAに変換して増殖する一群のウイルスで，HIVウイルスや，種々のRNA癌ウイルスが含まれる．感染によりゲノムRNAがDNAに変換され宿主ゲノムに組み込まれるが，このような状態をプロウイルスという．プロウイルスの両端には，ゲノムRNAには存在しなかった長い末端反復配列（long terminal repeat：LTR）が生じる（図Ⅱ-90）．LTR中に存在するエンハンサー・プロモーターに依存して転写されたRNAは逆転写酵素やウイルス粒子を構成するタンパク質のメッセンジャーRNAとして機能するとともに，ウイルスゲノムとしてウイルス粒子に取り込まれる．ウイルスゲノム上には，逆転写酵素をコードする*pol*遺伝子のほかに，ウイルスRNAを包み込むタンパク質をコードする*gag*とウイルスの外殻タンパク質をコードする*env*が存在する．*pol*遺伝子領域には，宿主ゲノムへの組込みに必要なインテグラーゼ（integrase）もコードされている．発癌性のレトロウイルスには宿主細胞由来の癌遺伝子（oncogene）をもつものともたないものが存在し，癌遺伝子をもたないウイルスによる発癌は，宿主の癌原遺伝子（proto-oncogene）の近傍にプロウイルスが組み込まれることにより，癌原遺伝子の転写が活性化されることに起因する．レトロウイルスは，LTR型レトロトランスポゾン（参照：レトロトランスポゾン）と進化的に近縁で，LTR型レトロトランスポゾンが感染に必要な*env*遺伝子を他のウイルスから取り込むことによって進化してきたと考えられている．ショウジョウバエのLTR型レトロトランスポゾンgypsyには，*env*様遺伝子が存在し感染性を有することが示され，レトロウイルスとしても分類されている．B型肝炎ウイルスや植物のカリモウイルスは，ウイルス粒子内に環状2本鎖DNAをもつが，レトロウイルスのようにRNAを介して複製をするので，パラレトロウイルス（pararetrovirus）とよばれる．これらのウイルスゲノムは，宿主のゲノムには組み込まれない．レトロウイルスは，ウイルスゲノムが宿主ゲノムに効率よく組み込まれるため，遺伝子導入ベクターとして利用されている．　　　　　　　　　　（廣近洋彦）

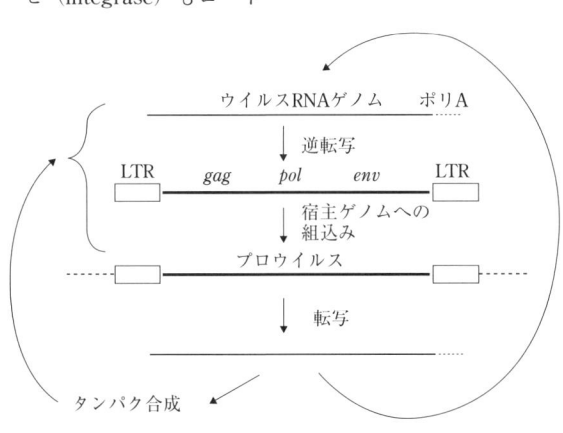

図Ⅱ-90　レトロウイルスの増殖機構

<文献>
1) J. M. Coffin, S. H. Hughes, H. E. Varmus (Ed.): Retroviruses, Cold Spring Harbor Laboratory Press, 1997.

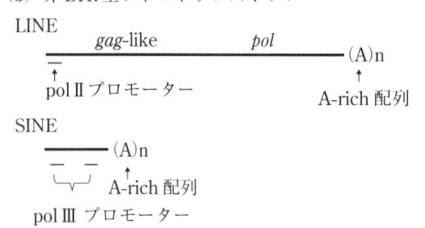

レトロトランスポゾン

トランスポゾン（参照：トランスポゾン）は，ゲノム上を転移しうる遺伝単位として定義され，自分自身を切り出して転移をするDNA型トランスポゾンとRNAを介して転移をするレトロトランスポゾン（retrotransposon）の2種類に大別される．DNA型トランスポゾンは，レトロトランスポゾンと区別するため，狭義のトランスポゾンとよばれることが多い．レトロトランスポゾンは構造と転移様式の違いに基づき，LTR型レトロトランスポゾンと非LTR型レトロトランスポゾンに分けられ（図II-91），非LTR型レトロトランスポゾンをレトロポゾン（retroposon）とよぶ場合がある．また，しばしばレトロポゾンがレトロトランスポゾンの同義語として用いられている．LTR型レトロトランスポゾンの両末端には長い末端反復配列（long terminal repeat：LTR）が存在するために，

(a) LTR型レトロトランスポゾン

```
LTR    gag       pol      LTR
□────────────────────────□
↑
polⅡプロモーター
```

(b) 非LTR型レトロトランスポゾン

```
LINE
     gag-like     pol
─────────────────────(A)n
↑                    ↑
polⅡプロモーター      A-rich 配列

SINE
──────(A)n
  ⌣   A-rich 配列
↑
polⅢプロモーター
```

図Ⅱ-91　レトロトランスポゾンの構造

LTR型とよばれる．内部には，転移に必要な gag と pol という2種類の遺伝子が存在する．転移の機構は，レトロウイルスの増殖機構と基本的に同じである（参照：レトロウイルス）．レトロウイルスと異なり，env 遺伝子をもたないために感染性を有しないが例外も知られている．非LTR型レトロトランスポゾンは2つのサブクラスLINE（long interspersed repeat），SINE（long interspersed repeat）に分けられる．LTR型レトロトランスポゾンとLINEは，転移に必要な逆転写酵素などをコードしているが，SINEはそれらをコードしていない．SINEの多くのものはtRNA起源であるが，例外として7SL RNAや5S rRNA起源のSINEも知られている．RNAポリメラーゼⅡで転写されるLTR型レトロトランスポゾンやLINEとは異なり，これらはRNAポリメラーゼⅢで転写される．転移に必要な酵素をコードしないSINEがどのようにして転移をするのか長年問題とされてきたが，最近，LINEにコードされるタンパク質を利用して転移が行われることが実験的に証明された．DNA型トランスポゾンとは異なり，レトロトランスポゾンは，逆転写により自分の複製をつくり転移をするため，一般的にゲノム上でのコピー数が多い．たとえば，ヒトゲノムの40％，トウモロコシゲノムの80％がレトロトランスポゾンで占められている．ゲノムサイズの大きい生物では，コピー数が多くなる傾向が見られ，ゲノムサイズの変動にレトロトランスポゾンが少なからず貢献している．　　　　　　　　　　（廣近洋彦）

<文献>
1) N. L. Craig, R. Craigie, M. Gellert, A. Lambowitz (Ed.): Mobile DNA II, American Society for Microbiology, 2001.

レプリコン

　自律的複製を行うDNA複製単位であり，1963年にF. JacobとS. Brennerによって提唱された．レプリコン説では，複製開始を誘発する特異的な開始因子（イニシエーター）とイニシエーターによって特異的に認識される複製起点（レプリケーター）を1つの機能単位として仮設している．イニシエーターは，レプリコン自身のもつ遺伝子がコードしており，それがレプリケーターに結合して複製の開始を誘導すると仮定される（図Ⅱ-92）．転写調節のモデルであるオペロン説が，負の調節であるのと逆に，正の調節を想定している．このレプリコン説は，大腸菌の染色体と共存するプラスミドが互いに独立して複製することから生まれた仮説である．細菌染色体やプラスミド，ウイルスDNAは，1カ所の開始点と終点をもつ1個のレプリコンである．

　真核生物の染色体では，イニシエーターをコードする遺伝子とそれに特異的なレプリケーターが同一DNA上に存在しない場合がある．今日では，そのような真核生物の染色体にもレプリコン説が適応されている．真核生物の染色体は，多数のレプリコン（マルチレプリコン）から構成されていることが特徴である．たとえば，酵母では500個，マウスでは25000個，植物では35000個のレプリコンが存在し，1つのレプリコンの大きさは数万〜数十万塩基対で

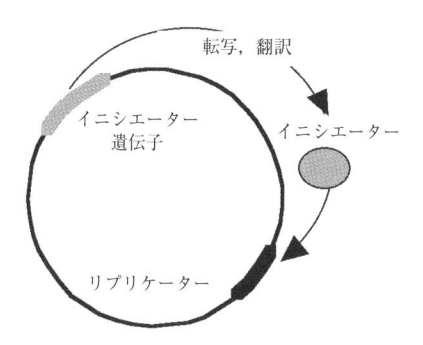

図Ⅱ-92　レプリコン

あると見積もられている．この大きさは，細菌染色体のレプリコン（数百万塩基対）と比べはるかに小さい．また，個々のレプリコンは連結して存在してレプリコン群（レプリコンクラスターあるいはレプリコンドメイン）を形成しており，時間的，空間的に制御されて複製される．

　レプリコンは，その形状によって，細菌染色体のような環状型と真核生物の染色体のような直線型に分けられるが，DNAの伸長反応は本質的に同じである．しかし，開始反応にかかわるイニシエーターの実体と制御機構は，生物種により異なっており，現在はまだ個別研究を展開している段階である．また，終結反応も，真核生物の染色体DNAの末端ではテロメア構造をテロメラーゼが複製することが証明されており，細菌の環状型レプリコンの場合とは大きく異なることがわかっている．

（町田泰則・征矢野敬）

ND

III — 発　生

ES 細胞

　胚（性）幹細胞 embryonic stem cell の略称である．哺乳類の初期胚が胚盤胞の段階に達したときに，内部細胞塊を取り出して培養し樹立した，多分化能をもつ培養細胞株のことである．多分化能とは，どんな組織にもなりうるという意味である．ES 細胞が最初につくられたときは，多分化能を維持するためにフィーダー細胞の上で培養することが必要だった．しかし，ここで分化抑制に働くのが白血病阻害因子（LIF）ということが判明したので，これを培地に添加することにより，フィーダー細胞なしでも未分化状態を保ちつつ無限に培養できるようになった．培養細胞株には，異常な核型（染色体組成）をもつものも多いが，ES 細胞は正常な核型をもつ．

　多分化能をもつといっても，ES 細胞だけから生物個体をつくり出すことはできていない．しかし，マウスの ES 細胞をマウスの初期胚に注入すると，初期胚由来の細胞と ES 細胞由来の細胞の両者からなるキメラマウスができる．このマウスの生殖系列細胞が ES 細胞由来の場合は，ES 細胞の遺伝情報をもつ精子や卵子ができるので，ES 細胞由来の遺伝子を子孫に伝えることができる．そこで，まず ES 細胞に遺伝子導入を行ったり，ES 細胞の特定の遺伝子を破壊したりしてから上記の操作を行うと，トランスジェニック（遺伝子導入）マウスやノックアウト（遺伝子破壊）マウスを得ることができる．このようなマウスは，遺伝子機能の解明に重要な役割を果たしている．

　ES 細胞は，1981 年に Evans や Kaufman らによりマウス胚を用いて作成されたのが最初である．しかし，1998 年にヒトの ES 細胞がつくられると，医療への応用と生命倫理の問題が議論されるようになった．ES 細胞は多分化能をもつだけでなく，生

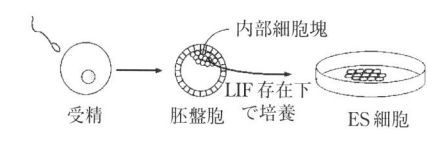

(a) ES 細胞の作成

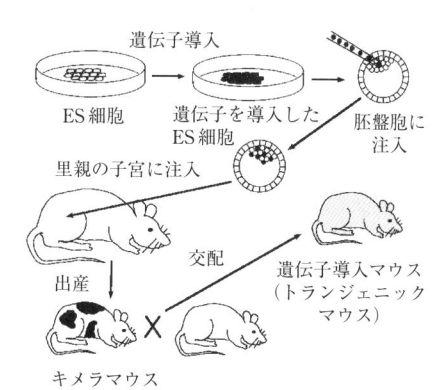

(b) マウスの ES 細胞を用いた遺伝子導入マウスの作成

図 III-1　ES 細胞

物個体と比べると遺伝子操作が容易なので，将来，ES 細胞からさまざまな臓器をつくる方法が確立できれば，医療に多大な貢献をする可能性がある．しかし，他方で，ES 細胞をつくるにはヒトの初期胚を犠牲にする必要があり，これが医療への貢献のために許されるかという問題や，ES 細胞をどのような敬意をもって取り扱うべきかという問題がある．現在は，わが国では，ヒトの ES 細胞は当該機関の倫理審査委員会の意見に沿って樹立，使用されている．

ES 細胞と似た細胞に，EG 細胞（胚性生殖細胞）と EC 細胞（胚性癌腫細胞）があるが，この 3 者は由来によって区別できる．EG 細胞は，胚盤胞より少し発生が進んだ体節期胚の時期に始原生殖細胞を取り出して樹立した細胞株であり，EC 細胞は，奇形腫から樹立された細胞株である．いずれも多分化能をもつという点で ES 細胞に似るが，細かい点では少しずつ異なる性質をもつ． (桂 勲)

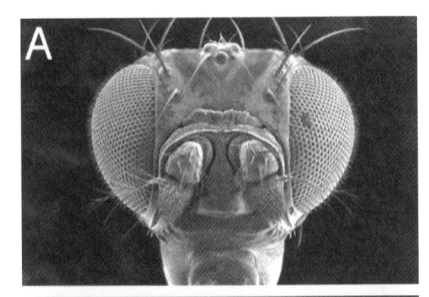

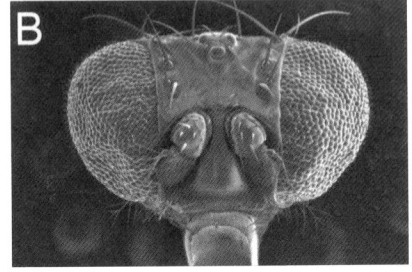

図Ⅲ-2　E2F/DP/p35 の異時的発現（B）．（A）は正常

異時的発現

発生過程や細胞周期において，本来発現しない時期に遺伝子が発現すること，あるいは，発現させること．目的遺伝子の上流に熱ショック遺伝子のプロモーターなど，適当なプロモーターを連結し，培養細胞や個体に導入することで，異時的発現を誘導することができる．

たとえば，E2F はそのダイマーパートナーである DP とコンプレックスを形成し，S 期進行に必要な遺伝子群の発現を誘導する転写因子である．これらのキイロショウジョウバエ相同遺伝子を複眼成虫原基の細胞群で発現するプロモーターに連結して，遺伝子導入系統が作成された．その結果，異時的に S 期が誘発されるとともに，アポトーシスが誘発された．そして，バキュロウイルスの p35 を共発現することでアポトーシスを抑制すると，過剰な細胞増殖が起こった（Du, Xie and Dyson, 1996）．図Ⅲ-2 は，その結果，個眼が異常に増加して，複眼が膨れ上がったものを示している． (西田育巧)

＜文献＞
1) W. Du, J.-E. Xie and N. Dyson：Ectopic expression of dE2F and dDP induces cell proliferation and death in the *Drosophila* eye, EMBO J., **14**, 3684, 1996.

異所的発現

本来発現しない部域で遺伝子が発現すること，あるいは，させること．ある遺伝子の上流に他の部域で発現する遺伝子の調節配列を連結し，これを個体に導入して，遺伝子導入系統を作成する．これにより，特定の遺伝子を発生過程で異所的に発現させ

ることができる.そして,これを解析することによって,遺伝子機能を推定したり,誘導されてくる遺伝子などに関する情報を得ることができる.遺伝子操作が容易なキイロショウジョウバエ(*Drosophila melanogaster*)などでは,遺伝子の機能解析のために常套的に用いられる手段となっている.

1例として,キイロショウジョウバエの *eyeless*(*ey*)遺伝子の異所的発現の場合(Halder et al., 1995年)を示そう.*ey* は,ホメオドメインを有する転写因子をコードしており,胚期に複眼イマジナルディスク(成虫原基)の形成初期から発現している.この遺伝子を適当なプロモーターに連結して,発生過程で他のイマジナルディスクで発現を誘導すると,触角や翅,肢などに完全な形態をした複眼の形成が誘導された.このことから,*ey* が複眼の形成に関与する一群の遺伝子発現を誘導するマスター遺伝子であることが明らかにされた.この遺伝子は,進化の過程で強く保存されており,その哺乳類相同遺伝子(*Pax-6*)も,目の形成にかかわると考えられている.

(西田育巧)

<文献>
1) G. Halder, P. Callaerts and W. J. Gehring: Induction of ectopic eyes by targeted expression of the *eyeless* gene in *Drosophila*, Science, **267**, 1788, 1995.

位置情報/場

発生または再生におけるパターン形成では,個々の細胞が特定の細胞群における自らの位置を情報としてもち,それに従って分化する場合がある.このようなとき,それらの細胞は位置情報をもつという(L. Wolpert: J. Theoret. Biol., **25**, 1-47, 1969).また,このような細胞群は,形態形成や再生のための「場」を構成すると考える.位置情報の分子的基盤,すなわち場において位置による違い(位置価で表す)を決める実体は,ある物質(モルフォゲンとよぶ)の濃度勾配と考えられている.位置情報という概念を適用できる例として,

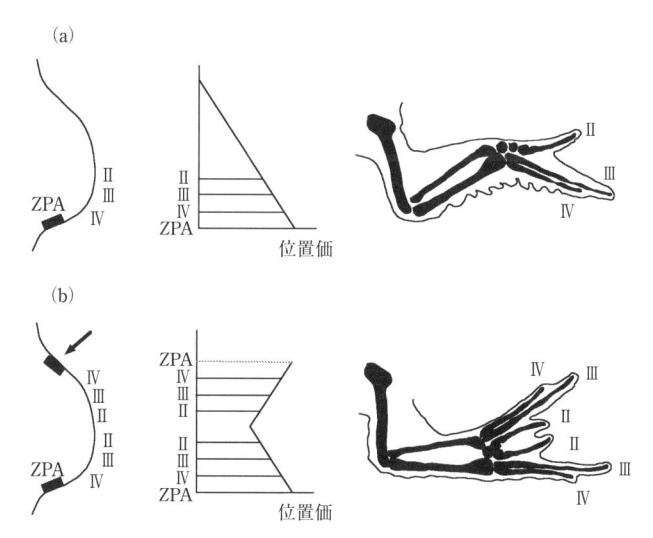

図Ⅲ-3 ニワトリの肢芽

脊椎動物の肢芽の発生，昆虫の表皮のパターン形成，ヒドラの再生，ウニの初期発生などがある．また，1つの場を形成する細胞群の端から端までの距離は，細胞数にして数十個程度である．

位置情報の概念を使うと，発生における部分除去や移植の実験，成熟個体の手術後の再生実験の結果を説明することができる．たとえば，ニワトリの肢芽では，図III-3（a）のようにZPA（極性化活性域）を基準点としてグラフのような位置価が定まり，II，III，IVの位置価の場所で，それぞれ第2指，第3指，第4指を生じるような運命決定が起こる．ところが，発生途上で図III-3（b）の矢印の場所に別の個体からZPAを移植すると，位置価は図III-3(b)のグラフのようになり，II，III，IVの位置価を示す場所が1つずつ余分にできて，本来の指とは鏡像対称的に余分の第2指，第3指，第4指が生じる． （桂　勲）

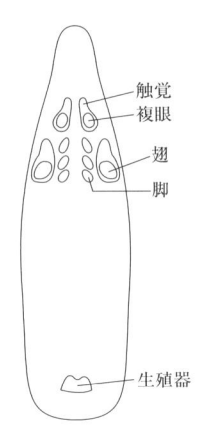

図III-4　キイロショウジョウバエ幼虫体内のイマジナルディスク

イマジナルディスク

成虫原基ともいう．完全変態をする昆虫において，将来成虫の触角・複眼・翅・肢・生殖器などの表皮構造を形成する細胞の集団で，幼虫体内にある（図III-4）．胚発生期に，十数〜数十の細胞群から形成され，幼虫組織とは独立に細胞増殖・分化を行う．

1例として，キイロショウジョウバエ（Drosophila melanogaster）の複眼イマジナルディスクの分化を取りあげる．複眼イマジナルディスクは，eyeless（ey）の発現で特徴づけられるが，その発現は，胚期に運命づけられて以降，3齢幼虫期に分化を始める直前まで続く．複眼は，約750個の個眼が規則的に配列したものである．各個眼は，8個の視細胞（R1〜R8細胞）とレンズを分泌する円錐細胞，色素細胞と剛毛細胞といった約20余りの細胞から構成される．未分化のイマジナルディスク細胞は等価で，細胞間相互作用により規則的に細胞の運命が決定される．分化は，ディスクの後部端から始まり，前部に向かって帯状に分化が一様に進行してゆく．その先端部は，形態形成溝とよばれ，細胞が収縮し，密な細胞間相互作用を行っているところである．そして，細胞間相互作用の結果，まずR8細胞が分化し，それを取り巻いて直接接触する細胞がR1〜R7の視細胞に分化する．さらに，そのまわりを取り囲む細胞から，順次，円錐細胞・色素細胞・剛毛細胞が分化してくる．そして，残った細胞はアポトーシスで除去される．このようにして，規則的な構造をした複眼が形成される． （西田育巧）

運命地図

胞胚期などの一定の発生段階で，胚の各部域が正常に発生した場合，どのような器官になるかを模式的に示した地図である．組織学的に細胞をトレースして決めたり，

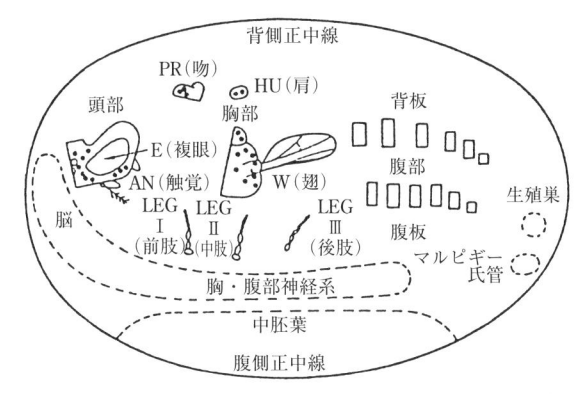

図Ⅲ-5 雌雄モザイク法によるキイロショウジョウバエ胚胞の運命地図

細胞に色素などを注入して追跡したり，細胞を焼いた針やレーザー光で殺して，その結果を追跡することなどで，作成する．またその他に，キイロショウジョウバエ (*Drosophila melanogaster*) では，雌雄モザイクを利用して運命地図が作成されている（図Ⅲ-5）[1]．　　　　　（西田育巧）

<文献>
1) Y. Hotta, and S. Benzer: Mapping of behaviour in *Drosophila* mosaics, Nature, **240**, 527, 1972.

キメラ

異なった遺伝子型の細胞，あるいは異なった個体に由来する細胞からつくられる個体を意味する生物学用語であるが，現在では，組換えDNA実験によって構築された異種遺伝子を含むプラスミドもキメラとよばれる．染色体に外来DNAが挿入されたトランスジェニックマウスをつくる過程でキメラマウスがつくられる（図Ⅲ-6）．キメラができたことを簡単に知ることができるように，毛の色の異なるマウスの組合せで実験を行う．黒い毛のマウスのES細胞を取り出し，試験管内で目的の遺伝子を導

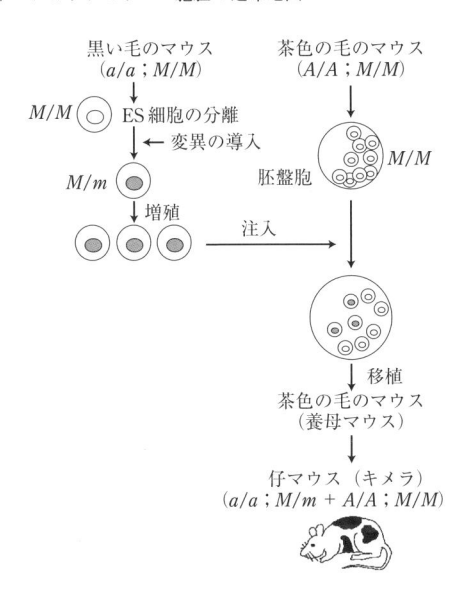

図Ⅲ-6 トランスジェニックマウスの作製途中でつくられるキメラマウス
A/a は毛の色を決める遺伝子．

入する．遺伝子を導入された細胞を選択的に増殖させる．茶色の毛のマウスから胚盤胞をとり，遺伝子導入したES細胞を注入し，茶色の毛のメスマウスに移植する．生じた子がキメラであるかどうかは毛の色で判断できる．キメラマウスと黒い毛のマウスを交配し，黒い毛の子が得られれば，導

入した ES 細胞が生殖系列に入ったといえる．ここで得られた黒い毛のマウスの兄弟/姉妹のなかにトランスジェニックマウス (a/a；M/m) がいる． (東江昭夫)

極　　性⇨「I—古典遺伝学」

形態形成因子

モルフォゲン (morphogen) ともいう．濃度勾配を形成し，それに対する閾値レベルの異なった遺伝子応答によってパターン形成が行われる．例として，キイロショウジョウバエ (*Drosophila melanogaster*) における Bicoid (Bcd) と Decapentaplegic (Dpp) について述べる．

(1) Bicoid (Bcd)

初期胚における前後軸方向のパターン形成には，それぞれ母性効果遺伝子である，前部グループ・後部グループ・末端部グループの各遺伝子群が関与する．*bcd* は，前部グループを代表する遺伝子で，母性 *bcd* mRNA が，他の前部グループ遺伝子産物とマイクロチューブルの作用により，卵前端部に固定される．受精後，翻訳が行われ，拡散により Bcd タンパク質の前部から後部へ向かっての濃度勾配が形成される（図III-7）．この濃度勾配に応答して，ギャップ遺伝子群の発現が誘導されて，前後軸方向のパターンが形成される．

(2) Decapentaplegic (Dpp)

翅成虫原基は，前部と後部の 2 つのコンパートメントから構成され，後部コンパートメントでは，転写因子をコードする *engrailed* (*en*) が発現している．En は，分泌性の Hedgehog (Hh) の産生を促し，これが隣接する前部コンパートメントとの境界領域に拡散する．そして，Hh シグナル伝達経路の作用によって分泌性の Dpp の産生が誘導される．Dpp は，前部コン

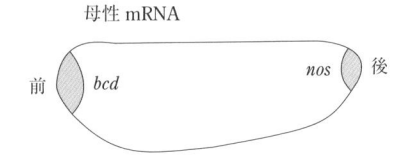

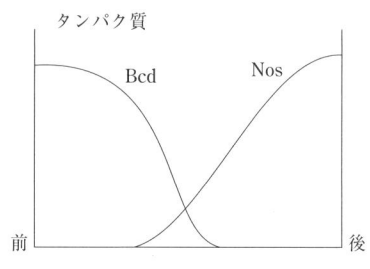

図III-7　母性遺伝子産物の分布

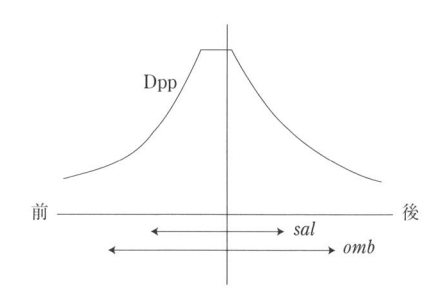

図III-8　Dpp の分布と遺伝子発現

パートメントの後部コンパートメントに隣接する領域をピークとして，翅成虫原基全体にわたる濃度勾配を形成する．そして，その濃度勾配の高い順に *omb*, *sal* の発現が誘導されて，翅の前後軸方向のパターン形成が行われる（図III-8）． (西田育巧)

決　定　子

パターン形成や細胞の運命決定などの過程において，中心的な役割を担う因子を決定子 (*determinant*) という．1 例として，キイロショウジョウバエ (*Drosophila melanogaster*) での，初期胚の背腹軸決定

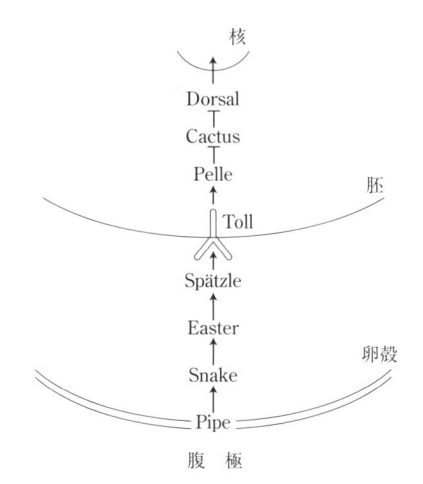

図Ⅲ-9 キイロショウジョウバエ胚での背腹軸極性決定のシグナル伝達機構

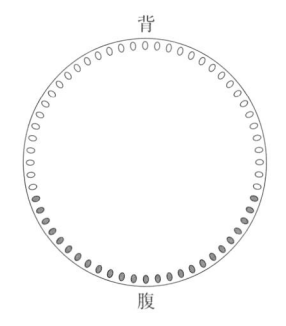

図Ⅲ-10 キイロショウジョウバエ胚でのDorsalの核内分布

における決定子について述べる．
　ショウジョウバエ胚の背腹軸決定は，多種の母性効果遺伝子産物によって行われる．まず，卵形成過程で，背側でのPipeの発現がEGFシグナル伝達経路により抑制されて，腹側の卵殻内面にのみPipeが裏打ちされることになる．これを引き金として，受精後，Easter，Snakeなどからなるプロテアーゼ・カスケードが活性化され，Spätzleをプロセスして位置情報としてのリガンドを生じる（図Ⅲ-9）．受容体分子Tollは，受精後母性mRNAから翻訳されて，胚表面全体に発現しているが，腹側でのみ活性化されることになる．そして，卵細胞質内では，Pelle（キナーゼ）が活性化されて，転写因子Dorsal（Dl）に結合しているCactusをリン酸化して，プロテアソームによる分解を促す．Cactusから自由になったDlは核内に移行し，腹側を極とした核内Dlの濃度勾配が形成されることになる（図Ⅲ-10）．背側の核に移行しなかったDlは分解されて消失する．腹側の核では，Dlによって，*twist*や*snail*の発現が誘導され，反対に*zerknüllt*や*decapentaplegic*の発現が抑制される．このように，背腹軸決定においては，Dlの腹極を中心とした核内移行が決定的に重要であり，核内Dlが決定子となる．　　　（西田育巧）

交雑発生異常

　① 近縁の種間での交雑において，発生異常による致死や不妊などの異常を生じること．種分化の仕組みと考えられるが，その分子機構などはよくわかっていない．
　② 種が同じでも，系統間の交雑で，転移因子が原因となって不妊などの発生異常を起こすことがある．たとえば，遺伝学がよく発達しているキイロショウジョウバエ（*Drosophila melanogaster*）は，P系統とM系統のいずれかに分類することができる．そして，P系統のオスとM系統のメスとの交雑において，生殖系列の異常を生じる．他の組合せの交配では，このような異常は見られない．このような現象は，ハイブリッド・ディスジェネシス（hybrid dysgenesis）とよばれ，これの原因は，転移因子であるP因子がP系統のゲノムに組み込まれていて，M系統には存在しないことによることが明らかにされている．つまり，P因子は，自身を転移する転移酵素とそれに対するリプレッサーをコードするため，

P系統ではまれにしか転移が起こらない．しかし，P系統のオスをM系統のメスと交配した場合，卵細胞質中にリプレッサーが存在しないため，P因子の転移が高頻度で誘発されて，染色体組換えや生殖細胞の死滅などの異常を生じる．なお，異常が生殖系列細胞で特異的に生じるのは，転移因子の産生が生殖系列細胞に限定されているためである．　　　　　　　　　（西田育巧）

後　成　説

　個体発生で，生物の構造，特にさまざまな器官の形が，発生の途中で新たに生じるとする考え方である．これに対し，前成説は，精子や卵子に生物の構造がすでに含まれているという考え方である．
　後成説と前成説の区別は，発生学の歴史では重要な問題だった．何も構造がないように見える受精卵から，生物の複雑な構造がいかにして生じるかという問題は，まさに難問である．古くは，アリストテレスが後成説と前成説の区別を論じ，彼の哲学およびニワトリの胚発生の観察をもとに，後成説を主張した．17世紀に入り実証的な研究が盛んになると，顕微鏡を使った発生の観察をもとに，後成説と前成説の論争が盛んになった．17世紀において，後成説の代表者はハーヴィであり，前成説はマルピーギ，レーウェンフック，スヴァンメルダム，ハルトゼーカーら多数が支持した．また，前成説を唱える者の中にも，精子の中に成体の形が入っているとする精子論者と，卵子の中に形があるとする卵子論者がいた．前成説というと，ヒト精子の中に小さなヒトの形を書いた図が有名だが，成体の形がそのまま精子や卵子に入っているという説にかぎらない．形が現れるためには，成体の形のもととなる原初的な形が精子や卵子の中にあると考える以外には合理的な説明ができないという信念が，その根底にあったと考えられる．しかも，当時は自然発生を否定する実験がそのまま前成説の証拠として使われたりしたので，ますます混乱が生じたと考えられる．その後，18世紀にヴォルフ，19世紀にフォン・ベアが発生の過程を詳細に解析すると，器官が徐々に形成されることがわかり，後成説が有力になった．特に，フォン・ベアは，胚葉説を提唱して前成説を否定した．すなわち，胚発生の過程でまず形態的には単純な層状の胚葉ができ，それぞれの胚葉からさまざまな器官が段階的に生じることを示したのである．しかし，一方では，ツノガイの極葉の操作実験などから，卵の中の異なる部分が発生において異なる役割を占めるという結果が得られ，卵の細胞質中に発生を左右する構造があることも明らかになった．
　前成説と後成説の論争に終止符を打ったのは，遺伝学の進歩である．現在の生物学の知識をもとに考えると，生物の形やさまざまな器官の形成が遺伝情報に基づくというのは当然で，後成説と前成説の論争は空しいものに見えるかもしれない．しかし，それはわれわれが遺伝情報という概念をもっており，情報が形態に変換されるのは当然と考えているからである．このような考えは，まず1900年にメンデルの法則が再発見されて遺伝子という概念が広まったこと，つぎに通信機器の発達やコンピューターの出現とともに情報という概念が明確になり，遺伝子が情報という概念で解釈されるようになったことに基づいている．精子や卵子の中に成体の構造が含まれていないという意味では後成説が正しかった．しかし，何もないところから成体の構造が新たに生成されるわけではないという意味では，前成説も正しかったといえないわけではないだろう．　　　　　　　　　（桂　　勲）

後性遺伝エピジェネティクス⇨「Ⅱ─分子遺伝学／分子生物学」のエピ

勾　配⇨パターン形成

ジェネティック変異

雌雄モザイク

1つの個体に，メスの細胞とオスの細胞が同時に存在する状態をいう．これは，昆虫などのように，性決定が脊椎動物とは異なり，細胞自律的に行われる場合に見られる．

例として，キイロショウジョウバエ（*Drosophila melanogaster*）の場合を取りあげる．同種では，X染色体と常染色体との比で性が決定され，Y染色体は性決定には関与しない．そして，その比（X/A）が，1.0のときはメス，0.5のときはオスとなる．ショウジョウバエの初期分割期胚は多核性で，胞胚期に細胞性胞胚となり，細胞性を獲得する．メス（XX）の受精卵の発生初期過程の多核性分割期胚の一部の核でX染色体が喪失されると，XOの核が生じる．そして，細胞性胞胚期を経て，XX細胞とXO細胞が混在する雌雄モザイク個体が形成される（図Ⅲ-11）．リング状をした異常X染色体は，不安定で頻繁に喪失されるので，これを利用して，雌雄モザイクを作成し，そのモザイクの境界の生じる頻度から，運命地図が作成されている[1]．

（西田育巧）

＜文献＞
1) Y. Hotta and S. Benzer：Mapping of behaviour in *Drosophila* mosaics, Nature, **240**, 527, 1972.

刷　込　み⇨「I―古典遺伝学」のゲノムインプリンティング
性の決定⇨「Ⅱ―分子遺伝学/分子生物学」

パターン形成

胚発生過程で，各細胞が位置情報に従ってアイデンティティーを獲得していくプロセスである．発生段階や部域ごとにさまざまな仕組みが用いられる．1例として，キイロショウジョウバエ（*Drosophila melanogaster*）の初期胚における前後軸方向のパターン形成を取りあげる．この過程はいくつかの段階に分けて考えることができる．

（1）前後軸の決定

ショウジョウバエ胚の前後軸の決定には，前部グループ，後部グループ，末端部グループの3種の母性効果遺伝子群が関与する．これらの遺伝子が欠損すると，そのホモ接合の母親が生んだ卵において，それ

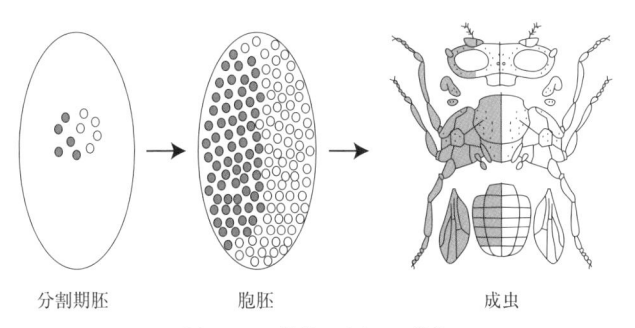

分割期胚　　　胞胚　　　成虫

図Ⅲ-11　雌雄モザイクの形成
黒色はXO細胞である．

母性mRNA

bcd　　　　　　　　　nos
　　　hb, cad

前　　　　　　　　　　後

タンパク質

　　　　　　Hb　Nos, Cad
　　　　　Bcd

前　　　　　　　　　　後

ギャップ遺伝子

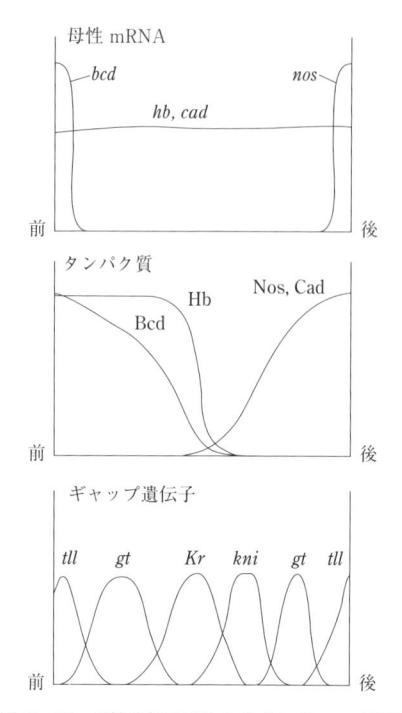

tll　gt　　Kr　kni　gt　tll

前　　　　　　　　　　後

図Ⅲ-12 母性遺伝子産物の分布とギャップ遺伝子の発現誘導

ぞれ，頭部と胸部（前部グループ），腹部（後部グループ），前端部と後端部（末端部グループ）が欠損した胚を生じることから，このようにグループ分けされている．卵形成の過程で，前部グループの*bicoid*（*bcd*）と後部グループの*nanos*（*nos*）のmRNAが，それぞれ，前端部と後端部とに固着される．受精後，これらはタンパク質に翻訳され，拡散してそれぞれ形態形成因子（モルフォゲン）として濃度勾配を形成する（図Ⅲ-12）．Nosは，RNA結合タンパク質で，卵細胞質中に均一に存在する母性*hunchback*（*hb*）mRNAの翻訳を卵後半部で阻害する．一方，Bcdは転写因子で，卵前半部で*hb*の転写を促進する．その結果，Hbタンパク質の濃度勾配が形成されることになる．また，Bcdは多機能タンパク質で，卵細胞質に均一に存在する*caudal*（*cad*）mRNAに結合してその翻訳を阻害する結果，Cadタンパク質（転写因子）の濃度勾配も形成される．

末端部グループを代表する*torso*（*tor*）は，受容体チロシンキナーゼをコードし，受精後，母性mRNAから翻訳されたタンパク質（Tor）は，卵表面に普遍的に分布する．Torは胚の両端部でだけ活性化されてMAPキナーゼカスケードを活性化する．そして，両端部で，ギャップ遺伝子に属する*tailless*（*tll*）と*huckebein*（*hkb*）の転写を誘導する．これらはいずれも転写因子をコードしている．

（2）ギャップ遺伝子の発現

前述のように，Bcd，Hb，Cadの濃度勾配をもとに，*Krüppel*（*Kr*）や*knirps*（*kni*）などの一群のギャップ遺伝子の転写が誘導される（図Ⅲ-12）．いずれも転写因子をコードしており，互いに抑制しあったりして，それぞれ胚の特定部域で発現することになる．つまり，前後軸にそって，胚のそれぞれの部域が，複数の転写因子の組合せと濃度によって特定されるわけで，前後軸方向の番地づけが行われたといえる．ショウジョウバエ初期胚は多核性で，細胞質を共有しているために，これら転写因子の濃度分布を反映して，下流遺伝子の発現誘導を行うことができる．なお，これら遺伝子のホモ接合突然変異胚では，それぞれの発現領域にほぼ対応した部域が欠損する．

（3）ペアルール遺伝子の発現

この遺伝子群のホモ接合突然変異胚では，1体節おきに欠損して，体節数が半減する．より上位のBcdやギャップ遺伝子産物の濃度を読み取って，整然とした7本の縞状の発現パターンを示す．*hairy*（*h*），*even-skipped*（*eve*），*fushi-tarazu*（*ftz*）などが代表的な遺伝子で，いずれも転写因子をコードしている．

（4）セグメントポーラリティー遺伝子の発現

当初，ギャップ遺伝子産物やペアルール

遺伝子産物の支配下に発現が誘導され，各体節に対応した14本の縞状の発現パターンを示す．これらのホモ接合突然変異胚では，各体節の一部が欠損し，残った部分がミラーイメージに重複したパターンを示す．hedgehog（hh）やwingless（wg）のように分泌性タンパク質をコードするもの，patched（ptc）のように受容体をコードするもの，fused（fu）のように細胞質内シグナル伝達因子をコードするものや，engrailed（en）やCubitous interruptus（Ci）のように転写因子をコードするものなど，さまざまである．そして，細胞性胞胚の形成に対応して，Hh，Wgを介した細胞間コミュニケーションが行われ，当初の発現パターンが維持される．このようにして，14の基本体節（パラセグメント）が形成される．

(5) ホメオティック遺伝子の発現

以上の発生段階では，各体節は基本的に同等であるが，各体節にアイデンティティーを与えるのがホメオティック遺伝子であり，セレクター遺伝子ともよばれる．約十個のホメオボックスをもつ転写因子遺伝子がクラスターとなって遺伝子複合体を形成し（ショウジョウバエでは，転座により，Antennapedia complex（Antp-C）とUltrabithorax complex（Ubx-C）とに別れている），その遺伝子の配列は発現領域が頭部のものから尾部のものまで，前後軸に対応して順番に並んでいる．Ubx-Cには，胸部から尾部にかけて発現する3種の遺伝子が含まれる．これらがすべて欠損した変異胚では，第3胸節以後の体節がすべて第2胸節に転換するというホメオシスを示す． (西田育巧)

発生遺伝学

発生過程における遺伝形質の発現機構を研究する学問分野である．1900年代半ばごろに，発生学・遺伝学の双方から興った．1980年代以降，分子生物学的技術の大幅な導入によって，発生生物学の中心的な研究分野に発展した．さまざまな突然変異による発生異常を解析したり，遺伝子導入による発生過程の変更などを解析し，遺伝子の作用機作を研究する． (西田育巧)

パラロガス⇨「IV—集団遺伝学/進化」

ヒエラルヒー

生物学において，ヒエラルヒー（階層）という言葉は，さまざまな意味で用いられる．その1つは，生物をミクロからマクロまでいろいろなスケールで眺めると，分子・細胞・個体・集団という階層が識別できる．各階層にはそれぞれの法則があり，一般的には下位の階層の法則が上位の階層の法則をつくり出していると考えられている．もう1つは，制御機構における階層である．ホルモンが別のホルモンの分泌を制御し，それがさらに別のホルモンを制御するといったホルモン制御の階層や，転写因子がつぎつぎと別の転写因子の転写を制御するといった転写因子の制御における階層性が知られている．

ヒエラルヒー（階層）という言葉は，特に，発生で成体の器官や形態が段階的につくられるという意味で用いられることが多い．たとえば，脊椎動物の発生を観察すると，まず外胚葉，中胚葉，内胚葉がつくられ，つぎに外胚葉からは神経管，神経堤など，中胚葉からは脊索，体節，腎節，側板など，内胚葉からは前腸上皮，中腸上皮，後腸上皮などの構造がつくられ，これらをもとに徐々に成体の組織・器官がつくられる．すなわち，成体のさまざまな器官は，受精卵から直接，つくられるわけではなく，中間に発生の途中でのみ現れるさまざまな

構造を経て，段階的につくられる．また，ショウジョウバエでは，未受精卵で確立した前後軸をもとに，ギャップ遺伝子群，ペアルール遺伝子群，セグメントポラリティー遺伝子群とよばれる遺伝子群がこの順に働いて体節構造を形成し，つぎにホメオティック遺伝子群が各体節の特徴をつくり出すことが，変異体の解析により解明されている．

このような発生におけるヒエラルヒーは，前述の制御機構における階層性が基盤になっている．転写因子やシグナル伝達系が階層をつくり，因果関係によりつぎつぎに働いて時間的な展開を生じているだけではない．それらの階層的制御機構が空間的にうまく配置されて生物の形態を段階的につくり出しているのである．　　（桂　勲）

プログラムされた細胞死

発生の途中で，決まった時期に決まった場所で死ぬ細胞がある．そこで，それらの細胞は発生のプログラムにより死ぬように運命づけられているという考え方が現れた．たとえば，手足ができるときには指と指の間の細胞が死んで指ができるし，オタマジャクシの尾の細胞はカエルになるときに死んで尾がなくなる．また，線虫 Caenorhabditis elegans では，全細胞系譜が決定され，細胞死する細胞が系譜の中で正確に決まっていることがわかった．その後，C. elegans で細胞死が起こらない変異体が分離され，生物は細胞を自殺させるための制御遺伝子群をもっていることが明らかになった．このようにして，「プログラムされた細胞死」という考え方が正しいと判明しただけでなく，その機構もかなり詳しく解明されている．

線虫の研究から解明された細胞の自殺制御装置は，哺乳類でも同様のものがあり，カスパーゼ，Apaf-1，Bcl-2という3種類のタンパク質が主な役割を演じている．その中でも中心にあるカスパーゼは，活性中心にシステイン残基をもつタンパク質分解酵素の1つであり，不活性型の酵素前駆体として合成されるが，限定分解により活性化される．線虫にはカスパーゼは1つしかないが，哺乳類には十種類のカスパーゼがあり，あるカスパーゼが別のカスパーゼを限定分解して活性化するというカスケー

図Ⅲ-13　プログラムされた細胞死

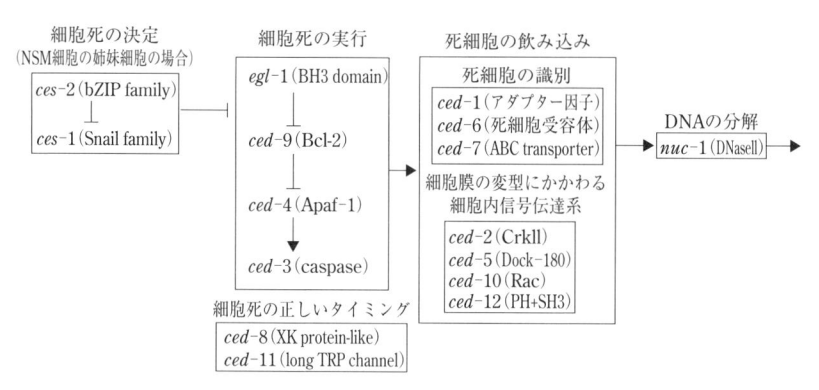

線虫 C. elegans の細胞死の経路（→は正の制御，⊣は負の制御を示す）
各機能に関与する線虫の遺伝子をイタリック体で示す．（ ）内は，より一般的な遺伝子名，ドメイン名，タンパク質ファミリー名などを示す．

細胞死の決定（NSM細胞の姉妹細胞の場合）
- ces-2 (bZIP family)
- ces-1 (Snail family)

細胞死の実行
- egl-1 (BH3 domain)
- ced-9 (Bcl-2)
- ced-4 (Apaf-1)
- ced-3 (caspase)

細胞死の正しいタイミング
- ced-8 (XK protein-like)
- ced-11 (long TRP channel)

死細胞の飲み込み

死細胞の識別
- ced-1 (アダプター因子)
- ced-6 (死細胞受容体)
- ced-7 (ABC transporter)

細胞膜の変型にかかわる細胞内信号伝達系
- ced-2 (CrkII)
- ced-5 (Dock-180)
- ced-10 (Rac)
- ced-12 (PH+SH3)

DNAの分解
- nuc-1 (DNaseI)

(桂 勲)

分化全能性

ドを形成している．Apaf-1は，カスパーゼを活性化するタンパク質である．プログラムされた細胞死を引き起こすさまざまな信号は，ミトコンドリアからシトクロムCを放出するが，これがApaf-1に結合すると，さらに不活性型カスパーゼを結合して活性化する．カスパーゼやApaf-1が細胞の自殺に必要なタンパク質であるのに対し，Bcl-2は細胞を死から守るタンパク質である．Bcl-2はミトコンドリアの外膜に局在して，シトクロムCのミトコンドリアからの放出を阻害する．

細胞の死に方には，ネクローシス（壊死）とアポトーシス（細胞自滅）がある．ネクローシスでは，細胞膜の透過性が異常になり細胞が膨潤して死ぬ．これに対し，アポトーシスでは，まず核の凝縮，ヌクレオソームのリンカー部分でのDNA切断，細胞質の萎縮が起こり，やがて核が断片化し細胞全体がバラバラにちぎれて死ぬ．プログラムされた細胞死では，細胞の死に方はすべてアポトーシスである．しかし，アポトーシスによる死は，発生のプログラムによる死だけではない．動物にある種のウイルスが感染したときは，感染細胞はアポトーシスにより死んでウイルスの増殖を阻止し，動物個体の生存を助けようとする．これに対し，ある種のウイルスはこれに対抗して増殖するために，アポトーシスを防ぐ遺伝子をもっている．また，脳の神経回路をつくる際には，まず余分に神経細胞をつくってランダムに過剰な結合をつくり，その後の神経活動で使われなかった神経細胞がアポトーシスで死ぬことにより，適当な神経回路ができるといわれている．さらに，哺乳類では，細胞膜にあるFASという受容体に信号が入るとアポトーシスが起こるのは有名である．これらの場合は，死を決定するのは遺伝的プログラムではなく，後天的な環境であると考えられる．

多細胞生物は，発生や生存のために，細胞死をうまく利用しているといえる．

生物の細胞や組織が，その生物のもつあらゆる種類の細胞に分化し，完全な個体をつくり出す能力のことである．脊椎動物では，受精卵は分化全能性をもつが，胚発生の過程が進むにつれて，細胞からこれが失われる．ES細胞は，初期胚に注入するとあらゆる種類の細胞に分化する能力があるが，それ自身だけでは個体をつくり出すことができないので，これを多能性とよび全能性と区別することがある．脊椎動物のさまざまな組織にある幹細胞は，どの組織の幹細胞かにより，それぞれかぎられた種類の細胞に分化することができるが，すべての種類の細胞に分化できるわけではない．一方，ヒドラやプラナリアは小さな断片から再生をさせて個体をつくることができるが，これは体全体に全能性の幹細胞が散在するためと考えられている．多くの高等植物は，分化した組織を取り出して，特定の組成の植物ホルモン（この場合は，インドール酢酸とカイネチン）を含む培地で培養することにより，脱分化させてカルスの状態にすることができる．そして，培地のホルモン組成を変えると，カルスから胚発生や器官分化を経て植物個体をつくることができる．これらの実験から，植物は分化が可逆的なため分化した細胞でも全能性をもつと考えられている．

分化とは，発生の過程で細胞や組織が形態的および機能的に互いに異なり特殊化していくことである．細胞の分化は段階的に起こり，分化が進むにつれて，どのような細胞になれるかという運命が徐々に制限されていく．分化した細胞，たとえば神経，筋肉，皮膚，血球などの細胞の形態的・機能的特徴は，その細胞に特有の遺伝子発現

状態によるものである．動物細胞の分化が不可逆的ということは，細胞がある特定の遺伝子群を発現する状態になると，別の遺伝子群を発現する状態にはなれないことを意味するが，これがなぜかは具体的にはわかっていない．

1997年に発表されたクローン羊の作成実験は，除核した未受精卵に成熟個体の乳腺上皮細胞の核を注入して発生を開始させたものだが，動物細胞の分化全能性に関して有用な情報を与える．まず，それは発生過程における分化全能性の喪失がDNA塩基配列の変化によるものではないことを示す．受精卵が発生過程で乳腺上皮細胞になるあいだにDNA塩基配列は変化していない可能性が高いし，仮に変化していたとしても，変化後のDNAを使って受精卵から個体までの発生が行えるのである．つぎに，分化全能性において，核と細胞質の両方が重要なことを示す．この実験では，未受精卵の細胞質が必須だが，ここには初期発生で重要な働きをする母性遺伝子のmRNAやタンパク質が含まれており，これらが分化全能性に重要と考えられる．また，核を未受精卵に導入してから電気刺激を行うことにより，低い確率で発生を開始させることができた．これは，導入された核の遺伝子発現状態を正しく変化させることが必要で，この変化が起こりにくいためと考えられる．別の研究から，遺伝子発現状態が比較的安定に受け継がれるという現象は，ヒストンのアセチル化やリン酸化（脊椎動物などではさらにDNAのメチル化）や，これらと関係する染色体の凝縮状態が基盤となっていることが解明されている．そして，これが分化不可逆性とどのように関係しているかが，現在，さかんに研究されている．　　　　　　　　　　（桂　勲）

ヘミメチル化⇨「Ⅰ―古典遺伝学」のゲノ
　　　　　　　ムインプリンティング

ホメオシス

主として節足動物で，付属肢が他の部位の付属肢に置きかわってしまう現象で，エビの眼柄を切断すると，しばしば触角が再生してくる場合が好例である．Bateson（1894年）の造語で，相同異質形成または転座現象ともいう．遺伝学がよく発達したキイロショウジョウバエ（Drosophila melanogaster）では，ホメオシスを起こす突然変異（ホメオティック突然変異）が多数分離されており，それらの解析から，ホメオシスの分子機構のみならず，体節分化の機構が明らかにされている．以下には，ショウジョウバエでの研究を取りあげる．

ショウジョウバエは体節を基本とした構造からできており，各体節ごとに異なった特徴を示す．たとえば，第2胸節からは翅が，第3胸節からは平均棍が生じる．

ホメオティック突然変異の代表的なものは，bithorax（bx）postbithorax（pbx）の2重突然変異体で，これでは第3胸節が第2胸節に転化した結果，平均棍の代わりに翅が生えて，4枚翅のハエを生じる（図Ⅲ-14）．このように，遺伝子欠損により，より前部の構造に転換する一連の突然変異が分離され，それらが体節の順番に並んだ遺伝子群（Ultrabithorax（Ubx）遺伝子群）を

図Ⅲ-14　ホメオティック突然変異により生じた4枚翅のキイロショウジョウバエ

abx/bx　*bxd/pbx iab-2 iab-3 iab-4 iab-5 iab-6 iab-7*　*iab-8,9*　調節領域

Ubx　　*abd-A*　　*abd-B*　遺伝子

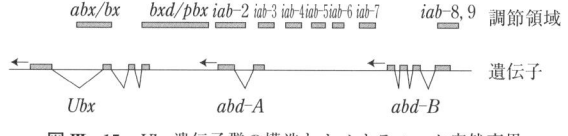

図Ⅲ-15　*Ubx* 遺伝子群の構造とホメオティック突然変異

構成することが遺伝学的に示された．この遺伝子群が完全に欠損すると，第3胸節よりも後部の体節がすべて第2胸節に変換されることから，第2胸節が基本パターンであり，それに一連の遺伝子発現が加わることによって，より後部の体節が特徴づけられる，というモデルが提出された（Lewis, 1976年）．そして，遺伝子クローニングの結果，*Ubx* 遺伝子群は，*Ubx*, *abd-A*, *Abd-B* の3遺伝子とそれらの転写調節配列からなることが明らかにされた（図Ⅲ-15）．いずれも，ホメオドメインを有する転写因子をコードしている．*Ubx* は第2胸節から，*abd-A* は第2腹節から，そして，*Abd-B* は第5腹節から発現が始まり，いずれも第8腹節にいたっている．このように，3種の遺伝子産物の組合せによって，各体節のアイデンティティーが決定されると考えられる．また，その発現異常によって，ホメオシスが生じると考えられる．（西田育巧）

ホメオティック遺伝子⇨「Ⅱ─分子遺伝学/分子生物学」
ホメオボックス遺伝子⇨「Ⅱ─分子遺伝学/分子生物学」

モザイク

1つの個体の中に，遺伝的に異なった細胞が混在する状態をいう．体細胞組換えや染色体不分離などが原因で生じる．遺伝的に異なる2つの胚を融合させてつくる哺乳類キメラ胚もモザイクとよばれることがある．

遺伝学がよく発達したキイロショウジョウバエ（*Drosophila melanogaster*）では，人為的に体細胞組換えを誘発して変異形質を解析するモザイク解析法（クローン解析法）がよく発達している．これでは，目的とする突然変異に関してヘテロ接合個体の発生途上にX線照射などによって，染色分体間で体細胞組換えを誘発すると，突然変異にホモ接合の細胞と正常遺伝子にホモ接合の細胞とが生じて，互いに隣接したクローンを生じる（図Ⅲ-16）．それぞれの染色体を適当なマーカー（*a* および *b*）で標識しておくと，クローンの識別が容易になる．そして，両クローンの性質を比較することで，遺伝子機能を推定することが可能となる．

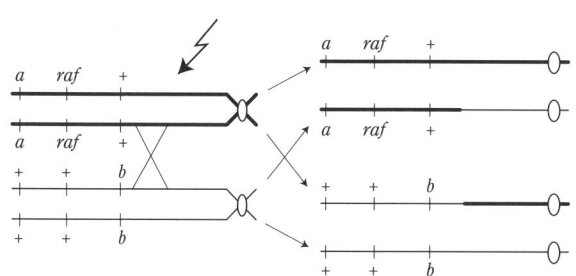

図Ⅲ-16　モザイク解析法のアウトライン

1例として, *D-raf* 遺伝子のモザイク解析を取りあげる. この遺伝子は, MAP キナーゼ・キナーゼ・キナーゼ（MAPKKK）をコードし, 細胞の増殖・分化などに多面的な機能を担っている. これのホモ接合突然変異体は幼虫期に致死になるが, ヘテロ個体の中にホモ細胞のクローンを生じさせることで, さまざまな解析が可能となる. *D-raf* の完全欠損変異にヘテロ接合の個体の3齢幼虫期にX線を照射し, 体細胞組換えを誘発する. 図Ⅲ-17は, マーカー遺伝子として, 正常細胞には *forked* (*f*) を, 突然変異細胞には *multiple wing hair* (*mwh*) を用いた場合で, コントロールに比べて, 明らかにクローンサイズが減少していることがうかがえる. このような解析から, *D-raf* が細胞死突然変異ではないことと, その欠損によって細胞増殖率が約40％低下することが明らかになった[1].

(西田育巧)

図Ⅲ-17 キイロショウジョウバエの翅に生じたモザイク
左はコントロール, 右は *D-raf* 突然変異である.

Nishida：A protein kinase similar to MAP kinase activator acts downstream of the Raf kinase in Drosophila, Cell, **72**, 407, 1993.

＜文献＞
1) L. Tsuda, Y. H. Inoue, M.-A. Yoo, M. Mizuno, M. Hata, Y.-M. Lim, T. Adachi-Yamada, H. Ryo, Y. Masamune and Y.

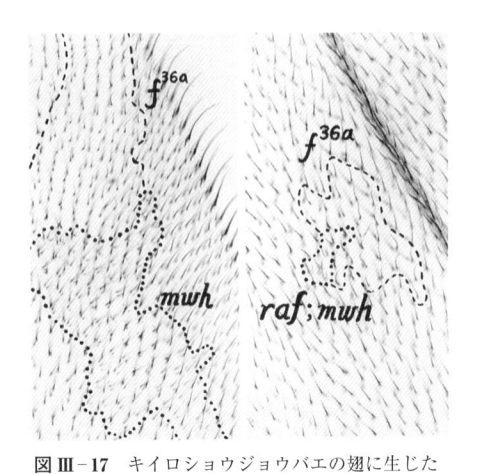

モルフォゲン⇨形態形成因子
老　　化⇨「Ⅴ—ヒトの遺伝学」

IV ― 集団遺伝学/進化

アイソザイム

 ある生物種において，似通った触媒反応を行う酵素（エンザイム；enzyme）が2種以上あり，それらのタンパク質のアミノ酸配列が類似しているが若干異なっている酵素のことを広くアイソザイム（isozyme）という．マーカート（C. L. Markert）が1960年代に発見した現象である．「アイソ」とは「同一の」という意味であり，「ザイム」は酵素「エンザイム」の後半部分にあたる．遺伝子重複によって生じた複数の遺伝子座間の産物についての場合と，単一遺伝子座において対立遺伝子の違いによってアミノ酸配列の違いが生じる場合の2階層について用いられることがある．本来のアイソザイムは前者の場合であるが，きわめて類似した酵素活性を示すタンパク質のアミノ酸配列の違いを簡便に識別できる「タンパク質ゲル電気泳動法」のバンド・パターンでは，両者の区別が必ずしも明確ではないので，ここでは，両者について説明する．

 前者の，本来の意味のアイソザイムとしてよく知られた例として，マーカートが最初に発見したラクトース脱水素酵素（LDH）の，筋肉タイプと心臓タイプのアイソザイムがある．これら2種類の酵素は，遺伝子重複によって脊椎動物の出現以前に生じ，その後アミノ酸配列が少し変化したとともに，発現する組織が変化していった．また，この酵素は4量体であり，心臓タイプ（H）と筋肉タイプ（M）が，それぞれ4個〜0個含まれるものが生成されるため，電気泳動のバンドが5種類（H4M0, H3M1, H2M2, H1M3, H0M4）現れる

 アイソザイムのもう1つの例は，同じ遺伝子座において，対立遺伝子の違いによってアミノ酸配列が若干異なる酵素タンパク質が出現した場合である．図IV-1は，ヒトゲノム中のエステラーゼD遺伝子座における2種類の対立遺伝子のコードするタンパク質のアイソザイムパターンである．大多数の人間集団で見いだされる対立遺伝子1, 2の産物が，フィリピンのネグリト集団でだけ特異的に発見されたNという対立遺伝子の産物とのヘテロ2量体を形成していることがわかる[1]．

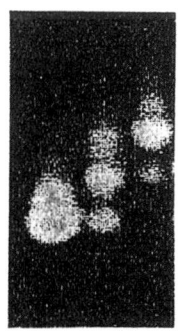

図IV-1 エステラーゼDのアイソザイム（対立遺伝子の違い）[1]

このように，酵素が単量体，2量体，3量体，…というように，サブユニットの数によって，電気泳動のバンドパターンが変化する． (斎藤成也)

<文献>
1) 斎藤成也：アメリカ大陸への人類の移動と拡散（赤澤威・阪口豊・富田幸光・山本紀夫編），アメリカ大陸の自然誌第2巻『最初のアメリカ人』，pp.57-103，岩波書店，1992．

遺伝（的）荷重

生物のゲノム中の有害突然変異は，多くの場合劣性であり，2倍体の生物ではヘテロ接合として保持されているため，その有害の程度は低い．しかし，たとえば近親交配の結果，近交弱勢がみられるように，個体（ゲノム）のホモ接合度が高くなっていくと，劣性有害突然変異の効果が顕著に表れてくる．遺伝（的）荷重（genetic load）とは，このような遺伝子レベルでの有害の程度をその遺伝子に働く自然選択の強度の違いを用いて表した尺度である．1950年H. J. Muller が提唱した『突然変異により生じた有害遺伝子は個体の死や妊性の低下を通して人類集団の負担になる』という概念に基礎を置く．その後，J. F. Crow により，現在用いられているような尺度として定義された．一般に，W_{op} を最適な遺伝子型の適応度，W を集団全体での遺伝子型の適応度の平均値とすると，荷重は集団全体の適応度の平均（W）が最適な遺伝子型の適応度（W_{op}）と比べて減少している割合で表す．すなわち，荷重 $L = (W_{op} - W)/W_{op}$ と定義される．

遺伝的荷重は，荷重を生じさせる要因によって，大きくつぎの3つに分類される（表IV-1）．

① 突然変異による荷重：突然変異により生じた有害遺伝子による荷重である．有害遺伝子が集団に毎世代生じることにより，集団の平均適応度が最適なものと比較して低下していることによる．この荷重の程度は，突然変異遺伝子の有害さの大きさにはほとんど関係しない．むしろ，接合体あたりの突然変異率に等しくなる．

② 分離の荷重：この荷重は最適な遺伝子型が固定できないときに生じる．もっとも重要な例は，超優性の場合である．超優性とは，ヘテロ接合体の適応度がいずれのホモ接合体の適応度よりも大きい状態をさす．ある遺伝子座の多型が超優性により維持されているとき，毎世代交配により，集団中には必ずホモ接合体が生じる．ホモ接合体が生じることにより，集団の平均適応度は最適な適応度（ヘテロ個体の適応度）に比べると低下している．このような低下による荷重を超優性による分離荷重とよぶ．この荷重の程度は，突然変異率ではなく，ヘテロ接合体とホモ接合体の適応度の相対的な違いにより決まる．

③ 進化の荷重・置換の荷重：環境の変化により，いままで自然選択に有利であっ

表IV-1 集団中に生じるさまざまな荷重とその大きさ

荷重の種類	荷重の大きさ
突然変異による荷重（mutational load）	接合体あたりの突然変異率にほぼ等しい
分離による荷重（segregation load）	ヘテロ接合体とホモ接合体の適応度の相対的な大きさにより決まる
進化の荷重（evolutionary load）	不利な対立遺伝子の頻度とその優性の度合いにより決まる

た遺伝子が不利になることにより生じる荷重である．不利となった遺伝子が集団から消失するまでのあいだ，この不利となった遺伝子により集団の平均適応度は低下する．この荷重の程度は，不利になった遺伝子の集団中での頻度とその優性の度合いにより決まる． (颯田葉子)

<文献>
1) J. F. Crow：遺伝学概説，第22章淘汰（選択）（木村資生・太田朋子訳），p. 197, 培風館, 1978.
2) 向井輝美：集団遺伝学，第6章自然集団の遺伝的変異, p.100, 講談社, 1986.
3) M. Nei：Molecular Evolutionary Genetics, p. 414, Columbia University Press, 1987.
4) 木村資生：分子進化の中立説, p. 145, 紀伊国屋書店, 1986.

遺伝子重複

不等交叉やゲノムの倍化により，ゲノム（染色体）上に遺伝子の複製（コピー）ができること．不等交叉は，ゲノム上のかぎられた領域の重複にかかわるが，ゲノム重複は文字どおりゲノムの倍化によるもので，ゲノム上のすべての遺伝子が複製される．狭義には遺伝子重複といった場合，重複した遺伝子がゲノム上で縦列に連なっている場合のみをさすこともある．

ゲノムの倍化により生じる倍数体には，同質倍数体と異質倍数体がある．同質倍数体は，減数分裂時の染色体不分離などにより2倍体の配偶子が形成され，この2倍体の配偶子間の融合によると考えられている．同質倍数体は植物で観察され，コルヒチンなどの薬品を用いた品種改良の技術としても用いられる．一方，自然界で近縁種間に発見される倍数種には，異種のゲノムが組み合わさって生じた倍数体があり，異質倍数体とよばれ，コムギやアブラナなどにみられる．

遺伝子重複がゲノムの進化の過程でどれだけ頻繁に起きているかについては，現在さまざまな研究がすすめられている．モデル生物であるシロイヌナズナのゲノムは，過去1億年から2億年のあいだに4回のゲノム重複を経てきたと推定されている．一方，酵母のゲノム中の遺伝子のうち，遺伝子重複により生じたものがどのくらいあるかが調べられた．その結果，およそ6000の酵母のゲノム遺伝子の中のおよそ800組の遺伝子が遺伝子重複の結果できたと推測された．また，同様の解析がヒトのゲノムを対象に行われたが，ゲノム全体のおよそ10％が重複に由来する．特に，ヒト22番染色体長腕の重複について詳しく調べられている．それによれば，重複の単位は1 kbから400 kbの広い範囲にわたり，セントロメアに近いほど重複の頻度は高いなど染色体上の分布にも偏りがある．

ヒトを含む脊椎動物には，発生過程での体の基本設計を決めるホメオボックス（HOX）遺伝子がクラスターとして4つある．この4つのクラスターのあいだには，染色体上の位置や向きも含め高い相同性が認められることから，これらの領域が重複によってできたと考えられる．また同様の重複は，組織適合性抗原遺伝子群（major histocompatibility complex：MHC）を含む領域でもゲノム上に相同な領域が4カ所存在する．しかし，これらの重複がゲノムレベルの倍化によるのか，この領域にかぎられた重複によるのかは明らかではない．

重複した遺伝子は，同じ機能をもった遺伝子のコピーがゲノム内に存在するので，多くの場合 ① 有害突然変異を蓄積し機能を失った偽遺伝子となるが，② 重複後に新たな機能をもった遺伝子に分化したり，③ 重複した遺伝子間での頻繁な遺伝子変換により，重複した遺伝子どうしが相同性の高い配列を維持している場合もある．主に①と②による重複遺伝子の進化を

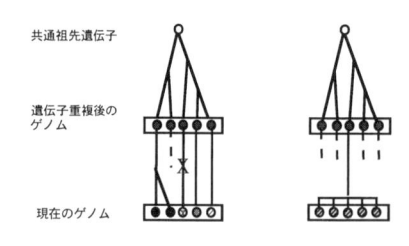

Birth and Death Process　協調進化

図Ⅳ-2　重複遺伝子の進化過程

○はゲノム内の遺伝子を，四角はゲノムを表す．また，図中の直線は遺伝子の系統関係を，破線は途絶えた系統を表す．また，線上の×は，この遺伝子に機能的に有害な変異が起こり，遺伝子が機能を失ったことを表す．○の中の模様の違いは，遺伝子が分化していることを示す．Birth and Death Processでは，重複によりできた遺伝子は時間とともに分化していく．一方，協調進化も変異は蓄積するが，1つのゲノム内の遺伝子間の相同性は高い．

「Birth-and-Death Process」とよび，③のような「協調進化」と区別する（図Ⅳ-2）．前者の代表的な例は，脊椎動物のMHCで，遺伝子重複と偽遺伝子化/機能分化をくり返し，おのおのの生物に特異的な遺伝子群を構成している．一方，協調進化の代表例としてはリボソームRNA遺伝子群が知られている．

　また，重複の程度（コピー数）は遺伝子により異なる．グロビン遺伝子群のように，数個のものから，リボソーム遺伝子群や免疫グロブリン遺伝子群のように，数百個のコピーで構成される場合にまで及ぶ．リボソームRNA遺伝子のコピー数が多い理由は，おそらく発生や分化の過程のある段階で細胞が迅速なタンパク質合成を必要としているためと考えられている．免疫グロブリン遺伝子群では，未知の抗原に対して抗体をつくり出すために高度な多様性が必要となる．多様性を生成する1つの機構として，多重化した重複遺伝子が維持されている．また，非自己由来の化合物を無毒化するチトクロームP450や上記のMHCでは，異なる生物系統で異なる重複回数をもつ．MHC遺伝子群では，ヒトは偽遺伝子も含めてコピー数は数十であるが，たとえば，マウスは数百に及ぶコピーをもつし，一方ニワトリは数コピーしかもたない．また，チトクロームP450の場合は，ヒトとマウスの遺伝子数は63と84であるが，このうちには，どちらの種にも相同遺伝子が1遺伝子座ずつ存在するものもあれば，ヒトあるいはマウスにいたる系統で特異的にコピー数を増加させている遺伝子座もある．生物の系統によりコピー数が異なるのは，それぞれの生物の棲息環境の違いを反映しているとも考えられるが，この違いを生み出す分子的なメカニズム，たとえば，ゲノムあたりの遺伝子重複の頻度などに系統間で違いがあるのかについては明らかになっていない．

（颯田葉子）

＜文献＞
1) M. Nei : Molecular Evolutionary Genetics, p. 414, Columbia University Press, 1987.
2) M. Nei, X. Gu and T. Sitnikova : Evolution by the birth-and-death process in multigene families of the vertebrate immune system, Proc. Natl. Acad. Sci. USA **94**, 7799, 1997.
3) T. A. Brown（松村正実監訳）：ゲノム, p.511, メディカル・サイエンス・インターナショナル, 2002.

遺伝子プール

　同じ種に属する生物個体があるまとまりをもって生殖を行っているとき，それらの個体がもつ，次世代に残す可能性のある遺伝子の総体を「遺伝子プール」（gene pool）とよぶことがある．集団遺伝学の用語だが，「集団Aの遺伝子プールは変異が小さい」という代わりに，「集団Aの遺伝的変異は小さい」といえば済むので，最近ではあま

り用いない表現である．ただし，遺伝子の世代から世代への流れだけを考えたときには，生物個体を捨象して，遺伝子が集まって水たまり（プール）となっている状態をさすという考え方もできるので，このようないい方を使うと便利な場合もある．なお，遺伝子プールの中では，任意交配を仮定してはいない．

遺伝子プールと関連する概念に「メンデル集団」（Mendelian population）がある．メンデル集団とは，有性生殖をする生物個体の，繁殖という点からみてまとまっている集まりである．その生物における最大のメンデル集団は，種そのものである．あるメンデル集団のある遺伝子座（locus）における遺伝子の全体が，遺伝子プールに対応する．　　　　　　　　　　　　（斎藤成也）

遺伝子流入

相互に交配が可能な複数の生物集団のあいだで，遺伝子が異なる集団由来の個体の交配によってある集団から別の集団へ移動することを「遺伝子流入」（gene flow）あるいは遺伝子交流・遺伝子流とよぶ．似通った概念として，遺伝子交換（gene exchange），混血（admixture）や移住（migration）がある．集団間の遺伝子流入を量的に議論するときには，「移住率」（migration rate）を使うことが一般的である．移住率は，世代あたりの移住個体数がその集団の全個体の中で占める割合である．集団から外へ出てゆく場合と，他の集団から入ってくる場合の2とおりがある．

遺伝的に分化した2集団間において，遺伝子流入が長い世代にわたってひんぱんに生じると，これら2集団のあいだの遺伝的差が小さくなってゆく．一方で，遺伝的浮動によって2集団は遺伝的に分化してゆこうとする．したがって，移住率と遺伝的浮動のあいだの平衡状態を考えることもできるが，平衡状態に達するにはきわめて長い世代時間が必要なので，生物学的にはあまり意味がない．

分集団構造をとっているように見えても，分集団間の移住率がある程度以上高い値に維持されていれば，これらのあいだに集団構造はない（1つの任意交配集団である）とみなすことができる．その限界は，集団の大きさ N と移住率 m の積である Nm，つまり1世代あたりに移住によって2集団のあいだで交換される個体数が1のときである．Nm が1よりも大きいときには，分集団構造は実際には存在せず，一方 Nm が1よりも小さいときには，2分集団は明確な構造があるということになる．

集団の個体数が十分大きく，遺伝的浮動の効果が移住の効果に比べて無視できるときには，移住による対立遺伝子頻度の変化をよい近似をもって議論することができる．いま，ある集団Aにおける特定の対立遺伝子の現在の頻度を $p(0)$ とする．隣接する大集団Bと毎世代 m の割合で個体を交換しており，隣接大集団Bでの同じ対立遺伝子の頻度を P とし，集団の個体数が大きいために，この大集団では移住による影響は無視できるとする．このとき，集団Aにおける t 世代後の対立遺伝子の頻度 $p(t)$ は，以下の式で近似される．

$$p(t) = (1-m)^t (p(0) - P) + P$$

$m < 1$ なので，t が大きくなるに連れて $(1-m)^t$ は0に近づき，$p(t)$ は P に近づいてゆく．

上記で考えた遺伝子流入のモデルには，ライト（Sewall Wright）の島モデル（island model）にあたる．このほかにも，連続的に分布している集団における移住を考えたライトのモデル，分集団が1次元あるいは2次元に飛び石状に並んでいることを仮定した木村資生の飛び石モデル（stepping stone model）などがある．ただし，同一の集団構造が長いあいだ維持されるこ

とは考えにくいので，これらの集団構造モデルをもとに移住を考慮するときには，比較的短期間の進化を前提とするべきである．

遺伝子の流入は，通常は同一種内で生じるが，種の定義によっては生殖隔離が確立しておらず，近縁種のあいだで，特に種の境界において雑種が生じる場合もある．地理的隔離が進んでいるが，生殖隔離が不完全である亜種間では，亜種境界での混血がときどき生じることがある．よく知られた例として，マウス（*Mus musculus*）の *domesticus* 亜種と *musculus* 亜種との亜種境界（ヨーロッパのデンマークからギリシャ北部に南北に走る）での混血がある．このような場合，ある種（または亜種）の中に近縁の種・亜種の遺伝子が混ざったあと，反復もどし交配によって大部分の遺伝子はもとの種あるいは亜種のものに戻るが，ゲノムの一部に隣の種（または亜種）の遺伝子が残った状態になることを，遺伝子移入（introgression）とよぶ．

最近導入された新しい視点として，個体を単位として多数の遺伝子座における遺伝的多型データを解析し，そこから集団を客観的に定義しようという試みがある．これは，集団遺伝学において，取り扱う単位である集団が，前もって操作的に定義されており，そのまとまりに明確な根拠が必ずしもないからである． （斎藤成也）

遺伝的隔離

生物の2集団が，何らかの障壁によって，遺伝的交流が妨げられている状態を「遺伝的隔離」（genetic isolation），あるいは単に隔離（isolation）とよぶ．交配しても次世代が生じないか，あるいは次世代の個体が生じても繁殖能力が失われている場合，生殖的隔離（reproductive isolation）が確立している．この場合には別種なので，もちろん遺伝的にも隔離が完了しているが，生殖隔離が確立していない場合でも，地理的にへだたった2集団は遺伝子の交流がないため，遺伝的に隔離される．これは，同種内の異なる亜種間，あるいは同一種あるいは同一亜種内の異なる地方集団間での現象である．このため，遺伝的隔離は，生殖隔離，すなわち本来の意味での種分化の第一歩であると考えられている．

遺伝的隔離の生じる主要因は，地理的隔離（geographic isolation）である．もともと単一の任意交配集団であったものが，何らかの要因で複数の地域集団に分断されると，その後は遺伝的浮動，集団ごとに異なる突然変異の固定，集団ごとに異なる自然淘汰のパターンなどによって，それぞれの集団の遺伝子組成が変化してゆく．そのうちに，個体発生に必要な多数の遺伝子の相互作用が，雑種ではうまくいかないことが生じてきて，生殖的隔離へと進む．

（斎藤成也）

遺伝的多型

生物集団において，ゲノムの中の同一位置にある塩基配列を比較したとき，異なっている場合に遺伝的多型（genetic polymorphism）が存在するという．このような遺伝的変異は，突然変異に端を発するので，突然変異の種類に応じて遺伝的多型も分類するのが自然である．突然変異には塩基置換，欠失・挿入，逆位などさまざまな種類がある．

ここで問題にしている生物集団は，通常は同一種内に属する個体からなるとしているが，種の定義があいまいなので，別の定義からすると，近縁種の個体が含まれることもある．たとえば，オランウータン（*Pongo pigmaeus*）は，現在スマトラ島と

ボルネオ島に分布するが，それぞれの島に分布する集団は通常 2 亜種（*pigmaeus* 亜種と *abelii* 亜種）とみなされている．この場合，亜種間の遺伝的相違はオランウータン種内の遺伝的多型だといえる．ところがこれら 2 集団は生殖隔離はないものの，地理的に異なった分布域をもち，また染色体の核型が多少異なるので，別種とする見解も存在する．この場合には，遺伝的多型だとされていたものが，種間の違いになってしまう．このように，種内の遺伝的多型と種間の遺伝的違いには，現象としての明確な区切りはない．この意味で，ある遺伝的差異が遺伝的多型であるのかどうかは，操作的に定義される．

遺伝的多型のもう 1 つの操作的な側面は，検出力の問題である．遺伝的多型の対立概念として「遺伝的単型（genetic monomorphism）」がある．しかし，通常は着目している生物集団のすべての個体を調べることはしないので，集団からの標本から得られたデータを議論することになる．すると，標本数（調べた個体数と調べた塩基数の両方に依存する）が少なければ少ないほど，集団全体では遺伝的多型があるのにもかかわらず，見かけ上単型である（遺伝的変異がない）可能性が高くなる．このため，もっとも頻度の高い対立遺伝子以外の対立遺伝子の頻度の合計が任意の値（ふつうは 1％）以上であるときは遺伝的多型があり，それ未満であると単型とする操作定義の用いられることがある．ただ，最近は頻度にかぎらず，遺伝子の塩基配列に何らかの変異を見いだしたら，それを「多型」とよぶことが多い．また，通常は「遺伝的多型」は同一種内における現象であるが，近縁種の塩基配列を比較したとき，変異のある塩基サイトを「多型となっている」とよぶことも行われている．これは，「種」があいまいな概念であり，線引きが困難であることから生じた，多型概念の拡張と考えることができる．

DNA の最小単位はヌクレオチドなので，その多型（単一塩基多型；SNP）が遺伝的多型の最小長である．SNP（single nucleotide polymorphism）は，基本的に塩基置換タイプの突然変異によって生じるものである．エクソン領域（cDNA に対応する）に存在する SNP を cSNP，それ以外のゲノム領域に存在するものを gSNP とよぶことがある．

このほかに，突然変異のタイプによって，挿入・欠失多型（insertion/deletion を略して indel とよぶことがある），リピート数多型がある．リピート単位が 1～5 塩基程度と短い場合，STR（short tamdem repeat）あるいはマイクロサテライト多型とよび，リピート単位が数十塩基である場合，ミニサテライト多型とよぶことが多い．さらに，巨大な領域（数 kb 以上）を単位として多型がある場合には，遺伝子コピー数の多型という認識となる．

タンパク質コード領域の DNA 多型は，アミノ酸を変化させる場合，タンパク質そのもののアミノ酸配列を変化させるので，アイソザイムが生じる（アイソザイムの項を参照）．また，アミノ酸を変化させない同義置換によって生じた DNA 多型は，サイレント多型とよぶことがある．

遺伝的多型は，遺伝子やゲノムの特定領域だけでなく，ゲノム全体について考える場合がある．この場合，平均ヘテロ接合度（average heterozygosity）あるいは遺伝子多様度（gene diversity）で遺伝的多型の程度を示すのが一般的に用いられる[1]．平均ヘテロ接合度のほうがより多く使われているが，これはヘテロ接合体が存在し得る 2 倍体生物を暗黙のうちに仮定している．ヘテロ接合体の存在しない半数体生物でも遺伝的多型は存在するので，一般化した概念として，遺伝子多様度という名称が提唱された．遺伝子多様度 H は，

$$H = (\Sigma(1-\Sigma p_{ij}^2))/N$$

で定義される[1]．p_{ij} は遺伝子座 i における

対立遺伝子 j の頻度であり，N は比較した遺伝子座の総数である.

また，ある特定の DNA 領域を考えたとき，その中での集団の遺伝子多様性を表す指標として，多型サイト数（number of segregating site）や塩基多様度（nucleotide diversity）がある．塩基多様度 π は，

$$\pi = \sum_{ij} x_i x_j \pi_{ij}$$

で定義される[1]．x_i は DNA 配列のタイプ i の集団内における頻度であり，π_{ij} は対立遺伝子 i と対立遺伝子 j の塩基の異なる割合である． （斎藤成也）

<文献>
1) 根井正利：分子進化遺伝学，培風館，1990.

遺伝的浮動

集団の中で，生物の個体数が有限であるために，対立遺伝子頻度（allele frequency）が機会的に変動することを「遺伝的浮動」（genetic drift または random genetic drift）とよぶ．単に浮動とかドリフトとよんだりすることもある．かつては，遺伝的浮動を詳しく研究した Sewall Wright にちなんでライト効果とよぶこともあったが，古い用法である．一定の強度で働く自然淘汰による，遺伝子頻度の定方向的・決定論的な変化と対比される現象である．遺伝的浮動は，有性生殖の場合，ある意味で近親婚（inbreeding）の結果でもある．しかし，生物が有限個体で暮らしているため，近親婚は程度の差こそあれ，つねに生じているのである．

近親婚がくり返されると，ホモ接合頻度が増え，ヘテロ接合個体の減少が期待される．このことを指標にして，遺伝的浮動の時間変化を考えてみよう．任意配偶を行う N 個体からなる有限集団で，世代交代にあたって配偶子（遺伝子）が無作為に抽出されると仮定する．このとき，次世代の個体を形成する2つの配偶子が同一の親由来である確率は，$1/2N$ である．残りの場合 $(1-1/2N)$ は，近交係数 f が 2 つの配偶子が同一の親由来である確率を与える．したがって，世代 t における近交係数 $f(t)$ は，以下の式で与えられる．

$$f(t) = 1/2N + (1 - 1/2N) f(t-1) \quad (1)$$

ここで，世代 t におけるヘテロ接合度 $H(t)$ を考えると，定義により，

$$H(t) = H_0(1 - f(t)) \quad (2)$$

なので，式 (2) を式 (1) に代入して変形すると，

$$H(t) = H_0(1 - 1/2N)^t \quad (3)$$

すなわち，集団のヘテロ接合度は毎代 $1/2N$ ずつ減少することになる[1]．このため，移住や突然変異あるいは自然淘汰などの要因がなければ，遺伝的浮動により，集団内の遺伝的変異は減少し，最後には単一の対立遺伝子だけで構成されることになる．個体数 N が小さいほど，世代あたりのヘテロ接合度の減少は大きいので，小集団ほど遺伝的浮動の効果は大きい．

遺伝的浮動は，分子進化や遺伝的多型現象に重要な役割を演じている．なお，時間とともに起こる淘汰強度の偶然的変動によって，集団の遺伝子頻度が偶然的に変動する現象も，広い意味の遺伝的浮動に含めることがある．遺伝的浮動の効果を含めた対立遺伝子頻度の変化は，いろいろな数学手法で記述することができるが，広範囲でよい近似を与えることが知られているのは，拡散方程式である．木村資生は，1955 年に，対立遺伝子頻度が機会的変動と決定論的な変動の両方を受けて変化する場合の拡散方程式の解を得た．この解は，超幾何関数あるいはゲーゲンバウアー多項式の形で表される．詳しくは，文献[1]を参照されたい．結果の1つとして，図 IV-3 に，遺伝的浮動だけの場合，初期対立遺伝子頻度が 0.5 の場合と 0.1 の場合に，さまざまな

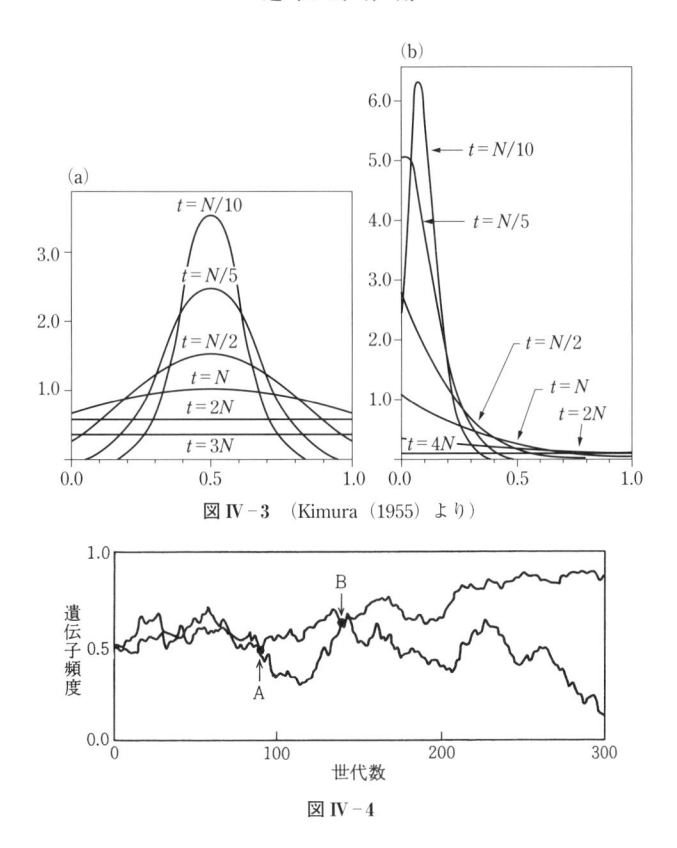

図 IV-3 (Kimura (1955) より)

図 IV-4

世代のあとにどのように対立遺伝子頻度が分布するかを示した[2]．

遺伝的浮動は，コンピュータで疑似乱数を発生させて模倣することができる．図IV-4は，個体数100の集団で，初期対立遺伝子頻度0.5で出発したあとの対立遺伝子頻度の時間変化を2とおり示したものである．コンピュータの中ではこれは2回の試行に対応するが，現実の進化では，同一の祖先集団から分岐した2集団の時間的変化と考えることができる．

近年，遺伝的浮動は時間を現在から遡ってゆく「遺伝子系図」(gene genealogy)で取り扱うことが多くなった．現在の集団に存在する遺伝子は，同一の遺伝子座のものであれば，共通祖先が必ず存在する．そこにたどるまでの過程を実際の塩基配列から推定することが可能になったため，遺伝子系図理論が勃興した．遺伝子の系図を過去から現在にたどることは，すでに1920年代にフィッシャー (Ronald A. Fisher) が「分岐過程」(branching process) を用いて解析していた[3]が，時間を過去にたどることは，合祖過程 (coalescence process) としての取扱いを，キングマン (J. F. C. Kingman) と田嶋文生が初めて導入した[4],[5]．（遺伝子系図の項目を参照）

(斎藤成也)

<文献>

1) Crow and Kimura: Introduction to Population Genetics Theory, 1970.
2) Kimura: *Proc. Natl. Acad. USA*, **41**, 144–

150, 1955.
3) Fisher：The General Theory of Natural Selection. Oxford Univ. Press, 1930.
4) Kingman：*J. Appl. Probab.*, **19A**, 27-43, 1982.
5) Tajima：Genetics, **105**, 437-460, 1983.

獲得形質

　生物の一生のあいだに環境の影響によって発現される形質のことで，その生物が遺伝的に備えている形質（先天性形質）に対して後天性形質ともいう．一般に，与えられた環境条件に対して，より適応度の高い形質が発現する場合に使われる．ふつう獲得形質の遺伝といえば，体細胞に生じた変化が遺伝する場合をさし，18～19世紀のR. B. Lamarckによって代表される．Lamarckは，彼の進化論を展開するにあたって獲得形質の遺伝を肯定して，キリンの首が長い理由を説明する際に用いた用不用説はよく知られている．C. DarwinやE. H. Haeckelもこれを認める立場にあった．これに対し，獲得形質の遺伝を否定する議論は，19世紀末から20世紀にかけて主張されるようになり，A. Weismannの生殖質連続説が有名である．彼は，次世代を構成する生殖細胞以外は遺伝とは無関係であるとして，体細胞が環境から受けた影響が遺伝することを否定した．
　一方，実験的に肯定的証拠を提出する研究者もみられた．獲得形質の遺伝の証明実験には，以下のような例がある．Brown・Sequard（1875年）はテンジクネズミの神経系に人為的損傷を与えると，それが原因で現れるのと同じ異状がその子孫にも現れると報告した．StandfussやE. Fischerらはチョウの幼虫を常温より高い，または低い温度で育てると，通常のものと色や形の違った成虫が出てくるが，この色の変わった親から産まれる子を常温で育てても色がわりのものができると報告した．また，P. Kammeraerは1910年ごろサンバガエルとサンショウウオに関する実験結果を発表し学界を騒がせた．陸生のサンバガエルを高温の中におくと水中で交尾・産卵する．このような卵から生まれた子の子孫では，幼生の鰓が殖え，雄の前肢の親指の根元にいぼが新しくできた，というものである．また，黒と黄色のまだらをもつマダラサンショウウオを黄色の土の上で飼うと，年とともに黄色の部分が大きくなり，ついには全体が黄色がちになる．一方，黒い土の上に置くとほとんど真っ黒になる．このように，体色が変わった親の子孫は，その変化が親よりさらにはなはだしくなっていったという．ロシアの生理学者Pavlovは白いハツカネズミに与えた条件反射の特性が子孫に遺伝すると報告した（1923年）．しかし，獲得形質の遺伝の証拠とされるものは，実験的誤りに基づくものか他の解釈が可能であるものとして考えられるようになった．1930年代になり，ソ連ではT. D. Lysenkoが環境を重視する観点から，獲得形質の遺伝を肯定し，コムギの播性を人為的に変化させ，遺伝的に固定させうることを唱え，一時期新たな獲得形質の遺伝説とみなされた．このように，獲得形質遺伝の問題は，進化学の歴史に相当重要な位置を占め，その余波は広く，長く及んだ．
　今日，分子レベルで遺伝情報の伝達と発現の仕組みが明らかにされ，獲得形質の遺伝は否定されている．　　　　　（酒泉　満）

共　進　化

　進化生態学的に，『ある種の進化に伴い，その種に依存している別の1つまたは複数の種も進化すること』と定義される．たとえば，宿主が寄生虫に対して感染を防御す

共進化 241

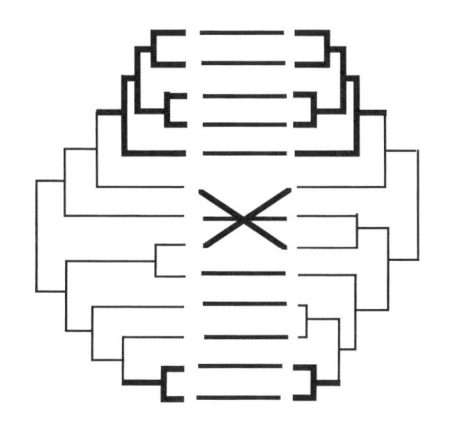

ネズミの系統関係　　シラミの系統関係

図 IV-5　宿主と寄生虫の共進化
左側の系統樹は宿主であるネズミの，右の系統樹は寄生虫のシラミの系統樹である．系統樹のあいだの直線は，宿主と寄生虫が1対1に対応していることを表す．ネズミ，シラミのそれぞれの種名は省略した．系統樹の枝が太くなっている部分は，系統樹の分岐のパターンが宿主と寄生虫で一致するところを示している．それぞれの系統樹では，分岐のパターンを表しており枝の長さは分岐の物理的な時間を反映しているものではない．

る新たな遺伝子座あるいは対立遺伝子を生み出すと，それに呼応して，寄生虫はその防御系をすり抜けることができるような変化をするなどのような，寄生虫とその宿主が協調的に進化したり，虫媒花の花の構造と受粉昆虫の口器の形態との相互適応進化の例はよく知られている．現在，分子レベルで種の系統関係を明らかにする手法が普及するにつれて，分子，特にDNA配列の比較からこのような進化過程を明らかにする試みが多数行われている．図IV-5には，北米の草原に生息するネズミの仲間（gopher）と，そのネズミに寄生するシラミの系統関係の例を示した．ネズミとシラミはおのおの15種と17種が生息しているが，このうち13種については，寄生虫と宿主のあいだに1対1の関係が確立してい

る．これらの寄生虫と宿主のミトコンドリアDNAの塩基配列を用いて，これらが共進化しているか否かが調べられた．宿主と寄生虫それぞれの系統関係を比較してみると，13種のうちの半数に及ぶ7種で，宿主とその寄生虫の種分化のパターンが一致していることが明らかになっている．同様の例は，げっ歯類とそれに感染するアデノウイルスでも見いだされている．しかし，寄生虫と宿主の系統関係を比較したときに，両者が完全に一致する場合はむしろまれである．これは，寄生虫が宿主をかえる（host-switching）ことによると考えられているが，host-switchingがどの程度の頻度で起こるのかについてはよくわかっていない．

　広義には，2種類以上のタンパク質どうしやタンパク質とDNAといった分子レベルで相互作用する分子の進化も「共進化」と考えられる．たとえば，植物で自家受精を妨げるシステムとして進化してきた自家不和合性は，雌しべ側の因子と雄しべ側の因子が1つのシステムをつくり上げているが，この2つの因子が協調的に進化することは，自家不和合性システムの進化においては重要である．また，転写制御因子とDNA上の結合部位の進化も相互作用を保つ必要があり，共進化しているシステムととらえた転写制御系の進化の研究も行われている．
　　　　　　　　　　　　　　　（颯田葉子）

＜文献＞
1) M. W. Strickberger：Evolution, Chapter 22 Structure and Interaction of populations, p. 521, Jones and Barlett, 1995.
2) M. Hafner and R. D. M. Page：Molecular phylogenies and host-parasite cospeciation：gophers and lice as a model system, Phil. Trans. R. Soc. Lond. B **349**, 77, 1995.

近交系

任意に選ばれた1対の動物から生まれた子どうしの兄妹交配を行い，さらにその子どうし交配を繰り返すと，代を重ねるごとに個体の遺伝子構成は性染色体を除き均一性を増していく．このような，遺伝的に高い均一性をもつ系統を近交系とよぶ．たとえば，近交系の表現型の変異比較を通して，表現型に及ぼす遺伝子型の影響を解析したり，特定の染色体や遺伝子を近交系に導入したコンソミック系統やコンジェニック系統を作成し，その染色体や遺伝子の効果を比較する実験などに利用される（表IV-2）．

染色体上のある遺伝子座に劣性の有害対立遺伝子がなく，ホモ接合体にすることで荷重がかからなければ，兄妹交配を n 世代行ったとき，この遺伝子座が遺伝的に均一である確率は $1-(1/2)^n$ と表すことができる．たとえば，10世代の兄妹交配を行えば，この遺伝子座に関しては99.9％の確率でホモ接合となる．しかし，染色体全体あるいはゲノム全体を均一化するのに要する時間は，1遺伝子座の場合より遥かに長くなる．たとえ有害遺伝子がなくとも，組換えの起こりやすさや，ゲノムを構成する染色体の数により均一化の時間は影響される．組換えが頻繁であるほど，また染色体数が多いほど，ゲノム全体の均一化には時間を要する．多くの生物では，それぞれのゲノムに劣性の有害突然変異が蓄積しているため，ある程度ゲノムの均一化が進むにつれて，近交弱勢の影響が現れる．

マウスやショウジョウバエなどのように，ひとつがいの交配から比較的多くの個体を得られたり，組換えを抑制する方法が知られている実験動物を除いては，ホモ接合度の高い近交系をつくるのは非常に難しい．マウスでは，兄妹交配によって20世代以上経た系統を近交系とよぶ．

（颯田葉子）

<文献>
1) J. F. Crow：遺伝学概説，第21章近親交配（木村資生・太田朋子訳），p. 185, 培風館，1978.

系統樹

遺伝子の物質的本体であるDNA（あるいはRNA）が自己複製をくり返すと，子孫分子のあいだの関係は2分岐樹となる．これを遺伝的に近い同種内のあいだの場合には遺伝子系図（gene genealogy），遺伝的に遠い関係の場合には遺伝子系統樹（gene tree）とよぶことがある．

細胞分裂によっても，細胞の系統樹が生じる．バクテリアのような単細胞生物の場合，細胞の系統樹は個体の系統樹と同一である．多細胞生物でも，受精卵という祖先細胞から細胞分裂によって生じる多数の細胞は1つの系統樹を生み出す．脊椎動物の

表IV-2 マウス近交系から派生した主な系統の種類とその性質

系統の種類	性質
コンジェニック系統	あるマウス個体のもつ変異遺伝子を戻し交配などの方法を用いて，既存の近交系に導入した系統．変異遺伝子の生態での機能を研究するのに優れた系統
コンソミック系統	異なった種または亜種のもつ完全な1対の染色体を既存の近交系に導入した系統．遺伝子間の相互作用を調べるのに適している系統

「マウス　ラボマニュアル（第2版）」から引用．

ミトコンドリア DNA のように，ハプロイドとして母性遺伝をする場合には，ミトコンドリア DNA の遺伝子系図は，それらの DNA を伝えたメス個体の系統樹となる．

一方，個体の集合である集団のあいだの系統関係を集団の系統樹（population tree）とよび，特に種間の系統関係を種系統樹（species tree）とよぶ．遺伝子系統樹と同様に，集団系統樹も種系統樹も，基本的には2分岐樹である．

どちらの場合でも，系統樹は過去から現在へという時間軸をもっている．このような，通常の意味での生物の系統樹を「有根系統樹（rooted tree）」とよぶ．根は共通祖先である．これに対して，根のない「無根系統樹（unrooted tree）」も考えることができる．実際のデータから系統樹を復元する場合には，多くの場合無根系統樹しか得ることができない．

このように，系統樹を論じる場合，理論的には共通な部分があるので，数量分類学では遺伝子，生物種集団，生物種のどの場合でもあてはまる場合，それらを抽象的に OTU（operational taxonomic unit；操作上の分類単位）と扱うことがある．数学的には，系統樹はグラフの1つである．グラフは，節（node）と線（edge）から構成される．線は節がつながっているかどうかを示す．生物進化では進化時間が重要なので，数学のグラフにおける線のようなつながり方の情報だけでなく，進化時間あるいは進化的変化（塩基置換数など）を与えることがある．OTU は節の一種だが，つねに系統樹の端点（external node）として存在する．それに対して，系統樹の内部節（internal node）のことを，HTU（hypothetical taxonomic unit）とよぶことがある（図Ⅳ-6）．

3個の OTU において，有根系統樹は3種類あるが，無根系統樹は1種類しかない．それに対して，4個の OTU では有根系統樹は15種類あるが，無根系統樹は3種類

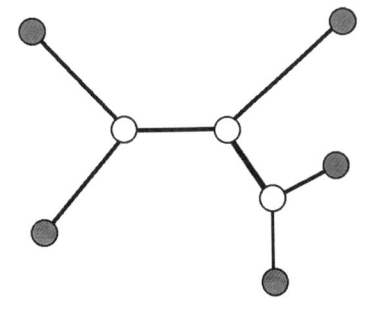

図Ⅳ-6 系統樹とは
●は OTU，○は HTU である．

である（図Ⅳ-7）．一般に，N 個の OTU に対して可能な無根系統樹の数は，$(N-1)$ 個の OTU に対して可能な有根系統樹の数に等しい．これは，無根系統樹の OTU のうちの1つを，根から直接出ている「外群（outgroup）」であると考えればよい．また，N 個の OTU に対して可能な無根系統樹の数は，$(N-1)$ 個の OTU に対して可能な無根系統樹の数に，$(N-1)$ 個の OTU からなる無根系統樹のもつ枝の総数を乗じたものである．このような関係があるので，n 個の OTU に対して可能な有根系統樹の種類数 $N(n)$ の一般式は，

$$N(n) = (2n-3)!/2^{n-2}(n-2)!$$

である（ただし，$n \geq 2$）．具体的な数は，$n = 3，4，5，6，7$ と増えるに従って，3，15，105，945，10395 と急速に増えてゆく．しかし，進化は1回かぎりの歴史であり，膨大な可能性があろうとも，その中のただ1つの樹形だけが実現したはずである．このため，系統樹の復元はきわめて困難であることがわかる．

遺伝子系統樹の場合には，塩基置換などの突然変異が生じたことを推定することによって，現生の生物の遺伝情報（DNA の塩基配列やタンパク質のアミノ酸配列など）を用いて，遺伝子の系統関係を復元することができる．これを「実現系統樹」（realized tree）とよぶ．この場合，系統樹

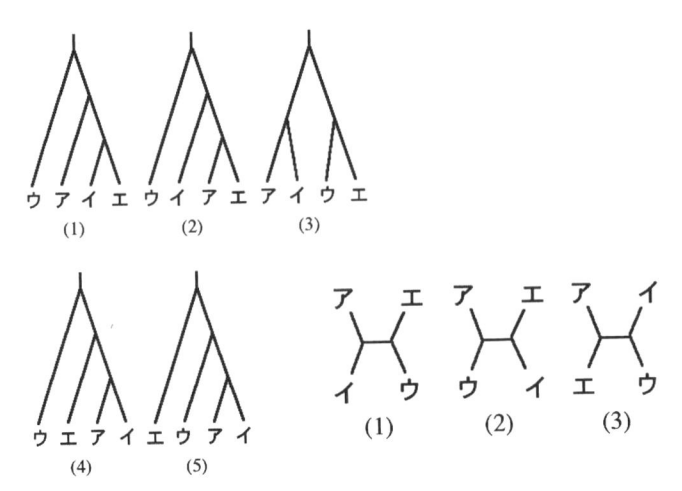

図 IV-7 有根系統樹と無根系統樹
有根の場合, 5 種類のみ示した.

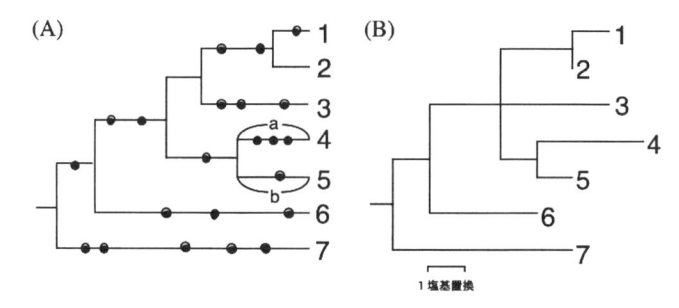

図 IV-8 遺伝子の系統樹（期待系統樹 [左] と実現系統樹 [右]）

の枝の長さは突然変異の生じた数（塩基置換数など）に比例する（図IV-8）. ただし, われわれはこの実現系統樹を実際のデータから推定した「推定系統樹」(estimated tree) を得ることができるに過ぎない. これに対して, 期待系統樹の場合には, 枝の長さは進化時間である.

遺伝子系統樹でもう1つ重要な点は, 遺伝子重複と系統分化の分別である. 同一生物のゲノムから複数の相同遺伝子が見いだされた場合, これらは共通祖先が遺伝子重複によって出現したものだとただちに推定されるが, 異なる生物種から見いだされた相同遺伝子の場合には, それが種の分化に従って枝分かれをした「順系相同遺伝子」(ortholog) であるのか, あるいは種分化以前の遺伝子重複によって生じた「傍系相同遺伝子」(paralog) なのかは, 簡単には区別できない場合がある.

種や集団の系統樹の場合には, 遺伝子の系統樹での実現系統樹に対応するものはないが, 系統関係を推定した場合の推定系統樹は, 存在する. 特に, 同一種内の集団間の系統関係を推定した場合, 集団のあいだでの遺伝的交流によって, 必ずしも系統関係が成り立たない場合がある. （斎藤成也）

工業暗化

19世紀後半以降,イギリスやヨーロッパの工業都市とその近郊において,ガの多くの種が淡色型から黒色型に移行した現象である.産業革命前のイギリス各地では,樹木の幹に白色の地衣類が生育し,多くの昆虫(特にガの仲間)は体色を地衣類の色に似せることで捕食者から逃れていた.地衣類は,大気汚染に敏感なため,汚染の進んだ工業都市では姿を消し,暗色の木の肌が露出するようになった.さらに,1840年代後半になって,都市部で煤煙が樹木の幹に付着するようになると,黒色型のガが増加した.オオシモフリエダシャク (*Biston beturaria*) の場合,1848年にManchesterで少数見つかった黒色型の変異個体は,わずか50年のあいだに98%にまで増加した.黒色型は淡色型から生じた優性の自然突然変異であること,黒色型の増加は汚染そのものではなく鳥の捕食によること,つまり樹木の幹が汚染されると,そこにとまった黒色型は鳥に捕食されにくくなり,したがって自然淘汰に有利になり,急激に増加したことが明らかになった.また,汚染の少ない地域では地衣類が生育し,淡色型が優勢であるのに対し,都市部では黒色型が優勢であることも判明した.Kettlewellは,羽の裏に色を付けて標識した淡色型と黒色型のガを放ち,その生存率を調べた結果,樹木の幹の色に似た体色のガの生存率が高いことを明らかにした(表IV-3).これらの結果は,① 方向性淘汰が自然界で有効に働き,わずか50世代(オオシモフリエダシャクの世代時間は1年)のあいだにほぼ完全に対立遺伝子の置換が起きたこと,② 淘汰の方向は地域の環境に依存し,その結果地理的分布に違いが生じたこと,③ 1遺伝子座の変異が生存率に大きな影響を与えたこと,を示している.

表IV-3 標識したガの生存率

	淡色型	黒色型
ドーセット(非汚染地区)		
標識個体数	496	473
再捕数	62	30
再捕率(%)	12.5	6.3
バーミンガム(汚染地区)		
標識個体数	137	447
再捕数	18	123
再捕率(%)	13.1	27.5

現在では各地で地衣類が復活し,黒色型は減少している. (酒泉 満)

自然選択(淘汰)

ダーウィン選択ともいう.C. R. Darwinによって生物の適応的進化を説明するために導入された概念である.個体の生存や繁殖に有利な形質をもった個体は多くの子孫を残す.この形質が遺伝すれば,この集団はやがてこの有利な形質に固定する.

分子あるいは,遺伝子のレベルで働く自然選択は,その効果という点から"負の自然選択"と"正の自然選択"に大別される.負の自然選択は,対象となる変異が次世代に伝わらない方向,集団中に広がらない方向に働く.たとえば,タンパク質の機能を失わせるような変異が自然界で低い頻度でしか見つからないのは,負の自然選択が働いているためである.これに対して,正の自然選択は変異をもつ個体がほかの個体よりも多くの子孫を次世代に残すことで,変異の頻度を集団中に増加させる.

正,負いずれの場合も自然選択が働くかどうかは,変異の性質だけで決まるようにみえるが,実際は変異をもつ個体の置かれた環境に依存して決まる.たとえば,霊長類はビタミンCを体内で合成することができない(モルモットなど数種を除き多く

の哺乳類では合成可能である）．これは，ビタミンCの合成酵素を欠損しているためである．現存する霊長類がビタミンCの合成能をもたないのは，霊長類の祖先が果物などの食餌を通して十分にビタミンCを摂取できる環境にあったため，酵素機能を欠損させた遺伝子変異に負の自然選択が働かず，変異遺伝子が集団（種）に固定したためである．つまり，酵素機能の欠損は個体の生存に大きな影響を与えなかった．しかし環境が変われば，変異に働く自然選択も違ってくる．15世紀の大航海時代にビタミンCの欠乏症により多くの船員がその命を落としたのは，その典型といえる．

　正の自然選択の場合にも環境，特に集団中の他の個体のもつ遺伝子の存在が大きく影響する．集団中に正の自然選択の対象となる変異をもつ個体が増えるにつれて，自然選択の働き方は弱くなる．これは集団中での変異の頻度が増加するに伴い，次世代に残す子孫の数に個体間の差がなくなるからである．また，正の自然選択には特定の（生存に有利な）変異をもった遺伝子の頻度を増やす場合のほかに，集団中に多くの変異を蓄積させるように働く自然選択（平衡選択）がある．平衡選択の典型的な例は，鎌状赤血球症の原因となるグロビン遺伝子の変異を保つ機構に代表される超優性である．

　ある遺伝子座のAとaという2つの対立遺伝子を考える．2倍体の生物では，この対立遺伝子の組合せはAA, Aa, aaの3とおりがある．AAあるいはaaのホモ接合体のいずれよりもヘテロ接合体Aaの適応度が高いとき，AaはAAあるいはaaよりもより多くの子孫を残すので，集団中には異なる対立遺伝子が保持されやすい．鎌状赤血球遺伝子の場合，マラリア流行地域では，ヘテロ接合体のマラリア抵抗性が高いので適応度が高い．そのため，この遺伝子のホモ接合が重度の貧血を引き起こすにもかかわらず，この遺伝子の頻度はマラリア流行地域では低くならない．

　同様に脊椎動物の免疫系で中心的な役割を果たしている主要組織適合性抗原遺伝子群（*MHC*）の集団内の変異も超優性に代表される平衡選択により保たれている．MHC分子は，バクテリアやウイルスなどの感染生物由来のタンパク質の断片（ペプチド）と結合し，この複合体がT細胞受容体と結合することで，免疫応答を始動させる．また，異なる対立遺伝子にコードされるMHC分子は異なる配列のペプチドを結合できる．したがって，異なる対立遺伝子にコードされるMHC分子をもつヘテロ接合体は，ホモ接合体より免疫応答という点で適応度が高い．このような機構により，*MHC*遺伝子座の多様性は脊椎動物のゲノムの中ではもっとも高くなっている．

　分子進化の視点からみると，自然選択の方向と程度は，タンパク質のアミノ酸の置換速度の違いとして現れる．負の自然選択が働いている極端な場合は，ヒストン遺伝子のように，アミノ酸の置換が起こらず，タンパク質全体の置換速度は遅くなる．また，多くの遺伝子はその機能や構造を保持するために重要なアミノ酸は置換されにくいか，あるいはかぎられた種類の（性質の似た）アミノ酸にのみ置換される．一方，正の自然選択が働く場合には，かぎられた領域や，特定の系統関係でのみ，アミノ酸置換速度が高くなることが観察される．しかし，タンパク質全体の平均的な置換速度が高くなる例は，ほとんど示されていない．たとえば，上記のMHC分子の場合でも，ペプチドの結合にかかわる部分では，正の自然選択のためにアミノ酸置換速度が早くなっていることが観察されるが，それ以外の領域では負の自然選択が働いているため，アミノ酸置換速度は遅い．ペプチドの結合にかかわる領域は分子全体の1割にも満たないため，分子の平均的な進化速度は速くならない．一般に，正の自然選択の対

象となるアミノ酸座位はかざられており，分子全体の平均的な速度からは正の自然選択が働いていることを見きわめるのは難しい． (颯田葉子)

<文献>
1) J. F. Crow：遺伝学概説，第22章淘汰（選択）（木村資生・太田朋子訳），p. 197, 培風館，1978.
2) 向井輝美：集団遺伝学，第3章自然選択と突然変異，p. 40, 講談社，1986.
3) 木村資生：分子進化の中立説，第6章自然淘汰の定義，種類および作用，p. 134, 紀伊国屋書店，1986.
4) 木村資生：生物進化を考える，第5章自然淘汰と適応の考え，p. 121, 岩波新書，1988.

種

生物分類の基本単位で，分類学的には形態上の不連続性に基づいて定義されている．一方，遺伝学的には，種は単一の遺伝子共給源を共有した性的に交配可能な個体からなる集団と定義される．

接合，形質導入などにより異種間での遺伝子の水平伝達が観察される原核生物においては，単一の遺伝子共給源を共有する集団として種を定義することは一般に難しい．原核生物の種は，生化学的生理学的な性質の類似性に基づいて区分されている場合も多いが，ゲノム配列の情報が明らかになるにつれ，このような生化学的生理学的な性質の類似性に基づいた種の中でも系統（あるいは株）が異なるとゲノムの塩基配列のみならず，遺伝子組成が非常に異なる場合があることが明らかになってきた．その代表的な例は，大腸菌に見られる．実験室でよく用いられる大腸菌 K12 株と病原性の高い O157：H7 株である．この2つの株は，ゲノムサイズが 4.64 Mb（K12）と 5.53 Mb（O157）と大きく異なり，O157 株には1387個の，K12 株には528個のそれぞれ独自の遺伝子があることが明らかになった．このほかにも，胃潰瘍の原因として知られているヘリコバクター・ピロリ（ピロリ菌）の異なる株間でも100個前後の遺伝子がおのおのの株に特異的であることがわかった．これらの独自の遺伝子は水平伝達に由来するものと考えられる．

また，真核生物でも，原核生物のように頻繁ではないが，種の生殖的隔離の壁を超えて異種へ遺伝子が流入する場合があり，遺伝子の異種間浸透（introgression）とよばれる．その典型的な例は，ミトコンドリア DNA（mtDNA）で観察される．mtDNA の異種間浸透の最初の例はアメリカ大陸に生息するウスグロショウジョウバエ（*D. pseudoobscura*）とその同胞種である *D. persimilis* のあいだで見つかった．この2種が同所的に生息する地域の集団では，75～80％もの系統で2種に共通のタイプの mtDNA が見つかった．一方，2種が異所的に生息する地域では，共通のタイプの mtDNA は見つからなかった．この結果は，同所的に生息する2種のあいだで雑種形成が頻繁に起こり，mtDNA の浸透が起きたと考えられている．また同様の例は，インド洋のモーリシャス島に生息する，*D. mauritiana* とその近縁種である *D. simulans* のあいだでも観察されている．いずれの場合においても，核 DNA が浸透しているかどうかは明らかになっていない．おそらく mtDNA とは異なり，異種の核 DNA では自然選択が働き核 DNA の浸透が妨げられていると考えられる．しかし，異種の染色体間で乗り換えが起きていれば，妊性や生殖に関係しない遺伝子座では mtDNA の浸透と同時に核 DNA の浸透も起きていると期待される． (颯田葉子)

<文献>
1) T. A. Brown：ゲノム（松村正実監訳），p. 61, メディカル・サイエンス・インター

ナショナル, 2002.
2) J. R. Powell : Interspecific cytoplasmic gene flow in the absence of nuclear gene flow : Evidence from Drosophila, Proc. Natl. Acad. Sci. USA, **80**, 492, 1983.
3) N. Takahata and M. Slatkin : Mitochondrial gene flow, Proc. Natl. Acad. Sci. USA, **81**, 1764, 1984.

進化

　生物が自己複製をくり返し,その間に突然変異が生じて,それらがつぎつぎに子孫に伝わることが,進化(evolution)の本質である.ダーウィン(Charles Darwin)はこれを「変更を伴う継承」(descent with modification)とよんだ.このように,生物進化には遺伝的変化が必須である.遺伝的変化の根本は突然変異である.突然変異が生じなければ,遺伝子は変化することなくまったく同一の塩基配列が祖先から延々と受け継がれるだけとなる.ただし,比較的短期間だけを考えれば,突然変異が生じなくても,すでに生じている遺伝的変異のパターンが変化するという意味での進化はありえる.具体的には,対立遺伝子頻度の変化がそれにあたる.突然変異自身によって新しい対立遺伝子が生じるが,遺伝的浮動,自然淘汰,移住を含む集団構造の変化などの要因によって,対立遺伝子頻度は大きく変化しうる.
　しかし,長期的変化による大規模な生物の進化を考えるときには,対立遺伝子頻度の変化だけでは不十分である.やはり突然変異の蓄積が必要である(突然変異の項参照).集団中に生じた突然変異は,最初はたった1個である.それがやがて集団全体に広まった場合,その突然変異遺伝子が「固定」(fix)したとよぶ.このような固定が,ある遺伝子を構成する塩基配列のあちこちで長い期間に生じたことが,突然変異の蓄積である.
　遺伝子の変化という観点から見ると,生物の進化はこのように明確に定義できるが,形態の変化を中心に論じられてきた従来の進化研究では,さまざまなパターンの進化が論じられてきた.
　① 収斂進化(convergent evolution):異なる系統で同様の進化が独立に生じることをいう.たとえば,どちらも哺乳類ではあるが,偶蹄類と霊長類は異なる系統である.それらの中の反芻類とラングール猿で,胃が複数になる進化が生じたのは,収斂進化である.塩基配列レベルの進化では,DNAが4種類の塩基しかもたないので,異なる遺伝子の系統で同じ塩基変化の生じることがある.これを平行置換(parallel substitution)とよぶが,分子レベルでの収斂進化ともいえる.
　② 大進化と小進化(macroevolution and microevolution):新しい種を誕生させるような大きな変化を伴う進化が大進化であり,同一種内での小さな変化が小進化である.しかし,種の定義があいまいであるため,両者の区別は判然とはせず,最近ではあまり用いられることが少ない.
　③ 自然淘汰(natural selection)と性陶汰(sexual selection):適者生存原理に基づく自然淘汰という進化機構を提唱したダーウィンは,クジャクの羽のように,生存には不利に見える形質がなぜ進化したのかを説明するために,性陶汰という概念を新たに提唱した.有性生殖の場合,個体の生存に有利不利だけではなく,配偶者を獲得する競争がより多くの子孫を残すことに関係するからである.しかし,自然淘汰が個体の生存可能性と繁殖可能性の両方の要因からなっていると考えれば,性淘汰は広い意味での自然淘汰の一種であると考えることができる.
　④ 区切り平衡(断続平衡ともよぶ;punctuated equilibrium):長期間にわたっ

てある形質が変化しなかったのに，突然短期間に急速に形質が変化するという進化パターンをさす．これは，古生物学では以前から知られていた現象であり，最初に本格的な進化論を提唱したラマルク以前に活躍した古生物学者キュビエは，このような突然の変化を，旧約聖書のノアの洪水のような「天変地異」によるものだとした．区切り平衡は，その現代風のよび名であり，グールドとエルドリッジが提唱した．区切り平衡を示す形態形質を制御する遺伝子に生じる変化の大部分は形態には影響を与えないで，長期間にわたって不変に見えるが，まれに特定のアミノ酸や転写因子結合部位の変化によって形態にも大きな影響があると考えれば，区切り平衡現象は説明することができる．

⑤ 正の陶汰（positive selection）と負の陶汰（negative selection）あるいは純化陶汰（purifying selection）：進化機構としてダーウィンが提唱したのは，自然淘汰によって変化が生じてゆくので正の淘汰である．しかし，自然淘汰の本質はむしろ有害な突然変異を除去する負の淘汰であり，変化を妨げる力である．これをより端的に表すために，「純化淘汰」とよぶことがある．

⑥ 中立進化（neutral evolution）と非中立進化（non-neutral evolution）：負の淘汰あるいは純化淘汰しか生じていない場合には，ダーウィン流の理論では進化は生じない．突然変異はすべて有害であり，集団から除去されるからである．したがって，遺伝子の変化はすべて，生存に有利な突然変異が生じて固定することが前提となる．しかし，分子進化の研究によって，生存に有利でも不利でもない突然変異が多数存在し，それらの変化である中立進化が，分子レベルにおける進化の一般的性質であることが明らかにされた（中立説の項参照）．このため，正の淘汰による進化は「非中立進化」とよばれることがある．（斎藤成也）

水平伝達（移動）

遺伝情報が生殖を通じて親から子へと伝達することを垂直伝達というのに対して，DNAの特定の領域が同一個体内のゲノムの別の場所に不等乗換えや遺伝子変換などの分子機構により伝達すること，あるいは，別種の異なる個体に伝達することを水平伝達という．垂直と水平という用語は，遺伝情報が異なる世代に伝わるか同一世代に伝わるかを区別する．同一個体内の水平伝達の顕著な例として，転移因子がゲノム中にそのコピー数を増やす過程をあげることができる．たとえば，ヒトのゲノムのおよそ45％は転移因子（表IV-4）であるが，チンパンジーと分岐したのちにヒト特異的にゲノム内に拡散した因子は，SINEとよばれる転移因子の中に少なくとも4500コピーあることが知られている．このような，転移因子の移動の多くは，ゲノム中でも遺伝子をコードしていない部分である．しかし，時には，遺伝子のエクソン部分に挿入し正しいアミノ酸を産生できなくしたり，遺伝子の調節領域に挿入し，正しい時期・場所での遺伝子発現を妨げている例がある．また，場合によっては，転写因子の挿

表IV-4 ヒトのゲノム中の転移因子

転移因子の種類	SINE	LINE	LTRエレメント	DNAトランスポゾン
ヒトゲノム中のおよそのコピー数	1558000	868000	443000	294000
ヒトゲノム中のおよその割合	13.1％	20.4％	8.3％	2.8％

International Human Genome Sequencing Consortium（2001）より引用．

入により，あらたな遺伝子発現を獲得したり，新しいエクソンができる例も知られている．

原核生物での水平伝達には，接合，形質導入，形質転換の3種類の機構が知られている．クロラムフェニコールやストレプトマイシンといった抗生物質に対する抵抗性の遺伝子はプラスミド上にあり，接合により，水平伝達される．これは，現在社会的な問題にもなっている薬剤耐性が細菌の集団内に広がる機構と密接に関連している．また，ゲノムDNAの解析が進み，水平伝達が多くの原核生物のゲノム間に見られることが明らかになってきた．水平伝達により獲得された遺伝子の割合はゲノム全体の0.1％（ライム病ボレリア菌）から16.6％（ラン藻）にまで及ぶ．たとえば，大腸菌K12株のゲノムでは，その12.8％にあたるおよそ0.6 Mbが水平伝達により獲得されている．また，病原性大腸菌の毒素を産生する遺伝子も水平伝達により獲得されたものと考えられている．また，水平伝達があると遺伝子の塩基配列やタンパク質のアミノ酸配列の比較により，生物の系統関係を推測する分子系統学的な手法での系統関係の解析が難しくなる． （颯田葉子）

<文献>
1) T. A. Brown：ゲノム（松村正実監訳），p. 61，メディカル・サイエンス・インターナショナル，2002.
2) International Human Genome Sequencing Consortium：Initial sequencing and analysis of the human genome, Nature, **409**, 860, 2001.
3) I. G. Yulig, A. Yulug and E. M. Fisher：The frequency and position of Alu repeats in cDNAs, as determined by database searching, Genomics, **27**, 544, 1995.

選 択 圧

自然選択の強さのことで，個体の適応度の差で測られる相対的な指数である．ある遺伝子座で，有利な遺伝子Aとその対立遺伝子A'を考える．ここでAの頻度をp，A'の頻度をq，$p+q=1$とする．また，3種類の遺伝子型，AA, AA', $A'A'$の相対的適応度を1, $1-hs$, $1-s$, とする．もし$s=0.05$ならば，$A'A'$型の個体はAA型に比べて適応度が95％である．このことは，もしAA型の個体が100個体の子孫を次世代に残すとすれば，$A'A'$型の個体は95個体を残すことを表す．このときのsを選択圧（自然選択の強さ）とよぶ．一方，hは優性の度合いとよばれる指数である．$h=0$のとき，A'はAに対して劣性で，AAとAA'の適応度は等しくなる．一方，$h=1$ではA'がAに対して優性でAA'と$A'A'$の適応度が等しくなる．また，$h=0.5$ではAとA'のあいだに優劣関係がなく，AA'の適応度はAAと$A'A'$の中間の値をとる．個体の適応度を高くするあるいは低くする効果をもつ遺伝子の集団中の頻度には，自然選択の強度だけでなく，対立遺伝子の優劣関係も大きな影響を与える．

また，ヘテロ接合体がホモ接合体に比べて適応度が高くなる超優性の場合は，遺伝子型がホモかヘテロかという遺伝子の組合せの状態に依存して個体の適応度が決まる．もっとも簡単な場合，AA, AA', $A'A'$の遺伝子型の相対適応度は1, $1+s$, 1と表される．ヘテロ接合体は，ホモ接合体よりも多くの子孫を残すので，対立遺伝子の両方（複対立遺伝子のときにはそれ以上の数のもの）が集団内に安定に保有される．

脊椎動物の免疫系で中心的な役割を果たしている主要組織適合性抗原遺伝子群（MHC）の集団内の変異もこのような自然選択により保たれていると考えられる．

MHC分子はバクテリアやウイルスなどの感染生物由来の非自己のタンパク質の断片（ペプチド）と結合し，この複合体がT細胞受容体と結合することで，免疫応答が始動する．異なる対立遺伝子にコードされるMHC分子は，異なる配列のペプチドを結合できる．したがって，ヘテロ接合体は異なるMHC分子をコードする対立遺伝子をもつため，ホモ接合体より免疫応答という点で適応度が高い．集団中により多くの異なる対立遺伝子が存在すれば，各個体がヘテロ接合となる確率が高くなる．実際，MHC遺伝子座の塩基多様度（nucleotide diversity）は脊椎動物のゲノムの中ではもっとも高くなっている．しかし，このような多様性をつくり出すためのホモ接合体とヘテロ接合体の適応度の差は，高々数％で，ホモ接合体が100個体の子孫を残せるとき，ヘテロ接合体は102，103個体を残せる程度の違いでしかない．

　一方，ヘテロ接合体が不利になるような淘汰も起きる．この場合は，超優性とは逆に対立遺伝子は集団中に安定に保有されることはなく，どちらかの対立遺伝子が集団に固定する傾向がある．　　　（颯田葉子）

<文献>
1) J. F. Crow：遺伝学概説，第22章淘汰（選択），（木村資生・太田朋子訳），p. 197, 培風館, 1978.
2) 向井輝美：集団遺伝学，第3章自然選択と突然変異, p. 40, 講談社, 1986.
3) 木村資生：分子進化の中立説，第6章自然淘汰の定義，種類および作用, p. 134, 紀伊国屋書店, 1986.
4) 木村資生：生物進化を考える，第5章自然淘汰と適応の考え, p. 121, 岩波新書, 1988.

創始者効果⇨「V—ヒトの遺伝学」

ダーウィン

　チャールズ・ダーウィン（Charles Robert Darwin；1809〜1882年）は，19世紀に活躍したイギリスの生物学者である．現代進化学の事実上の創始者といっていいだろう．イギリスで進化論を最初に唱えたエラスムス・ダーウィンの孫にあたる．開業医だった父のすすめで，エディンバラ大学医学部に入学したが中途退学し，その後ケンブリッジ大学で神学を学んだ．その間しだいに当時の生物学の中心であった博物学への興味を強め，卒業後機会を得て，大英帝国海軍の最新鋭測量船ビーグル号に博物学者として乗船し，1831年から5年間，南半球（南アメリカ・オーストラリア・南太平洋の諸島など）を中心に調査観察を行った．その間の動植物および地質の観察，特に南アメリカ大陸での生物分布，アルゼンチンでの化石と現生動物との比較，航海の最後のほうで訪れたガラパゴス諸島の動植物の観察結果が，生物が自然淘汰によって進化しているという仮説の基盤になった．彼は大学などに勤めることなく，動物学や地質学の研究に従事した．健康上の理由から，30代でケント州ダウンに隠棲し，死ぬまでそこで研究を続けた．磁器で有名なウェッジウッド家の女性と結婚した．いとこに，天才の研究や量的遺伝の研究を行ったフランシス・ガルトンがいる．ダーウィンの息子も，父と一緒に植物の研究を行った．

　1858年に，マレー群島で博物学研究をしていたウォレス（Alfred Russel Wallace）から，彼と同様に自然淘汰の観念に基づく種の起原に関する論文が送られたのを機に，友人らのすすめによって，種の起原に関する両者の論文が同時に発表された．ダーウィンは，翌1859年「種の起原」"On the origin of species by means of natural selection"を出版した．1872年には，最終の第6版が出されたが，その間に内容はつねに変更された．特に，最後のほうでは，ラマルクの獲得形質の遺伝の考え方を受け入れている．"種の起原"以後も動物学・植物学ならびに人類についての研究を続け，多くの著作を残した．

ダーウィンは偉大な研究者ではあったが，残念ながら遺伝する物質のふるまいについては，間違った考え方をもっていた．彼は親から子に何らかの物質が伝わると考え，それに「ジェンミュール」と名づけた．各ジェンミュールは，身体の各部分へ配分されてそれに対応した器官の形成にあずかる（現代風にいえば遺伝子発現）と考えた．ダーウィンは，ジェンミュールがつぎの世代に伝わるときには，身体のあちこちから集まって配偶子（人間でいえば卵や精子）に含まれると仮定した．したがって，器官が後天的に変化するとジェンミュールも変化してそれが子孫に伝わると考えた．この「パンジェネシス論」は，ラマルクの唱えた，獲得形質の遺伝を説明する理論にほかならない．

（斎藤成也）

多重遺伝子

ある祖先遺伝子からの重複と変異により生じた共通祖先に由来する一群の遺伝子をさし，高等生物のゲノムにはかなり普遍的に存在している．このような遺伝子群は，同じ染色体上に存在する場合と，異なる染色体上に存在する場合とがある．同じ染色体上に存在する縦列につらなっている多重遺伝子を狭義には重複遺伝子とよぶ．このような多重遺伝子は染色体の不等交叉がその生成機構である場合が多い．一方，異なる染色体上に存在する場合は，ゲノムあるいは染色体の倍化によると考えられる．しかし，重複後の遺伝子の転移や染色体の転座により，同じ染色体上に生じた重複遺伝子が現在は異なる染色体上に分布するようになった可能性もある．

多重遺伝子族は，その機能的な類似性の程度や染色体上の位置などにより，いくつかのグループに分けられる．また，多重遺伝子族を構成する遺伝子の数も遺伝子族によりさまざまで，必ずしも大規模な重複により生じたものばかりではなく，少数のメンバーからなる遺伝子族もある．リボソームRNA遺伝子群のように，均一な遺伝子が何百と直列に並んで存在する場合は，メンバー間の頻繁な遺伝子変換により相同性が高く保たれていることがある．このような遺伝子群では，発生や細胞分化の過程の一時期に遺伝子産物を大量に供給するためにメンバー間の均一性と多数のコピーが必要であると考えられる．一方，免疫グロブリン遺伝子群や組織適合性抗原遺伝子群（*MHC*）では，リボソームRNA遺伝子群とは異なり，変異に富んだ相同遺伝子が多数存在している．遺伝子重複は，ゲノム内で変異を生成する機構としても重要である．このような遺伝子群として，ほかに，T細胞受容体遺伝子群，非自己由来の化合物を無毒化するチトクロームP450遺伝子群，嗅覚や味覚の受容体遺伝子群をあげることができる．多重遺伝子族のメンバーがその発現様式を分化させている場合もある．グロビン遺伝子群の場合は，メンバーはいずれも赤血球のヘムタンパク質を構成するが，それぞれの遺伝子は個体の発生過程の異なる時期に発現するように分化している．ケラチン遺伝子群も中程度の多重遺伝子族を構成していて，発現時期のみならず，発現する組織・細胞も異なるように分化していることが知られている．グロビン遺伝子群やケラチン遺伝子群のように，多重遺伝子族のメンバー間では発現パターンの分化が異なる場合も多いが，このような分化がどのような進化過程を経て形成されたのかは明らかではない．

一方，多重遺伝子族のメンバーには機能を失った偽遺伝子も多く含まれている．これは，遺伝子重複により，同じ機能をもつ遺伝子が存在するために機能を損なうような有害な突然変異が起きたとしても，個体の適応度に影響を及ぼすことがなく，有害突然変異が負の自然選択により，取り除かれることがないためである．たとえば，ヒトの β-グロビン遺伝子群は6つの遺伝子により構成されているが，このうちの1つは偽遺伝子である．また，α-グロビン遺伝子群では7つの遺伝子のうち，3つが偽遺伝子である．

タンパク質の構造的な類似性をもつ分子の一群は，スーパーファミリーとよばれる遺伝子族である．これらのスーパーファミリーの代表的な例は，免疫グロブリンスーパーファミリーで，免疫グロブリン，MHC，T細胞受容体を含め，多くの遺伝子がこのスーパーファミリーに分類されている．ヒトのゲノムには700余の免疫グロブリンスーパーファミリーのメンバーがある．免疫グロブリンスーパーファミリーの特徴は，遺伝子によりドメインの数には違いがあるが，共通して免疫グロブリンドメインをもつことである．また，免疫グロブリンドメインは昆虫や線虫などの無脊椎動物，細菌などのタンパク質にも存在することから，ドメインの起原は古いと推測されている．しかし，免疫グロブリンドメインの起原が単一の由来かどうかについては議論があり，構造上の特性が収斂進化により獲得されたという考え方もある．免疫グロブリンドメインをもつ遺伝子は，免疫系に関与する遺伝子のほか，神経系や細胞間のシグナル伝達などさまざまな機能をもっている．いずれの場合も，ペプチドやタンパク質あるいは炭水化物などさまざまな物質を結合するという点で機能的な類似性もある．グロビン遺伝子群も構造上の相同性が認められる α-グロビン，β-グロビン，ミオグロビンからなるグロビンスーパーファミリーを構成する．また，機能上も酸素結合分子という点で共通している．このスーパーファミリーは，免疫グロブリンスーパーファミリーとは異なり，単一の祖先遺伝子に由来することが明らかになっている．いまからおよそ8億年前におきた遺伝子重複でまず，ミオグロビンとグロビン遺伝子の祖先に分岐し，およそ5億年前に α-グロビンと β-グロビンに分岐した．α-グロビンと β-グロビンのおのおののファミリー内の重複は過去2億年以内に起きている． (颯田葉子)

<文献>

1) W.-H. Li：Molecular Evolution, Chapter 10 Evolution by Gene Duplication and Domain Shuffling, p. 269, Sinauer Associates, 1997.
2) M. Nei：Molecular Evolutionary Genetics, p. 414, Columbia University Press, 1987.
3) T. A. Brown：ゲノム（松村正実監訳），p. 511，メディカル・サイエンス・インターナショナル，2002.

中 立 説

遺伝子の進化の主要な部分が，正の自然淘汰にはよらずに，互いに淘汰上中立な突然変異の，遺伝的浮動による置換によって生じるという考え方．1968年に木村資生が提唱した[1]．のちに，木村が中立説に関する著書を著している[2]．中立説（neutral theory）は「中立論」ともよぶことがある．発表された当時は，さまざまな誤解から否定的な見解が多かったが，多数の塩基配列データが蓄積した現在では，遺伝子変化（分子レベルにおける進化）の大部分が中立進化していることが現在では確立している．中立論によれば，自然淘汰の中心は負の働き（純化淘汰）であり，有害突然変異を集団から除外して，現状維持をすること

にある.つまり,遺伝的変化を生じるのは,大部分の中立進化とごく少数の正の自然淘汰である.このため,生物の生存に重要な遺伝子の部分は,進化的に保存されることになる.塩基配列やアミノ酸配列の相同性検索(ホモロジー検索)の理論的根拠はここにある.

中立進化する遺伝子の進化速度は,単純なモデルによれば,突然変異率 μ と遺伝子の塩基サイトの中で中立進化する割合 f だけに依存する.どちらの量も長い進化のあいだにそれほど大きな変動があるとは考えにくいので,中立進化説は,分子時計に理論的根拠を与えた.もちろん,μ も f も系統によってあるいは時間が経つにつれて変化することもありえる.

一方,ある突然変異が中立にふるまうかどうかは,遺伝的浮動の程度を決める集団の大きさ(個体数)に依存するので,集団が大きいときには遺伝的浮動の力が弱く,有害な突然変異として集団から除外されるはずの突然変異が,小さい集団では遺伝的浮動の力が強くなって中立にふるまうことがある.このような変異を重視した考え方に,太田朋子が提唱した「弱有害突然変異説」[3] がある.この場合,μ と f だけでなく,集団の大きさ N の変動が重要な要素となる.また,少数ながら存在する正の自然淘汰の割合がどの程度であるかも,はっきりとはわかっていない.特に,分子レベルから離れて,従来の進化学で扱ってきた目に見える表現型にかぎると,非中立な進化が大部分であるという見解もあるが,これらの表現型を支配している遺伝子がまだよくわかっていないので,何ともいえない.

(斎藤成也)

<文献>
1) M. Kimura:Nature, **217**, 624-626, 1968.
2) M. Kimura:The Neutral Theory of Molecular Evolution. Cambridge University Press, 1983.
3) T. Ohta:Nature, **246**, 96-98, 1973.

地理的隔離

集団間の遺伝子交流が何らかの要因によって妨げられることを隔離という.隔離をもたらす要因として,地理的あるいは地形的障壁による地理的隔離と,集団間の遺伝的差異に起因する生殖的隔離がある.地理的隔離は,相互に交配可能な2つの集団の生息地が地理的障壁,たとえば河川,山脈,海洋などによって隔てられることにより,相互のあいだで交雑による遺伝子の交流が妨げられることをいう.

地理的隔離が種分化に重要な役割を果たすという考えは,古くからあった.C. Darwin はガラパゴス諸島の生物相などの説明に地理的隔離を用いた(1859年).M. F, Wargner は世界各地を旅行し,各地の動物相の相違が地理的障壁と関係するという観察に基づいて Darwin の自然淘汰説を検討し,隔離が進化の最大要因とする隔離説を唱えた(1868年).J. T. Gluck は,ハワイ諸島の巻き貝が島ごとにあるいは谷ごとに変異し,かつきわめて局限された分布を示すことから,地理的隔離が種の分岐に重要であることを説いた(1872年).このように,19世紀には,地理的隔離の進化における役割が生物地理学の立場から論じられた.

20世紀になると,集団遺伝学の発展につれ,進化の過程を突然変異,自然淘汰,遺伝的浮動などによって遺伝学的に説明することが可能になった.地理的隔離による種の分化に対する近代的説明は,① 地理的に隔離された異所性集団において,自然淘汰と遺伝的浮動による遺伝子頻度の変化によって,種分化が起こり,環境はこの過程に影響を与える.② 地理的に隔離された(異所性の)集団は,生殖的に隔離されることで種のレベルに達する,というものである.このように,地理的隔離によって

新しい種が形成されることを異所的種分化とよぶ．

生殖的隔離が生じたあとは，両種は同所的に存在することもあり得る．また，地理的に隔離された集団や種が地理的障壁の崩壊ののち，交雑を通して新しい集団や種の分化をもたらすこともある（網状進化）．

（酒泉　満）

同胞種

表現型は類似しているが，自然界では生殖的隔離が存在し雑種形成をまったくしない種である．一般に，生殖的隔離はいろいろな要因を含むが，大きく交配前の隔離機構と交配後の隔離機構に区別される．交配前の機構としては，繁殖時期が異なったり，生態的に違う場所に生息したり，生殖器が適合しない場合などが重要な役割を果たしている．しかし，同胞種や近縁種では交配前の生殖的隔離が完全とはいえない．交配後の隔離機構として，雑種の生存力や妊性の低下により雑種第1代や後代が育たないことによって結果的に両種の遺伝子交換が妨げられ生殖隔離が成立している．

同胞種の例としては，キイロショウジョウバエとその近縁種であるオナジショウジョウバエの例が遺伝学的にはよく調べられている．キイロショウジョウバエとオナジショウジョウバエのあいだでは，生殖的隔離がほぼ完全である．交配率はゼロではなく，雑種第1代が生まれることがあるが，この雑種第1代では一方の性の雑種だけしか生まれず，しかもこの雑種は不妊である．オナジショウジョウバエが雌親，キイロショウジョウバエが雄親の場合には，生まれる雑種はほとんどが不妊の雄であり，雌は胚発生の途中で死ぬ．親の雌雄が逆になった場合には雑種は不妊の雌だけが生まれ，雄は幼虫から蛹の時期に死ぬ．ショウジョウバエの性決定は，雄がXY，雌がXXである．雑種雄の染色体は親の交配により，性染色体の構成が異なる．この性染色体の組合せが雑種雄の生死を決めていると考えられている．また，雌ではその染色体構成は親の交配の組合せによらないにもかかわらず，一方の交配でだけ雑種雌が致死になることから，雌親の細胞質と雄親の遺伝子との不和合性によると考えられている．

（颯田葉子）

<文献>
1) 澤村京一：種分化の遺伝学—ショウジョウバエを例として—，遺伝 47, p. 51, p. 56, p. 72, 1993.
2) M. W. Strickberger：Evolution, Chapter 23 From races to species, p. 545, Jones and Barlett, 1995.

ハーディー・ワインベルクの法則

数学者のハーディー（G. H. Hardy）と医者のワインベルグ（W. Weinberg）が1908年に独立に報告したので，このような名前がつけられているが，2項展開を利用して，両親の世代の遺伝子組成が次世代にも伝えられるという，メンデル遺伝の根幹を示したものである．いま，ある遺伝子座において，2種類の対立遺伝子 A と B があるとしよう．現世代のこれら2種類の対立遺伝子の頻度を p と q とする．任意交配を仮定すると，次世代個体のうち，対立遺伝子 A のホモ接合体 AA の期待頻度は p^2，対立遺伝子 B のホモ接合体 BB の期待頻度は q^2，2つの対立遺伝子のヘテロ接合体 AB の期待頻度は $2pq$ となる．これら3項は，以下のような2項展開の項に対応する．

$$(p+q)^2 = p^2 + 2pq + q^2 \quad (1)$$

対立遺伝子頻度の和 $(p+q)$ は定義から1なので，左辺も右辺も1である．一般

化して，対立遺伝子の種類数が n 個のときには，それら n 個について多項展開をすればよい．

基礎的な集団遺伝学の昔の教科書には，ハーディ・ワインベルグの平衡状態が仰々しく紹介されていることが多い．遺伝的浮動，自然淘汰，突然変異，移住などの要因がなにも存在しなければ，集団内の対立遺伝子組成は変化しないというものである．これは，任意交配をしている無限集団（個体数が無限である集団）の2倍体生物ではじめて生じるものであり，現実の生物は有限なので，あてはまらない．しかし，近似としてはとてもよく合うことが多く，現在でもよく使われている．ハーディ・ワインベルグの平衡がよい近似としてあうことが多い理由は，仮に平衡状態になくても，任意交配を1世代行えば平衡状態になることである．ただし，これは1座位だけの場合であり，組み換えを生じるような2座位のあいだでは，1世代だけでは平衡状態にならない．

ハーディ・ワインベルグの平衡が近似としても成り立たない場合には，いくつかの可能性がある．以下に代表的なものを示す．

① 対立遺伝子頻度を推定した実験あるいは観察方法に誤りがあった．たとえば，ヘテロ接合体の個体の一部をあやまってホモ接合体と間違えると，見かけのヘテロ接合体頻度が増えてしまうので，平衡状態にならない．

② 仮定している遺伝モデルが間違っていた．よくあるのは，実際には重複遺伝子なのに，単一遺伝子座だと仮定して対立遺伝子頻度を推定すると，平衡から大きくかけ離れた結果になりうる．

③ かなり強烈な近親婚が行われている場合．

④ 強烈な自然淘汰がかかっている場合．たとえば，平衡淘汰によって2種類の対立遺伝子が共存している場合，片方の対立遺伝子頻度のホモ接合体が致死であると，成体における遺伝子型は，ヘテロ接合体と，もう片方の対立遺伝子のホモ接合体だけになってしまうので，ハーディ・ワインベルグの平衡から大きくずれてしまう．

⑤ 突然変異率がきわめて高い場合．

これらのどの場合も極端な状況であり，ほとんどの場合にはハーディ・ワインベルグの平衡が近似的に成り立っているといえるだろう．

（斎藤成也）

パラロガス

遺伝子の分岐には，種分化による分岐と遺伝子重複による分岐の2種類が考えられる．ある遺伝子が種分化によりおのおの別の種に存在している場合，これらの遺伝子は互いに「オーソログ」であるといい，このような関係は「オーソロガス」である．一方，遺伝子重複により分岐した遺伝子は「パラログ」であるという．このように重複によってできた2つの遺伝子の関係を「パラロガス」という．図IV-9（1）は，もっとも典型的なオーソロガスな遺伝子を示しているが，実際にはこのような例のほかに，図IV-9（2）に示すように種分化以降に遺伝子重複が起きた場合もあり，この場合も種Aの遺伝子と種Bの遺伝子はオーソロガスである．一方，種Aの中の重複した遺伝子は，互いにパラロガスである．また，図IV-9（3）に示すように種分化以前に遺伝子重複が起こり，その後種分化が起きた場合には，遺伝子重複によりできた遺伝子A1とB2，A2とB1はパラロガス，A1とB1，A2とB2はオーソロガスである．理論的な定義は明確だが，実際のデータでは遺伝子の分岐の時期を塩基置換などにより推測するため，遺伝子重複と種分化の時間間隔が短くなるほどパラロガス，オーソロガスの区別が難しくなる．これは，時間

(1) 1:1 オーソロジー　(2) グループオーソロジー　(3) パラロジーとオーソロジー

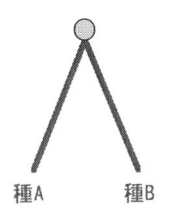

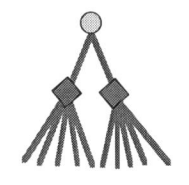

種A　　　種B　　　　　　　　　　　　　　　　　　　　　A1　A2 B1　B2

図 IV-9　パラロガスとオーソロガス
種分岐と遺伝子重複による遺伝子の分岐のパターンを示す．◆は遺伝子重複を，●は種分岐を表している．

間隔が短くなると A1 と B2，A2 と B1，A1 と B1，A2 と B2 の4種類の遺伝子の塩基あるいはアミノ酸の違いの程度に差がなくなってくるためである．このような関係を区別するには，塩基やアミノ酸の置換のみでなく，周辺領域やゲノム上の位置に関する情報も必要である．

　一方，同一ゲノム内のパラロガスな遺伝子群はゲノムの成り立ちを復元するのに役立つ．ゲノムの中では単一の遺伝子の重複ではなく，複数の遺伝子が重複した場合，パラロガスな遺伝子群ができる．その典型は，多くの多細胞生物の体の基本設計を決めるホメオボックス（*HOX*）遺伝子のクラスターである．ナメクジウオなどの原索動物では，この *HOX* クラスターは1つであるが，脊椎動物の進化の過程の早い時期に分岐した円口類ではパラロガスな領域が1つ存在し，脊椎動物ではさらに2つ増えて，*HOX* クラスターが4つあることがわかっている．このことは，原索動物から脊椎動物へいたる進化の過程で，*HOX* クラスターを含む領域あるいはゲノムの2回の重複が起きたことを表していると考えられている．　　　　　　　　　（颯田葉子）

〈文献〉
1) T. A. Brown：ゲノム（松村正実監訳），p. 213, p. 519, メディカル・サイエンス・インターナショナル，2002.
2) M. Kasahara：The chromosomal duplication model of the major histocomaptibility complex, Immunol. Review, **167**, 17, 1999.

壜首効果

　遺伝的浮動（random genetic drift）の一種である．集団の移住，大災害，戦争，伝染病，自然環境の激しい変化などによって，生物集団の個体数が一時的に減少すると，その間に顕著な遺伝的浮動が起こることがある．このような集団の急激な個体数の変化が，その集団の遺伝的構成に及ぼす効果を壜首効果（びんの首効果：bottle neck effect）という．壜首効果が生じた場合，個体数の減少をもたらした環境などの要因がもとに戻ることによって再び集団の個体数が増加しても，遺伝的浮動によって変動した遺伝子頻度がほぼ変わらずに集団中に保たれるか，あるいはもとの頻度まで回復するのに多くの世代を必要とする場合がほとんどである．すなわち，壜首効果の前と後で集団の遺伝的構成が異なる場合が通常である．

　なお，関連する現象に創始者効果（founder effect）がある．これは，ある地域に移住した少数の個体からなる集団中に，もとの母集団とは異なる高い頻度で特定の対立遺伝子が存在し，移住後に新しい集団が形成される場合には，その子孫集団においてもこの対立遺伝子が高い頻度で見

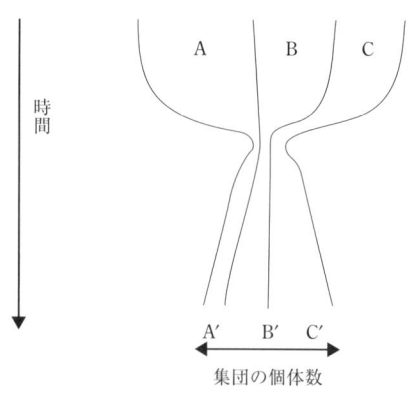

図IV-10 壜首効果の模式図
集団の個体数の回復後の対立遺伝子頻度A′，B′，C′は以前の頻度A，B，Cと異なる．

られる現象をいう． (徳永勝士)

分子進化

分子進化とは，分子レベルからみた生物の進化，あるいは生物を構成する分子の進化をさす．すなわち，生物の遺伝子の塩基配列やそれからつくられるタンパク質のアミノ酸配列などの構造比較から，それらの分子が時間とともに変化する過程や，その機構，さらには，さまざまな生命現象での分子のレベルの相互作用の機構の進化，また分子を通して生物そのものの進化（系統関係）を知ることができる．分子進化を研究する学問分野が「分子進化学」とよばれる．分子のレベルの変異の性質とその進化機構を記した"分子進化の中立説"は，わが国を代表する集団遺伝学者である故木村資生博士により提唱された．分子の変異の多くは，自然選択に対して有害でもなければ，有利でもない．分子進化の重要な特徴は，進化速度の一定性と機能的に重要な領域ほど進化速度が遅いこと（保守性）である．この2つの特徴は，分子進化を論ずる際の基本的な視点となっている．

分子の進化の速度を計るには，比較している現存生物のDNA配列やアミノ酸配列が共通の祖先配列から分かれて以来経過した時間 (t) と，この期間に配列上に起きた塩基やアミノ酸の置換数 (K) を推定することが必要である．このため，通常の比較では，古生物学的に分岐年代 (t) が推定されている2種の相同な配列を用いる．このような相同な配列のあいだでは，種が分岐して以来経た総時間 ($2t$) の関数として置換数 K が対応する．もし，置換の速度が一定の r であれば，$K=(2t)(r)$ となる．この比例関係が成立しているかどうかを検定するには，さまざまな分岐年代をもつ種間で置換数 K を測定する．置換数 K は，全長の配列あたりで数えることもあれば，1塩基あるいは1アミノ酸の座位あたりを単位として数えることもある．異なる遺伝子あるいはタンパク質の進化速度 $r=K/(2t)$ を比較する場合には，座位あたりの単位を用いる．

α ヘモグロビンのアミノ酸配列を，さまざまな脊椎動物で比較すると K と t はほぼ直線関係にあることがわかる（図IV-11）．同様の比較を他の遺伝子やアミノ酸の相同配列で行うと，やはり直線関係が成り立っている．ただし，比例定数 r は，異なる配列では異なるのがふつうである．つまり，どのタンパク質もその分子に特有な一定の速度で進化している．この性質を分子進化速度の一定性あるいは分子時計という．この分子時計を用いて相同なタンパク質分子のアミノ酸配列や遺伝子の塩基配列の比較から化石資料が得にくい生物群についても系統樹をつくることが可能となった．このような分子時計を用いて生物の系統関係を明らかにする学問分野は「分子系統学」とよばれる．また，分子を用いて系統関係を調べると，進化速度がわかれば，生物の分岐年代を推定することも可能である．しかしこのときには，1種類の遺伝子やタンパ

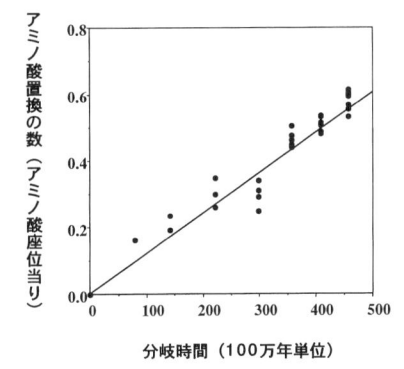

図 IV-11 ヘモグロビン α 鎖の分子時計
縦軸は2種のあいだで観察されたさまざまな脊椎動物でのヘモグロビン α 鎖でのアミノ酸の置換数である．横軸は，化石のデータに基づく2種の分岐時間である．用いた動物はヒト，イヌ，カンガルー，ハリモグラ，ニワトリ，イモリ，コイ，サメ．

ク質だけでなく，複数の分子を用いることが望ましい．

遺伝子の塩基配列の変化のうち，アミノ酸をかえない同義置換の起きる速度とアミノ酸をかえる非同義置換の起きる速度を比較すると，同義置換速度のほうが大きい．一般に，アミノ酸を変化させるような非同義置換は起こりにくく，タンパク質の機能や構造を維持する傾向にある．ヒストンは，DNAと結合しヌクレオソームという重要な構造をつくるタンパク質である．このヒストン分子では，非同義置換はほとんど観察されない．しかし，こうした保守的なヒストン遺伝子でも，同義置換は他の遺伝子と同じような速度で変化している．このような変化の保守的な性質は，1種類のタンパク質の異なる構造（ドメイン）間でも成り立つ．タンパク質の機能や構造において，重要な部分では変化が起きにくい．インスリン遺伝子はA, B, Cの3つの領域から構成されており，まず，この3つの領域をもったプロインスリンが合成される．このプロインスリンからC領域が切り離され，活性のあるインスリンとなる．この3つの領域の進化速度を比較すると，明らかにC領域はA, B領域と比較して速い．

遺伝子の中には，突然変異によって機能を失ったものがある．これは，死んだ遺伝子とか偽遺伝子とよばれる．いったん偽遺伝子になると，非同義置換速度は同義置換速度と同程度となることが観察されている．しかも，偽遺伝子の塩基置換速度は，遺伝子の種類によらず，ほぼ一様である．一方，遺伝子あるいは遺伝子の一部の領域の非同義置換速度が同義置換速度より早くなっている場合には，非同義置換を促進する何らかの自然選択が働いたと推定される．したがって，遺伝子あるいはその一部の領域の非同義置換速度が同義置換速度よりも大きくなっているかどうかは，その領域に正の自然選択が働いているかどうかを知る1つの目安となる． (颯田葉子)

<文献>
1) 木村資生：生物進化を考える，第7章分子進化学序説，第8章中立説と分子進化，p. 193, 岩波新書，1988.
2) 木村資生：分子進化の中立説，第5章分子進化の特徴，p. 115, 紀伊国屋書店，1983.

分子時計

生物学では，分子時計（molecular clock）という概念が2種類ある．1つは，概日周期のような体内時計の分子レベルでのメカニズムである．もう1つは，進化速度が時計のように一定であるという意味である．本書では，遺伝子に密接に関係する後者の場合を説明する．

生物の進化は，最初生物の形態を比較することから始まった．形態はある生物では短時間に大きく変化するが，ある系統群では長期間ほとんど変化しないということが知られているので，単位時間あたりの変化

量である「進化速度」(evolutionary rate)が一定であるなどということは想定されていなかった．このため，1950年代にコンピューターの基礎科学への利用が始まると開始された数量生物学によって最初に用いられた，形態の全体的類似度を用いて生物の系統関係を推定する方法論は，形態の進化速度が一定であることを暗黙のうちに仮定していたため，その後強い批判をあびることになった．

一方，1960年代に入って，生化学の発展によりいろいろな生物のタンパク質のアミノ酸配列を決定できるようになると，それらを比較する「分子進化」(molecular evolution) の研究が始まった．ツッカーカンドル (Emile Zuckerkandl) とポーリング (Linus Pauling) は，いくつかの脊椎動物におけるヘモグロビンのアミノ酸置換数と分岐年代が，近似的に比例関係となっていることを発見し，この現象を「分子時計」と名付けた（図Ⅳ-11を参照）．その後他の多くのタンパク質においても，進化速度が一定であることがわかった．ただし，タンパク質によってその速度はまちまちであった．正の自然淘汰で進化が生じると考えていた当時のネオダーウィニズムでは分子時計を説明することができず，木村資生やキングとジュークスが中立進化論を提唱するきっかけとなった．これは，中立進化の場合，進化速度が集団の大きさ（個体数）には依存せず，突然変異率と，その中で中立進化する割合 f の積になるからである．どちらも急に変化することは考えにくいので，分子時計が成り立つ．

ただし，生物の系統によっては f が変化して，進化速度に変化が生じ得る．突然変異率も，長い進化のあいだには増減があるので，分子時計の存在を最初から仮定するべきではない．このため，進化速度一定を仮定しない方法で遺伝子系統樹を作成し，進化速度の変動を調べてから分子時計が近似的に成り立つかどうかを議論することが一般的である．このような問題点はあるが，生物種や重複遺伝子の分岐年代のおおよその値を推定するのに，分子時計は大きな威力を発揮する．形態の比較では考えられなかった動物と植物の分岐年代や，原核生物と真核生物の分岐年代なども，分子時計によって推定が可能となったのである．

（斎藤成也）

ポリジーン

1つ1つの遺伝子座が1つの表現型に及ぼす効果が小さい多数の遺伝子座のことである．表現型に関与する遺伝子座の数が多ければ多いほど，表現型の分布の連続性はなめらかになり，正規分布に近づく．また，遺伝子座の数が増えるほど，遺伝子型と表現型との1対1の対応が明らかではなくなり，表現型から遺伝子型を推測することが難しくなる．

図Ⅳ-12には，量的遺伝の表現型の分布と関与する遺伝子座の数との関係を模式的に描いた．おのおのの遺伝子座の対立遺伝子を A/a, B/b, C/c としたときに，A, B, C の対立遺伝子をいくつもつかが表現形質に影響を与えるとする．まず，A/a の遺伝子座で A と a の対立遺伝子が集団中に等頻度で存在するとしたら，次世代の遺伝子型の分離比は $AA:Aa:aa=1:2:1$ となる．表現型は A を2つもつ表現型，1つもつ表現型，1つももたない表現型が $1:2:1$，すなわち，25%：50%：25% となる．つぎに，2つの遺伝子座 A/a と B/b を考えてみる．説明を簡単にするために，この2つの遺伝子座は異なる染色体上にあり，それぞれの遺伝子座の効果は独立で相加的であるとする．再び集団中の対立遺伝子頻度が等しいと仮定すれば，遺伝子型の分離比は $AABB:AaBB:AABb:AaBb:AAbb:aaBB:aaBb:Aabb:$

(1) 2遺伝子座2対立遺伝子の例

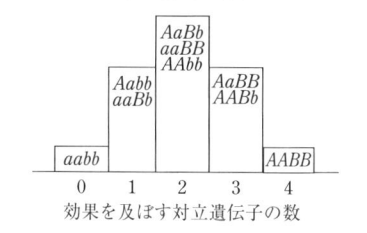

(2) 3遺伝子座2対立遺伝子の例

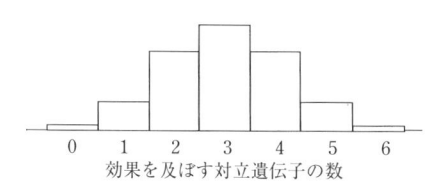

図 IV-12　ポリジーンと表現型
対立遺伝子のあいだに優劣の関係がなく,また遺伝子の効果が相加的で,遺伝子座間の相互作用がないときには,効果を及ぼす対立遺伝子の数と表現形質とのあいだに図のような表現型の分布が得られる.

$aabb = 1:2:2:4:1:1:2:2:1$ となる.形質に効果のある対立遺伝子の数で表現型の分離比を見ると,効果のある対立遺伝子の数が4個:3個:2個:1個:0個=1:4:6:4:1 となる（図 IV-12 (1)）.同様に,3つの遺伝子座の場合は図 IV-12 (2) に示したように,その分布は連続的な分布に近づく.量的形質の多くは遺伝子間の相互作用（エピスタシス）や環境の影響を受ける.　　　　　　　　（颯田葉子）

<文献>
1) T. Strachan and A. P. Read : Human Molecular Genetics, Chapter 18 Complex disease, p. 479, John Wiley & Sons, 1996.
2) J. F. Crow：遺伝学概説,第23章量的遺伝（木村資生・太田朋子訳）, p. 197, 培風館, 1978.
3) 向井輝美：集団遺伝学,第4章量的遺伝, p. 63, 講談社, 1986.
4) 木村資生：分子進化の中立説,第6章自然淘汰の定義,種類および作用, p. 134, 紀伊国屋書店, 1986.

雄性不稔

　雄性器官の生殖機能がない状態を示す.遺伝的な雄性不稔は,その遺伝様式に従って,核遺伝子のみの作用によるもの,細胞質遺伝子のみの作用によるもの,細胞質遺伝子と核遺伝子との相互作用に起因するものの3種に分類される.
　自殖性の植物において,ヘテロシス育種の際に,雄性不稔系統を母本にすると,ハイブリッド種子の生産が容易であるため,育種上広く利用されている.この場合,主に細胞質遺伝子と核遺伝子の両方が関与する雄性不稔系統が利用され,一般に細胞質雄性不稔性とよばれる.細胞質雄性不稔の要因は,ミトコンドリア遺伝子の突然変異に起因すると考えられている.

（岡田　悟・河野重行）

利己的 DNA

　ヒトの Alu 配列やトランスポゾンのように,その存在が宿主に有利に働くようには見えない DNA がコピー数を増やしている現象の解釈として提案された概念である.プラスミドが宿主に自分自身を保持させるように働く仕組みの1つに,プラスミドが宿主に対する毒素と解毒剤をつくる場合が知られている.宿主がプラスミドを失うと,解毒剤が早く分解し毒素が残り,宿主を殺す.このような毒素と解毒剤の組合せはいくつか知られている.ある種のプラスミド上の制限酵素（毒素）とメチラーゼ（解毒

剤）や R1 プラスミドがつくる宿主に対する毒素と，その発現を抑制するアンチセンス RNA をつくる遺伝子などが例としてあげられる． 　　　　　　　　　　（東江昭夫）

量的遺伝

　量的な性質で連続分布を示す表現型を量的形質という．量的形質の遺伝を量的遺伝という．量的形質は1つ1つの遺伝子座が1つの表現型に及ぼす効果が小さい多数の遺伝子座（ポリジーン）の働きにより決まる．量的形質に働く淘汰は ① 安定化淘汰，② 定向性淘汰，③ 分断性淘汰の3つの型に分類される（図Ⅳ-13）．

　① 安定化淘汰とは，形質の平均値近くの個体がもっとも高い適応度をもっていて，正か負いずれの方向でもその平均値からずれた個体が淘汰で除かれる．つまり，安定化淘汰は極端な形質を除く．この淘汰が，自然淘汰では，もっとも一般的な淘汰と考えられている．安定化淘汰の例としては，ヒトの新生児の体重とその死亡率との関係が知られている．平均体重に近い新生児の生存率が高く，どちらかのほうへずれたものほど死亡率が高くなる傾向にある．安定化淘汰では，淘汰後の形質の分散は減少するが，平均値には明らかな変化が起こらない．

　② 定向性淘汰とは，最適な表現型値と集団の平均値とのあいだに大きな開きがあるとき，表現型値を最適な方向へ向かわせ

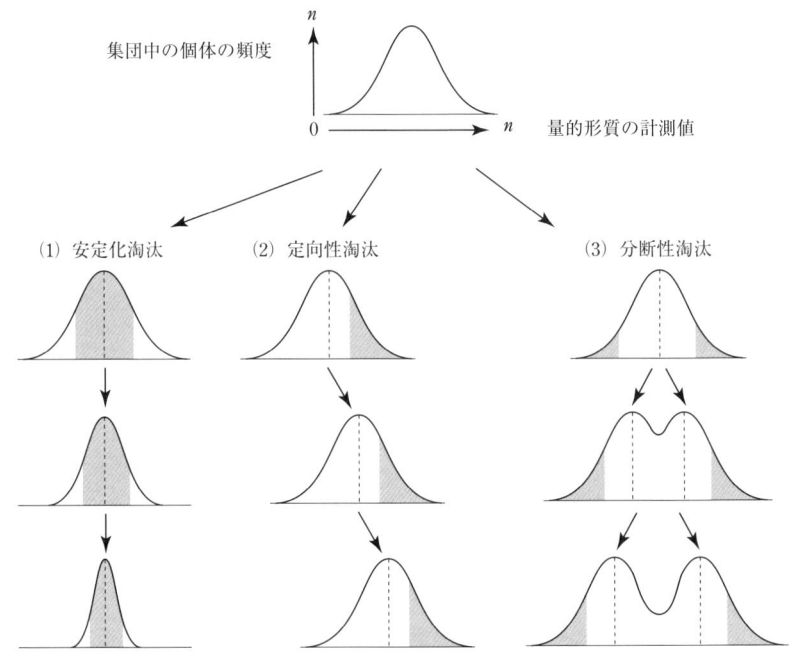

図Ⅳ-13　量的形質に働く3つの淘汰
横軸は表現型の計測値，縦軸はそれぞれの計測値をもつ個体の頻度を表す．グラフの中で色のついた部分が親世代として選択されたことを示す．点線は集団の平均値を表す．

るように働く淘汰のことである．自然界では，種が新しい環境に直面した場合などに働くと考えられているが，安定化淘汰に比べてまれにしか起こらない．自然界での定向性淘汰のもっとも典型的な例は，ガの工業暗化である．その他には，育種における特定の形質の選抜も定向性淘汰の例と考えられる．

③ 分断性淘汰とは，2つ以上の異なった最適値が1つの集団内の個体間に存在するときに起きる．　　　　　（颯田葉子）

<文献>

1) T. Strachan and A. P. Read：Human Molecular Genetics, Chapter 18 Complex disease, p. 479, John Wiley & Sons, 1996.
2) J. F. Crow：遺伝学概説，第23章量的遺伝（木村資生・太田朋子訳），p. 197，培風館，1978.
3) 向井輝美：集団遺伝学，第4章量的遺伝，p. 63，講談社，1986.
4) 木村資生：分子進化の中立説，第6章自然淘汰の定義，種類および作用，p. 134，紀伊国屋書店，1986.

V ― ヒトの遺伝学

遺伝相談

遺伝相談(遺伝カウンセリング,genetic counseling)とは,家族内に遺伝性疾患が発病したり,またはその可能性が疑われることによる諸問題をカウンセラーがクライアントと話し合い,支援する過程をいう.遺伝相談に訪れるクライアントは必ずしも遺伝性疾患の患者とはかぎらず,家族や健常者の場合もある.遺伝相談を担当するカウンセラーは医師とはかぎらないが,日本では遺伝カウンセラーという職種の専門性が成立していないので,おもに医師が外来で行っていることが多い.

取り扱う内容は,①遺伝性疾患と遺伝性の有無の説明,②選択できる治療方針と予後の説明,③遺伝学的検査(遺伝子検査・染色体検査・酵素活性の測定など)の適応・方法・限界の説明(発症前診断,保因者診断,出生前診断なども含む),④再発危険率の算定と経験的再発危険率(経験的遺伝予後)の説明,⑤近親婚など結婚に関する相談,⑥不妊相談,⑦妊娠中の健康管理の問題,⑧親子鑑定,卵性診断,⑨その他多岐に渡る.

遺伝相談の過程の概要は,つぎのようである.

① 病歴と家族歴を聴取し,家系図を作成する.できれば家族の問診・診察も行う.

② 正確な診断.電話や聞き伝えの情報を避ける.情報の出処・精度を確認,明記.

③ 実現可能な選択肢(遺伝学的検査を含む検査・治療法など)の提示.

④ カウンセリング.非指示的,支援的に行い,患者の自己決定を助けることが重要である.特に,治療可能性の低い疾患の遺伝学的検査は慎重に取り扱う.遺伝に対する罪の意識の緩和に努める.家族を巡る差別,社会的差別に配慮する.

⑤ フォローアップ.カウンセリングの転帰を知るために,1回だけのカウンセリングとしない.クライアントの行動変容には時間が必要なため,フォローアップの間隔はケースごとに考慮する.他の診療科や保健医療機関,社会・経済的サポートの紹介・連携を行う.

遺伝相談のポイント・注意事項は,つぎのとおりである.

① クライアントがカウンセラーを信頼し,相談しやすい関係であることが前提.患者およびその家族に敬意を払う.家族の絆を保つ.

② 個室で時間をかけて面接する.必要があれば数回に分ける.

③ 守秘義務.記録は病歴と同じ.雇用者,保険会社,学校などへのプライバシーの保護に留意する.

④ 非指示的助言,支援の助言.決して威圧的・誘導的にならないように配慮する.

⑤ 「遺伝」にはマイナス・イメージがあり,遺伝性疾患の原因をどちらかの家系に求めたり,あるいは妊娠中の不摂生などと

誤解している場合は，それらに起因する罪の意識を緩和することが大切である．

日本の遺伝相談の体制は不十分で，下記の問題点がある．

① 遺伝カウンセラーは国家資格になっていない．

② 専門家が少ない．臨床遺伝専門医は515名（2004年2月現在）．

③ 遺伝相談施設が少ない．遺伝子診療部・遺伝染色体科などの標榜診療科，医科大学の遺伝学講座が少ない．インターネットでは約200施設が公表されている．

④ 医療保険適応になっていない．

今後遺伝相談のニーズは増加，多岐化するので，早急な改善が望まれている．

（高野貴子）

遺 伝 病

発症に遺伝子が関与する疾患．先天異常としばしば混同されるが，先天異常は出生時に異常を認める疾患であって，遺伝子の関与の有無は疾患ごとに異なる．

遺伝病は発症に関与する遺伝子の数あるいは種類によって次のように分類される．

(1) 単一遺伝子病（メンデル遺伝病）

染色体上の1つの遺伝子に生じた変異が原因で起こる病気で，通常，悉無形質（罹患あるいは非罹患）を示す病気である．単一遺伝病は遺伝様式の違いにより，さらに常染色体優性遺伝病，常染色体劣性遺伝病，X連鎖優性遺伝病，X連鎖劣性遺伝病，およびY連鎖遺伝病の5種類に分類される．

(2) ミトコンドリア遺伝病

遺伝子は染色体上に存在するのみならず，ミトコンドリアにも存在する．ミトコンドリアに存在する遺伝子を核外遺伝子と呼び，ミトコンドリア遺伝子の変異により発症する遺伝病をミトコンドリア遺伝病という．現在までのところ60種のミトコンドリア遺伝形質が知られている．受精の際には精子由来のミトコンドリアDNAが卵子に入ることがほぼないため，ミトコンドリア遺伝病は母系遺伝（細胞質遺伝）である．したがってミトコンドリア遺伝病はメンデルの遺伝法則に従わない．

(3) 多因子遺伝子病

複数の遺伝的要因と環境要因の相互作用により起こる疾患の総称．いわゆる"ありふれた病気（common disease）"はこの範疇に属する．多因子遺伝子病は大きく2つに分類さる．1つは低身長，高血圧などのように，身長，血圧といったいわゆる量的形質に関わる疾患であり，もう1つは唇裂口蓋裂などのように，罹患か非罹患かの不連続な悉無形質が関与する疾患である．

(4) 染色体異常

染色体の数的異常や構造異常が原因で起こる疾患．自然流産した胎児の約半数で染色体異常がみられ，大部分が数的異常である．また出生1000人あたり，6.3名の染色体異常が認められるが，そのうち40％程度が構造異常である．

(5) エピジェネティック機構による疾患

DNA塩基のメチル化やクロマチン構造の変化など，塩基配列以外の変化による遺伝子発現の変更による疾患がエピジェネティック疾患である．例えばゲノムすり込みの異常による疾患（プラダーウィリー症候群，アンジェルマン症候群など）がある．

最近急速な進歩を遂げている遺伝子検査，染色体検査等の遺伝学的検査に関して，様々な倫理的問題が指摘されている．このような背景を受け，平成15年8月に遺伝関連10学会によって遺伝学的検査に関するガイドラインが提唱された．（中堀　豊）

＜文献＞

1) 新川詔夫，阿部京子：遺伝医学への招待，南江堂，2003.
2) R. L. Nussbaum, R. R. McInnes, and H. F. Willard：Thompson & Thompson

Genetics in Medicine 6th edition, W.B. Saunders, 1991.
3)「遺伝学的検査に関するガイドライン」遺伝関連10学会（平成15年8月）

LOH

本来存在すべき対立遺伝子座のヘテロ接合性が喪失することである．LOHが疾患発症に重要な役割をもつ例として，癌抑制遺伝子の領域でみられるLOHがあげられる．1対の染色体のうちの片方に存在する癌抑制遺伝子にすでに遺伝的異常があり，さらに他方の染色体上の対応する遺伝子座でLOHが生じると，双方の染色体上の癌抑制遺伝子が共に機能を喪失する．遺伝性網膜芽細胞種，家族性大腸ポリポーシスなどの常染色体優性遺伝形式を示す遺伝性腫瘍の中には，このメカニズムによって起きる例がある（図V-1）．

また体細胞レベルで，片方の染色体上に存在する癌抑制遺伝子で塩基置換などの異常が生じ，他方の染色体上の対応する遺伝子座でLOHが生じることによっても，双方の染色体上に存在する癌抑制遺伝子の機能が喪失する．

腫瘍でのLOHの有無を検索する方法の1つに，DNAマーカー解析によって正常組織と腫瘍組織で各遺伝子座でのヘテロ接合性の有無を比較する方法がある．正常組織でヘテロ接合性が認められるにもかかわらず，腫瘍組織で消失している場合には，後者においてその遺伝子座でLOHがあると判断される．例えば17番染色体短腕にはp53遺伝子，13番染色体長腕にはRb1遺伝子が存在し，様々な癌でこれらの部位にLOHが認められる．最近ではcomparative genome hybridizationなどもLOH解析に用いられている．（中堀　豊）

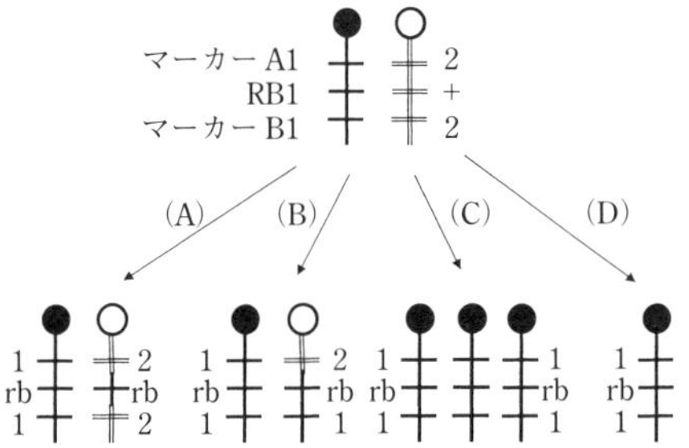

図V-1　網膜芽細胞腫でみられるLOHのメカニズム（文献[2]より改変）
(A) RB遺伝子の局所的異常（点変異，遺伝子転換，転写不活化など），(B) 体細胞組み換え，(C) 染色体の欠失と重複，(D) 染色体の欠失
RB1：網膜芽細胞腫の癌抑制遺伝子，rb：変異アレル，＋：正常なアレル．

＜文献＞
1) 新川詔夫，阿部京子：遺伝医学への招待，南江堂，2003．
2) R. L. Nussbaum, R. R. Mclnnes, and H. F. Willard：Thompson & Thompson Genetics in Medicine 6th edition, W. B. Saunders, 2001.

家　系　図

ヒトどうしの血縁関係や婚姻関係を表した図．系図ともいう．医学分野では，家系内における疾患や遺伝形質の分布を一定の記号を用いて図示したものを指す．特に，遺伝カウンセリングでは詳細な家系図（pedigree）および家系の構成員の臨床症状に関する情報（家族歴）が，遺伝的危険率を推定するうえで重要な情報となる．口蓋裂のように，同じ表現型を示す疾患でも常染色体優性，常染色体劣性，伴性劣性遺伝，多因子性など，何種類かの遺伝形式をもつものもある．家系図を作成することにより家系内の疾患や遺伝形質の広がりと程

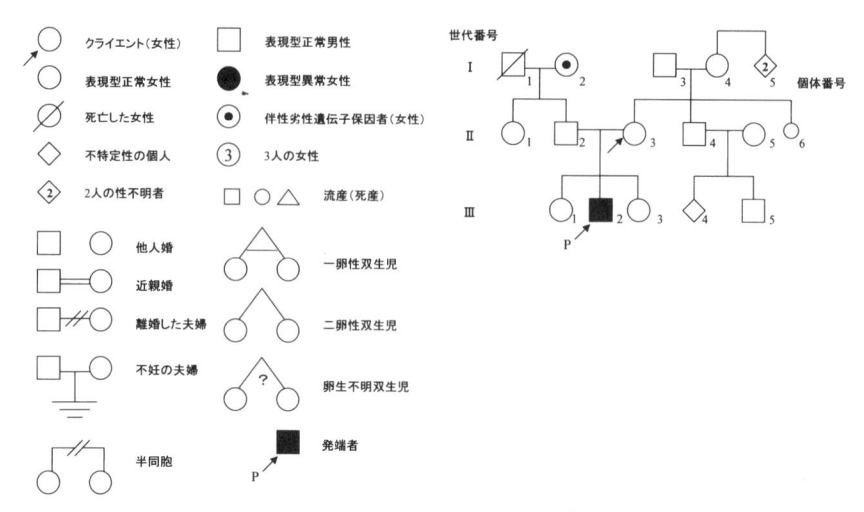

図 V-2　家系図に用いられる記号（文献[1]を改変）

　度がわかり，遺伝形式の分析・推測が可能となる．家系図が不十分であると誤った遺伝形式の推定性につながる可能性があるので注意が必要である．
　家系図作成には，ある程度決まった記号が用いられる．ここには米国人類遺伝学会で提案された一般的な記号の一部を示す[1]．家系図の中の世代はローマ数字で示され，古い世代を上に，新しい世代を下に示す．子供・兄弟姉妹は年齢順に左から順に並べられ，各世代で左から右へとアラビア数字で番号が振られる．配偶者にも番号が割り振られる．この2つの数字を用いて家系図の中の個人を特定する（例：III-2）．
　疾患の遺伝形式を明らかにするには，罹患者・非罹患者についての確実な情報収集が必要である．家系図の作成は，まずクライアントと罹患者（発端者）との関係を図示することから始める．その後，罹患者の両親，子供，兄弟姉妹，両親の血縁，祖父母，その他に進む．家系図に含まれる個人の数は，疾患の遺伝形式やクライアントの記憶や知識の程度によって決まる．個々人の氏名と住所を聞いておくと次にその血縁者について聞くときにクライアントがすぐに思い出しやすい．通常，家系図は少なくとも3世代にわたり書き込まれ，各人の病気，入院，死因，死亡時の年齢，流産，中絶，先天的な異常，その他の異常が示される．疾患の表現型は個人により差異が見られることも多く，違う臨床症状でも同一の遺伝病に罹患している可能性があるため，相談対象の疾患に関係ある事項だけではなく，関係ないと思われる事柄についてもできるだけ情報を詳細に集める．必要があれば，実際の血縁関係の有無の記述も重要である．なお，家系図から得られる情報は，家系内全体への影響を考えたうえでクライアントに伝える必要がある．また家系情報の収集および取り扱いに関しては個人情報保護の観点から十分な注意が必要である．

（中堀　豊）

<文献>
1) 新川詔夫, 阿部京子：遺伝医学への招待, 改訂第3版, 南江堂, 2003.
2) 新川詔夫, 福嶋義光編：遺伝カウンセリングマニュアル, 南江堂, 2003.

癌

　癌とは細胞増殖の制御機構が破綻することによって起きる，細胞の過度な増殖である．現在まで多数の癌関連遺伝子が見いだされている．細胞増殖を制御する遺伝子には，①癌原遺伝子，②癌抑制遺伝子，および，③DNA修復関連遺伝子などがある．

　癌遺伝子は通常の状態では細胞周期や細胞分裂などを調節する産物をコードしている．癌原遺伝子に生じた機能獲得型変異（gain of function），遺伝子の増幅，あるいは染色体転座による新た機能をもつ融合遺伝子の形成は癌につながると考えられている．

　癌抑制遺伝子については，癌抑制遺伝子の双方の遺伝子座で生じた機能喪失変異（loss of function），または癌抑制遺伝子の片方の遺伝子座に生じた機能喪失型変異と他方の遺伝子座に生じたエピジェネティックな変化による癌抑制遺伝子の発現抑制の組み合わせ，あるいは癌抑制遺伝子の片方の遺伝子座で生じた優性阻害効果（dominant negative effect）を示す変異などがある．

　DNA修復関連遺伝子については，様々なDNA修復酵素あるいはDNA修復関連タンパク質の異常が細胞の癌化へつながる．

　癌抑制遺伝子の異常により遺伝性の腫瘍が生じる場合は，いわゆるKnudsonのtwo-hit theoryに従う．すなわち片方の遺伝子座に遺伝的な異常があり，体細胞レベルで他方の遺伝子座に異常が生じることによって双方の遺伝子座の機能が失われることで腫瘍が生じると考えられている．この場合，遺伝性腫瘍の遺伝様式は常染色体優性遺伝形式となる．重要な疾患として*APC*遺伝子の異常による家族性大腸ポリポーシス，*BRCA1*あるいは*BRCA2*遺伝子の異常による家族性乳癌などが知られている．またDNA修復酵素である*MSH2*や*MLH1*遺伝子の異常による遺伝性非腺腫性大腸癌などもtwo-hit theoryに従った機序で生じ，常染色体優性遺伝形式をとる．

　最終的には複数の遺伝子変異の蓄積を経て癌が形成される（発癌のカスケード）．同一組織に生じた癌であっても癌細胞における遺伝子発現には個人により多様性があり，個々の癌に応じた治療法が望まれている．最近では，DNAチップを中心とした癌の遺伝子発現プロファイルと臨床像や治療効果などとの関連が精力的に解析されており，癌のオーダーメード医療につながるものとして期待されている．　　（中堀　豊）

<文献>
1) 新川詔夫, 阿部京子：遺伝医学への招待, 南江堂, 2003.
2) R. L. Nussbaum, R. R. McInnes, and H. F. Willard：Thompson & Thompson Genetics in Medicine 6th edition, W. B. Saunders, 2001.

関連分析

　2つ以上の変数をとりあげたとき，それらの変数間に因果関係があるか否かに関係なく，互いに従属性がみられることを関連（association）という．遺伝学においては，集団中にある頻度でみられる2つ以上の遺伝的な性質が，おのおのの頻度の積よりも高いまたは低い頻度で同時に起こることをいう．この遺伝的な性質とは，遺伝子自体の変異/多型にかぎらず，遺伝が関与するあらゆる性質が対象となりうる．なお，類似する用語に相関（correlation）がある．これは一般に，分析の対象とする性質がいずれも数量的な場合にかぎって用いられる用語である．association analysisは本来関連分析というべきであるが，しばしば相関

9/20
(a) 患者集団

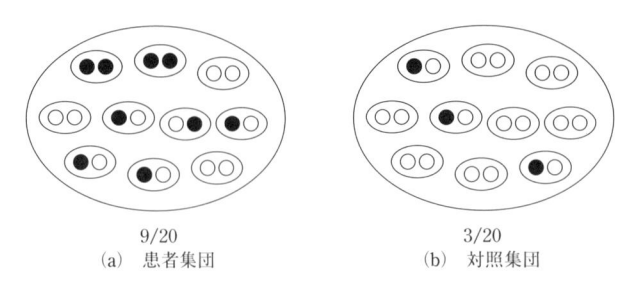

3/20
(b) 対照集団

症例-対照関連分析：陽性率や，対立遺伝子あるいは
遺伝子型頻度の差を統計学的に検定して有意性を確かめる．

図 V-3　関連分析

分析ともいわれ，用語に不統一がある．また特に，同じ染色体上に連鎖する2つ以上の遺伝子のあいだに関連（配偶子関連：gametic association）が認められる場合に連鎖不平衡（linkage disequilibrium）という．

関連分析は，多因子性の疾患や形質にかかわる遺伝子の特定を目的としてよく用いられる．たとえば，高血圧の患者において，ある遺伝子の特定の変異の頻度が健常者における頻度より有意に高い場合，患者であってしかもこの変異をもつ個体の頻度が互いの頻度の積より高くなることから，高血圧とこの遺伝子変異のあいだに正の関連があるという．関連分析の代表的な方法は，症例-対照関連分析法（case-control association analysis）である．同じ集団に属する非血縁の症例と対照者の試料を多数収集し，候補遺伝子の変異/多型の頻度を比較する（図V-3）．この方法は，比較的試料の収集が容易であり遺伝因子の検出力が高いなどの利点をもつ一方，集団の階層化による偽陽性関連が観察されやすい弱点をもつ．伝達不平衡試験（transmission disequilibrium test）も関連分析の一種である．症例とその両親より試料を得ることにより，個々の家族内で症例と対照のデータを得る．遺伝的背景の多様な集団においても，偽陽性が観察されにくい利点をもつが，遺伝因子の検出力は高くない．　　　（徳永勝士）

血液型

主として，赤血球の膜上に存在する抗原分子の構造の違いによって判別される遺伝形質であり，通常は，その構造の差異を認識する特異的な抗体を用いる赤血球凝集反応によって検出される．ABO, MNS, P, Rh, ルイス（Lewis），ルセラン（Lutheran），ケル（Kell），ダフィー（Duffy），キッド（Kidd），ディエゴ（Diego），Xgなどの血液型がよく知られ，国際輸血学会のワーキングパーティーによって計29種類が認められている（2002年）．そのほかにもほとんどの集団で陽性者が90％以上である高頻度抗原や，対照的に陽性者が1％以下である低頻度抗原などがある．

血液型抗原分子は，糖鎖からなるものとタンパク質からなるものに大別される．糖鎖抗原分子としてABO, P, ルイス血液型が代表的である．タンパク抗原分子としては，細胞膜1回貫通分子上に発現するMNS，ルセラン，ケルやXg血液型，複数回膜貫通分子上に発現するRh，ダフィー，キッドやディエゴ血液型，グリコシルホスファチジルイノシトール（GPI）アンカー

表V-1 おもなヒトの血液型とその特徴

血液型	遺伝子名	抗原分子	遺伝子の機能
ABO	ABO	糖類	A：α-3-N-アセチルD-ガラクトサミニルトランスフェラーゼ
			B：α-3-ガラクトシルトランスフェラーゼ
MNS	GYPA (MN)	I型膜貫通糖タンパク	補体，サイトカイン，細菌，ウイルスなどのレセプター
	GYPB (Ss)		
P	P1	糖鎖	α-4-ガラクトシルトランスフエラーゼ
Rh	RHCE (CcEe)	I型12回膜貫通糖タンパク	赤血球形状の制御，アンモニウムイオン輸送体
	RHD (D)		
Lutheran	LU	I型膜貫通糖タンパク	Igスーパーファミリー，ラミニンレセプター
Kell	KEL	II型膜貫通糖タンパク	亜鉛結合性エンドペプチダーゼ
Lewis	FUT3	糖鎖	α-4-フコシルトランスフェラーゼ
Duffy	FY	I型7回膜貫通糖タンパク	マラリア原虫レセプター，ケモカインレセプター
Kidd	SLC14A1	I型10回膜貫通糖タンパク	尿素輸送体
Diego	SLC4A1	I型14回膜貫通糖タンパク	陰イオン交換体
Yt	ACHE	GPIアンカー型タンパク	アセチルコリンエステラーゼ
Xg	XG, MIC2	I型膜貫通糖タンパク	細胞間接着分子

結合型タンパクに発現するクローマー血液型などがある．これらの抗原分子をコードする遺伝子の解析が進んでおり，塩基配列の違いを判別する遺伝子検査法の開発も進んでいるが，分子の本来の機能については不明の点が多い．ABO血液型遺伝子の場合，A型対立遺伝子とB型対立遺伝子の産物は数個のアミノ酸の違いによって作用の異なる糖転移酵素となり，一方O型対立遺伝子は機能欠損型の糖転移酵素をコードする．さらに，塩基配列レベルで見ればABO遺伝子には数十種類の対立遺伝子が存在し，特にAおよびO型をコードする対立遺伝子群はそれぞれ2つのサブグループからなることがわかっている．

（徳永勝士）

個体識別

メンデル遺伝様式に従い，多数の対立遺伝子をもち，高いヘテロ接合度を示す遺伝標識を複数調べることにより，試料が由来する個体を識別することができる．古典的には，各種血液型の血清学的検査や，電気泳動法で判別する血清タンパク，赤血球酵素の多型など，タンパクレベルの検査が用いられてきた．また近年，ミニサテライト（VNTR：variable number of tandem repeatともいう）とよばれる10～100塩基対を単位とした反復配列のくり返し回数の多型が用いられるようになった．これらミニサテライトの一部は，相同性の高い共通配列部分をもち，ミニサテライトファミリーを形成している．この共通配列部分をプローブとしてサザンブロッティングを行うと，複数のミニサテライト多型座位を同時にゲル上で検出できることから多数のバンドが見られ，そのパターンの特異性から個体識別ができる．この手法は，DNAフィンガープリント法とよばれ，個体識別や親子鑑定に多用されてきた．

さらに最近では，マイクロサテライト（STR：short tandem repeatともいう）とよばれる1～9塩基対を単位とした反復配列のくり返し回数の多型がもっとも広く用いられるようになった．マイクロサテライ

ト多型は，通常多数の対立遺伝子をもち，高いヘテロ接合度を示す．さらに，PCR (polymerase chain reaction) 法を用いて微量の試料から目的の遺伝子領域を増幅することができ，その種類数もヒトゲノム中で数十万種類あると推定される．すでに，ヒトの個体識別や親子鑑定用のマイクロサテライト多型解析キットも市販されている．また，性別判定のためには，アメロゲニン遺伝子（Y染色体上のアメロゲニンではイントロンに 177 bp の欠失があるが，X染色体上では欠失がない）を検査する．このほかに，ミトコンドリア DNA 多型や，機能をもつ遺伝子の中でもっとも高度な多型を示す HLA (human leukocyte antigen：ヒト白血球抗原) 遺伝子群も，しばしば個体識別に用いられる．　　　　（徳永勝士）

色覚異常

色の認識は，網膜錐体細胞にあるオプシンという光受容体タンパク質が，眼に入ってきた光エネルギーによって構造変化を起こし，視神経の活動電位に変換され，さらに脳へ伝達されることによってなされる．異なる光の波長に反応する3種類のオプシンが存在し，青，赤，緑という光の3原色に対応している．ヒトでは青オプシンは7番染色体上にあって，他のオプシン遺伝子との構造類似性も低い．ところが，赤オプシンと緑オプシン遺伝子は性染色体のX染色体上で隣接し，しかも互いに構造が類似する（塩基配列レベルで 98％）．このことから，これらが共通の先祖遺伝子の重複によって生じたものと考えられている．実際，ヒトやニホンザルを含む狭鼻猿類は3色型色覚であるが，キツネザルなどの原猿類は，多くの哺乳類と同様に2色型色覚である．

X染色体上には赤オプシン遺伝子が通常1コピーあり，その下流に緑オプシン遺伝子が1から数コピー存在する．各錐体細胞で発現するオプシン遺伝子は，上流の2個のうち一方にかぎられる．したがって，通常は赤オプシンかそのすぐ下流の緑オプシン遺伝子が発現する．両オプシン遺伝子間の相同性が高いために不等交叉が起こると，遺伝子欠失，遺伝子重複あるいは赤オプシンと緑オプシンのハイブリッド遺伝子の形成が生じることとなり，色覚異常（色盲）を引き起こしうる．しかも，男性はX染色体を1本しかもたないので，このような変異型のオプシン遺伝子が乗っているX染色体をもつ男性は色覚異常となる．一方，女性の場合には2個のX染色体をもっているので，一方が通常のタイプであれば色覚異常とならないため頻度が低い．アジア系集団男性の約5％，ヨーロッパ系集団男性の約8％，アフリカ系集団男性の約4％が何らかの色覚異常をもつ．一色型色覚（いわゆる全色覚異常），2色型色覚（赤オプシン遺伝子の変異による第1色覚異常，緑オプシン遺伝子の変異による第2色覚異常，青オプシン遺伝子の変異による第3色覚異常），異常3色型色覚（いわゆる色弱）に分類される．第1色覚異常と第2色覚異常は似た症状になるので赤緑色覚異常と総称される．　　　　（徳永勝士）

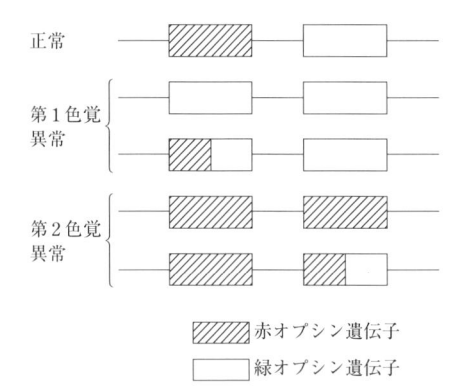

図 V-4 色覚異常の遺伝子構成

出生前診断

　出生前診断（prenatal diagnosis）とは，胎児診断ともよばれ，妊娠中の胎児の状態を診断することにより，胎児の管理や分娩法の選択など妊娠・分娩をより安全に行うための診断法である．妊娠後半期に多胎・奇形・胎児死亡などの診断に用いられたX線撮影法・胎児造影法に始まる．一方，羊水穿刺による羊水中ビリルビン測定や羊水細胞培養の成功以来，妊娠早期の染色体異常や先天性代謝異常の診断が可能となり，胎児治療や妊娠継続を選択する診断法ともなってきた．前に，先天異常児を妊娠した妊婦が次子を心配する場合に，侵襲的な羊水診断や絨毛採取が考慮されるが，これは胎児が異常であれば選択的妊娠中絶を前提としている．近年母体血の3種類のマーカー検査（α-フェトプロテイン，ヒト絨毛性ゴナドトロピン，非結合性エストリオールの増減）で胎児のダウン症・18トリソミーなどの確率を計算する方法も普及してきた．α-フェトプロテインは無脳症・二分脊椎の出生前診断のマーカーである．母体からの採血は簡単なので一般の妊婦に広く適用できるが，ダウン症などの確率値から胎児の生命の質を問い，日本で許されている妊娠22週未満の中絶という生命の選択につながると危惧されている．

　出生前診断に用いられる検査には下記のような種類があり，目的に応じて選択される．

　① 画像診断法：超音波断層検査（妊娠初期から後期まで広く用いられ，精度も向上），磁気共鳴画像（MRI，妊娠中期から後期）．

　② 羊水穿刺：超音波ガイド下で妊娠15〜18週，多くは16週ごろに行われる．染色体検査・生化学検査・DNA診断に用いられ，そのうち母体高年齢による染色体検査がもっとも多い．羊水上清を用いて先天性代謝異常，先天奇形（開放型神経管形成不全），Rh不適合妊娠などの診断もできる．日本では，出生数対で約0.5％の実施率で，英仏独などに比べ1桁低い．副作用は羊水漏出，流死産，IUFD（子宮内胎児仮死）など．

　③ 絨毛採取：妊娠初期の絨毛で染色体検査・生化学検査・DNA診断を行う．妊娠9〜11週の早期に行える，DNA診断に適しているなどの利点がある．歴史が浅く，技術的に難しく，母体脱落膜の混入による誤診の可能性，副作用（胎児喪失，感染，出血，四肢欠損児出産）の頻度が高いなどが欠点である．日本では，羊水検査の約1/5の実施率である．

　④ 胎児血流計測，胎児心エコー図検査

　⑤ 胎児血の分析：原則として臍帯静脈血で行う．

　⑥ 母体血の分析

　日本人類遺伝学会「遺伝カウンセリング・出生前診断に関するガイドライン」，日本産婦人科学会会告では，絨毛採取と羊水穿刺など，侵襲的な出生前診断はつぎのような妊娠について考慮されるとしている．

　a．夫婦のいずれかが染色体異常の保因者

　b．染色体異常児を分娩した既往を有する場合

　c．高齢妊娠

　d．妊婦が重篤なX連鎖遺伝病のヘテロ接合体

　e．夫婦のいずれもが重篤な常染色体劣性遺伝病のヘテロ接合体

　f．夫婦のいずれかが重篤な常染色体優性遺伝病のヘテロ接合体

　g．その他，重篤な胎児異常のおそれのある場合

　　　　　　　　　　　　（高野貴子）

常染色体遺伝

　ヒトの常染色体遺伝（autosomal inheritance）の形質は，OMIM（online mendelian inheritance in man：OMIM™）統計によれば2005年7月3日現在15113，確立された座位数は10059である．

　常染色体優性遺伝病では，男性も女性もほぼ同数が発症し，どの世代にも患者がみられ，遺伝するパターンに性差がみられない（男性からつぎの世代の男性あるいは女性へ，女性からつぎの世代の男性あるいは女性へ同じように伝達される）．正常対立遺伝子も異常対立遺伝子も同じ確率で親から子どもへと伝わるので，片方の親がヘテロ接合体の患者の場合には，子どもに遺伝する確率はおよそ1/2（50％）になる．この常染色体優性遺伝病の例として，家族性高コレステロール血症では，同じ変異遺伝子をもつ患者で，黄色腫や冠動脈障害が発症する時期や程度には個人差があり，表現度に差がある．発症の遅い極端な場合は，大腸ポリポーシスのように変異遺伝子をもっていても表現型が正常のこともある．この表現型が正常の個体は，つぎの世代に変異遺伝子を伝えて，世代の飛び越し（skipped generation）が見られるので，常染色体優性遺伝病は正常個体からは遺伝しないという原則の例外となる．Huntington病などでは発症時期が年齢に依存し，世代を重ねるにつれて発症時期が早くなり，症状が重くなる表現促進（anticipation）が知られている．これは，遺伝子内の3塩基反復配列の延長によることが判明し，反復の程度と臨床症状の重症度は相関する．常染色体優性遺伝病の中には，Apert症候群のように子孫を残せない重症なものもあり，このような疾患の両親は変異遺伝子をもっておらず，子どもで新生突然変異が生じている．新生突然変異の生じる確率が父親の加齢とともに上昇する疾患には，Apert症候群，Marfan症候群，進行性骨化性筋炎，軟骨無形成症などがある．

　囊胞性線維症，フェニールケトン尿症，脊髄性筋萎縮症，副腎性器症候群，ムコ多糖症，鎌状赤血球貧血のような常染色体劣性遺伝病の保因者どうしの結婚では，約1/4の子どもは正常遺伝子のホモ接合体，約1/2の子どもはヘテロ接合体の保因者，残りの約1/4の子どもがホモ接合体の患者になる．患者の両親が血縁関係（近親婚）にある場合は，その疾患だけでなく，その他の常染色体劣性遺伝病が子どもに発症する頻度も高くなる．血縁関係の濃い集団では，患者と保因者，あるいは保因者どうしが結婚する確率が高くなる．このように，患者の両親が血縁関係にあることは，常染色体劣性形質を疑わせるヒントになる．鎌状赤血球貧血は，アフリカの黒人種では40人に1人の頻度で，保因者頻度は3人に1人である．この高い頻度は，この形質の保因者がマラリア感染に対して抵抗性をもつ選択有利性のためである．このような人種間の偏りは，遺伝的に隔離された集団の創始者効果（founder effect）によっても生じる．

　常染色体共優性で臨床的に重要なものは，血液型（ABO, Duffy, Kell, Kidd, MNS, Rh），赤血球酵素（acid phosphatase, adenylate kinase），血清タンパク（haptoglobin），細胞表面抗原（HLA），常染色体DNA多型などである．（高野貴子）

人　　種

　元来は，遺伝的に決定されるさまざまな身体の形質を共有し，他の集団と区別できる人類集団のことを人種（race）とよんだ．「民族」が文化の共有に基づく区分であるのに対して，「人種」は生物学的差異に基

づく区分であるといえる．よく知られる人種分類として，アフリカ系集団（ニグロイド），アジア系集団（モンゴロイド），ヨーロッパ系集団（コーカソイド）の3大人種があり，環境への適応形質と考えられる皮膚色，毛髪，虹彩色や体型などが異なるとされてきた．しかしながら，現実にはおのおのの人種内に大きな多様性が認められ，また人種間の境界は判然としない．ましてや，より詳細な人種分類の試みには多くの異論が伴う．このことは，近年の集団遺伝学的研究によっても明らかとなっている．したがって，人種分類は必ずしも系統の違いを意味するものではなく，あくまで便宜的な，あいまいさも含まれた分類と考えるべきである．以上に加えて，歴史上，人種概念が生物学的概念から逸脱して社会的差別につながったこともあり，人類遺伝学関連分野において人種という言葉が使われることは少ない．むしろ，地域名，国名，民族名などをとりあげて，その集団の遺伝的特徴や形成過程を議論する場合が多い．

（徳永勝士）

染色体異常

染色体の変異が，光学顕微鏡下で検出できるほど大きい場合，染色体異常（chromosome aberration）といい，その染色体の可視的変化が認められるすべての疾患を染色体異常症という．通常の光学顕微鏡で検出できる最小の染色体の過剰または欠失は，ゲノムの約0.13％で，4Mbである．

（1）染色体異常の頻度

染色体異常の頻度は，少なくとも全受精の7.5％に生じると見積もられている．早期自然流産の50～60％に染色体異常が検出され，全妊娠の約15％は流産に終わるとされているので，15％×0.5～0.6（流産中の染色体異常頻度）＝7.5～8％が全受精中の染色体異常の頻度の推定値となる．後期自然流産や死産では5％に，出生児では0.6％に染色体異常がみられる．染色体異常のタイプはこれらのグループ内では異なる．

a．早期自然流産での頻度 報告によって若干異なるが，大まかにまとめると，早期自然流産では40％が正常で，60％が異常である．異常の内訳は，トリソミーが30％，45, Xが10％，3倍体が10％，4倍体が5％，その他が5％くらいである．1番染色体は検出されないが，それ以外はさまざまな常染色体トリソミーがあり，なかでも16トリソミーは高頻度である．16トリソミーは胎芽形成まで発生が進まないので，新生児ではみられない．3倍体（triploid）の胎児は大部分流産し，出生例の報告はあるが，生後すぐに死亡する．45, X以外の性染色体異常が早期自然流産で検出されることはまれである．

b．新生児での頻度 新生児での頻度は表V-2のとおりである．

（2）染色体異常

染色体異常には，染色体数の異常（数的異常）と異常染色体を有する構造異常がある．

a．数的異常 ヒトの体細胞の染色体数は46本で，2倍数（diploid, $2n$）である．

表V-2 新生児でみられる染色体異常の頻度

染色体所見	出生頻度
平衡型転座	500人に1人
不均衡型転座	2000人に1人
腕間逆位	100人に1人
21トリソミー	1000人に1人
18トリソミー	3000人に1人
13トリソミー	5000人に1人
47, XXY	男性1000人に1人
47, XYY	男性1000人に1人
47, XXX	女性1000人に1人
45, X	女性500人に1人（日本）
	女性2000人に1人（デンマーク）

成熟配偶子は23本で，半数（haploid, n）である．染色体数がちょうど半数の倍になっていて，2倍数より多い場合を倍数性（polyploidy）といい，そうでない場合を異数性（aneuploidy）という．

1) 異数性（aneuplioidy）：異数性は染色体が対合しなかったり，姉妹染色分体が後期に分離しないと起こる（不分離 non-disjunction）．また，後期染色体の移動の遅れ（後期遅滞）でも起こる．この場合，染色体が1本多いトリソミー（trisomy）と1本少ないモノソミー（monosomy）の細胞ができる．異数性は，減数分裂でも体細胞分裂でも生じ，減数分裂での不分離は第1減数分裂でも第2減数分裂でも起こる．体細胞分裂での異数性では，1つの接合体から派生する2種類以上の異なった染色体構成の細胞からなる個体をモザイク（mosaic）という．

2) 倍数性（polyploidy）：染色体の総数が69のとき，3倍体（triploidy）という．これは2精子の受精か（2重受精），卵子または精子の成熟分裂がうまくいかず2倍体配偶子が生じるために起こり，69, XXY（最多），69, XXX, 69, XYY が報告されている．4倍体（tetrapliody）は半数の4倍（4n）になっていて，ふつうは接合体の1回目の分裂がうまくいかないために生じる．ヒトの骨髄では倍数体細胞がある割合で存在しており，巨核球は8〜16倍体，再生肝組織では4倍体細胞がみられる．これらは，染色体が2回分裂しても細胞が1回しか分裂しない核内倍加という現象で起こる．

b. 構造異常 構造異常は，染色体が切断された結果生じる．染色体が切断されると，2つの不安定で粘着性のある末端ができる．一般的には，修復のメカニズムが働いて2つの末端は結合する．しかし，切断が2カ所以上に生じると，もとと異なる末端の再結合の可能性が生じる．染色体切断の自然発生率は放射線被爆や変異原性物質で著しく増加し，癌, ataxia teleangiectasia, Bloom 症候群，Fanconi 貧血，Li-Fraumeni 症候群などの疾患でも増加する．X線は，線量依存性に細胞周期のどの時期においても2本鎖の切断を起こすが，姉妹染色分体交換の数は増加しない．それに対し，変異原性化合物はS期依存性で，姉妹染色分体交換を誘発する．染色体切断はランダムに起こるわけではなく，すべての転座を合わせると自然変異率は1000配偶子あたり1回で，疾患遺伝子座位の突然変異率の約100倍に相当する．

構造異常には，転座，欠失，環状染色体，重複，逆位，同腕染色体，動原体断片などがある．転座には，相互転座，動原体融合（Robertson型転座），挿入型転座があり，また染色体の過不足のない均衡型と過不足のある不均衡型に分けることができる．重複は欠失よりも頻発し，一般に臨床的には軽症である．事実，分子レベルの重複（くり返し repeat）は，進化において遺伝子の多様性をもたらす重要な役割を果たしている．逆位には切断点が染色体の短腕か長腕のどちらか片方の腕にあり動原体が含まれない腕内逆位と，動原体の両側にまたがる腕間逆位がある．逆位のループ内で交叉が生じると，不均衡が生じて子どもが染色体異常になる場合がある．同腕染色体はX長腕が重複している Turner 症候群（46, X, i (Xq)）のほか，Y染色体，まれに9番と12番短腕が知られている．

(3) 染色体異常症

染色体異常症は大きく分けて，常染色体異常と性染色体異常に分けられる．常染色体異常では，成長障害，知能障害が必発で，さまざまな大奇形，小奇形がみられる．性染色体異常は身長の異常，骨の異常，性器の異常が主徴で，常染色体異常に比べて，知能障害や奇形の程度は軽度である．ヒトで出生する異数性の染色体異常症は，21トリソミー，18トリソミー，13トリソミー，Turner症候群（45, X），Klinefelter症

候群（47, XXY），Xトリソミーなどである．
(高野貴子)

創始者効果

　ある集団の初めの1人あるいは数人が変異遺伝子の保因者で，集団の規模が拡大する過程で，変異遺伝子が子孫集団中に広がることをさす．先駆者効果，入植者効果ともいう．少数の個体が新しい地域に移住し長期間ほかの集団と交雑しなかった場合，この集団中の変異遺伝子はもとの集団中より高い頻度で存在する（遺伝的隔離集団の形成）．このため，遺伝的隔離集団において創始者効果が見られることがある．
　日本では，遺伝的隔離集団における創始者効果の例が離島や山間部落などにみられる．熊本県と長野県の一地方ではアミロイドポリニューロパチーが多く見られるが，これは先祖の1人に突然変異が生じ，疾患が子孫の集団構成員に広がったためと考えられる．ハンチントン病が多く発生する南アフリカの白人集団では，17世紀にオランダからきた入植者の1人が未発症ヘテロ接合体であった可能性が考えられている．キューバの一地方で多発している脊髄小脳変性症（SCA 2）も，創始者効果による可能性が指摘されている．
　遺伝的隔離は地形的な理由のほか，政治・宗教・信条的に逆隔離することによっても起こる．近年では，アメリカのアーミシュで宗教的隔離，カナダのケベック州のフランス系住民で政治的隔離が見られる例がある．多くが同じユダヤ人どうしで結婚する北米のアシュケナージュダヤ人中には，他の集団にはまれなテイ・サックス病やブルーム症候群が頻発する．これも宗教的隔離によるまれな疾患多発の一例である．
(中堀　豊)

＜文献＞
1) 新川詔夫，阿部京子：遺伝医学への招待，改訂第3版，南江堂，2003.
2) 新川詔夫，福嶋義光編：遺伝カウンセリングマニュアル，南江堂，2003.

双生児

　双生児（twin）には，1卵性（monozygotic, identical），2卵性（dizygotic, non-identical）の2種類がある．1卵性双生児は，1卵子と1精子からなる1つの接合体が，胎生13日までに2つの胚に分かれて生じ，遺伝的に同一な2個体である．2卵性双生児は，2つ排卵された卵子が，2つの精子と別々に受精して，胎内で2個体として発生した結果である．平均的には遺伝子の半分が共通で，一般的には兄弟姉妹と同じである．
　双生児の出産頻度は，日本人では低く，約160の出産あたり1回（80人に1人）である．アジアでは1000出生あたり2〜7，欧州では9〜20，米国では7〜12といわれている．一番頻度の高い黒人種では，50出産あたり1回あるいはそれ以上（1000出生あたり45〜50）といわれる．1卵性双生児の出生頻度は人種差がなく，1000出生あたり3ないし4（0.3〜0.4％）である．したがって，双生児の出生頻度の人種差は，2卵性の差ということになる．2卵性双生児は多排卵によるので，排卵の機序に人種差があるらしい．日本人女性と比べ，ナイジェリア人女性のほうがゴナドトロピン活性値が高いと報告されている．一般に，高年齢になるほど，また排卵誘発剤を使うと2卵性双生児を産む率が高くなる．デンマークでは，不妊治療のために2卵性双生児の出生率が高くなったと報告されている．双生児出産がくり返される確率は期待値より高く，2卵性双生児を産む素

因は母方を通じて伝達されると推測されている．1卵性双生児の家系でも同性双生児が父方，母方を問わずくり返されることが知られている．

1卵性か2卵性かを決める卵性診断には，胎盤膜の性状が有用である．図V-5のように，2卵性双生児は羊膜嚢と絨毛膜を2つずつもつ．絨毛膜が2次的に融合することもあるが，胎盤の各部分の循環系は正常に分かれている．1卵性双生児の膜の性状は，分離の時期に依存している．1卵性双生児の75％は単一絨毛膜で，共通の胎盤循環で，これが1卵性の診断になる．残りの25％は絨毛膜が2つで，胎盤膜からは2卵性と区別ができない．より正確な卵性診断には，多型性に富む遺伝マーカーやDNAフィンガープリントを利用して行う．

双生児研究において，1卵性と2卵性双生児の比較，幼児期から離れて育てられた1卵性双生児の比較は特に重要である．これらから遺伝要因と環境要因を分析できる．着目している形質が双生児の双方に発現していれば一致（concordance），片方しか示していなければ不一致という．遺伝と環境の両方の影響を受ける多因子遺伝形質で1卵性と2卵性双生児の一致率を比較し，1卵性の一致率が2卵性より高いほど遺伝的影響が大きく，遺伝率が高い．このような双生児一致率の知見によって，遺伝子解析が進展する以前から，アトピー，唇裂・口蓋裂，先天性股関節脱臼，幽門狭窄，内反尖足，糖尿病，高血圧，てんかん，乾癬，リウマチ性関節炎，躁うつ病，統合失調症などが多因子遺伝病であることが知られていた．発達，性格などについての心理学，社会学分野における双生児研究も盛んであり，それらの成果は遺伝学研究にも還元されている．

（高野貴子）

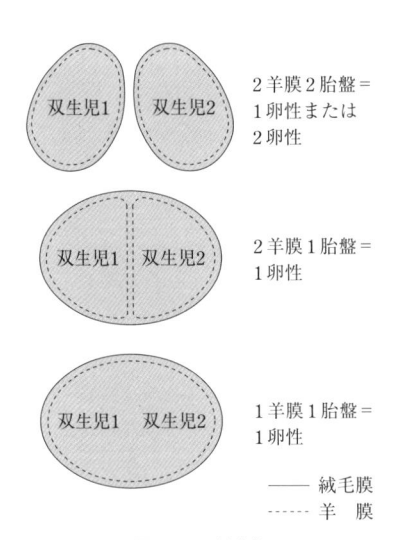

図V-5 双生児

多因子疾患（複合疾患）

疾患は，① 特定の遺伝子異常が発症のおもな原因となる"遺伝病"（単一遺伝子疾患），② 複数の遺伝要因と複数の環境要因が関与する多因子疾患（multifactorial disease：複合疾患 complex disease），③ まったく遺伝子が関与しない疾患に大別される．このなかで，② の多因子疾患には，高血圧，肥満，糖尿病，肺癌などの生活習慣病をはじめ，リウマチ，アレルギー，精神分裂病など，いわゆる common disease（ありふれた病気）のほか多くの疾患が含まれる．これらの疾患にも何らかの遺伝要因がかかわっていることは，双生児調査など過去の研究によってわかっていたが，その家系内伝達様式はメンデル遺伝にはあてはまらない．すなわち，このような疾患では，複数の遺伝子の変異が合わさって遺伝要因が形成され，さらに生活習慣などのさまざまな環境要因が加わってはじめて発症にいたると考えられる．

多因子疾患の発症モデルとして，従来より罹患のしきい説が唱えられている．易罹

ダウン症候群

ダウン症候群（Down syndrome）は1866年にLangdon Downが臨床的な表現型を明確に記載したので，この名がある．多発奇形を伴う精神発達遅滞として初めて本症を記載したのは，Séguin（1846年）なので，Séguin-Down症候群ともよばれる．かつてはDownのMongolian type of idiocyの記載からMongolism（蒙古症）ともよばれていたが，1966年の国際シンポジウムで人種蔑視用語とされ，ダウン症候群の呼称が妥当とされた．その本態は不明であったが，1959年にLejeuneらにより21番染色体の過剰による疾患であることが立証され，人類で報告された最初の染色体異常症として注目された．

出生頻度は出生1000人あたり約1人（0.1％）で，日本では年間約1200人生まれていると推定される．やや男児が多く出生しており，性比は1.26～1.36である．人種差はあまりない．

ダウン症候群の染色体異常は，21トリソミー（標準型）と転座型に大別される．21トリソミーの両親の染色体は正常で，どちらかの親の配偶子（精子または卵子）形成過程の減数分裂での不分離により生じる．これは，全体の90～95％を占め，母親の出産時の年齢が高くなると出生頻度が高くなる．転座型ダウン症候群は3～5％で，多くの場合，21番染色体が13, 14, 15, 21, 22番の端部動原体型染色体に転座しているために生じる．これにはどちらかの親が転座染色体保因者である遺伝性の場合と，染色体正常な両親から生まれる散発性の場合がある．このほか，正常核型の細胞と21トリソミーあるいは転座型トリソミー細胞の混在しているモザイク（mosaic）がある．モザイク型ダウン症候群は，全体の1～2％といわれるが，トリソミーの頻

患度という特性を想定し，これが効果の小さな多数の遺伝子によって支配されるため，正規分布の形で連続的に変異すると考える．この易罹患度が一定のしきい限界を超えたときに個体は発病するというものである．このモデルにより多因子疾患の特徴である，家族内発症の集積や非メンデル遺伝様式を説明できる．現在，その個々の遺伝子を探索する研究が盛んである．

以上のように，多因子疾患では個々の発症関連遺伝子は発症危険率を高めたり低めたりするのみであることから，感受性/抵抗性遺伝子とよばれ，その多くは，一般集団中でもふつうにみられる多型遺伝子であると考えられている．多因子疾患の感受性遺伝子探索によく用いられる方法は3つある．第1はノンパラメトリックな罹患同胞対法を用いた連鎖分析，第2に非血縁患者試料と健常対照者試料を用いた症例-対照関連（相関）分析，第3に患者とその両親の組を用いたTDT（伝達不平衡試験）法があり，それぞれ一長一短がある．

多因子疾患感受性/抵抗性遺伝子には，異なる集団間に共通するものもあれば，集団間で異なるものもあると考えられている．しかも，患者ごとにもっている感受性遺伝子のセットと環境要因のセットが異なるため，臨床症状の多様性が大きいと考えられる．しかしながら将来，個々の感受性遺伝子が特定され，他の遺伝要因や環境要因との相互作用も明らかになることによって，1人1人の患者の個性に適した医療（personalized medicine）が可能になるものと期待される．さらに，あらかじめ自分がどの疾患にかかりやすい遺伝素因をもつのかを知ることによって，生活習慣などの環境要因をコントロールして発症を未然に防ぐという，新しい予防医学が期待されている． 〔徳永勝士〕

度が低いモザイクは臨症的に軽症で認識されにくいと考えられ，実際はもっと高く1～10％ともいわれている．まれに21番染色体の一部分のみが過剰な部分トリソミーも報告されている．これら細胞遺伝学的知見ならびに分子遺伝学的研究からダウン症候群の責任領域は，21番染色体長腕21q22.2の1.6Mbの領域に狭められた．

短頭（後頭部扁平），大泉門・小泉門開大，眼裂斜上，内眼角贅皮，小さい耳介・耳輪内転，鞍鼻（低い鼻背），狭口蓋，短頸，短指，第5指短小または第5指単一屈曲線，第5指内弯，第1趾と2趾間の開大，単一横走手掌線，母趾球部脛側弓状紋，筋緊張低下，腹直筋離開，停留精巣，小陰茎，モロー反射の減弱などの臨床所見から新生児期に診断がつく．成長の遅滞と精神運動発達遅滞は必発である．合併症は，先天性心疾患（約40％の症例），消化管異常，難聴，斜視・白内障，環軸椎（亜）脱臼，白血病・一過性異常骨髄造血などである．先天性心疾患には心室中隔欠損，心内膜床欠損，動脈管開存症，心房中隔欠損，ファロー四徴症などさまざまな種類があり，生命予後を左右するが，外科治療が進歩し，平均寿命は50歳代に延長した．

ダウン症児・者のための組織（日本ダウン症協会，日本ダウン症ネットワークなど），早期療育，統合保育・統合教育，作業所・通勤寮やグループホームなど社会的支援活動も広がっている．　　　　（高野貴子）

ヒトの遺伝形質

1つの遺伝子座（locus）に複数の形態の遺伝子が存在するときに，それぞれの形態を対立遺伝子（allele）とよぶ．正常な，すなわちもっともふつうにみられる対立遺伝子のことを野生型（w＋）とよぶ．複数の対立遺伝子が発生する原因はDNAの変異にあり，この変異の結果タンパク質の機能が損なわれることもある．相同染色体上の遺伝子対の対立遺伝子が同じであれば，その人はその遺伝子座についてホモ接合体であるという．遺伝子対の対立遺伝子が異なる場合には，ヘテロ接合体であるという．ヘテロ接合体において，ある遺伝子の形質が現れているとき，その形質は優性（dominant）であるという．ホモ接合体でしか現れない形質は，劣性（recessive）であるという．ヘテロ接合体において，両方の対立遺伝子の形質が認められることもあり，これは共優性（codominant）とよばれる．

ヒトで明らかになっているメンデル遺伝の形質は2005年7月3日現在，OMIM（Online Mendelian Inheritance in Man：OMIM™）統計によれば表V-3のとおりである．

一般的には，常染色体優性の形質より劣性で発現する形質のほうが重篤である．劣

表V-3　ヒトで明らかになっているメンデル遺伝形質（OMIM Feb 6, 2006）

	判明している総数		確定座位数
	[1994]	[2006]	[2006]
1) 常染色体優性	(4457)	15500	10033
2) 常染色体劣性	(1730)		
3) X染色体連鎖	(412)	918	461
4) Y染色体連鎖	(19)	56	48
5) ミトコンドリア	(59)	63	37
Total	(6677)	16537	10579

性の形質の多くは酵素の異常に原因があるのに対して，優性の形質は構造タンパク質や担体や受容体などの機能をもつタンパク質の異常で起こる場合が多いからと考えられる．

常染色体劣性形質のうちの約15％は酵素として働くタンパク質の欠陥によることが明らかとなった．この割合は，さらに増加すると予想される．多くの形質では，1つの遺伝子座に対して複数の異なった変異対立遺伝子が存在する（複対立性 multiple allelism）．1つの遺伝子座に対して2つの種類の異なった変異対立遺伝子をもつ人を遺伝的複合体（genetic compound）という．

単一遺伝子疾患の中には，同じ形質を示しながら，複数の遺伝的原因によって起きる遺伝的異質性（genetic heterogeneity）が明らかになっている疾患がある．同じ疾患でありながら家系によって異なった遺伝形式が疑われたり，常染色体劣性形質のホモ接合体の両親から生まれた子どもが全員発症しない場合には，この可能性を疑う必要がある．

（高野貴子）

ヒトの起源

1967年にSarichとWilsonがタンパクの抗原性の比較からヒトと近縁の霊長類の近縁性を推定し，ヒト，チンパンジー，ゴリラが約500万年前に分岐したという結果を発表した当時，形態人類学者は激しく反論した．しかしながら，分子進化・分子時計の概念が確固としたものとなり，ヒトと類人猿のDNAレベルの比較研究が可能となって，より確かな成果が積み上げられてきた．初期人類の化石の発見が続いてその具体像がみえてくるに従って，次第に形態人類学者も遺伝学の成果を受け入れるようになり，その推定年代が遺伝学から推定される年代に近づいている．初期人類の起源は，化石人類の研究からアフリカであると考えられ，その年代はミトコンドリアDNAをはじめ，種々の遺伝子配列解析により500〜700万年前にさかのぼると推定されている．現世の生物でヒトにもっとも近縁な種はチンパンジーであり，ついでゴリラ，オランウータン，テナガザルの順で近縁であ

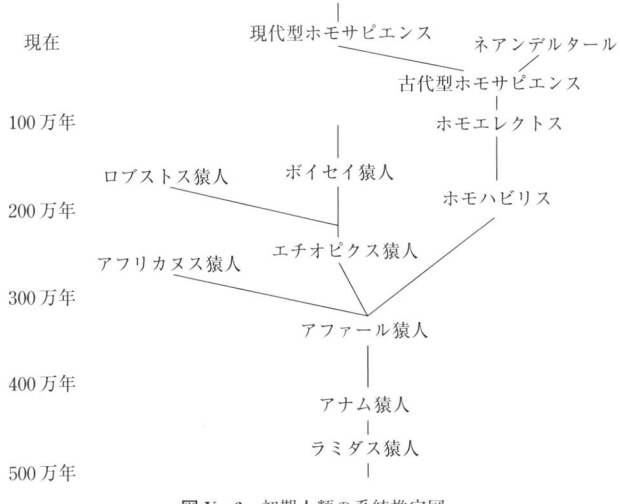

図V-6 初期人類の系統推定図

ると推定される．

現代型新人の起源については，形態人類学研究者を中心に，アフリカ起源説と多地域進化説とが鋭く対立している．現在までの遺伝学研究の成果は，アフリカ起源説をより強く支持している．この説によれば，新人段階以前にアフリカを出た原人，旧人段階の人類はいずれも絶滅し，15〜20万年前にアフリカで誕生した新人（*Homo sapiens*）が現世人類の共通祖先であるとされる．多数の人類集団について，さまざまな遺伝標識を解析した結果に基づいて作成した系統樹から，現世人類の主要なグループが分岐したのは十数万年前と推定されている．また，ネアンデルタール人（旧人）化石人骨より抽出したミトコンドリアDNAの配列は現代人の配列とかなり異なっていることから，ネアンデルタール人と現代人とは異なる系統であるという報告がある． (徳永勝士)

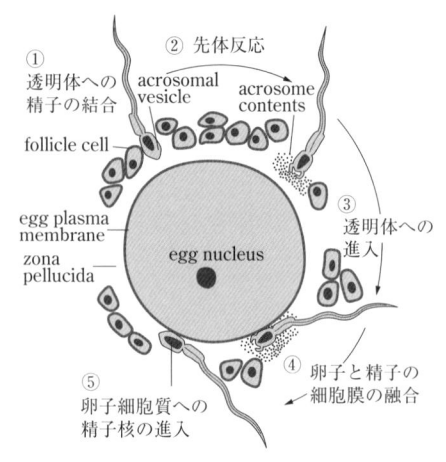

図 V-7 透明体への精子の結合から精子核の卵子細胞質への進入の過程（文献[2]）より改変引用）

マウスでは透明体の ZP3 とよばれる糖タンパク質が精子の透明体への結合と先体反応の双方に重要な役割をしていることがわかっている．

ヒトの受精

ヒトの卵子は，胎生期には 500 万個程度存在するといわれる．思春期以降に月経周期にあわせて成熟した卵子が 1 カ月に 1 個排卵される．

一方ヒトの精子は，精巣で 1 日に 1 億個程度つくられるといわれるが，精巣内の精子は運動能や受精能がない．精子は精巣上体において成熟し，運動能を獲得する．さらに射精後，女性の生殖路内で受精性能を獲得する（capacitation）．この過程で精漿を構成する成分，精巣上体液，精囊腺液，前立腺液に含まれている精子付着物が除去され，また精子細胞膜が変化する．引き続き，精子運動の活発化（hyper activation）が起きる．

排卵された卵子と精子は卵管膨大部で出会うといわれる．卵の周りには，糖タンパクを主たる構成要素とする透明帯（zona pellucida）とよばれる領域が存在する．精子は透明帯上に存在する精子受容体分子への結合の後，先体反応（acrosomal reaction）によって透明体進入に重要なエステラーゼ，アクロシン，ニューラミニダーゼなどの酵素を放出する（図 V-7）．これらの酵素によって透明体が融解される．先体反応には，精子内の Ca^{2+} 濃度の上昇が重要な役割を果たしている．透明体を通過した精子は卵子と結合し，双方の膜が融合する．この後，受精卵内の Ca^{2+} 濃度の上昇が上昇し，これによって受精卵が活性化される．さらに，表層反応（cortical reaction）が起きることで，透明体の構造が変化し他の精子が受精するのを防ぐ．受精直後には，精子と卵子に由来する雄性前核と雌性前核が存在するが（前核期胚），後に核膜が消失し，胚の発生が始まる． (中堀 豊)

＜文献＞

1) B. Alberts, et al.：Molecular Biology of the

Cell 4th edition, p. 1151-1155, Garland Science, 2002.
2) 堤　治：生殖医療のすべて，丸善，2002.

ヒトの染色体地図

　遺伝子や DNA マーカーの位置関係を推定し，1本の染色体上に，どのように配置しているかを1列に並べて図として表したものをいう．その作成法によって連鎖地図（遺伝的地図）と物理的地図に分けられる．

(1) 連鎖地図（遺伝的地図）

　連鎖地図は，組換え頻度を距離の単位とし，センチモルガン (cM) で表す．これは1回の減数分裂によって1%の頻度で組換えが起こるような，2つの遺伝子間の距離に相当する．一般的に，精子や卵子がつくられる減数分裂の際，父や母の染色体は祖父母から受け継いだ染色体をそのままの形で精子や卵子に伝えず，相同染色体間で複雑な組換えが起こり，祖父母の染色体が各染色体の中で混在した形で子どもへ伝えられる．このような組換えは1回の減数分裂あたり平均30カ所で起きると推測されている．物理的な距離が近ければ，遺伝子間や DNA マーカー間の組換え率は小さくなり，距離が遠ければ組換え率は大きくなる．全ゲノムの大きさが30億塩基対であり，1回の減数分裂について30カ所で組換えが起きることから，1億塩基対に1カ所で組換えが起きることになる．つまり，100万塩基対 (1000 kb) の距離があると，その間で組換えが起きる確率は1%で，これを遺伝的に 1cM の距離（ヒトでは平均 1000 kb）という．しかし，組換えは染色体の各部分で均等に起こっているのではなく，一般的には女性の減数分裂の組換え頻度は男性より高く，テロメア側のほうがセントロメア側よりも組換えが起こりやすい．したがって，セントロメア近傍では 1cM は数千 kb に相当し，テロメア近傍では 1cM は数百 kb に相当する．多型性 DNA マーカーを用いた多数の家系解析から，組換え頻度を実測して，連鎖解析を行い，マーカー間の距離や位置関係を計算して染色体地図がつくられる．用いる多型性 DNA マーカーには，RFLP (restriction fragment length polymorphism，制限酵素断片長多型) マーカー，VNTR (variable number of tandem repeat) マーカー，マイクロサテライトマーカーなどがある．

(2) 物理的地図

　物理的地図は，塩基対数を距離の単位とし，キロ塩基対 (kb) で表す．物理的地図には細胞遺伝学的地図，制限酵素地図，体細胞ハイブリッド (somatic cell hybrid) 地図などがある．

　a．細胞遺伝学的地図　細胞遺伝学的地図は，染色体の縞模様などを座標としたもので，染色体異常の欠失，逆位，転座などから作成する．近年は染色体分染法だけでなく，FISH (fluorescence in situ hybridization) 法により詳細な遺伝子や DNA の染色体マッピングが可能となった．遺伝性疾患や癌の責任遺伝子を単離するためのもっとも有力な手がかりは染色体転座である．遺伝性疾患患者において，両親には認められない均衡型染色体転座が検出された場合，この転座に伴う遺伝子異常がその遺伝性疾患の原因であることが少なくない．また，白血病や肉腫では，特異的な染色体転座が認められることがあり，この染色体転座に伴う遺伝子異常が腫瘍の発生や増悪に関与している．したがって，これらの遺伝性疾患や腫瘍では，染色体転座切断点のクローニングとその周辺の遺伝子の単離が，責任遺伝子・癌関連遺伝子の単離の糸口となる．

　b．制限酵素地図　制限酵素切断部位に基づく地図である．制限酵素としては *Not*I，*Sfi*I など CG を多く含むために，ゲ

ノム中にその認識配列がまれな酵素を利用する．21番染色体では*Not*I断片でカバーされた制限酵素地図が完成している．*Not*I認識部位周辺はCGに富んでいることから，遺伝子が存在している可能性が高い．遺伝子密度が染色体の領域によってかなり異なっていることも制限酵素地図から推測できる．

c. 体細胞ハイブリッド地図 特別な実験条件下で異なる生物種由来の細胞どうしを融合させたものが，体細胞ハイブリッド（体細胞雑種）である．ヒトゲノム地図を遺伝子レベルで作成するときに用いられるハイブリッド細胞は，通常ヒトの細胞とげっ歯類（マウスかハムスター）の細胞を融合させてつくる．融合させたときに，最初にできてくる細胞をヘテロカリオンとよぶ．この細胞は，ヒトの細胞由来の核と，げっ歯類の細胞由来の核を両方もっている．その後，ヒトとげっ歯類由来の染色体が1つの核に集合する．このハイブリッド細胞は，はじめ不安定で，ヒトの染色体のほとんどは複製できずに消失する．その結果，げっ歯類の全染色体とヒトの染色体を何本かもっている何段階かのハイブリッド細胞ができる．ヒトの染色体の消失は，基本的にはランダムに起こるが，選択法を用いて制御可能である．体細胞ハイブリッドの中のヒトの染色体は，染色体特異的プライマーを用いてPCRにより同定できる．異なるヒト染色体をもつハイブリッド細胞を揃えれば，ハイブリッド細胞パネルができる．それを用いて，ヒトのDNA断片であれば，どの染色体上に存在するかを特定できる．マイクロセル融合という方法で，単一染色体ハイブリッドも作成でき，DNA断片を特定の染色体に確実かつ迅速にマッピングすることができるようになった．現在では，ヒトのすべての染色体について単一染色体ハイブリッドができあがっている．また，染色体の一部分のみを含んでいるハイブリッド細胞，すなわち転座ハイブリッドや欠失ハイブリッド，ヒト染色体断片を含んだハイブリッド細胞も作成できる．放射線を用いた放射線ハイブリッド（radiation hybrid）では，全ゲノムにわたり高密度の地図が構築できるとされている．

(3) 高密度の物理地図

数百kb～1bpまでを対象とする非常に密度の高い物理地図である．哺乳類のゲノムDNAの中で遺伝子をコードしている領域は数パーセントで，ヒトゲノムでは約3％といわれている．その転写されている領域を解析するさまざまな方法が開発されてきた．塩基配列決定法で最終的に1bpのレベルの地図が完成するが，広い範囲にわたって塩基配列を決定することが困難であったため，制限酵素部位のマッピングやクロマチン繊維FISH（chromatin fiber FISH）などの手法が開発された．また，オーバーラップした挿入配列をもつクローン群を整列化させたコンティグ（contig，整列クローン）作成のために，酵母人工染色体（yeast artificial chromosome：YAC）やバクテリア人工染色体（bacterial artificial chromosome：BAC）が用いられ，それらの整列化地図によって塩基配列が決定されている． 〔高野貴子〕

ヒトの発生

ヒトでは1個の卵胞のみが成熟して受精にいたり，それ以外の卵胞は変性する．人為的に排卵を誘発すると，複数の卵胞が成熟して多胎妊娠が起こる．

胚子（embryo）は，その胎齢，大きさや発生段階で分類される．胚子期には，胎齢は，受精またはその直前に起こる排卵の時点から数えた日数または週数で計算される（受精齢，排卵齢）．ヒトでは受精日はわからないので，最終月経から排卵日を推

定したり，標本の発生段階に基づいてその胎齢を推定する．若い胚子の長さは最大長（greatest length：GL）で表す．頸屈が形成された後は，最大長は頭殿長（crown-rump length：CRL）と同じになる．

ヒトの胚子期は，米国カーネギー発生学研究所のヒト胚子コレクションの標本に基づいて，23の発生段階に分類されている（Carnegie Embryonic Staging System）．現在は超音波診断によって，胚子期早期から妊娠を観察することができる．胚子は指数関数的に成長し，第4週には胚盤が胚子に変化して胚子の屈曲が起こり，各器官系の原基が形成される．第5週から第8週までの時期は，器官形成期である．胚子はヒトの形をとるようになり，骨，筋肉，消化管，肝臓，心臓，肺，腎臓などの主要な器官が形成される．

胎児期は胚子期よりもずっと長い．したがって，全妊娠期間の長さと対比すると，この時期の胎齢を最終月経齢で表すか，排卵齢で表すかはあまり意味をもたない．胎児（fetus）は，第20週以降出生まで急速に成長することが胎児の成長曲線からわかる．着床と胎盤形成の様式は，それぞれの動物種に特異的である．胎盤と胎膜は，ヒトでは胚子そのものが形成される以前に発生する．

比較発生学のこれまでの研究から，ショウジョウバエで発見されたホメオティック遺伝子（homeotic genes 分節化遺伝子）はヒトを含むすべての動物種において，体の分節構造を決定している．発生中の脳は神経分節という構造をもち，神経分節にもホメオティック遺伝子が発現する．沿軸中胚葉で体節が形成されるときに，体幹の分節構造が現れる．脊髄神経は，その尾方の椎板に誘導されて伸びる．一方頭部では，神経管に分節的な構造がみられ，脳神経は鰓弓の神経分節の中で位置情報を得る．進化の過程で，感覚器が中枢性になり頭部が形成されるのに一致して，脳胞が現れてくる．脊髄と延髄の原始的な神経系は，その上位の基底核の支配を受け，基底核はさらにその上位の大脳皮質の支配を受ける．大脳皮質は，古皮質，旧皮質，新皮質という3つの階層によって構成されている．大脳半球の回転は，終脳の先端にあった海馬の前方へ新皮質（前頭葉）が大きくくさび形に入り込むことをさす．脳梁は，側頭葉へ移動する．成人の脳の脳室系には，胚子の脳胞の構成が保存されている．一方，大脳の神経路は脳室や大脳半球の回転によって変化し，脳幹のような構成をもたない．大脳の神経路は，その標的部位と可能な最短距離で連絡している．

循環器系の発生は，胎盤循環が形成される初期の段階に，前方の胚子外に心臓の原基が発生することから始まる．心臓の原基が前腸の腹方へ移動した後に，対となった原基から，血液の流出路（腹側大動脈）と流入路（静脈洞）ができる．静脈が心房に取り込まれ，中隔が形成され，肺循環と体循環が分離し，心臓は消化管の腹方へ下降する．心臓の位置が下がるのに伴って，甲状腺や鰓弓から発生した胸腺などが下降し，その結果，心臓と大動脈弓の流出路も移動する．肺芽はカーネギー発生段階14に後方から体腔内へ発生し，胎生第23週から肺として機能しうる．それは，肺サーファクタント（界面活性物質）を産生する肺胞II型上皮細胞が分化しているかでわかる．肝臓の原基は，胚子が屈曲して腸管ができる際に，咽頭の鰓下溝から最後に発生する器官の1つである．原始生殖細胞は，卵黄嚢から性腺原基へ遊走する．男性では発生の過程で精巣が陰嚢へ下降する．

（高野貴子）

複合疾患⇨多因子疾患

ポジショナルクローニング

　従来の遺伝性疾患の責任遺伝子の解明ではまず，原因となるタンパク質を同定し，その情報をもとに当該遺伝子を同定し，患者での遺伝子変異の検索を行っていた（機能的クローニング）．しかしながら，多くの遺伝性疾患では原因となるタンパク質が不明である．ポジショナルクローニングとは染色体上での疾患遺伝子の位置情報を利用して原因遺伝子を単離する手法である．ポジショナルクローニングでは疾患の原因となるタンパク質に関する情報は必ずしも必要としない．この手法では，まず連鎖解析や染色体構造異常解析などの遺伝学的手法により染色体上での当該遺伝子の位置を確定し，ついでこの領域をカバーするようにすでに序列化されている YAC（Yeast artificial chromosome）や BAC（Bacterial artificial chromosome）クローンなどを用いて疾患候補遺伝子のクローニングを行う．次に患者サンプルを用いて実際に候補遺伝子に遺伝子変異があることを確認する．このようにして同定された遺伝子のコードする産物はその機能が不明であることも多い．

　ポジショナルクローニングによって同定された重要な疾患責任遺伝子として，Duchenne 型筋ジストロフィー症の dystrophin 遺伝子や，嚢胞性繊維症の CFTR（cystic fibrosis conductance regulator）遺伝子などがあげられる．前者は患者の染色体構造異常の解析により，後者は連鎖解析を中心とした遺伝学的手法によって同定された．

　近年ではヒトゲノムプロジェクトの成果によってヒト遺伝子に関する様々なデータベースが整備されている．ヒト遺伝子の位置や配列に関する情報，組織ごとの遺伝子発現パターンの情報，さらにマウス・ラットなどといった実験動物から得られた情報も加味することで，疾患によっては原因遺伝子の絞り込みが可能な場合もある．この場合には病態から考えて，原因である可能性の高い遺伝子を直接解析し，疾患責任遺伝子を同定する（候補遺伝子クローニング）．最近では候補遺伝子クローニングとポジショナルクローニングを組み合わせた，「位置的候補遺伝子クローニング法」を用いた疾患遺伝子のクローニング例も数多く報告されるようになった．（中堀　豊）

＜文献＞
1) 新川詔夫，阿部京子：遺伝医学への招待，南江堂，2003.

免疫遺伝学

　免疫系は，外界から侵入する異物（ウイルス，細菌，寄生虫など），および内因性の異物（変化した自己：感染細胞や癌など）を排除するために発達した生体防御系である．この生体防御には，非特異的防御と特異的防御があり，それぞれ自然免疫（innate immunity）および獲得免疫（adaptive immunity）という．免疫系の特徴は，自己由来の分子と非自己（変化した自己を含む）由来の分子を区別し，非自己に対してのみ攻撃・排除を行うことにある．また，一度遭遇した異物に対する記憶が成立し，2 度目以降に遭遇した際には，ただちに迅速かつ強い免疫応答が始まることも際立った特徴である（獲得免疫）．免疫系においては，T および B リンパ球，マクロファージ，樹状細胞，NK 細胞などの免疫担当細胞群と，免疫グロブリン，補体成分，サイトカインなどのタンパク（液性成分）が重要な役割を果たす．

　一方，免疫反応がつねに生体を守る効果をもたらすとはかぎらない．何らかの機序によって，自己に対して免疫反応が引き起

こされたために生体が障害されることもある（自己免疫）．したがって，免疫応答が有効に生体防御を行うために，免疫反応を適切に制御するシステムが必要である．

　免疫遺伝学（immunogenetics）は，免疫系により認識されるさまざまな物質すなわち抗原と，抗原を認識して反応する免疫系の構成成分の構造と機能およびネットワーク，多様性とその生物医学的意義を研究する領域である．従来，免疫遺伝学のおもな研究対象は，獲得免疫系の主要構成員である免疫グロブリンやT細胞レセプター遺伝子群の可変領域の多様性形成の分子機序の解明や，MHC（主要組織適合性複合体，major histocompatibility complex）遺伝子群の著しい多型性とその移植免疫や免疫疾患との関連であった．いずれもきわめて高度な多様性を示す多重遺伝子族であるが，前2者は，体細胞レベルの遺伝子再構成と突然変異によって多様性が生じるのに対して，後者は脊椎動物の進化の過程で蓄積されてきた胚系列レベルの多型であることに大きな違いがある．近年は，免疫現象の分子基盤の理解が深まるに伴って，自然免疫において，また自然免疫と獲得免疫の橋渡しとして機能するサイトカイン，NK細胞レセプター，Toll-like receptorなどさまざまな遺伝子群の構造，機能，多様性研究が進展している．　　　　（徳永勝士）

ライオナイゼーション

　ライオナイゼーション（Lyonization）は，女性の細胞のX染色体対の片方が不活性化される現象で，Mary Lyonが提唱したのでこの名がある．ヒトを含むすべての哺乳類でみられる．受精後12日目の栄養膜（trophoblast）で起こり，約5000個の細胞からなる16日目の胚ではすでに決定されている．生殖系列では，両方のX染色体の活性が必要で，不活性化は体細胞のみで起こる．それぞれの体細胞で父方Xと母方Xのどちらが不活性化するかは任意だが，いったんどちらが不活性化するか決まると，その細胞の子孫はすべて同じXが不活性化する（図V-8）．ライオナイゼーションにより，1本だけのX染色体がいつも活性のある男性と，女性のX染色体の遺伝子の産生量はほぼ同じになる．X不活性化は，ヒトのX染色体上のほとんどの遺伝子に起こるが，例外もある．Y染色体に相同性のある遺伝子で, steroid sulfatase, amelogenin, ZFX（zinc finger protein），RPS4X（small ribosomal protein），Kallmann症候群の原因遺伝子などである．このうち，ZFXとRPS4XはY染色体上で活性がある．X-Y対合領域にあるその他の遺伝子座位の中にも活性のあるX-Y相同座位がある．マウスでは，ZFXとRPS4Xはともに不活性なので，ヒトと他の哺乳類の不活性化の機構は異なっているようである．これとは対照的に，マウスにもヒトにも不活性化X染色体でのみ活性のある座位XIST（X-inactivation center）があり，これは不活性化の過程そのものを調節する不活性化センターである．

　不活性化Xは，体細胞分裂時に他のどの染色体よりも遅れて複製され，活性化Xと時期がずれている．1本のX染色体に欠失のある女性では，構造異常のあるXが選択的に不活性化される．反対に，Xと常染色体との転座の女性では，正常X染色体が選択的に不活性化される．不活性化がX染色体長腕Xq13にある不活性化センターから常染色体の遺伝子に広がって，常染色体モノソミーになるのを防ぐためと考えられる．

　不活性化Xは間期のほとんどで凝縮し，Barr小体またはXクロマチンという濃く染まるクロマチンの塊として，多くの組織の核でみることができる．健常女性の口腔粘膜塗抹では約30％の細胞にBarr小体を

図 V-8 ライオナイゼーション

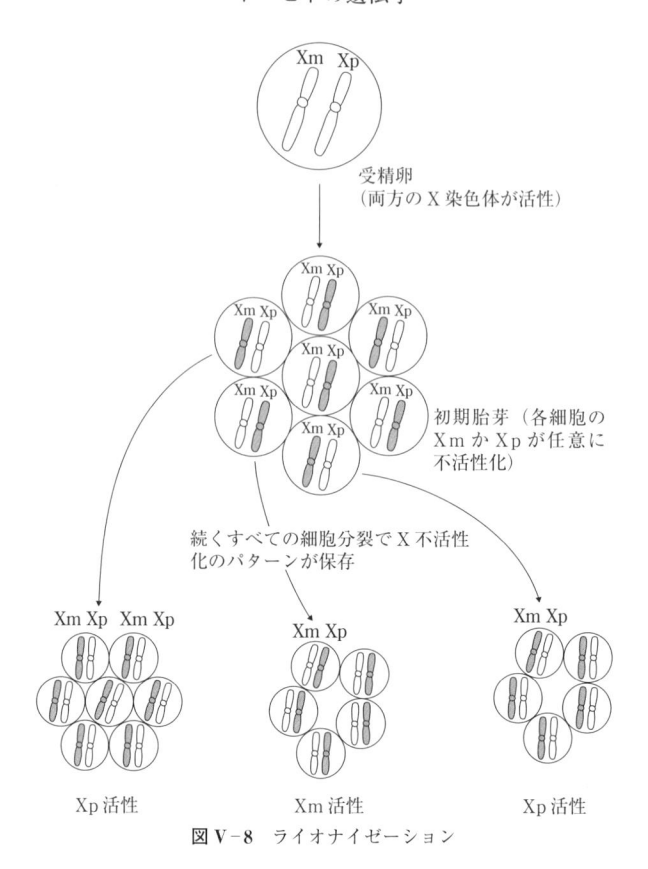

検出するが，これは各細胞が細胞周期のどの段階にあるかによる．2本以上のX染色体をもつ細胞では，過剰X染色体も不活性化し，1個以上のBarr小体がみられる．1細胞あたりのBarr小体の最大数は，X染色体数から1を引いた数になる．女性の好中球の1～10％に認められるドラムスティックもXクロマチンである．

不活性化Xにあるハウスキーピング遺伝子のCpGアイランドは高度にメチル化しており，これがライオナイゼーションの本態と考えられている．

ライオナイゼーションにより女性では，父方X染色体が活性化している細胞と，母方X染色体が活性化している細胞が混在している．その割合は，不活性化の過程がランダムなので，1卵性双生児でもさまざまである．このため，Duchenne型筋ジストロフィーのようなX連鎖遺伝病の女性保因者では，変異遺伝子の発現がまだらになる．まだらな発現の例としては，三毛猫の雌（一方のXには褐色の対立遺伝子，もう一方には黒色の対立遺伝子をもつヘテロ接合体）の体毛が知られている．

(高野貴子)

連鎖分析

一般に，染色体上に連鎖する2つの遺伝子の位置（遺伝子座）が近いほど組換え頻度が低い（強く連鎖する）．この現象を利用して，同一染色体上にある2つの遺伝子座がどの程度近接しているのか推定したり，またある形質の発現にかかわる遺伝子が何番染色体のどの領域に存在するかを推定するために，染色体上の位置がすでにわかっている多数の多型標識の中で，目的の形質とともに子孫に伝達される標識を検出する方法を連鎖分析（linkage analysis）という．

連鎖分析法は，パラメトリック連鎖分析法とノンパラメトリック連鎖分析法に分けられる．遺伝標識として，ゲノム全域にわたってほぼ等間隔に分布するマイクロサテライト多型（ヒトの場合400種類前後）がよく用いられる．パラメトリック連鎖分析の代表的な方法はロッド値法（lod score method）である．ある形質の発現にかかわる遺伝子の探索の場合，その形質をもつ個体が含まれる家系試料をなるべく多く収集する．これらについて遺伝標識を解析し，両親の少なくとも一方が2重ヘテロ接合で，子が2人以上の家系を選ぶ．2つの遺伝子座がある組換え頻度（θ）で連鎖していると仮定したときに，対象とする家系図が得られる確率が，連鎖していないと仮定した場合（$\theta = 0.5$）にその家系図が得られる確率の何倍になるかを計算し，その常用対数（ロッド値：lod score）で表す．さまざまなθ値を仮定してロッド値を求め，最大のロッド値を示すθが2つの遺伝子間の連鎖の程度の推定値となる．このロッド値の合計が3以上で連鎖するとみなし，−2以下で連鎖しないとみなす．なお，組換え頻度が1％にあたる染色体上の地図距離を1 cM（センチモルガン）とよぶ．

ノンパラメトリック連鎖分析法の代表的な方法は，罹患同胞対法（affected sib-pair method）である．同じ家系内で2人以上の同胞が罹患（あるいは形質を共有）している例をなるべく多数収集する．これらについて，パラメトリック連鎖分析法と同様な遺伝標識を解析する．ある形質の発現にかかわる遺伝子が特定の遺伝標識と連鎖する場合には，罹患同胞対が共有する同祖対立遺伝子（alleles identical by descent）の割合が，連鎖しない場合に期待される割合すなわち1：2：1から偏り，2個共有する同胞対の割合が増える．連鎖分析法はゲノム全体を探索できる利点をもつが，多数の家系試料を必要とし，比較的強い疾患関連領域しか検出できないという弱点もある．インターネットから利用できる連鎖分析ソフトウェアもある．

（徳永勝士）

老化

老化は個体レベルと細胞レベルに分けて考えることができる．個体レベルでの老化とは身体の成熟後に加齢に伴って次第にその機能が衰えていき，最終的には個体の死をもって終わる一連の過程である．あるいは生体成熟後の生体システムの破綻ともいえる．

現在まで老化の原因について様々な説が提唱されている．その代表的なものとしては，①遺伝子によって寿命が決定されているとするプログラム説，②DNAからタンパク質合成に至る過程が突然変異によって変化し，細胞機能障害が生じ老化が起きるとするエラー説，③加齢によって生体内物質の反応基間のクロスリンキングが増加し，これが老化につながるとするクロスリンキング説，④フリーラジカルが生体構成成分に障害を与えて，細胞機能障害が生じ老化が起きるとするフリーラジカル説，⑤

加齢に伴う自己抗体の増加による，自己免疫反応が老化を引き起こすとする免疫異常説，⑥細胞の代謝回転が細胞分裂速度に影響して，老化や寿命が決定されるとする代謝調節説など様々な説が提唱されている．また老化には遺伝要因と環境の双方が重要であるとする研究者も多い．

細胞レベルでの老化は細胞分裂の停止と関連する．細胞分裂はテロメア長と関連することが示されており，テロメアの短縮は細胞分裂の停止へとつながる．ヒトではもともとテロメアの長さは 10～15 kbp 程度しかなく，年間 100 bp くらいの割合で短縮し，一生のうちに細胞増殖の限界の 5kbp に近づく．通常，霊長類ではテロメアの長さは 40～50 kbp 程度あり，一生の間にテロメア短縮のために増殖限界に達することはない．この点でヒトは他の霊長類と異なる．

老化のメカニズムは生物種による多様性が大きいと予想され，研究が難しいとされる．近年，ヒトの遺伝病やマウスを用いた研究で，ヒト老化のメカニズムに関する新しい知見が得られる可能性が出てきている．早老症を示す遺伝病の1つであるウェルナー症候群の原因遺伝子 *WRN* 遺伝子産物は DNA ヘリカーゼをコードしている．この遺伝子産物は DNA の修復に関連した機能をもつことが予想され，ゲノムに生じた異常の蓄積（エラーや不安定性）と老化との関連生が示唆されている．またマウスにおける *klotho* 遺伝子変異はヒトの老化に類似した表現型を引き起こすことが報告されており，詳しい解析が行われている．さらに，最近ではヒト集団を対象として遺伝疫学的な手法により，遺伝子多型と老化との関連を探る研究も行われている．

〔中堀　豊〕

<文献>
1) 井出利憲編：老化研究がわかる，羊土社，2002．
2) R. L. Nussbaum, R. R. McInnes, and H. F. Willard：Thompson & Thompson Genetics in Medicine 6th edition, W. B. Saunders, 2001.

VI ―バイオテクノロジー

遺伝子組換え技術

　DNAを抽出して切断した断片，あるいは人工的に増幅した断片を，異種のDNA断片と再結合した後，宿主細胞に導入して複製させる技術のことである．もっとも基本的な手順は，以下のようになる．DNAを制限酵素で切断し，同じく制限酵素で切断したベクターと連結させ，DNAリガーゼにより結合する．これを大腸菌などに導入して形質転換を行う．得られた形質転換体はベクター上に薬剤耐性遺伝子があれば抗生物質を用いて選択的に増殖させることができる．この形質転換体を培養し，DNAを抽出することで，組み込んだDNA断片と同じ配列をもつDNAを大量に得ることができる．遺伝子の解析を行うためには，一定量以上の同質のDNAを必要とするが，1970年代に米国のスタンフォード大学を中心として開発されたこの技術は，植物や動物を含むさまざまな生物の遺伝子レベルでの解析を可能にしたのみならず，細胞生物学，生物進化論や系統分類学にも大きな影響を与えることとなった．

　基本的な遺伝子組換えの技術は，つぎのような研究に基づいて確立された．① 1956年のA. KornbergによるDNAポリメラーゼの発見とその後のDNAの生合成に関する研究，② 核酸の化学合成技術の確立，③ 1970年H. O. Smithによる特定の塩基配列を認識しDNAを切断する制限酵素II型の発見．さらに，D. Nathansにより制限酵素II型で切断したDNA断片を電気泳動で分離できることが示されたこと，④ DNAを宿主細胞内で増殖させるベクターの開発と大腸菌の形質転換法の確立，⑤ DNA断片を連結するDNAリガーゼやmRNAからcDNAをつくることのできる逆転写酵素の発見，などである．遺伝子組換え技術と塩基配列決定法の確立により，遺伝子の解析が迅速に進められた．さらに，遺伝子に変異を導入する方法や，タンパク質を宿主細胞内で発現させる方法も開発され，新たなタンパク質をつくり，機能解析を行うことも可能となった．

　この技術は異なる種のDNAの結合を可能にする技術であったため，開発された当時から，特にヒトの遺伝子を扱う際の危険性と倫理面での問題があることが指摘された．1975年には米国のカリフォルニア州アシロマにおいて遺伝子操作の安全性を討論する会議が行われ，組換えDNA実験に対する規制案が提示された．その後，米国国立衛生研究所で1976年に指針が成立し，実験事実の蓄積により危険性が低いことが確認されたため，1979年には規制緩和された．現在では，この指針をもとに各国で指針が定められ，生物的封じ込め，物理的封じ込めによる安全確保のもと実験がなされている．開発当初は，宿主細胞としては増殖の容易な大腸菌などを用いたものであったが，動物や植物など高等生物の細胞に

遺伝子を導入する方法も確立され，現在ではこの手法を応用して動物の品種改良，遺伝子治療や遺伝子組換え作物の作出も行われている． 　　　　　　　　　　（小島晶子）

遺伝子クローニング

不特定多数の遺伝子の中から，特定の遺伝子を選抜し，単離することである．クローンは分子生物学においては，塩基配列の同一なDNA断片をもつ均一な集団のことをさす．遺伝子クローニングは，一般的にはつぎのような過程からなる．① cDNAあるいは染色体由来の多数のDNA断片をプラスミドやファージなどの自己複製可能なベクターに連結し，組換えDNAを作成する．② 組換えDNAを宿主細胞に導入して形質転換を行う．得られたクローンの集合体は，ライブラリーとよばれる．③ ライブラリーに対し，何らかの方法で選抜（スクリーニング）を行うことにより，目的の遺伝子をもつクローンを選び出す．ライブラリーのうち，染色体DNAを出発材料としたものをゲノムライブラリー，cDNAを材料としたものをcDNAライブラリーとよび，個々のライブラリーは全体としては染色体上のすべての配列を含む，あるいはすべての種類のmRNAに由来するcDNAを含むことが望ましい．いずれを用いるかは目的により使い分ける．cDNAライブラリーは，発現している遺伝子のみからなるという点で有効だが，遺伝子は特定の時期ないし特定の領域でのみ発現している可能性もあり，材料を選ぶ必要がある．ゲノムライブラリーでは遺伝子の調節領域などタンパク質をコードする領域以外も得ることができるが，目的の遺伝子の含まれる割合は非常に低いという問題点がある．ヒトの染色体を用いる場合，ゲノム全体で約3×10^9 bpなので，平均20 kbを組み込めるファージベクターにランダムに組み込んだ場合，約15万の独立した集団でゲノム分を含むことになる．さらに，確実にある配列を含む集団にするためには，その5倍程度の規模のライブラリーが必要となる．初期にはファージベクター，コスミドベクターを用い，20 kb前後または40 kb前後のDNA断片を組み込んでいたが，ゲノム全体の解析が進められるとともに，より大きな断片を組み込めるベクターも用いられるようになった．大腸菌のFプラスミド由来のbacterial artificial chromosome (BAC) では300 kb以上，酵母の人工染色体yeast artificial chromosome (YAC) では数百kbのDNA断片を組み込むことが可能である．クローンの選抜は，おもに以下のような方法で行う．① 塩基配列の相同性を利用して，ハイブリダイゼーションやPCRにより選抜する方法，② 遺伝子を発現させ，酵素活性や他のタンパク質との結合能など，遺伝子産物の機能を指標として選抜する方法，③ 遺伝子を発現させた際，ある変異体に対してその機能を相補できるか否かにより選抜する方法，④ 連鎖解析によって得られる染色体上での位置情報に基づいて遺伝子を特定する方法である．④はポジショナルクローニングとよばれ，ヒトの疾患原因遺伝子の同定などにも用いられる． 　　　　　　　（小島晶子）

遺伝子診断

遺伝病などで原因遺伝子の特定されているものにおいて，その可能性のある患者の遺伝子を解析して，原因となる遺伝子変異などの有無を明らかにして診断を確定すること．患者だけでなく，その親族などの遺伝子を解析してキャリヤーを同定することも遺伝子診断である．また，現在ヒトゲノム中に存在するSNP (single nucleotide polymorphism）などの多くの多型とその個人の生物学的個性との関連を解析する研究が進められているが，それが明らかになれば遺伝病にかぎらず今後は各個人の遺伝的多型を解析して各人が成人病や癌などの各種の病気へのなりやすさや各種の薬剤の効果やそれへの感受性などを判断するという遺伝子診断も行われるであろう．

受精を通じて獲得した遺伝的特性の解析（germ line の遺伝子解析）だけでなく，癌のように体細胞で生じた遺伝的変化を解析（somatic mutation の解析）を行い，その癌の悪性度や予後を知ることも遺伝子診断の一分野と考えられるであろう．

遺伝的多型の解析によって，ある種の病気へなりやすいことが明らかになった個人は，生活習慣の変更や効果的に検診を受けるなどでその病気を予防できるだろう．また，遺伝子多型の解析によって特定の薬剤の効果やそれへの感受性が明らかになれば，より有効な治療に大いに役立つ．また，癌の遺伝子解析によって癌の悪性度や転移能などの特性を知ることにより，効果的治療法が選択できることが期待される．このような，いわゆるテーラーメード医療の実践が遺伝子診断の結果を利用することで可能となり，個人や患者にとって非常に有用であることが予想される．

しかし，遺伝病患者の場合の遺伝子診断には，各種の問題が存在する．まず，遺伝病にはその治療法や発症の予防法が確立されたものは少なく，遺伝子診断の結果診断が確立しても，患者にとってはあまり恩恵がないということがある．現在，その意味で多く行われている遺伝病に関する遺伝子診断は，出生前や受精卵での遺伝子診断であるが，そこで遺伝病が明らかになった場合の対処には大きな倫理的問題が残されている．キャリヤーの場合も同様に，キャリヤーであることが明らかになったとして，その後どのような対処をとるにしてもそこにも個人の権利の問題や倫理上の問題などが残されている． 　　　　　（石崎寛治）

遺伝子治療

遺伝病，癌，感染症などの患者やその細胞に治療の目的で遺伝子導入を行うことである．対象となる組織，細胞の違い，導入される遺伝子の種類，遺伝子導入の手段，方法などの違いなどで，多種多様な遺伝子治療の方法が提案されているが，これまでのところ，すべてがまだ試行段階であり，確実な成果をあげ治療法として確立した例はまだないのが現状であろう．

現在試行されている遺伝子治療は，つぎのように分類できるだろう．

① 特定の遺伝子の発現が欠けていることにより病気の原因となっている細胞に正常な遺伝子を導入することにより遺伝子発現を回復させる方法．日本でも試行された重大な免疫欠損をもつ ADA（adenosine deaminase）欠損症の遺伝子治療などがこれに相当する．

② 目的とする細胞に毒素の遺伝子や薬剤の感受性遺伝子を導入することにより，細胞を直接的にまたは薬剤で殺す方法．

③ 目的とする細胞に抗原の遺伝子を導入して患者の免疫系によって排除したり，目的の癌細胞やそれに対して特異的な患者の免疫細胞に免疫系を活性化させるようなサイトカイン（cytokine）の遺伝子を導入し，活性化させた免疫系によって目的の細胞を排除したりする方法．

④ 変異遺伝子などの発現によって病気の原因となっている細胞にアンチセンス RNA（antisense RNA）や iRNA（interfering RNA）を導入することによって有害な遺伝子の発現を抑制する方法．

⑤ 変異遺伝子をもつことにより，病気の原因となっている細胞に正常な遺伝子を導入し，変異遺伝子を正常遺伝子と置換す

ることで細胞を正常化する方法.

②から⑤の方法の多くはおもに癌やAIDSなどの重篤な感染症の遺伝子治療として開発が進められているのが現状である.

遺伝子導入の手段として,直接的に目的の細胞に必要な遺伝子を注入する方法も試みられているが,より効率的に遺伝子導入を行うために,遺伝子をリポゾーム(liposome)内に封入して細胞と融合させる方法や,ウイルスを利用して遺伝子を細胞内に導入する方法が試みられ,そのためのベクター系が多数開発されている.遺伝子治療に使われているウイルスベクターは,レトロウイルス(retrovirus),アデノウイルス(adenovirus),レンチウイルス(lentivirus)などを利用したもので,ウイルス本来の遺伝子を改変することによってできるだけ余分な副作用を示さないように工夫されている.

現在,試行または開発が進められている遺伝子治療法はすべて体細胞(somatic cell)をターゲットにしている.遺伝病などの治療に受精卵などをターゲットとして,子孫まで影響を及ぼすようなgermlineの遺伝子治療も可能性が考えられるが,実際に行うには非常に大きな倫理上の問題を解決する必要があるだろう.

(石﨑寛治)

遺伝子導入生物⇨トランスジェニック生物
ウェスタン法⇨「Ⅱ—分子遺伝学/分子生物学」

エキソントラップ法

ゲノムDNA断片に含まれるエキソン配列を選択的にかつ迅速にクローニングする手法として,1990年にD. AuchとM. Rethによって考案された.その原理の概略を図Ⅵ-1に示した.クローニングベクターには,2つのエキソンに挟まれたイントロンが存在し,その中にクローニング部位がある.この部位にゲノムDNAを挿入し,真核生物の細胞に導入すると,エキソンの上

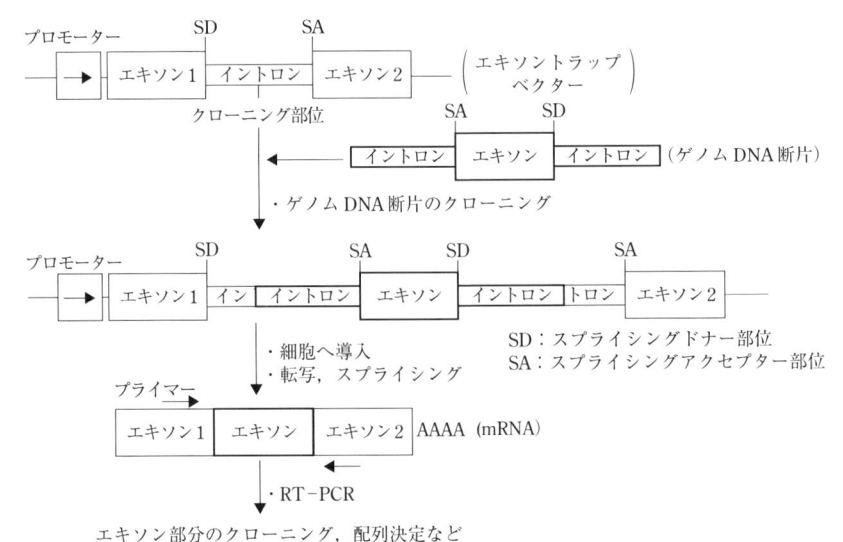

図Ⅵ-1 エキソントラップ法

流にはプロモーターが存在するので，挿入ゲノム断片を含む領域が転写される．もし，ゲノムDNA断片に存在するエキソンが順方向で挿入されれば，ゲノムDNA断片由来のイントロンはスプライシングによって除かれる．転写されたmRNAの5′端と3′端にはベクター由来のエキソンが存在するため，それらに特異的なプライマーを用いてRT–PCRにより増幅することができる．さらに，このようにして得られたエキソンを含むDNA断片のクローニングや配列決定を行うことができる．

一般的に，転写・蓄積レベルの低い遺伝子のmRNA由来のcDNAをクローニングすることは困難である．エキソントラップ法では，ゲノムDNA断片をソースに用いるために，そのような問題を回避できる．また，この手法は，ゲノムDNA断片に含まれる未同定の遺伝子の探索に有用であり，YACやBACなどに含まれる遺伝子領域のマッピングなどに有効である．異なった組織由来の細胞での選択的スプライシングの解析などにも利用されている．

（町田泰則・征矢野敬）

SDSポリアクリルアミド電気泳動

タンパク質の電気泳動法の1つである．SDS–PAGEと略すこともある．簡便にタンパク質を分離でき，分子量マーカーとともに泳動することで，タンパク質試料のおおよその分子量を知ることができるため，広く用いられる手法である．ポリアクリルアミドゲルはアクリルアミドとN, N'–メチレンビスアクリルアミドの混合液を重合させたもので，分子ふるいとして，目の大きさにより分子を分画する．この手法は，タンパク質の分子量推定，純度検定，ウェスタンブロッティング，リン酸化タンパク質の分析などに用いられる．試料となるタンパク質に界面活性剤であるSDS（sodium dodecyl sulfate，ドデシル硫酸ナトリウム）を加えると，タンパク質にSDSの疎水領域が結合し，その高次構造がほとんど壊され，繊維状になる．このとき，タンパク質に結合するSDSの量は分子量にほぼ比例し，通常タンパク質1gあたり1.4gのSDSが結合する．タンパク質はそれぞれ固有の等電点をもつが，強力な負の電荷をもつSDSとの結合によりタンパク質分子の電荷はほとんど打ち消され，その分子量に比例した負の電荷をもつ．その結果，電気泳動中のタンパク質の移動度はもとの分子の形状，電荷によらず，おもに分子量に左右されて移動することになる．SDSは強力な界面活性剤であるため，難溶性のタンパク質でも可溶化し，分離できるという利点をもつ．ただし，SDSの結合量は必ずしも一定ではないことを認識しておく必要がある．糖タンパク質の場合，一般にSDSの結合量が少なく，移動度が小さくなる傾向があり，分子内に疎水性に富んだ部分が多い場合にはSDSの結合量が増し，移動度が大きくなる傾向がある．また，極端に塩基性や酸性のタンパク質においても移動度は変わる．したがって，正確な分子量を知るためには他の方法も併用する．

SDS–PAGE法には，電気泳動の系全体に同じ緩衝液を用いる連続緩衝液法と電極液，濃縮ゲル，分離ゲルのそれぞれに異なる緩衝液を用いる不連続緩衝液法があるが，現在では分離能の高いLaemmliの不連続緩衝液法を用いるのが一般的である．通常は，SDSの結合の前にタンパク質をβ–メルカプトエタノールなどの還元剤で処理してジスルフィド結合を切断するが，ブロッティング後に酵素活性を回復させるため，あるいはサブユニット構造を推定するために，還元剤を用いない非還元SDS–PAGEをする場合もある．また，SDS–PAGEは，2次元電気泳動の際の2次元目にも用いられる．泳動後のタンパク質の検

出の方法としては，① CBB（Coomassie brilliant blue）などにより染色する方法，② 銀染色によりタンパク質に結合した銀イオンを還元させ，発色させてみる方法，③ ウェスタンブロッティングにより膜上に転写し，抗原抗体反応により検出する方法，などがある．タンパク質が多量にある場合は，① の方法でバンドあたり 10～100 ng 程度のタンパク質を検出できるが，少量の場合は感度のよい②や③の方法を用いる．

（小島晶子）

FISH

蛍光 in situ ハイブリダイゼーション法（fluorescence in situ hybridization）の略称である．クローニングした遺伝子や DNA 断片をプローブとしてビオチンなどで標識し，スライドガラス上の染色体標本中の相補配列と結合させ，その染色体上の特定部位を蛍光シグナルとして検出する．プローブとする DNA を結合させるために，熱やホルムアミドなどを用いて染色体を変性させる．ビオチン標識したプローブを結合させたら，ビオチンに特異的に結合するアビジンに蛍光色素をラベルしたものを結合させるか，アビジンを結合させたうえで蛍光ラベルした抗アビジン抗体を用いて検出する．DNA プローブとしてはプラスミド，コスミド，酵母人工染色体（YAC），細菌人工染色体（BAC）などのクローン DNA が用いられる．遺伝子のマッピングに利用されるほか，染色体異常の識別や染色体構造異常の精細な解析にも用いられている．染色体上の特定位置に由来する DNA をプローブとして用いることで，欠失の生じている範囲や異常に関与する位置を kb 単位で識別することができる．

分裂期の染色体だけではなく，間期の細胞核でも，たとえば，セントロメア DNA のプローブを用いることにより，間期核での染色体コピー数の増減（異数性）を検出することができる．ヒト染色体については，24 個の全染色体をすべて別々の色で彩色できる方法（染色体ペインティング）も開発されている．また，クロマチンファイバー上で FISH を行い，直線状のシグナルを得るファイバー FISH 法も開発されている．

（岡田　悟・河野重行）

間接蛍光抗体法

蛍光色素で標識化した抗体を用い，組織における抗原となった物質の局在や分布を蛍光追跡する方法である．直接抗体法では，抗体に蛍光物質を直接結合させ標識する．現在では，2 次抗体に標識する間接抗体法が主流となっている．間接抗体法には，1 次抗体に多数の 2 次抗体が結合するため蛍光が増すというメリットがある．

蛍光標識抗体の結合によって，抗原となった物質の局在部位を組織または細胞レベルで特定することができる．組織中の抗体の検出のため，抗体に結合している抗原を標識抗体で検出する方法（サンドイッチ法）と，抗体に対する抗抗体（抗免疫グロブリン抗体）の標識物を用いて抗原を検出する方法（ダブルレイヤー法）とがある．

（岡田　悟・河野重行）

逆転写酵素⇨「II―分子遺伝学/分子生物学」の逆転写

組換え食品

組換え食品（recombinant food）とは，形質転換体を材料に用いた食品のことである．遺伝子組換え農作物およびその加工品

(recombinant crop) をさす．最初に，遺伝子組換え農作物が発売されたのは，1994年に細胞壁分解活性を抑制した日持ちのよいトマト"FLAVR SAVR"である．その後，除草剤耐性のダイズ，トウモロコシ，ワタ，ナタネ，微生物毒素（BT toxin）遺伝子を導入し，耐虫性を付与したジャガイモ，トウモロコシなどが開発された．これらの作物は，第1世代の組換え作物とよばれている．植物組織培養のパイオニアであり推進者であるフロリダ大学のバジル氏は，これらの組換え作物に続いて，第2世代の組換え作物として2005～2015年には，ストレス耐性，果実日持ち，アレルゲン除去，ワクチン，薬品産生などを目指した作物が開発・実用化されると予想した．さらに，2015年以降には，第3世代の組換え作物として，植物体制御，開花調節，量的形質，食べる医薬，ヘテロシス，アポミクシスなどが応用段階に到達するとし，世界レベルでの人口増，先進国でのQOL向上に今後ますます植物の遺伝子組換えが重要である，と述べている．

組換え農作物の作付け面積は，1996年から2001年のあいだに30倍以上の約5000万haに達した（国際農業バイオ技術事業団の調査結果）．このように，組換え農作物の栽培が拡大する一方で，フランスを筆頭に，EU諸国で組換え農作物の栽培，輸入制限を行う動きが活発になってきた．日本においても，組換え食品の表示問題に端を発し，国内の食品メーカーなどが遺伝子組換え食品の開発，販売にきわめて消極的な立場をとるようになった．一方，このような組換え食品に対して厳しい環境状況にある中で，消費者に組換え食品を手にする選択の機会を与えることを目的として，2003年末に北海道のベンチャー企業が，組換えダイズであることを全面に出した納豆の通信販売を開始した．組換え作物は，人類の歴史の中で初めて登場したものであるため，組換え農作物が環境に与える影響

表 VI-1　日本で安全性に関する確認を行ったおもな飼料一覧
（2003年10月農水省発表資料から抜粋）

品種	名称	特性[1]
ナタネ （15品種）	ラウンドアップ・レディー・カノーラ 除草剤グルホシネート耐性カノーラ 除草剤ブロモキシニル耐性カノーラ	除草剤耐性 除草剤耐性 除草剤耐性
トウモロコシ （11品種）	ラウンドアップ・レディー・トウモロコシ 除草剤グルホシネート耐性トウモロコシ 害虫抵抗性トウモロコシ 遺伝子組換えBt11フィールドコーン	除草剤耐性 除草剤耐性 害虫抵抗性 害虫抵抗性
ダイズ （4品種）	ラウンドアップ・レディー・ダイズ 除草剤グルホシネート耐性ダイズ 高オレイン酸ダイズ	除草剤耐性 除草剤耐性 脂肪酸組成改変
ワタ （6品種）	ラウンドアップ・レディー・ワタ 除草剤グルホシネート耐性ワタ インガード・ワタ 鱗翅目害虫抵抗性ワタ	除草剤耐性 除草剤耐性 害虫抵抗性 害虫抵抗性
てんさい （2品種）	ラウンドアップ・レディー・テンサイ 除草剤グルホシネート耐性テンサイ	除草剤耐性 除草剤耐性

[1] 執筆者が記載

はどのようなものか？実質的同等性があるとはいえ，長期間節食した際の安全性がどうなるか？など，現代の科学では解明できないところが確かにある．科学者は正確な情報を発信するとともに，さまざまな立場の人を交え，組換え農作物のリスクとベネフィットについて，根気よく議論していく必要がある．　　　　　　　　（村中俊哉）

＜文献＞
1) 山田康之，佐野　浩編著：遺伝子組換え植物の光と影，学会出版センター，1999．
2) 佐野　浩監修，横浜国立大学環境遺伝子工学セミナー編著：遺伝子組換え植物の光と影〈2〉，学会出版センター，2003．

クローンつくり

　クローンとは，遺伝的に同一である個体や細胞（の集合）をさす．生物の発生（増殖に）は，雌雄両性が関与する有性生殖と，両性の関与がない無性生殖がある．単細胞生物などは，無性生殖の一種である細胞分裂により，個体を増殖して子孫を残すため，同じ親から生産された個体どうしはすべて同じ遺伝子をもつクローンである．また，植物は分化全能性（totipotency）とよばれる性質を有しているため，基本的にはどの組織の体細胞からも遺伝的に同一の個体を再生することができる．植物では，この性質を利用して，繁殖困難なランなどの培養や，樹木，果樹などの木本植物の大量増殖などに早くからクローンつくりが応用されてきた．植物のクローンつくりは大別して，植物組織から脱分化した培養細胞の集団（カルス）を誘導し，個体に再生する方法と，茎頂培養がある．植物個体の中では，細胞は特定の分化状態にあるが，適当な植物ホルモンの存在下で培養すると，分化状態の制御系から解放（脱分化）され，細胞分裂が誘導され，カルスが形成されると考えられている．カルスは適当な条件下で培養することにより，器官や個体の再分化が誘導され，もとの植物と遺伝的に同じクローン植物を再生することが可能である．一般には，オーキシンの濃度がサイトカイニンの濃度より高い条件下で根が，オーキシンの濃度がサイトカイニンの濃度より高い条件下で茎葉が誘導される．茎頂培養は，植物の茎頂端にある未分化分裂組織および何枚かの葉の原基より成り立っている茎頂部分を植物体より分離培養し，植物体に育成する方法である．この方法は，茎頂に植物ウイルスが存在していないことが確認されて以来，現在では農業の現場で広くウイルスフリー植物の作出に使われている．

　一方，動物の有性生殖では雌の未受精卵と雄の精子が受精して受精卵を形成するが，未受精卵と精子はそれぞれ親の遺伝子が等分に含まれるため，受精卵は両方の遺伝子を受け継ぐ．このため，自然界においてまったく同じ遺伝子をもつ個体が発生することは，1卵生双生児を除いてほとんどない．人為的に遺伝的に同一の動物個体を作出するクローン技術は，受精後発生初期の細胞（初期胚）を使う方法と生体の体細胞を使う方法の2つに大別される．以下に，その概略と特徴を示す．

（1）初期胚を使う方法

① 初期胚の割球を顕微鏡下で複数に分割し，それぞれを仮親に移植する．分割した胚の数にかぎられたクローンが作出可能であるが，胚のステージが進むに従って，分割した割球が個体に発育する割合が急激に低下してしまうため，作成されるクローン個体の数は数個体までとかぎられている．

② 細胞分裂のある程度進んだ初期胚より1細胞を分離し，その細胞または核を，核を除去した未受精卵に導入する（核移植．核移植には一般的には電気融合が行われている）．その後，培養により細胞分裂を誘発させた後に子宮に戻す．1つの受精卵か

ら発生した胚細胞の遺伝子は,すべて同一のため,1つの初期胚より分離できた細胞の数だけクローンが作出可能であるが,これらの個体の遺伝子の組合せはあらかじめ知ることはできない.1996年には,胚盤胞(細胞分裂をくり返した初期受精卵のある状態)より樹立された胚性幹細胞(embryonic stem cell:ES cell)を用いてクローン羊が作出された.ドナー細胞として,受精卵の代わりに培養細胞を用いることにより,理論的に作成できるクローンの数は無限となる.マウスでは,遺伝子組換えをした個体のES細胞の特定の遺伝子を破壊し,それを子宮に移植し胚発生を誘導することにより,ノックアウトマウスのクローンを作出する技術が確立している.

(2) 体細胞を使う方法

核を除去した未受精卵に,生体のさまざまな細胞から取り出した核を電気融合やマイクロマニピュレーターを用いて核移植を行う.マイクロマニピュレーターを用いると,電気融合とは異なり,ドナー細胞の細胞質を含まない核のみを移植することができるという特徴がある.体細胞を用いる方法では,使用できる体細胞は多数あり,さらに新しく産生される個体はもとの体細胞の遺伝子と同一のクローンとなるため,あらかじめ遺伝情報を知ったうえで,人為的に選んだ遺伝的情報を同一にもつクローンを,理論上無限に産出することが可能である.1997年,イギリスで初めて哺乳動物の体細胞クローン動物としてクローン羊「ドリー」が報告された.ドリーは乳腺細胞の核移植により作出されたが,その後,ウシ,ヒツジ,ヤギ,マウスのクローンが卵丘細胞,卵管細胞,脳細胞,皮膚細胞などの核から作出されている.しかし,その多くで胎児の過大,胎盤の異常などの共通する異常が見つかっており,出産後の死亡率が非常に高い.この原因は,まだまったくわかっていないが,核移植による核遺伝子の物理的ダメージ,完全に分化した体細胞の遺伝子が,受精卵に戻る際に移植,再分化過程で,それまで属していた組織での特異的な遺伝子発現などをキャンセルする初期化が十分に行われていないなどの影響が考えられている.

(町田泰則・笹部美知子)

<文献>
1) 若山照彦:1.5クローン技術,哺乳類の生殖生化学—マウスからヒトまで—(中野・荒木編), p.407-432, アイピーシー, 1999.

茎頂培養

茎頂培養(shoot tip culture)とは植物組織培養技術の1つである.植物の茎の先端にある茎頂分裂組織(shoot apical meristem:SAM,茎頂メリステムともいう)および,その周辺を含む組織を分離し,無菌的に培養する技術である.茎頂は,茎頂分裂組織とその周辺の葉原基などを含む領域をさす用語である.成長点培養(apical meristem culture)ともいう.茎頂メリステムは,葉,茎,花へと分化する能力があること,また,分裂能力が高く,多くの植物ウイルスに非感染である場合が多いことから,栄養繁殖性の植物の増殖,ウイルス・フリー植物の作出などに利用されている.

メリクロン培養(mericlone culture)も,実質的に同義であるが,特に,ランなどの園芸植物で,同一の遺伝形質を有する個体を本法により栄養繁殖させることを目的にしたときに使用される用語であり,作出された個体はメリクロンとよばれている.

具体的には,実体顕微鏡下で,茎頂近傍の葉をできるだけ取り除き,メスなどで茎頂分裂組織を分離し,各種の植物ホルモンを添加した植物組織培養用培地に置床する.苗状を増殖させた後,発根させ,取り

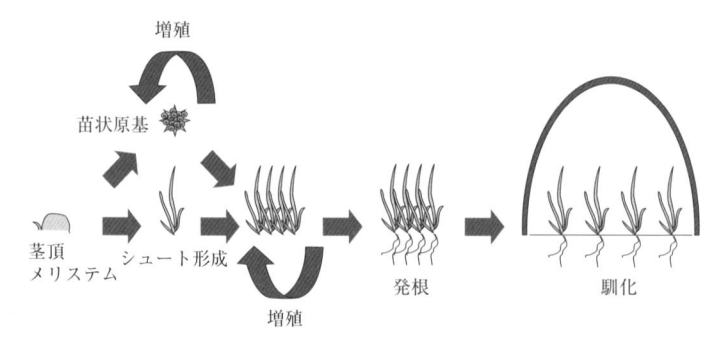

図 VI-2 茎頂培養

出し，馴化させる．

ウイルス・フリー植物を作出するには，茎頂メリステムを含むように，可能なかぎり小さな組織片を切り出すことが有効とされている．しかしながら，組織片が小さくなると生存率，再生率が低下する傾向にある．この問題を解決する手段として，茎頂メリステムを含む組織を，各種ホルモン処理により最適化した液体培養条件にて，回転培養することにより茎頂分裂組織を増殖させ，「芽（苗条原基とよぶ）」を数多く発生させた後，それらの芽をもとにして，クローン苗を生産する苗条原基法が開発されている．

また，茎頂培養の培養プロセスの途中で，糖濃度の改変，低温処理などによって球根，イモ，ムカゴなどの貯蔵器官を誘発させることができる．たとえば，ニンニクでは，培養苗を6カ月の低温処理後，ショ糖濃度を上げた培地に移すことにより小球根が形成される．ジャガイモ，ヤマノイモでは，培養苗をショ糖濃度を上げた培地で培養することにより，イモ，ムカゴが形成される．

培養期間の長期化，あるいは，添加する植物ホルモン濃度の程度などによって，培養変異が生じることがある．茎頂培養の基本は，同一の遺伝形質を有する個体を大量増殖させることであるので，このような培養変異は望ましくないことではあるが，逆に，積極的に培養変異を誘発することにより，新たな有用形質をスクリーニングする手法に用いることもできる． （村中俊哉）

サザンハイブリダイゼーション法⇨「II―分子遺伝学/分子生物学」

GFP

クラゲ（*Aequoria victoria*）のタンパク質で，green fluorescent protein の略．翻訳後 11 個の β シートに囲まれた樽様の構造を形成し（図 VI-3），480 nm の光で励起すると 510 nm の蛍光を発する．1 本のポリペプチドなので，クローニング可能で

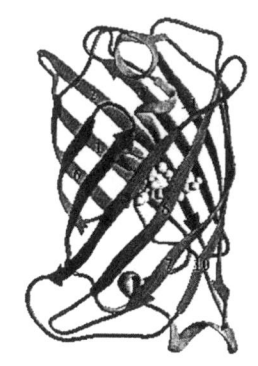

図 VI-3 GFP の立体構造の模式図

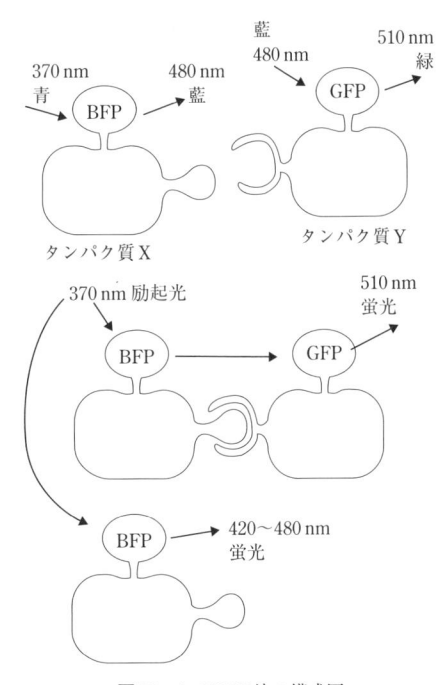

図VI-4 FRET法の模式図

励起光になるような組合せになっている（図VI-4）．タンパク質XにBFPを融合させ，タンパク質YにGFPを融合させる．タンパク質XとYが相互作用すれば，両者は接近することになり，その状態で370 nmの励起光はBFPに吸収され420〜480 nmの蛍光を発し，それがGFPを励起し510 nmの蛍光が放射される．相互作用がなければ420〜480 nmの蛍光が放射される．

(東江昭夫)

植物形質転換

　外来の単離したDNAを植物細胞に導入することにより，従来の育種法では得られないような遺伝的な性質（形質）が変わった植物体を取得する方法である．遺伝子組換え植物（recombinant plant）ともよばれる．植物形質転換（plant transformation）は，遺伝子配列が明らかになったものの，その機能が不明な遺伝子について，過剰発現する，あるいは，逆に遺伝子発現を抑制する，といった逆遺伝学的手法を用いることができる．そのため，これまで不明だった植物の生長制御にかかわる遺伝子の機能解析に欠かせない手法であり，本法を用いることにより植物科学研究は急速に進展した．また，本手法により，さまざまな遺伝子組換え農作物（recombinant crop）が開発されている（詳細は，組換え食品に記載）．

　植物形質転換の手法として，現在，一般的に利用されている方法は，① アグロバクテリウム法，② パーティクルガン法，③ エレクトロポレーション法の3つである．

(1) アグロバクテリウム法（シロイヌナズナの形質転換）

　土壌細菌である*Agrobacterium tumefaciens*が，植物に感染する際の性質を利用

ある．高等な動植物，カビ・酵母あるいはバクテリアで発現し，蛍光を発するようにGFP遺伝子を操作することができる．GFPを生産している細胞は，蛍光顕微鏡下で直に検出できる．異種タンパク質のN末側，あるいはC末側にGFPを繋げた融合タンパク質にしてもGFPの構造が形成される．この性質を利用して，タンパク質の細胞内局在や運動を調べるためのレポーターとして使われている．GFPにアミノ酸置換を導入し，励起光の波長あるいは蛍光の波長が変化した変異タンパク質が得られている．BFPは，変異GFPの一種で，370 nmの励起光を照射することにより，420〜480 nmの蛍光を出す．2種の異なる蛍光を出すタンパク質を利用して，タンパク質の相互作用を調べる方法が考案された．FRET（fluorescence resonance energy transfer）法といい，一方の蛍光が他方の

して開発された植物形質転換法である．*A. tumefaciens* には約200キロ塩基対のTiプラスミドが存在している．菌が植物体に感染すると，Tiプラスミド上のT-DNA領域が植物細胞に移行し，核ゲノムDNAに組み込まれた後，T-DNA上に存在する遺伝子の機能によりクラウンゴールとよばれる腫瘍が形成される．核ゲノムDNAへの組込みまでのプロセスに，T-DNA内部の遺伝子，特に腫瘍形成にかかわる遺伝子（oncogene）は必要ではない．そのため，oncogeneの部分を導入したい外来遺伝子に置きかえることによって，本菌を植物に感染するという操作によって形質転換植物を取得することができる．アグロバクテリウム法では，植物外植片（explant）に植物ホルモン処理をすることによって，一度脱分化させた後，再分化操作を施すことにより，形質転換植物体を得る方法が一般的である．モデル植物であるシロイヌナズナにおいても当初，根，胚軸などをホルモン処理しながらアグロバクテリウム法により形質転換植物体作成が行われてきた．ところが，シロイヌナズナの場合，このような

プロセスで形質転換植物を得た場合，培養変異（somaclonal variation）と考えられる変異が多発し，得られた形質転換体の評価が困難であった．これに取って代わる方法として，シロイヌナズナの植物の花が付き始めた植物個体を，アグロバクテリウムの懸だく液に陰圧化で浸潤させる方法（vacuum infiltration）が開発された．本法では，シロイヌナズナの花でアグロバクテリウムの感染とT-DNAの移行が生じ，得られた種子中に存在する形質転換植物種子を選抜マーカーなどによって取得することができる．この方法により，変異を抑え，しかもヘテロ接合体においても表現形質が現れる変異体を取得できるようになり，シロイヌナズナを用いた研究は飛躍的に発展した．

（2） パーティクルガン法（ダイズの形質転換）

微細な金あるいはタングステン粒子の表面にDNA分子をコーティングして，火薬あるいは圧縮空気により加圧して，強制的に細胞内にDNAを取り込ませる方法である．この方法により，アグロバクテリウム

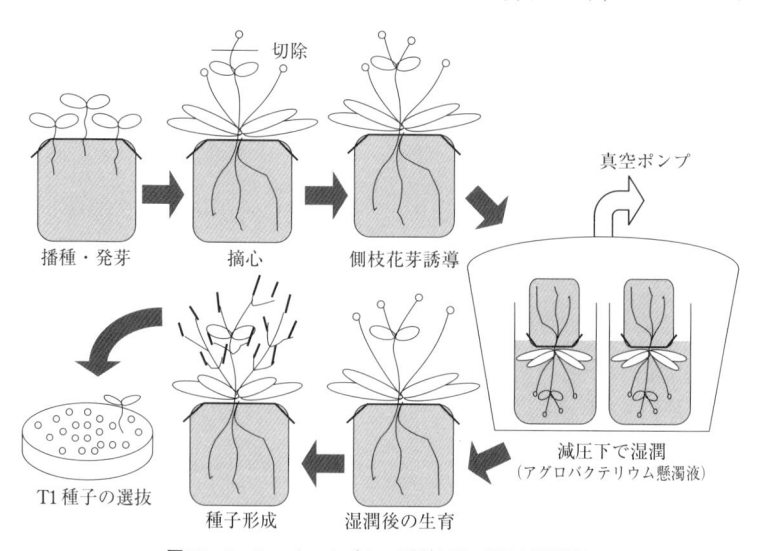

図 VI-5　シロイヌナズナの形質転換（減圧湿潤法）

法などでの形質転換植物の作出が困難であったダイズ，トウモロコシなどの形質転換が可能となった．ダイズは，植物の組織培養，再分化がそもそも非常に困難な植物である．未熟種子を適当な植物ホルモン処理を施すことにより，低頻度ではあるが，体細胞胚（somatic embryo）を誘導することができる．誘導した体細胞胚を含むカルス（embryogenic callus）から良好に，その形態を保ちながら増殖するものを選抜した後，このカルスにパーティクルガンにより目的とする外来遺伝子をもつプラスミドを導入する．薬剤耐性などをマーカーとして形質転換カルスを選抜し，再分化に適した培養条件に移すことにより，形質転換植物に再生，取得することができる．

(3) エレクトロポレーション法

細胞をDNAを含む溶液の中に入れ，電気パルスを与えることにより，一過的に細胞膜の脂質2重膜に緩みを与えDNAを細胞に取り込ませる方法である．主要穀物であるイネの形質転換の最初の成功例は，培養細胞由来のプロトプラストを用いたエレクトロポレーション法によって達成された．

植物細胞は細胞壁があるため，細胞壁分解酵素などの処理によりプロトプラストを調製する必要がある．そのため，操作が煩雑になるとともに培養変異が生じやすいことなどの理由から，アグロバクテリウム法あるいはパーティクルガン法では形質転換植物体が取得できないような植物種に，利用が限定されるようになってきた．

〈文献〉

1) 島本 功，岡田清孝監修：植物細胞工学シリーズ〈15〉モデル植物の実験プロトコール－遺伝学的手法からゲノム解析まで，秀潤社，2001.

（村中俊哉）

ジーンバンク

ゲノムDNAのランダムな断片をプラスミドベクターあるいはファージベクターにクローニングしたものの集合で，ゲノム由来の断片を足し合わせると，その生物のゲノムの相当部分をカバーすることができるようなDNA（プラスミドあるいはファージ）のプール．ゲノムDNAをせん断力によりランダムに断片化するか，あるいは，4塩基認識の制限酵素で部分分解することによりランダムな断片に近い断片をつくり，ベクターのクローニングサイトに挿入する．こうして作成した組換え体DNAを大腸菌に導入して得た形質転換体（コロニーあるいはプラーク）を収集してプラスミド（あるいはファージ）DNAを分離することによりジーンバンクが得られる（図VI-6）．ジーンバンク（n個の形質転換体から得たDNAのプール）中の少なくとも1つの断片の上に目的遺伝子（M kb）が存在する確率Pは，ゲノムサイズをG kb，ゲノムDNA断片の長さをF kbとすると，

$$P = 1 - \left(1 - \frac{F-M}{G}\right)^n$$

で表すことができる．

ゲノムのほぼ全体（たとえば，95%；P = 0.95）をカバーするジーンライブリーを作成するのに必要な形質転換体の数（n）は，DNA断片のサイズとゲノムのサイズによって決まる．ゲノムサイズの小さな生物（たとえば，酵母やバクテリアなど）では，ジーンバンクの作成と維持は容易であるが，ゲノムサイズの大きな生物（高等動植物）ではジーンバンクの作成と維持は現実的ではない．

シャトルベクターを用いて作成されたジーンバンクを用いることによって，遺伝子の機能の検出に基づく遺伝子クローニングが可能である．これは，突然変異体の原因

図 VI-6 ジーンバンクの作成

ゲノム DNA
制限酵素 Sau 3AI で部分消化後，約 10 kb の DNA 断片を収集する．

5′GATC ——— 3′
3′ ——— CTAG 5′

ベクター
制限酵素 BamHI で線状化する

CCTAG 5′ 5′ 3′ G
G 3′ G GATCC

DNA リガーゼで連結する

大腸菌へ導入（アンピシリン耐性の形質転換体を選択）

アンピシリン入り平板
コロニーを収集してプールし，プラスミドDNAを抽出する．

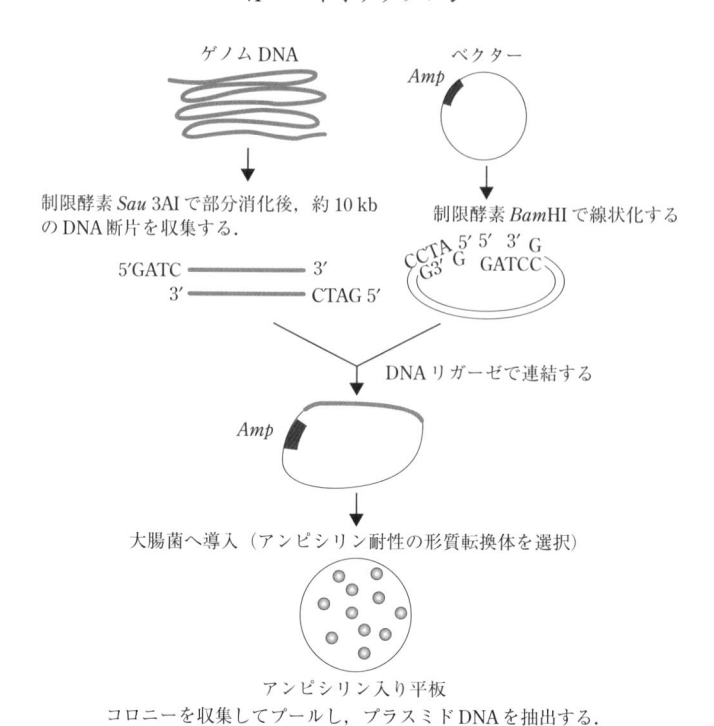

図 VI-6 ジーンバンクの作成

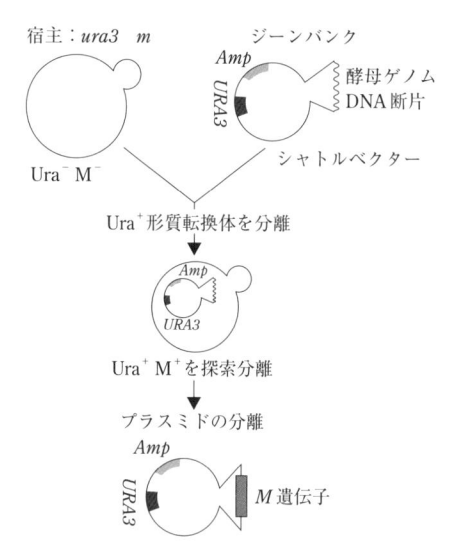

図 VI-7 シャトルベクターを用いた酵母遺伝子のスクリーニング

宿主：ura3 m⁻
ジーンバンク（Amp, URA3, 酵母ゲノムDNA断片）
シャトルベクター
Ura⁻ M⁻

↓ Ura⁺形質転換体を分離

↓ Ura⁺ M⁺を探索分離

↓ プラスミドの分離

Amp, URA3, M遺伝子

遺伝子をクローニングする普遍的な方法である（図 VI-7）．目的遺伝子の変異体にジーンバンクを導入し，変異を相補する形質転換体を分離する．この形質転換体から組換えプラスミドを回収すれば，目的遺伝子をもったプラスミドDNAが回収される．シャトルベクターが利用できない場合でも，ジーンバンクは遺伝子クローニングに役立つ．アカパンカビではゲノムを数個分カバーする3072個のコスミドクローンを作成する．8個ずつのプールをつくり，12個集めて96個のコスミドクローンを含むプールをつくる．96個のコスミドクローンからなるプールを32個集める．3段階のコスミドクローンのプールを順次目的遺伝子の変異体に形質転換することによって，目的遺伝子に到達できる（図 VI-8）．

（東江昭夫）

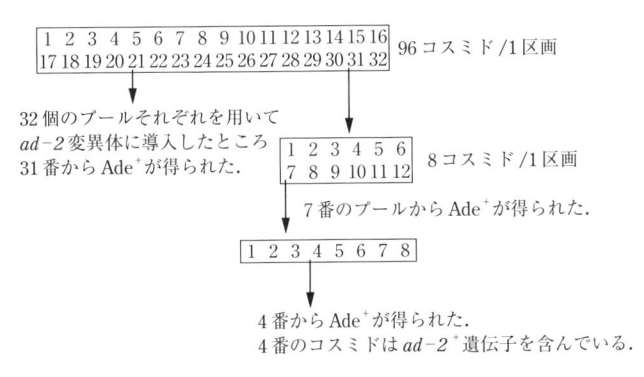

```
  1  2  3  4  5  6  7  8  9 10 11 12 13 14 15 16   96コスミド/1区画
 17 18 19 20 21 22 23 24 25 26 27 28 29 30 31 32
```

32個のプールそれぞれを用いて
ad-2 変異体に導入したところ
31番からAde⁺が得られた．

```
 1 2 3 4 5 6    8コスミド/1区画
 7 8 9 10 11 12
```

7番のプールからAde⁺が得られた．

```
 1 2 3 4 5 6 7 8
```

4番からAde⁺が得られた．
4番のコスミドは *ad-2*⁺ 遺伝子を含んでいる．

図 VI-8　アカパンカビ遺伝子のクローニング

染色体歩行

　遺伝病の原因遺伝子など，まだクローニングされていないが，その近くの遺伝マーカーがクローニングされているとき，そのクローンを出発点としてそれと重なり合うクローンをゲノムライブラリーから順次ハイブリダイゼーションなどの方法で探し出し，目的遺伝子にたどり着く方法である．
　染色体歩行（chromosome walking）は，最初コスミドベクターなどで作製されたゲノムライブラリーを用いて，数百 kbp の距離を探索するのに使われた．あるクローンを出発点として，それに挿入されているDNA断片をプローブとして，ライブラリー中の全クローンに対してハイブリダイゼーションを行う．挿入断片に重なりがあれば，ハイブリダイゼーションシグナルが陽性となるので，つぎにそのクローン中の挿入断片を新たなプローブにしてハイブリダイゼーションを行う．このようにして重なり合うクローン（contig）を延ばしていくことで，目的遺伝子に到達するわけである（図 VI-9）．この方法は，本来はゲノムライブラリー中の重なり合うクローンを統合するために用いられたが，操作が煩雑であり，クローンの数が増えるほど正確なcontigをつくるのが難しかった．また，ヒトゲノムのように反復配列を多く含むDNAクローンを解析する場合には，反復配列を含むDNAをプローブにしてしまうと，その反復配列を含むクローンすべてが

出発点の　　　　　　　　　　　　　目的の
マーカー　　　　　　　　　　　　　遺伝子
　　　染色体歩行（ポジショナルクローニング）

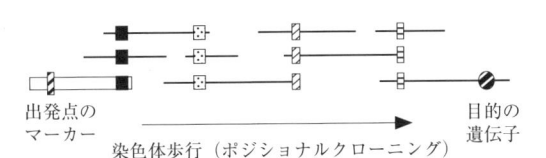

図 VI-9　染色体歩行によるポジショナルクローニング
出発点となる遺伝マーカーをもつクローンの端の配列とハイブリダイズするクローンをライブラリーから選び出す．このうち，目的方向に延びているもっとも長い断片を含むクローンを選び，その端の配列を用いて再びライブラリーをスクリーニングする．これをくり返すことにより，目的遺伝子を含むクローンに到達する．

陽性となってしまう．挿入断片の両端の配列をそれぞれサブクローン化し，プローブとして用いることでこの問題の解決が図られた．さらに，ハイブリダイゼーションではなく，PCR でライブラリーをスクリーニングする方法も開発された．サブクローン化した両端の配列のシークエンスからプライマーを設計し，ライブラリーの全クローンを PCR にかけると重複した配列をもつクローンが増幅されてくる．しかしながら，これらの方法を用いても正確かつ効率よい contig の作製は困難であった．

染色体歩行は遺伝病の原因遺伝子など，まだクローニングされていないが，すでにクローン化されている遺伝マーカーから数 Mbp ほどの距離にある遺伝子をクローン化する，いわゆるポジショナルクローニングには有効な方法であった．この場合は，出発点となるマーカーを含むクローンからどちらの方向へ歩行していくかを正しく決めることと，重複しているクローンを正確に選ぶことが重要である．この方法により，ウィルムス腫瘍遺伝子（*WT*）や網膜芽細胞種遺伝子（*RB*）などの癌抑制遺伝子がクローニングされた．しかし，ヒトゲノムの全塩基配列が決定された現在では，やがて完成される物理的地図と遺伝的地図を照合するだけで，目的遺伝子を含むクローンを得ることができるようになる．contig の作製も各クローンの末端配列のデータベース（配列タグ）が集積するにつれ，ショットガンシークエンシングの結果とデータベースとの比較（配列タグ連結法）で行われるようになっている．染色体歩行もしくはポジショナルクローニングは過去の技術となっていくことであろう． （西沢正文）

染色体免疫沈降法

特定の領域の DNA に直接的，あるいは間接的に結合するタンパク質に対する抗体処理によって得られた沈降物中の DNA を PCR 法によって検出し，タンパク質と DNA とのあいだの相互作用を調べる方法である．ホルムアルデヒドで細胞を処理することにより，DNA とタンパク質およびタンパク質どうしを架橋する．この処理で，染色体の構成成分が固定される．染色体を，数百塩基対の DNA 断片を含むサイズに切断した後，注目するタンパク質に対する特異的な抗体で免疫沈降する．65℃で保温することにより架橋を解除した後，DNA を抽出・精製する．精製された DNA を鋳型にして，目的 DNA の中の適当な場所に設定したプライマーを用いた PCR 法で DNA が増幅されれば，注目するタンパク質と DNA が複合体を形成していると判定

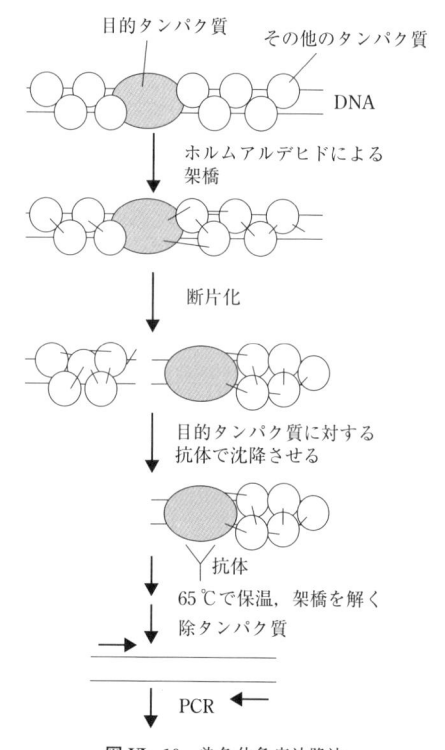

図 VI-10 染色体免疫沈降法

される． 　　　　　　　　　　（東江昭夫）

組織培養

　組織培養とは，高等動植物の組織の一部あるいは細胞を摘出し，試験管内で，適当な栄養物を与えることにより，本来の組織・細胞の特性を保持させるように培養する技術である．広義では，器官培養，細胞培養を含めた培養技術のことであるが，微生物など単細胞性の細胞の培養は含まない．

　1907年に動物細胞を試験管内で，再現性のある状態で培養できることが示された．ハリソンは，カバーグラス培養法を考案し，カエルの神経組織をリンパ液中で培養し，神経繊維が成長する過程を数週間に渡って顕微鏡観察した．1912年にカレルは，ニワトリ胚浸出液を添加することによって，ニワトリ胚繊維芽細胞を無菌的に長期間増殖できることを示した．その後多くの研究者によって培養液の改良が成され，合成培地による培養法の確立，多種多様な培養法の考案がなされた．

　高等動物の組織，臓器の初代培養の場合，通常，細胞分裂20回程度の後に細胞は死滅する．初代培養中に，ある一部の細胞は，強力な増殖能をもち，試験間内で無限培養できるものが出現する．このような無限増殖能をもつ細胞株を株化細胞（established cell line）とよぶ．不死化細胞は，癌化細胞と考えられがちであるが，細胞の不死化と造腫瘍能とは必ずしも一致しない．

　動物細胞は，植物細胞と異なり分化全能性がないとされてきたが，近年特に注目されているのは，未分化の状態で増殖能を維持した細胞である幹細胞の培養である．幹細胞には，受精卵の胚由来の胚性幹細胞（ES細胞），胎児由来の胎性生殖細胞（EG細胞），成人由来の成体肝細胞などがある．特にES細胞は，胎児に発達するまでの胚の初期段階から摘出されるものであり，腺細胞，心筋細胞，赤血球細胞，神経細胞など，体のどのような細胞にも成長できる性質を有している．幹細胞培養の技術革新は急速に進展しており，再生医療のみならず，従来の細胞培養系では評価が不十分であった各種新規薬剤のスクリーニング系などへの応用可能性を秘めている．

　一方，植物の組織培養を最初に試みたのは，動物細胞の培養と同様，20世紀初頭のハーバーラドンドの研究である．もっとも画期的であるのは，1958年にニンジンの脱分化細胞（カルス）から植物個体への再分化に成功したスチュワートの研究である．その後，培養に用いる外植片，植物ホルモンなどの培養条件の検討などにより，数多くの植物種について，組織培養からの再分化個体再生が報告されている．特に，自殖すると均質な遺伝形質をもった個体を増殖できない植物種あるいは栄養繁殖性の植物などについては，組織培養法を用いることにより，遺伝形質の揃った組織培養苗を増殖させる技術が，花卉や園芸作物など農業生産現場などで利用されている．また，本来植物病原菌である *Agrobacterium rhizogenes* 菌を植物体に接種すると，毛状根とよばれる高増殖の根を誘発し，試験管内で培養することができる．アルカロイド，トリテルペン配糖体など，植物の本来の根で生合成されるような有用2次代謝産物の生産を毛状根培養により大量生産する試みも成されている．　　　　　（村中俊哉）

＜文献＞
1) 日本組織培養学会編：組織培養の技術（第3版），基礎編，朝倉書店，1996.
2) 日本組織培養学会編：組織培養の技術（第3版），応用編，朝倉書店，1996.
3) 中辻憲夫：ヒトES細胞　なぜ万能か，岩波書店，2002.
4) 駒嶺　穆監修：植物組織培養の生物学―植物バイオテクノロジーの基礎，朝倉書

店, 1993.

タック (*Taq*) ポリメラーゼ

好熱性真正細菌の一種である *Thermus aquaticus* YT1 株由来の DNA ポリメラーゼである. 分類上は大腸菌の DNA ポリメラーゼ I などと同じ A ファミリーに属する (DNA ポリメラーゼの項参照). 至適温度は 75～80℃, 95℃での酵素活性の半減期は 40～96 分であり, 高温下でもきわめて安定な酵素である. 耐熱性 DNA ポリメラーゼとして, 最初に PCR に使用された酵素として有名であり, 現在も広く使用されている (PCR の項参照).

832 残基のアミノ酸からなり, DNA ポリメラーゼ活性のほかに, 大腸菌の DNA ポリメラーゼ I と同様に, $5' \to 3'$ エキソヌクレアーゼ活性をもっているが, 校正機能をつかさどる $3' \to 5'$ エキソヌクレアーゼ活性をもっていない. この活性に関与するドメインの構造は, 大腸菌の DNA ポリメラーゼ I とは異なり, 熱安定性に寄与する構造になっている. この酵素の熱安定性は, タンパク質分子の内部における疎水結合, イオン結合, 表面での溶媒分子との親和性などによるといわれている.

ポリメラーゼ活性による DNA 合成の反応様式は, 他の DNA ポリメラーゼと同様で, プライマーの 3'-OH 末端に鋳型鎖に相補的なヌクレオチドを重合させてゆくが, この酵素の特徴として, 鋳型鎖の末端まで相補鎖を合成した後, 3' 末端に AMP 残基を 1 個だけ余分に付加する.

鋳型鎖上で連続して重合できるヌクレオチドの個数 (processivity) は 50～60 ヌクレオチドで, DNA 鎖の伸長速度は, 毎秒 75～150 ヌクレオチドである. 基質となる dNTP に対する Km は 10～15 μM, DNA に対する Km は, 1.5 nM である.

校正機能をつかさどる $3' \to 5'$ エキソヌクレアーゼ活性をもたないために, この酵素は合成の忠実度 (fidelity : DNA ポリメラーゼの項参照) が悪く, 1 kb の範囲を 20 サイクルの PCR で増幅させた場合, 反応産物の 40% に何らかの変異を生じるといわれている.

大腸菌の DNA ポリメラーゼ I の Klenow フラグメントと同様に, $5' \to 3'$ エキソヌクレアーゼ活性を欠失させた酵素が遺伝子操作により作製され, 市販されている. この酵素は, *Taq* DNA ポリメラーゼの C-端側の 544 個のアミノ酸残基からなり, Stoffel フラグメントとよばれている. この酵素は, processivity が 5～10 ヌクレオチドに低下しており, fidelity は若干上昇している.

T. aquaticus の細胞内での *Taq* DNA ポリメラーゼの存在量は, 全タンパク質の 0.01～0.02% 程度と少量であるため, 市販の酵素の多くは種々の手法を用いて大腸菌で効率よく発現させたものであり, アミノ酸配列に変異をもたせてある場合もある. また, 精製方法も異なる可能性があり, 異なるメーカーの標品を同じ条件下で反応を行っても, 同じ結果が得られるとはかぎらない. したがって, それぞれの酵素標品に最適な反応条件で反応を行うことが必要である. 〔小川 徹〕

Ti プラスミドベクター

植物体に特定の外来性の遺伝子を導入するための形質転換用ベクターである. グラム陰性の土壌細菌 *Agrobacterium tumefaciens* 由来. Ti (tumor-inducing) プラスミドは, 約 150 kb からなる 2 本鎖閉環状 DNA で, *A. tumefaciens* 中で複製する. *A. tumefaciens* は, 一般に双子葉植物と裸子植物に感染し, 感染部 (おもに根と茎) に

クラウンゴールとよばれる腫瘍を生じさせるが，Tiプラスミドはその名のとおり腫瘍を引き起こすのに必須のプラスミドである．A. tumefaciens は，腫瘍誘導時にオンコジーンをコードするプラスミドの特定の領域（T-DNA）を植物細胞の染色体上に転移させ，腫瘍の誘導と自身の栄養源の確保を行っている．T-DNA領域は，植物染色体上にTiプラスミド上の特定の境界配列（right border：RB, left border：LB）により規定されており，基本的にはRBとLBに囲まれた領域が核染色体に転移される．その後は，細菌を除いても安定に複製される．このような性質より，Tiプラスミドは天然の形質転換ベクターといえる．さらに，T-DNA上のオンコジーンはクラウンゴールの形成には必須であるが，バクテリア中では特別な働きをもたないこと，またT-DNAの転移には無関係であることから，この性質を利用してT-DNA上のオンコジーンを欠失させ無毒化したTiプラスミドベクターが開発された．T-DNAの植物ゲノムへの転移には，Tiプラスミド上のvir遺伝子の作用が必要であるが，vir遺伝子はトランスに機能することができるため，現在では無毒化したT-DNAとvir機能を別々のプラスミドにもたせる2元系ベクター（バイナリーベクター）システムが一般的である．T-DNA領域をもつバイナリーTiベクタープラスミドは，E. coli と Agrobacterium の両方の複製起点をもたせており，E. coli 上で目的遺伝子を操作しベクターに導入することができる．最近では，遺伝子操作のしやすいように，Agrobacterium の複製遺伝子座をさらに別のプラスミドにもたせたり，合成のT-DNA境界配列を有するサイズの小さいバイナリーTiベクターが開発されている（Hellens, et al., 2000）．バイナリーTiベクターのいくつかは，T-DNA境界配列に近接して，T-DNAの転移を促進する配列を有している．この促進z列は Agrobacterium の菌株に依存して機能するため，効率的な形質転換には用いるベクターと Agrobacterium の菌株の組合せも重要である（Hellens et al. 2000）．また，T-DNA領域には，T-DNAの転移を植物上で選択するためのマーカーとして，さまざまな抗生物質抵抗性遺伝子が組み込まれている．

（町田泰則・笹部美知子）

<文献>

1) R. Hellens, P. Mullineaux and H. Klee： Technical Focus：A guide to Agrobacterium binary Ti vectors, Trends in Plant Sci., **5**, 446-451, 2000.

DNAマイクロアレイ

スライドグラスやメンブレン上の非常に小さい範囲にcDNAあるいは遺伝子の塩基配列に対応したオリゴヌクレオチドを格子状のパターンに固定し，遺伝子発現パターンを調べたい生物試料から調製し，蛍光色素で標識した核酸試料（通常はcDNA）をハイブリダイズさせ，ハイブリダイズした蛍光強度を測定することで，遺伝子発現パターンを調べる方法である．従来の遺伝子発現を調べる方法（ノーザン解析，RT-PCR）が個々の遺伝子についてしか調べられないのに対し，DNAマイクロアレイでは，アレイに含まれる数（～数千）だけの遺伝子の発現を同時にみることができる．

DNAマイクロアレイの作製には，遺伝子発現のパターンを調べたい試料について，全遺伝子あるいは全cDNAの塩基配列がわかっているか，または重複がなくカバー率の高いcDNAライブラリーが得られることが必要である．ヒトとマウスについては，ESTの配列を決定後，UniGeneプロセス処理をして重複をなくしたcDNAクローンセットが市販されている．cDNAアレイはハイブリダイゼーションに適当な

長さをもつこと，また，自分が調べたい試料について適当な cDNA ライブラリーがあれば，自分でマイクロアレイをつくれるなどの長所がある一方，クロスハイブリダイゼーションによりバックグラウンドノイズが高くなるなどの問題がある．全遺伝子あるいは全 cDNA の塩基配列がわかっていれば，それに対応するオリゴヌクレオチドを合成し，それを固定したチップをつくることができる．オリゴヌクレオチドチップは，高度に集積したアレイを作製できること，また遺伝子の任意の領域に対応したプローブをつくれるため，遺伝子発現だけでなく遺伝子多型を検出できるなどの利点がある．また，チップ上で直接オリゴヌクレオチドを合成する技術も開発されており，プローブ量が均一なチップを再現性よく作製することができる．

　2つの試料（AとB）の遺伝子発現パターンを比較したいとき，多くの場合はそれぞれの試料から抽出した mRNA を cDNA に転換するときに，異なる蛍光色素（たとえば，Aは緑，Bは赤）で標識する．この2つのサンプルを同時にマイクロアレイにハイブリダイズさせると，分子種が多い，すなわち発現量が多いほうの cDNA がより多く結合する．レーザースキャナーでハイブリダイズしたシグナルを検出すると，緑のスポットはA試料のほうで多く，赤のスポットはB試料のほうで多く発現している遺伝子であり，どちらの色も発色しないスポット(赤と緑を等量発色するので)は発現量が変わらないことがわかる．1種類の標識試料をハイブリダイズさせて，発現の絶対量を測定する方法もある．DNAマイクロアレイは，このように遺伝子発現の違いや変化を網羅的に検出できる強力な方法であるが，ハイブリダイゼーションの条件設定，適切な対照の設定や実験結果の統計的処理を適切に行わないと，信頼性ある結果を得ることができない点に注意する必要がある．

　DNAマイクロアレイは遺伝子の発現量だけでなく，DNAのコピー数の変化（増幅や欠失），変異部位，単一ヌクレオチド多型（single nucleotide polymorphism：SNP）の検出にも利用されている．また，染色体免疫沈降法（chromosome immunoprecipitation：CHIP）により得られたDNA断片を PCR で増幅し，DNAマイクロアレイにかけることで，DNA結合タンパク質のDNAへの結合部位を全ゲノム上にマップする方法（CHIP on Chip）も開発されている． 　　　　　　　　（西沢正文）

T-DNA

Agrobacterium tumefaciens は，感染した植物細胞に自身のもつ Ti plasmid 上の領域を植物染色体に転移させ，植物細胞内にその遺伝子を複製させることにより，クラウンゴールとよばれる腫瘍を形成させる．この際，*A. tumefaciens* から，植物細胞に挿入される DNA 断片を T-DNA（transferred DNA）とよぶ．T-DNA 上には腫瘍形成にかかわる遺伝子と，*A. tumefaciens* が唯一の炭素源および窒素源として利用することのできるオピンと総称される特殊なアミノ酸誘導体の合成に関与する酵素の遺伝子などがコードされている．Ti-plasmid は，コードされたオピンの種類によりおもにオクトピン型，ノパリン型，アグロピン型に分類され，菌株はどの型のプラスミドをもつかにより利用できるオピンが限定されている．腫瘍形成にかかわる領域には，トランスポゾンの挿入変異により誘導される腫瘍の形態に基づき，3種類の遺伝子座が同定されている．つまり，*tms* (tumor morphology shooty；枝状カルス)，*tmr* (tumor morphology rooty；根状カルス)，*tml* (tumor morphology large；大カルス) と名づけられた3種類である．*tms*

領域には，オーキシン合成にかかわるトリプトファン-2-モノオキシゲナーゼ遺伝子（iaa M）とインドールアセトアミドヒドロラーゼ遺伝子（iaa H）が，tmr 領域にはサイトカイニン合成に関与する 5′-AMP イソペンテニルトランスフェラーゼ遺伝子（iptz）がコードされているが，tml 領域には 6a と 6b と名づけられた遺伝子がある．T-DNA 領域の両端には，Ti plasmid 間で保存された境界配列，left border（LB），right border（RB）とよばれる不完全な 25 塩基対の同方向のくり返し配列が存在し，このくり返し配列が植物染色体への移入および挿入の際，Ti plasmid からの切り出しの認識サイトとなる．植物染色体上に組み込まれた T-DNA 上の遺伝子は，植物細胞の機能により転写，翻訳され，結果として体内のホルモンバランスが崩され腫瘍が形成される．T-DNA の転移にかかわる遺伝子は T-DNA 領域上ではなく，Ti プラスミド上の毒性（vir）領域に存在する．vir 領域に存在する vir 遺伝子群のいくつかは，傷などを受けた植物細胞により生産される特異的なシグナル分子（フェノール化合物の一種）により転写が活性化される．vir 遺伝子の 1 つであるエンドヌクレアーゼ遺伝子は，シグナルにより転写が活性化され，境界配列の認識と T-DNA を 1 本鎖 DNA として切り出す．その後，T-DNA は RB 側より動植物染色体へ移入することがわかっているが，この過程にはプラスミド由来の vir 遺伝子のほかにバクテリア染色体上の遺伝子も必要である．

A. tumefaciens の近縁種，A. rhizogenes も同様の機構を用いて双子葉植物に毛根病を引き起こす．T-DNA をもつ Ri（root-inducing）プラスミドとよばれるプラスミドがこの病原性とオピンの誘導に関与しており，vir 領域に関しては Ti プラスミドと互換性があることから，T-DNA の転移機構は Ti プラスミドと同様のものと考えられる．しかし，この T-DNA 領域には，rolA，rolB，rolC などの遺伝子が存在し，Ti プラスミドの T-DNA 領域の遺伝子とは大きく異なる．したがって，これら 2 種類の病原性細菌による病徴の違いは，T-DNA 上の遺伝子の違いに基づくものといえる． 　　　　　　（町田泰則・笹部美知子）

デオキシリボ核酸⇨「Ⅱ—分子遺伝学/分子生物学」の DNA

トランスジェニック生物

外来遺伝子を導入することにより作製された生物で，すべての細胞内に目的とする遺伝子が組み込まれている遺伝子導入生物である．単離した遺伝子を胚的な細胞に導入し，そこから種々の方法により個体を発生させることより得られる．生殖細胞にも外来の遺伝子が組み込まれているため，子孫にもこの導入遺伝子が伝達される．組み込む外来遺伝子は，他の生物種由来の遺伝子でもよく，従来の交配による品種改良では得られなかった形質を獲得させることが可能である．組み込まれた外来遺伝子はトランス遺伝子とよばれ，その組み込まれる染色体上の位置はほぼランダムである．多くの場合，導入された遺伝子は，その遺伝子内に含まれる発現調節領域によって支配される．つまり，それが本来発現している組織や発生学的な時期に特異的に発現する．しかし，組み込まれた場所の影響を受けて発現パターンが変化することもある．

遺伝子導入法としては，動物細胞では，受精卵や多分化能をもつ胚性幹細胞（embryonic stem cell：ES cell）の核の中に，目的の遺伝子をマイクロマニピュレーターを用いて注入する方法がある．あるいは，目的遺伝子を組み込んだレトロウィルスを感染させても導入できる．バクテリア

などの単細胞生物では，適当なプラスミドベクターに目的の遺伝子を組み込み，エレクトロポレーション法や熱刺激などにより細胞中に導入することができる．これらのトランスジェニック生物は，遺伝子の発現機構，機能の解析，ヒト疾患モデル動物の作製，家畜の品種改良，生理活性物質・医薬品・食品添加物の生産など，基礎研究や応用に広く用いられている．植物の場合は，分化全能性を有するため，さまざまな体細胞に外来遺伝子を導入し，それらから個体を再生することより，トランスジェニック植物を得ることができる．遺伝子導入の技術には，DNAを塗布した金属粒子をガス圧，または磁力によって物理的に細胞核に導入するパーティクルガン法，ベクターとして改変したTiプラスミドをもつアグロバクテリウムを利用するアグロバクテリウム法が一般的である．現在，バクテリア由来の除草剤抵抗性遺伝子や害虫抵抗性遺伝子を有するトランスジェニック作物（ジャガイモ，ダイズ，トウモロコシ，ナタネなど）が商業的に流通している．これらのトランスジェニック作物の場合には，トランスジェニック生物を用いて医薬品や食品添加物を生産・抽出する場合と異なり，トランスジェニック個体を選抜するためのマーカーである抗生物質耐性遺伝子やその産物が直接体内に摂取されることになるため，安全性評価の基準などについての議論，正しい情報の開示などが必要である．

（町田泰則・笹部美知子）

ニックトランスレーション⇨「II―分子遺伝学/分子生物学」のDNAポリメラーゼ
ノーザンハイブリダイゼーション法⇨「II―分子遺伝学/分子生物学」

ノックアウトマウス

マウスゲノム上に存在する遺伝子について，特異的にその機能を不活化させるための技術，あるいはその結果作出された遺伝子欠損マウス個体をさす．欠損させたある特定の遺伝子が必須であるか，その遺伝子の機能消失によって生体がどのような失調をきたすかなどを明らかにし，マウスの遺伝子機能を解明するうえでの強力な方法となる．免疫・脳神経機能・発生・細胞癌化などにかかわる多くの遺伝子のノックアウトマウスが作出されている．この技術の確立には，ES細胞（胚性幹細胞；embryonic stem cell）の樹立が重要であった．ES細胞は，マウス胚盤胞（子宮への卵の着床に先立つ初期発生段階の胚）の内部細胞塊（internal cell mass）に由来し，継続的な培養が可能であると同時に，マウス胚盤胞に戻してやることによって，ES細胞に由来するマウス個体を形成することができる．すなわち，LIF（leukemia inhibitory factor）の存在下で培養したES細胞は，将来あらゆる組織に分化していくことが可能な能力（多分化能）を保持したまま継代が可能な未分化細胞株である．ES細胞を培養下で遺伝子操作した後，それに由来するマウスを得る技術をノックアウトマウス作成の基盤としている．

ノックアウトマウスの作製には，ES細胞ゲノムDNAとターゲティングベクター間での相同的組換えによる遺伝子置換を利用する（図VI-11）．まず，欠失させたいマウス遺伝子のゲノムをクローニングし，1つあるいは複数のエキソンを分断あるいは欠失するような形でベクターに組み込む．ベクターには，相同組換え体濃縮のためにポジティブ選択薬剤耐性マーカーおよびネガティブ選択マーカーの遺伝子を組み込み，これをES細胞での遺伝子組換えの

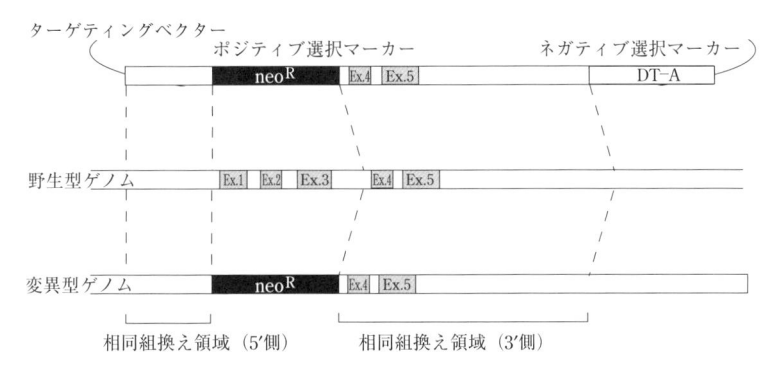

図 VI-11 相同組換えを利用した遺伝子ノックアウトの例
ターゲティングベクター（上段）と ES 細胞野生型ゲノム（中段）間での相同組換え現象を利用して，エクソン 1〜3 を欠失させた変異型ゲノム（下段）をもつ ES 細胞を得る例を示す．変異型ゲノムには，ポジティブ選択薬剤耐性マーカーとしての neo^R がエクソン 1〜3 を含む領域に置換される一方で，ターゲティングベクター中のネガティブ選択マーカー（DT-A 遺伝子）は脱落する．

ためのターゲティングベクターとする．ポジティブ選択薬剤耐性マーカーには，G418 耐性を細胞に与える neo^R 遺伝子がもっともよく用いられる．さらに，ネガティブ選択マーカーには，ヘルペスウイルス TK 遺伝子，あるいはジフテリア毒素 A 断片（DT-A）遺伝子をターゲティングベクターの片方の端に連結する．ターゲティングベクターの ES 細胞へのトランスフェクションにはエレクトロポレーション（電気穿孔法）がよく用いられる．導入されたターゲティングベクターは，ES 細胞のゲノムに相同的，あるいは非相同的に導入される．ターゲティングベクターが ES 細胞のゲノムに非相同的に挿入されると，末端に連結したネガティブ選択マーカーがゲノム内に導入され，その毒性により細胞は死滅する．一方，相同組換えでは 2 回の DNA 交差が必要なので，結果としてベクターの末端に存在するネガティブ選択マーカーは脱落し，細胞の生存に支障は生じない．したがって，相同組換えが起こった細胞はポジティブ選択薬剤耐性マーカー G418 耐性を獲得し，かつネガティブ選択マーカーを失ったものとして選択できる．

このような 2 重選択条件においても，非相同組換え体が ES 細胞コロニーの多数を占めることが多いが，相同的組換え体を選択的に区別するために，相同的組換え体のみを特異的に増幅するような条件で PCR を行い，非相同組換え細胞を除外する．さらに，サザンブロットにより，相同組換えによるゲノム構造の変化を確認する．このような方法により，高い確率で相同的に組換えを起こした ES 細胞の集団を得ることができる．

つぎに，これらの ES 細胞を正常マウスに由来する胚盤胞に注入し，その胚盤胞を養母マウスの子宮に移植して，ES 細胞由来と正常マウス由来の組織が混在するキメラマウスを誕生させる．キメラマウスの組織のある部分は受容体である胚盤胞の細胞に由来し，他の部分は注入された ES 細胞に由来する．キメラマウス体内で ES 細胞に由来した生殖細胞の分化が起これば，キメラマウスのかけ合わせによって ES 細胞由来の染色体をもつ子孫（ヘテロマウス）が得られる．ES 細胞を起源とするヘテロ

マウスが生まれてくれば，あとはヘテロマウス間の交配によってホモ接合体をつくることができ，ある特定の標的遺伝子（の機能）を完全に欠失したノックアウトマウスを得ることができる． （川原裕之）

<文献>
1) M. R. Capecchi : Altering the genome by homologous recombination, Science, **244**, 1288-1292, 1989.
2) A. L. Joyner : Gene targeting. A practical approach, IRL Press, Oxford, 1993.
3) 八木　健編：ジーンターゲティングの最新技術，別冊実験医学，羊土社，2000.

PCR

ポリメラーゼ連鎖反応（polymerase chain reaction）の略で，DNAの特定領域を耐熱性のDNAポリメラーゼを用いた試験管内の酵素反応により増幅する方法である．熱変性，アニーリング（鋳型DNA鎖とプライマーのハイブリッド形成），DNA鎖の伸長の3つの素反応をくり返し，DNAを合成する．反応には，耐熱性DNAポリメラーゼを用いるため，DNAの熱変性のステップでも酵素は失活することなく，サイクルごとに酵素を加える必要がない．したがって，単純な温度変化のみのくり返しによりDNAを増幅することができる．反応条件の最適化，酵素の種類などにより，30000塩基対程度までのDNAの増幅も可能である．PCR反応に先立って，逆転写酵素（reverse transcriptase）を用いれば，RNAを鋳型としてDNAを増幅することもできる．近年，このRT-PCR（reverse transcriptase PCR）法を用いてmRNAの定量も行われるようになった．また，DNAを増幅するという目的だけでなく，プライマー配列の設計により，突然変異の導入，リンカー配列の付加など，DNAの配列の加工も容易に行うことができる．応用面としては，微量の生体サンプルからのバクテリアやウイルスの検出，遺伝子多型の検査などに広く用いられている．なかでも，品種識別や遺伝子マッピングなどの遺伝学的解析に用いられる方法としては，RAPD（random amplified polymorphic DNA）法，SSCP（single strand conformation polymorphism）法，AFLP（amplified fragment length polymorphism）法などがある．RAPD法は，1種あるいは2種のランダムプライマーを用いて，ゲノムDNAをテンプレートとしてDNAを増幅し，個体間で比較する方法である．プライマーの塩基配列や長さを変えることにより，多様なPCR産物を得ることができ，それにより遺伝学的な多型を見いだすことができる．SSCP法は，同じ長さのPCR断片でも塩基配列の違いを調べる方法である．特定領域の比較的短いDNAを増幅し，熱変性させた後，未変性ポリアクリルアミドを用いて電気泳動により分画すると，1本鎖DNAがとる高次構造の違いにより，塩基配列が違えば移動度も異なってくる．増幅するDNAの長さや電気泳動の条件を最適化すれば，点変異の識別も可能である．AFLP法は，PCRにより増幅された制限酵素断片の長さの違いを検出する方法である．ゲノムDNAを2種類の制限酵素で切断した後，異なるプライマー配列をもちそれぞれの切断配列に対応するアダプターを付加した後，それぞれのアダプター配列がもつ2種類のプライマーによりDNAを増幅する．増幅されたDNAの長さを比較することにより，ゲノム配列の多型を見いだすことができる．ここで見つかった多型を示すDNA断片の塩基配列を調べれば，特定染色体領域のマーカーを作製することも可能である． （坂野弘美）

フットプリント法

DNA結合タンパク質がDNAに結合すると，結合した領域がタンパク質により保護されてDNA分解酵素による切断や化学修飾を受けにくくなることを利用して，DNA結合タンパク質がDNAに結合する部位をヌクレオチドレベルで決定する方法である．調べたい領域を含むDNA断片の1つの末端を標識し（通常は^{32}Pまたは^{33}Pで放射標識する），タンパク質を結合させる．DNA分解酵素（エンドヌクレアーゼ）をDNA断片がどこか1カ所で切断されたものが得られるような限定条件下で作用させた後，タンパク質を除去し，変性条件下でのポリアクリルアミドゲルで展開すると，DNA鎖長に従って分離される．図VI-12に示すように，DNA結合タンパク質が結合していた部分はDNA分解酵素の作用を受けにくいため，その部分で切断された場合に相当する長さの断片ができないの で，オートラジオグラフィーで断片の分離パターン中の空白部分となって現れる．DNA結合タンパク質を加えなかったサンプルを同様に処理した場合は均等に切断されるので，すべての断片に相当するバンドが連続して現れる．この両者を比較することで，DNA結合タンパク質の結合領域を検出することができる．さらに，末端を標識したDNA断片をMaxam-Gilbert法で塩基配列決定をしたサンプルを同時にゲルに流すことで，保護された領域の塩基配列を決定することができる．

DNA分解酵素の代わりに，ジメチル硫酸による化学修飾（プリンのメチル化）も用いられる．これは，Maxam-Gilbert法と同様，メチル化されたヌクレオチドをピペリジンで切断して，変性条件下でのポリアクリルアミドゲルで展開する．DNA分解酵素やジメチル硫酸を用いる方法では，最適な条件設定が面倒であったり，DNAの塩基配列や立体構造によって切断が均一に起こらなかったりすることで，フットプリントが明瞭に出ない場合がある．この問題を回避するために，ヒドロキシラジカルを用いてDNAを切断する方法が開発されている．2価の鉄，EDTAと過酸化水素を反応させて生じるヒドロキシラジカルは，DNA分子の表面に露出しているデオキシリボースを分解することでDNA鎖を切断する．ヒドロキシラジカルは小さい分子であるので自由に拡散でき，そのためそれによる切断は塩基配列に依存せず，またタンパク質の結合領域の境界を明確に決めることができる．*in vivo*で実際にタンパク質がDNAに結合している部位を決めるために，ligation-mediated PCR法を用いて，切断された断片を特異的に増幅してフットプリントを行う技術も開発されている．

（西沢正文）

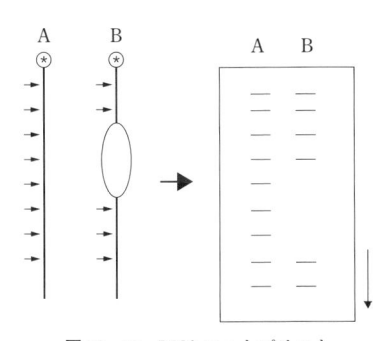

図VI-12 DNAフットプリント
末端を標識したDNA断片（A）とそれにタンパク質を結合させたもの（B）をそれぞれヌクレアーゼで消化，またはヒドロキシラジカルなどで切断すると，タンパク質結合によって保護されている領域では切断が起きない．ゲル電気泳動で分離後，断片を検出すると，Bでは切断されなかった部分に対応する断片ができていないので，Aと比べるとその部分が空白になる．矢印は電気泳動の泳動方向を示す．

ポジショナルクローニング⇨「VI―ヒトの遺伝学」

モノクローナル抗体

動物に抗原を注射すると，抗原の各部位に対応したさまざまな種類の抗体を生産する．これに対し，ただ1つの抗原決定基だけに対応する抗体をモノクローナル抗体という．上述のような通常の抗体は，ポリクローナル抗体とよばれる．動物に抗原を注射して抗体を得る方法では，モノクローナル抗体を得ることは実際上不可能であった．ポリクローナル抗体から特定の抗原決定基に反応する抗体画分を大量に分離精製することはほとんど不可能であり，特定の抗原決定基に反応する抗体を生産しているB細胞を単離できても，その寿命が短く，モノクローナル抗体を大量に得ることはできなかった．

1975年に，G. KohlerとC. Milsteinがマウスの抗体産生B細胞と骨髄腫細胞（癌化したB細胞）を融合させたハイブリドーマを用いて，モノクローナル抗体を大量に得る方法を開発した．骨髄腫細胞は不死化しており，それとのハイブリドーマはいつまでも抗体をつくり続けることができるため，B細胞の短い寿命という問題を解決できたのである．目的とするモノクローナル抗体を産生しているハイブリドーマのスクリーニング法を図VI-13に示す．動物に抗原Xを注射し，Xに対する抗体を生産しているB細胞を含むB細胞画分を取り

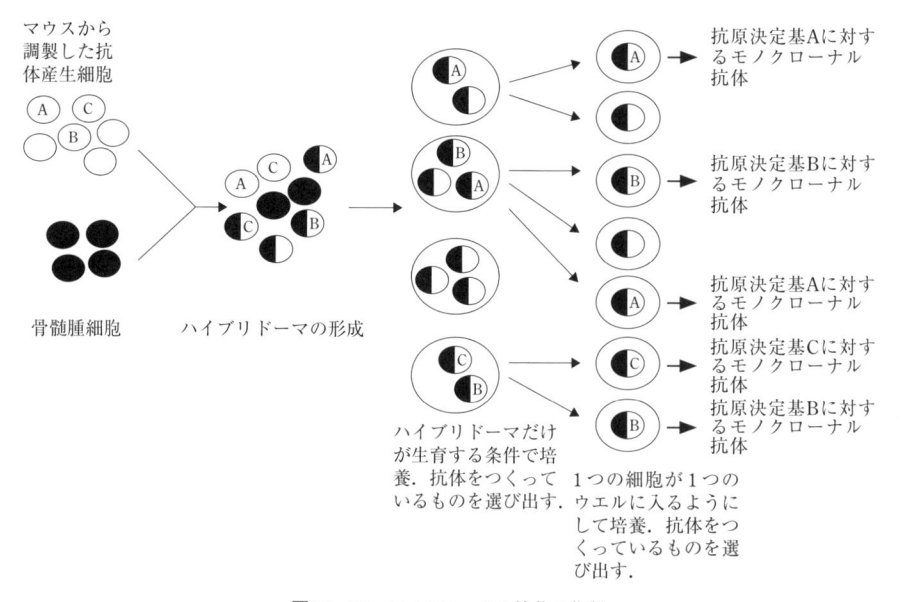

図 VI-13 モノクローナル抗体の作製

抗原で刺激したマウスから調製した抗体産生細胞は，異なる抗原決定基（A, B, C, …）に対する抗体をつくっている細胞と抗体を産生していない細胞の混合物である．これらの細胞と骨髄腫細胞のハイブリドーマを形成させ，いくつかのウエルに分けてハイブリドーマだけが生育する条件で培養する．そして，抗体産生を確認することで，抗体を産生しているハイブリドーマ集団を選別する．つぎに，それぞれのウエルの培養細胞を希釈して，1つのウエルに1つの細胞が入るようにして培養する（クローン培養）．抗体を産生している細胞を選び出せば，それは1つの抗原決定基に対する抗体（モノクローナル抗体）を産生しているクローンである．

出す.抗原Xは通常いくつもの抗原決定基（A, B, C, ……）をもっているが，Xに対する抗体を生産している1つ1つのB細胞は，それぞれ抗原Xの1つの抗原決定基に対する抗体を生産している．これと骨髄腫細胞を融合させ，融合した細胞（ハイブリドーマ）だけが増殖できる選択培地でハイブリドーマを選択する．ついで，ハイブリドーマ集団の中で抗原Xに対する抗体を生産しているものを選び出す．これらのハイブリドーマ集団をばらばらにし，1つの細胞が1つのウエルに入るようにして培養し（クローン培養），再び抗原Xに対する抗体を生産しているものを選び出す．これによって，ただ1つの抗原決定基だけに対応する抗体を生産しているクローンを得ることができる．モノクローナル抗体はその高い特異性だけでなく，生体内に微量にしか存在しない物質に対しても抗体を作製できるため，微量物質の検出，精製，細胞内局在の検出など，免疫学的にも細胞生物学的にも強力な材料となっている．

（西沢正文）

索 引

和文索引

●ア行

アイソザイム 231
アクチベーター 157
アクチン 1
アテニュエーション 63
アニーリング 63
アフィニティー精製 138
アポトーシス 227
誤りがち修復 64
アロステリックタンパク質 71

鋳型 72
異型接合 2
異型対立遺伝子 52
異時的発現 216
異所的発現 216
異数性 2, 276
一遺伝子一酵素説 72
位置効果 73
位置情報 217
1卵性 277
一致率 278
遺伝カウンセリング 265
遺伝子 3
遺伝子型 5
遺伝子間相補性 38
遺伝子記号 4
遺伝子組換え技術 291
遺伝子クローニング 292
遺伝子座 280
遺伝子座制御領域 73
遺伝子診断 292
遺伝子タギング 75
遺伝子ターゲッティング 76
遺伝子地図 6

遺伝子重複 74, 233
遺伝子治療 293
遺伝子内相補性 38
遺伝子の再編成 76
遺伝子破壊 6
遺伝子発現調節 77
遺伝子ファミリー 7
遺伝子プール 234
遺伝子変換 79
遺伝子流入 235
遺伝子量効果 7
遺伝相談 265
遺伝的異質性 281
遺伝の隔離 236
遺伝の荷重 232
遺伝の多型 236
遺伝の複合体 281
遺伝の浮動 238
遺伝病 266
イニシエーター 183
イマジナルディスク 218
イントロン 123

ウイルス 8
ウェスタン法 80
運命地図 218

エキソン 123
エキソンシャフリング 15
エキソントラップ法 294
エピジェネティック変異 83
エピスタシス 9
塩基配列の決定法 85
エンハンサー 85
エンハンサートラップ 86

岡崎フラグメント 86
オファーレル法 167
オペレーター 78, 87, 182
オペロン 87
オリゴヌクレオチドチップ 310
オンコジーン 93
温度感受性変異体 88

●カ行

介在配列 89
カウンセラー 265
架橋 132
核 10
核型分析 11
核相交代 11
獲得形質 240
核内低分子RNA 123
核内低分子リボ核タンパク質 123
核様体 12
家系図 267
カスパーゼ 226
カセットモデル 89
カタボライト抑制 90
癌 269
癌遺伝子 93
環境変異 12
幹細胞 227
干渉 94
環状染色体 276
間接蛍光抗体法 296
間接末端標識法 95
癌抑制遺伝子 96
関連分析 269

キアズマ　13
偽遺伝子　98
器官形成期　285
キセニア　13
偽対立遺伝子　14
キネトプラスト　14
機能ドメイン　15
基本転写因子　78, 157
キメラ　219
逆位　276
逆転写　98
逆転写酵素　211
共進化　240
共優性　16, 280
極性　16
極性化活性域　218
巨大染色体　17
キロ塩基対　283
近交系　242
近親婚　274

組換え食品　296
組換え頻度　283
クライアント　265
グルコース効果　90
クロマチン　99
クロマチン繊維 FISH　284
クロマチンリモデリング　100
クローンつくり　298
クローン培養　317
クローン羊　228

形質転換　101
形質導入　102
形態形成因子　220
茎頂培養　299
系統樹　242
血液型　270
欠失　276
決定子　220
ゲノム　17
ゲノムインプリンティング　18
減数分裂　18, 103
減数分裂後分離　19
検定交雑　19
顕微鏡　20

コアクティベーター　79
工業暗化　245
交差　21
交差単位　58
交雑　21
交雑発生異常　221
校正　104
後成説　222
合成致死　106
構成的変異　105
構造異常　276
構造遺伝子　107
高分子構造　107
酵母人工染色体　34, 284
高齢妊娠　273
コスミドベクター　305
誤対合　108
個体識別　271
コドン　109
コピーチョイス　110
コンセンサス配列　111
コンティグ　284

●サ行

サイクリン　116
再結合　132
最大長　285
サイトダクション　22
細胞　23
細胞遺伝学的地図　283
細胞学的地図　24
細胞間相互作用　25
細胞系譜　24
細胞骨格　25
細胞自滅　227
細胞周期　111
細胞培養　26
細胞分裂　27
細胞融合　27
サイレンサー　86, 112
サイレンシング　79
サザンハイブリダイゼーション法　113
雑種　28
雑種強勢　28
雑種 DNA　114

サテライト DNA　45
3点交雑　114
3倍体　275
自家受粉　29
色覚異常　272
磁気共鳴画像　273
シグナル伝達　29
シグナル配列　140
シグナルペプチダーゼ　140
自己調節　30
シスエレメント　86, 112
シストロン　115
シス配列　73
自然選択（淘汰）　245
シナプトネマルコンプレックス　30
姉妹染色分体交換　276
シャペロン　116
種　247
雌雄同体　117
絨毛採取　273
雌雄モザイク　223
受精　284
受精齢　284
出生前診断　273
純系　33
条件致死変異　118
常染色体遺伝　274
常染色体共優性　274
常染色体優性遺伝病　274
常染色体劣性遺伝病　274
上流転写活性化配列　118
上流転写抑制配列　119
除去修復　119
植物形質転換　301
進化　248
人工染色体　34
人種　274
伸長因子　120
ジーンバンク　303

水平伝達（移動）　249
ステム・ループ構造　171
スーパーコイル　122
スプライシング　123
スプライソソーム　185

索引

制限酵素 125, 283
制限酵素地図 283
制限点 111
精子 125
成熟分裂 103
生殖医療 126
生殖系列 128
生殖細胞 128
性染色体 129
性の決定 129
世代の飛び越し 274
接合 131
接合型 34
切断 132
染色体 35
染色体異常 275
染色体異常症 275
染色体地図 132
染色体突然変異 37
染色体不分離 37
染色体歩行 305
染色体免疫沈降法 306
前成説 222
選択圧 250
選択有利性 274
センチモルガン 283
セントラルドグマ 133
セントロメア 133

相互転座 276
創始者効果 274, 277
双生児 277
相同組換え 135
相補性 38, 136
組織培養 307
粗面小胞体 140
損傷乗り越え型DNA合成 136

●タ行

体外受精 137
対合 142
体細胞組換え 39
体細胞ハイブリッド 283
胎児 285
胎児血 273
大脳皮質 285

胎盤循環 285
対立遺伝子 40, 280
多因子疾患 278
ダーウィン 251
ダウン症候群 279
タグ標識 138
他家受精 41
多コピーサプレッサー 139
多重遺伝子 252
多胎妊娠 284
タック (Taq) ポリメラーゼ 308
多排卵 277
多分化能 215
多面形質発現 41
単一ヌクレオチド多型 310
タンパク質相互作用 143
タンパク質のプロセシング 140

チェックポイント 112
致死突然変異 41
地図単位 58
中心体 42
中立説 253
超音波断層検査 273
調節遺伝子 141
重複 276
重複受精 117
地理的隔離 254

ツーハイブリッド法 142

テロメア 154
転座 276
転写 155
転写因子 157
転写開始複合体 78
転写活性化ドメイン 143
転写終結 158
転写終結因子 158
転写装置 157
点突然変異 159

同位染色体 42
動原体断片 276
動原体融合 276

同質ゲノム 43
頭殿長 285
同胞種 255
同腕染色体 276
突然変異 160
突然変異体 160
突然変異誘発 161
突然変異率 162
ドミナントネガティブ効果 163
トランジェントアッセイ 74
トランスジェニック生物 311
トランスジェニックマウス 215
トランスジーン 74
トランスファーRNA 164
トランスフェクション法 165
トランスポゾン 165
トリソミー 275
トリプトファンリプレッサー 78

●ナ行

2次元ゲル電気泳動法 166
21トリソミー 279
2倍体 43
2卵性 277

ヌクレオソーム 167
ヌクレオソームポジショニング 95, 168

濃縮法 168
ノザンハイブリダイゼーション法 169
ノックアウトマウス 215, 312

●ハ行

場 217
配偶子 169
胚子 284
倍数性 43, 276
胚性幹細胞 215
胚性癌腫細胞 216
胚性生殖細胞 216

ハイブリダイゼーション 170
ハイブリドーマ 316
胚葉 25
排卵 284
配列タグ 306
配列タグ連結法 306
バクテリア人工染色体 284
パターン形成 223
発癌性 170
発生遺伝学 225
ハーディー・ワインベルクの法則 255
パフ 44
パラロガス 256
パリンドローム 171
パルスフィールドゲル電気泳動法 172
半数 276
伴性遺伝 45
反復配列 45

ヒエラルヒー 225
光回復 173
微小管 46
ヒストン 173
ヒストンアセチル転移酵素 168
ヒストン脱アセチル化酵素 168
ヒストン8量体 167
ヒストンメチラーゼ 174
非正統的組換え 175
非相同末端結合 175
非対称細胞分裂 25
ヒトの遺伝形質 280
ヒトの起源 281
ヒトの受精 282
ヒトの染色体地図 283
ヒトの発生 284
ヒドロキシラジカル 315
非メンデル遺伝 47
表現型 48
表現型遅延 48
表現促進 274
瓶首効果 257
部位特異的組換え 176

斑入り 44
不活型クロマチン 113
不活性化 287
不活性化X 287
不完全優性 49
複合疾患 278
複製 287
複対立性 281
復帰変異 177
フットプリント法 315
物理的地図 283
負の干渉 178
部分2倍体 179
不分離 276
プライマーRNA 179
プライマー伸長反応 96
プラスミド 180
プリオン 181
プログラムされた細胞死 226
プロテオーム 167
プロモーター 85, 182
不和合性 183
分化全能性 227
分子進化 258
分子時計 259
分泌小胞 140
分離 50
分裂装置 51

ヘアピン構造 171
平衡致死 51
ベクター 184
ヘテロアレル 52
ヘテロ核RNA 185
ヘテロカリオン 52
ヘテロクロマチン 16, 113
ヘテロ接合 2
ヘテロ接合体 280

胞子 53
胞子体 53
ポジショナルクローニング 286, 306
母性遺伝 53
母体血 273
ホットスポット 186
ホーミング 186

ホメオシス 228
ホメオティック遺伝子 187, 285
ホメオボックス遺伝子 188
ホモログ 189
ポリクローナル抗体 316
ポリジーン 260
ホリデーモデル 190
翻訳 191

●マ行

マイクロサテライト配列 46
－10配列 182
－35配列 182

ミクロソーム画分 140
ミトコンドリア 54
ミニサテライト配列 46
ミニ染色体 55
ミューテーター 193

無性生殖 193

メセルソン-スタールの実験 194
メッセンジャーRNA 196
メディエーター 197
免疫遺伝学 286
メンデル遺伝 280
メンデルの法則 55

モザイク 229, 276, 279
モジュール構造 197
モデル生物 57
モノクローナル抗体 316
モノソミー 276
モルガン単位 58
モルフォゲン 217

●ヤ行

融合タンパク質 143
優性 59
有性生殖 198
雄性不稔 261

溶菌サイクル　199
溶原性　199
羊水穿刺　273
揺動試験　199
葉緑体　59
抑圧遺伝子　201
読み枠　203
4倍体　276
4分子　31
4分子解析　31

● ラ行

ライオナイゼーション　287

ラクトースオペロン　204
卵　207
卵性診断　278
卵胞　284

利己的DNA　261
リプレッサー　78, 157
リボ核酸　66
リボザイム　208
リボソーム　208
流産　275
両性雑種　60
量的遺伝　262
リンカーDNA　167

レトロウイルス　211
レトロトランスポゾン　212
レトロポゾン　212
レプリコン　213
連鎖　61
連鎖地図　283
連鎖分析　289

老化　289
ロバートソニアン融合　61

● ワ行

ワンハイブリッド法　143

欧文索引

●
α-ヘリックス　15
β-シート　15
λファージ　205
λリプレッサー　78

●A
ACF　100
AFLP法　314
*Alu*ファミリー　46
Amesテスト　81
3-aminotriazole　143
ARS　80
attenuation　172

●B
BAP複合体　100

●C
CAP　91
*cdc*遺伝子　115
CDK　111
CHIP on Chip　310
CHRAC　100
CKI　111
contig　305
Cot解析　108
cruciform　171
CTD　78

●D
DNA　144
　──の損傷・修復　147
　──の複製　149
DNA型ウイルス　145
DNA結合ドメイン　143
DNA結合モチーフ　145
DNAトポイソメラーゼ　147
DNAポリメラーゼ　151
DNAマイクロアレイ　309
DNAリガーゼ　153

●E
EC細胞　216
EF-1α　120
EF-1$\beta\gamma$　120
EF-2　120
EF-G　120
EF-Ts　120
EF-Tu　120
EG細胞　216
ES細胞　215

●F
F因子　84
FISH（fluorescence *in situ* hybridization）法　283, 296

●G
G-タンパク質　92
*GAL 4*遺伝子　92
GFP　138, 300

●H
HAT　79
HDAC　168

●I
INO80複合体　100
ISWI　100

●L
*lac*リプレッサー　78
lexAリプレッサー　143
LINE（long interspersed repeat）　46, 212
LOH　267
LTR（long terminal repeat）　211

●M
Maxam-Gilbert法　315
MPF　116
mRNA　196
MudPIT　167

●N
NURD　100
NURF　100

●O
OMIM　274, 280

●P
PCR　314
PTS　91

●R
RAPD法　314
RecAタンパク質　210
RNA　66
RNAエディティング　67
RNA型ウイルス　68
RNAプロセシング　69
RNAポリメラーゼ　69
RNAポリメラーゼⅡホロ酵素　78
RNase H　65
RNase P　65
RSC複合体　100
RT-PCR　314

●S
SDSポリアクリルアミド電気泳動　295
SINE（short interspersed repeat）　46, 212
SNP　310

snRNA 82, 123
snRNP 123
SRP 140
SSCP法 314
START 111, 116
SWI/SNF複合体 100

● T

T-DNA 310
TAF 78
TAP 138
TATA配列 78
TATAボックス 183

TBP 78
Tiプラスミドベクター 308
Tip60複合体 100
tRNA 164
Turner症候群 276

● U

URS 119

● V

VNTR (variable number tandem repeat) 法 46

● X

Xクロマチン 287
XIST 287

● Z

Z-DNA 132
ZPA (極性化活性域) 218
zymogen 141

編集者略歴

東江昭夫(とうえ・あきお)
1943年　東京都に生まれる
1970年　東京大学大学院理学系研究科博士課程修了
現　在　東京大学大学院理学系研究科生物科学専攻教授
　　　　理学博士

徳永勝士(とくなが・かつし)
1954年　愛媛県に生まれる
1982年　東京大学大学院理学系研究科博士課程修了
現　在　東京大学大学院医学系研究科国際保健学専攻人類遺伝学分野教授
　　　　理学博士

町田泰則(まちだ・やすのり)
1948年　群馬県に生まれる
1978年　名古屋大学大学院理学研究科博士課程修了
現　在　名古屋大学大学院理学研究科生命理学専攻形態統御学講座教授
　　　　理学博士

遺 伝 学 事 典

2005年12月5日　初版第1刷
2006年3月25日　　　　第2刷

編集者　東　江　昭　夫
　　　　徳　永　勝　士
　　　　町　田　泰　則

発行者　朝　倉　邦　造

発行所　株式会社　朝　倉　書　店
　　　　東京都新宿区新小川町6-29
　　　　郵便番号　162-8707
　　　　電　話　03(3260)0141
　　　　FAX　03(3260)0180
　　　　http://www.asakura.co.jp

〈検印省略〉

© 2005〈無断複写・転載を禁ず〉

ISBN 4-254-17124-2　C 3545

教文堂・渡辺製本

Printed in Japan

江戸川大 太田次郎編

バイオサイエンス事典

17107-2 C3545　　A 5 判 376頁 本体12000円

生物学，生化学，分子生物学，バイオテクノロジーとバイオサイエンス(生命科学)は広い領域に渡る。本書は，研究者，教育者，学生だけでなく，広く関心のある人々を対象とし，用語の定義を主体とした辞典でなく，生命現象や事象などについて具体的解説を通して，生命科学を横断的にながめ，理解を図る企画である。〔内容〕生体の成り立ち／生体物質と代謝／動物体の調節／動物の行動／植物の生理／生殖と発生／遺伝／生物の起源と進化／生態／ヒトの生物学／バイオテクノロジー

放送大 石川　統・立教大 黒岩常祥・京大 永田和宏編

細 胞 生 物 学 事 典

17118-8 C3545　　A 5 判 480頁 本体16000円

細胞生物学全般を概観できるよう約300項目を選定。各項目1ないし2ページで解説した中項目の事典。〔主項目〕アクチン／アテニュエーション／RNA／αヘリックス／ES細胞／イオンチャネル／イオンポンプ／遺伝暗号／遺伝子クローニング／インスリン／インターロイキン／ウイルス／ATP合成酵素／オペロン／核酸／核膜／カドヘリン／幹細胞／グリア細胞／クローン生物／形質転換／原核生物／光合成／酵素／細胞核／色素体／真核細胞／制限酵素／中心体／DNA，他

進化生物研 駒嶺　穆監訳
筑波大 藤村達人・東大 邑田　仁編訳

オックスフォード辞典シリーズ

オックスフォード 植 物 学 辞 典

17116-1 C3345　　A 5 判 560頁 本体9800円

定評ある"Oxford Dictionary of Plant Science"の日本語版。分類，生態，形態，生理・生化学，遺伝，進化，植生，土壌，農学，その他，植物学関連の各分野の用語約5000項目に的確かつ簡潔な解説をした五十音配列の辞典。解説文中の関連用語にはできるだけ記号を付しその項目を参照できるよう配慮した。植物学だけでなく農学・環境科学・地球科学およびその周辺領域の学生・研究者・技術者さらには植物学に関心のある一般の人達にとって座右に置いてすぐ役立つ好個の辞典

早大 木村一郎・前東大 野間口隆・埼玉大 藤沢弘介・東大 佐藤寅夫訳

オックスフォード辞典シリーズ

オックスフォード 動 物 学 辞 典

17117-X C3545　　A 5 判 616頁 本体14000円

定評あるオックスフォードの辞典シリーズの一冊"Zoology"の翻訳。項目は五十音配列とし読者の便宜を図った。動物学が包含する次のような広範な分野より約5000項目を選定し解説されている。——動物の行動，動物生態学，動物生理学，遺伝学，細胞学，進化論，地球史，動物地理学など。動物の分類に関しても，節足動物，無脊椎動物，魚類，は虫類，両生類，鳥類，哺乳類などあらゆる動物を含んでいる。遺伝学，進化論研究，哺乳類の生理学に関しては最新の知見も盛り込んだ

前埼玉大 石原勝敏・前埼玉大 金井龍二・東大 河野重行・前埼玉大 能村哲郎編集代表

生物学データ大百科事典

〔上巻〕17111-0 C3045　　B 5 判 1536頁 本体100000円
〔下巻〕17112-9 C3045　　B 5 判 1196頁 本体100000円

動物，植物の細胞・組織・器官等の構造や機能，更には生体を構成する物質の構造や特性を網羅。又，生理・発生・成長・分化から進化・系統・遺伝，行動や生態にいたるまで幅広く学際領域を形成する生物科学全般のテーマを網羅し，専門外の研究者が座右に置き，有効利用できるよう編集したデータブック。〔内容〕生体構造(動物・植物・細胞)／生化学／植物の生理・発生・成長・分化／動物生理／動物の発生／遺伝学／動物行動／生態学(動物・植物)／進化・系統

上記価格（税別）は 2006 年 2 月現在